工业和信息化人才培养规划教材

Industry And Information Technology Training Planning Materials

Technical And Vocational Education

高职高专计算机系列

网络服务器配置与管理
——Red Hat Enterprise Linux 5 篇

the Administration and Configuration of
Red Hat Enterprise Linux 5

张金石 ◎ 主编

钟小平 张宁 符啸威 ◎ 副主编

U0340831

人民邮电出版社

北 京

图书在版编目（CIP）数据

网络服务器配置与管理. Red Hat Enterprise Linux
5篇 / 张金石主编. -- 北京：人民邮电出版社，2011.4（2021.1重印）
工业和信息化人才培养规划教材. 高职高专计算机系
列
ISBN 978-7-115-24855-8

Ⅰ. ①网… Ⅱ. ①张… Ⅲ. ①网络服务器—配置—高
等职业教育—教材②网络服务器—管理—高等职业教育—
教材 Ⅳ. ①TP368.5

中国版本图书馆CIP数据核字(2011)第031731号

内 容 提 要

本书基于网络应用的实际需求，以 Red Hat Enterprise Linux 5 平台为例介绍 Linux 网络服务器部署、配置与管理的技术方法。全书共 11 章，在介绍 Linux 基本操作、系统配置和服务管理的基础上，重点讲解 DNS 服务器、DHCP 服务器、文件服务器、打印服务器、Web 服务器、FTP 服务器、邮件服务器、远程登录、网络防火墙和代理服务器等的部署、配置与管理。

本书内容丰富，注重实践性和可操作性，对于每个知识点都有相应的操作示范，便于读者快速上手。

本书可作为高职高专院校计算机教材，也可作为网络管理和维护人员的参考书，以及各种培训班教材。

◆ 主　编　张金石
副 主 编　钟小平　张　宁　符啸威
责任编辑　王　威

◆ 人民邮电出版社出版发行　北京市丰台区成寿寺路 11 号
邮编　100164　电子邮件　315@ptpress.com.cn
网址　http://www.ptpress.com.cn
固安县铭成印刷有限公司印刷

◆ 开本：787×1092　1/16
印张：21.25　　　　　　　　2011 年 4 月第 1 版
字数：545 千字　　　　　　2021 年 1 月河北第 7 次印刷

定价：36.00 元
读者服务热线：(010)81055256　印装质量热线：(010)81055316
反盗版热线：(010)81055315

前　言

随着计算机网络的日益普及，网络服务器在计算机网络中占据越来越重要的地位，很多企业或组织机构组建自己的服务器来运行各种网络应用业务。因而需要掌握各类网络服务器的配置、管理，并能解决实际网络应用问题的应用型人才。而其中 Linux 系统以其开放性特点，广泛应用于各种小型企业网络服务器平台。

目前，我国很多高等职业院校的计算机相关专业，都将"Linux 网络服务器配置与管理"作为一门重要的专业课程。为了帮助高职院校的教师能够比较全面、系统地讲授这门课程，使学生能够熟练地部署、配置和管理各类网络服务器，考虑到越来越多的企业选择 Linux 服务器，我们几位长期在高职院校从事网络专业教学的教师共同编写了本书。

本书内容系统全面，内容丰富，结构清晰。在内容编写方面注意难点分散、循序渐进；在文字叙述方面注意言简意赅、重点突出；在实例选取方面注意实用性和针对性。

全书共 11 章，按照从基础到应用的顺序组织，前 3 章是基础部分，涉及 Linux 基本操作、系统配置、服务管理，从第 4 章开始介绍各类应用型的网络服务。每一章讲解一类网络服务器，按照基础知识、服务器安装部署、服务器配置管理的内容组织模式进行编写。重点介绍各类服务器软件的配置与管理，提供相应的实例进行详细讲解和操作示范。考虑到 Linux 初学者，各章节还穿插介绍了必需的 Linux 概念和操作方法。本书的系统平台采用主流的 Linux 服务器操作系统 Red Hat Enterprise Linux 5。

本书的参考学时为 48 学时，其中实践环节为 16～20 学时。

为方便教学，本教材提供最新的教学课件等教学资源，任课教师可登录人民邮电出版社教学服务与资源网（www.ptpedu.com.cn），免费下载使用。

本书由张金石任主编，钟小平、张宁、符啸威任副主编。其中钟小平编写了第 1 章～第 3 章，张宁编写了第 4 章～第 8 章，符啸威编写了第 9 章～第 11 章，全书由张金石统稿。

由于时间仓促，加之我们水平有限，书中难免存在错误和不妥之处，敬请广大读者批评指正。

编　者
2010 年 12 月

目　录

第1章

Linux 服务器基础

【学习目标】

本章将向读者详细介绍 Linux 服务器的基础知识，让读者掌握 Linux 服务器操作系统的安装、Linux 图形界面的使用、文本模式与命令行的使用、vi 编辑器的使用等技能。

【学习导航】

本章是全书的基础，讲解 Linux 服务器本身的安装和基本使用。兼顾到 Linux 入门读者，尽可能用有限的篇幅来解释 Linux 概念和术语，介绍命令行的使用方法和技巧，为学习后续章节打下基础。

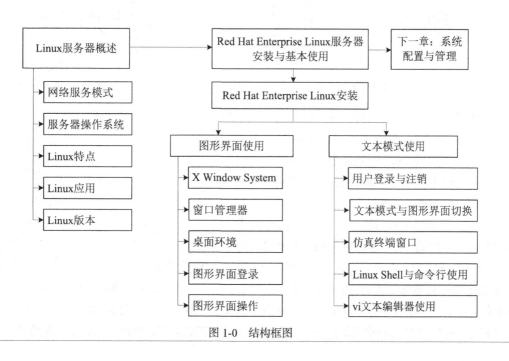

图 1-0　结构框图

1.1 Linux 服务器概述

随着计算机网络的日益普及，越来越多的企业或组织机构需要建立自己的服务器来运行各种网络应用业务，服务器在网络中具有核心地位。

1.1.1 服务器与网络服务

1. 什么是服务器

如图 1-1 所示，服务器（Server）是在网络环境中为用户计算机提供各种服务的计算机，承担网络中数据的存储、转发、发布等关键任务，是网络应用的基础和核心；使用服务器所提供服务的用户计算机就是客户机（Client）。

服务器与客户机的概念有多重含义，有时指硬件设备，有时又特指软件。在指软件的时候，也可以称服务（Service）和客户（Client）。同一台计算机可同时运行服务器软件和客户端软件，既可充当服务器，也可充当客户机。

2. 网络服务及其模式

网络服务是指一些在网络上运行的、应用户请求向其提供各种信息和数据的计算机业务，主要是由服务器软件来实现的，客户端软件与服务器软件的关系如图 1-2 所示。常见的网络服务类型有文件服务、目录服务、域名服务、Web 服务、FTP 服务、邮件服务、终端服务等。

图 1-1 服务器与客户机

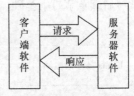

图 1-2 服务器软件与客户端软件

网络服务主要有 3 种计算模式：客户/服务器、浏览器/服务器和对等网络模式。

客户/服务器模式简称 C/S，是一种两层结构，客户端向服务器端请求信息或服务，服务器端则响应客户端的请求，每一种服务都需要通过相应的客户端来访问，如图 1-3 所示。

浏览器/服务器模式简称 B/S，是对 C/S 模式进行的改进，客户端与服务器之间按照 HTTP 进行通信。B/S 是一种基于 Web 的三层结构，客户端工作界面通过 Web 浏览器来实现，基本不需要专门的客

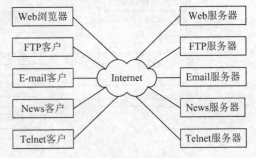

图 1-3 客户/服务器模式

户软件，主要应用都在服务器端实现，Web 服务器作为一种网关，如图 1-4 所示。与客户/服务器体系相比，B/S 最突出的特点就是不需要在客户端安装相应的客户软件，减轻了系统维护与升级

的成本和工作量，同时方便用户使用。

图 1-4 浏览器/服务器模式

对等网络模式简称 P2P（Peer to Peer）又称为"点对点"模式或"端对端"模式。该技术是一种网络新技术，依赖网络中参与者的计算能力和带宽，弱化了服务器的概念，各节点不再区分服务器和客户端的角色关系，每个节点既可请求服务，又可提供服务，不必通过服务器，节点之间即可直接交换资源和服务。对等是指网络中的节点在逻辑上具有相同的地位。

3．服务器操作系统

服务器操作系统是在服务器上运行的系统软件，又称网络操作系统（NOS）。除了具有一般操作系统的功能外，还能提供高效、可靠的网络通信能力和多种网络服务。目前，主流的服务器操作系统平台有 Windows、UNIX 和 Linux。Windows 操作系统的突出优点是便于部署、管理和使用。UNIX 版本很多，大多要与硬件相配套，一般提供关键任务功能的完整套件。Linux 凭借其开放性和高性价比等特点，近年来获得了长足的发展，在全球各地的服务器平台市场份额不断增加。

1.1.2 Linux 的特点与应用

Linux 是一种起源于 UNIX，并以 POSIX 标准为框架而发展起来的开放源代码的操作系统。

1．Linux 的特点

与流行的 Windows 操作系统相比，Linux 具有以下特点。

● 可以自由、免费使用。Linux 遵循 GPL（公共许可证），任何人都有权使用、拷贝和修改该软件。Linux 源代码开放，因而在可靠性和安全性上来讲，更适合政府、军事、金融等关键性机构使用。

● 具有良好的性能、完善的功能、超强的稳定性和可靠性。Linux 比 Windows 操作系统更稳定，更适合需要连续运行的服务器系统。

● 可以进行内核定制。系统内核控制着系统运行的各个方面，影响着一个系统的整体性能。Linux 可以根据自己的需要对系统内核进行定制，从而构建一个新的符合服务器角色要求的内核，减少不必要的内存占用，提升系统的整体性能。

● 支持多种硬件平台，包括 PC、笔记本电脑、工作站，甚至大型机。

● 提供完善的网络支持。

● 提供可选的类 Windows 图形界面。图形界面虽然友好、简便，但是毕竟要牺牲系统整体性能。在 Linnx 系统中，根据用户的需要，可以在图形界面与文本界面之间进行切换。

2．Linux 的应用

由于具有完善的网络功能和较高的安全性，Linux 主要用作服务器操作系统，可实现各种网络服务，如邮件服务、Web 服务、DNS 服务、防火墙、代理服务等。企业级应用是 Linux 增长最迅速的领域。Linux 系统继承了 UNIX 系统卓越的稳定性表现，使其成为企业中重要服务器的首选系统之一。

桌面应用是 Linux 发展较为薄弱的环节，这使得更多的用户选择 Windows 系统作为桌面平台。目前 Linux 桌面产品主要供用户学习和了解 Linux，以培育整个 Linux 市场。由于自身的优良特性，Linux 几乎天然地适合作为嵌入式操作系统，这也为 Linux 提供了广阔的发展空间。

1.1.3 Linux 的版本

Linux 的版本分为两种：内核版本和发行版本。

1．内核版本

内核版本是指内核小组开发维护的系统内核的版本号。内核版本也有两种不同的版本号：实验版本和产品版本。实验版本还将不断地增加新的功能，不断地修正 BUG 从而发展到产品版本，而产品版本不再增加新的功能，只是修改错误。在产品版本的基础上再衍生出一个新的实验版本，继续增加功能和修正错误，由此不断循环。

内核版本的每一个版本号都是由 3 个数字组成的，其形式如下。

```
major.minor.patchlevel
```

其中 mayor 为主版本号，minor 为次版本号，两者共同构成当前内核版本号；patchlevel 表示对当前版本的修订次数。例如，2.6.18 表示对内核 2.6 版本的第 18 次修订。次版本号还表示内核类型，偶数说明是产品版本，奇数说明是实验版本。

用户在登录到 Linux 文本界面时，可以在提示信息中看到内核版本号。也可以随时执行命令 uname -r 来查看系统的内核版本号，例如：

```
[root@Linuxsrv1 ~]# uname -r
2.6.18-8.el5
```

2．发行版本

对于操作系统来说，仅有内核是不够的，还需配备基本的应用软件。一些组织和公司将 Linux 内核、源码以及相关应用软件集成为一个完整的操作系统，便于用户安装和使用，从而形成 Linux 发行版本。

发行版本由发行商确定，国外知名的有 Red Hat、Slackware、Debian、SuSE、Ubuntu，国内知名的是红旗 Linux。发行版本的版本号也是随着发行者的不同而不同。以 Red Hat Linux 为例，其发行版本 Enterprise Linux 5.3 采用的内核版本是 2.6.18，这二者并不矛盾。用户可以自行下载最新的内核版本，进行编译安装。

1.2　安装 Red Hat Enterprise Linux 服务器

对于网络服务器来说，选择一个稳定并且易用的操作系统非常关键。本书的系统平台采用主流的 Linux 服务器产品 Red Hat Enterprise Linux 5，它非常适合作为一个服务器操作系统。

1.2.1　Red Hat 服务器版

Red Hat 过去只拥有单一版本的 Linux，其最高版本是 9.0。自 2002 年起，Red Hat 将产品分成两个系列，一个系列是由 Red Hat 公司提供收费技术支持和更新的 Red Hat Enterprise Linux（服务器版，简称 RHEL），面向企业用户；另一个系列是由 Fedora 社区开发的桌面版本 Fedora Core（桌面版，简称 FC），面向个人用户。

面向企业用户的 Red Hat Enterprise Linux 产品又可分为以下 4 种版本。

● Red Hat Enterprise Linux Advanced Platform（高级服务器版）：高端的服务器解决方案，适合大中型组织的关键业务，如大型部门和数据中心的计算环境，可用于组建数据库、ERP 和 CRM 服务器。

● Red Hat Enterprise Linux Server（服务器版）：适合中小型组织的关键业务，如小型企业或部门级的计算环境，用于组建网络服务器、文件服务器、打印服务器、邮件服务器和万维网服务器。

● Red Hat Enterprise Linux Desktop with Workstation option（工作站版）：适合工作站计算环境，如图形处理程序、软件开发和工程设计，它支持双 CPU 和大内存系统。

● Red Hat Enterprise Linux Desktop（桌面版）：适用于需要使用普通应用程序的用户。

目前应用较多的 Red Hat Enterprise Linux 5 使用 Linux 内核 2.6.18，增强 SELinux，集成目录和安全机制，改进图形界面，支持虚拟化技术。

1.2.2　组建 Linux 实验网络

在学习网络服务器配置与管理的过程中，虽然网络服务或应用程序可以直接在服务器上进行测试，但是为了达到好的测试效果，往往需要两台或多台计算机进行联网测试。在实际工作中，正式部署服务器之前也需要先进行测试。如果有多台计算机，可以组成一个小型网络用于测试。

本书实例运行的网络环境至少涉及 3 台计算机，内部网络域名为 abc.com，如图 1-5 所示。

● 主要服务器：运行 Red Hat Enterprise Linux 5，名称为 Linuxsrv1，IP 地址为 192.168.0.2/24，主要用于安装各类网络服务。

● 用作网关的服务器：运行 Red Hat Enterprise Linux 5，名称为 Linuxsrv2，配置两个网络接口，内网接口 IP 地址为 192.168.0.10/24，外网接口（用于模拟公网连接）IP 地址为 172.16.0.10/16（也可使用一个实际的 Internet 连接），主要用于安装防火墙、代理服务器、DHCP 中继代理，也用于 Linux 客户端测试。IP 地址可能随实验项目需要而变更。

● Windows 客户机：运行 Windows XP，名称为 WINXP01，主要用于测试 Windows 客户端。

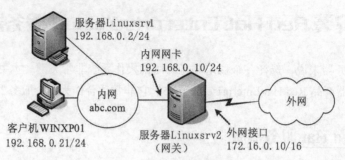

图 1-5　Linux 实验网络

如果只有一台计算机，可以采用虚拟机软件（VMware）构建一个虚拟网络环境用于测试。要在 VMware 中模拟该实验网络环境，可采用如图 1-6 所示的网络结构。3 台计算机都由虚拟机担任，内网部分组建 VMnet1 网络，并稍作调整，停用或删除其提供的虚拟 DHCP 服务器（便于架设 DHCP 服务器实验）。为便于测试外网连接，在虚拟机 Linuxsrv2 上加装一块虚拟网卡 VMnet2，与 VMware 主机组成一个 VMnet2 网络，以模拟外网访问。

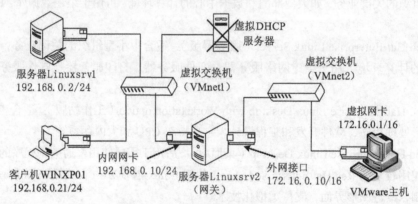

图 1-6　Vaware 虚拟机组建实验网络

1.2.3　Red Hat Enterprise Linux 安装准备工作

为保证顺利安装，安装之前最好做一些准备工作，如硬件检查、分区准备、分区方法选择。

1．准备硬件

首先考虑硬件与操作系统的兼容性，Red Hat 网站提供 Red Hat Enterprise Linux 硬件兼容性列表，获取系统硬件设备的具体型号之后，访问网站 http://bugzilla.redhat.com/hwcert/可查看配置的硬件是否在清单之中。Red Hat Enterprise Linux 并不要求百分之百兼容，实际上绝大多数 PC 都可以运行该系统。

另外应考虑 Red Hat Enterprise Linux 的硬件最低要求。

- CPU 为 Pentium 以上处理器。
- 内存至少 128MB（推荐 256MB 以上）。

- 硬盘至少 1GB，完全安装需大约 5GB 的硬盘空间。

2. 了解 Linux 磁盘分区

磁盘在系统中使用都必须先进行分区。大多数情况下，安装 Red Hat Enterprise Linux 需要创建以下 3 个分区，其中根分区（/）和 Swap 分区是必需的。

- /分区：即系统的根分区，用于存储大部分系统文件和用户文件，应保证其存储空间能够容纳各个 Linux 组件，一般要求大于 5GB。
- /boot 分区：用于引导系统，包含操作系统内核和启动过程中所要用到的文件，大小约为 100MB。
- Swap 分区：提供虚拟内存空间，其大小通常是物理内存的两倍左右。

要保证有足够的未分区磁盘空间来安装 Linux。在 Red Hat Enterprise Linux 系统安装过程中，可以使用可视化工具 Disk Druid 进行分区。

Windows 系统使用盘符（驱动器标识符）来标明分区，如 C、D、E 等（A 和 B 表示软驱），用户可以通过相应的驱动器字母访问分区。而 **Linux 系统使用单一的目录树结构，整个系统只有一个根目录，各个分区以挂载到某个目录的形式成为根目录的一部分。**

Linux 使用设备名称加分区编号来标明分区。标准 PC 上最多可以有 4 个 IDE 设备，可能是磁盘，也可能是 CD/DVD 设备。对于 IDE 磁盘，使用 "hd" 表示，并且在 "hd" 之后使用小写字母表示磁盘编号，磁盘编号之后是分区编号，使用阿拉伯数字表示（主分区或扩展分区的分区编号为 1～4，逻辑分区的分区编号从 5 开始）。SCSI 磁盘、SATA 磁盘（串口硬盘）均可表示为 "sd"，表示方法同 IDE 磁盘。下面给出几个例子。

- IDE1 主盘和从盘分别表示为/dev/hda 和/dev/hdb。
- IDE2 主盘和从盘分别表示为/dev/hdc 和/dev/hdd。
- IDE1 主盘第一个主分区表示为/dev/hda1。
- IDE1 从盘第一个逻辑分区表示为/dev/hda5。

3. 选择安装方式

Red Hat Enterprise Linux 支持以下几种安装方式。

- 光盘安装：直接用安装光盘的方式进行安装，这是最简单也是最常用的方法，推荐初学者使用。
- 硬盘安装：将 ISO 安装光盘映像文件复制到硬盘上进行安装，需要使用光盘、软盘或 U 盘引导系统。
- 网络安装：可以将系统安装文件放在 Web 服务器、FTP 服务器或 NFS 服务器上，通过网络进行安装。

另外，Linux 支持在一台计算机中安装多个操作系统，它通过使用 GRUB 多重启动管理器（详细介绍见本书 2.3 节）来引导 FreeBSD、OpenBSD、DOS 和 Windows 等操作系统。

1.2.4　Red Hat Enterprise Linux 安装过程

Red Hat Enterprise Linux 5 支持图形模式和文本模式两种安装界面，建议初学者直接使用图形界面安装。下面从光盘安装 Linux 为例示范完整的安装过程。用户可选择在虚拟机上安装。

1. Linux 系统安装基本步骤

（1）将计算机设置为从光盘启动，将 Red Hat Enterprise Linux 5 第 1 张安装光盘插入光驱，重新启动，引导成功出现如图 1-7 所示的界面。

（2）选择安装模式，这里直接按<Enter>键进入图形模式安装。

如果输入"linux text"，按<Enter>键即可进入文本模式安装。另外，若系统内存少于 256MB，将自动进入文本模式。还可使用功能键查看和设置安装选项。

（3）出现如图 1-8 所示的界面，提示是否检测安装光盘以避免因光盘质量导致的安装问题。如果需要检测，单击"OK"按钮根据提示进行操作。这里单击"Skip"按钮跳过检测，直接进入图形安装界面。

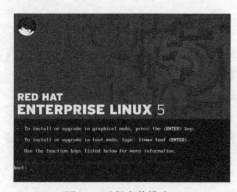
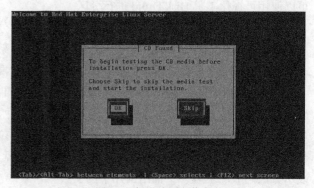

图 1-7　选择安装模式　　　　　　　　　　　　　　图 1-8　提示检测安装光盘

（4）单击"Next"按钮，出现如图 1-9 所示的界面，选择安装过程中所使用的语言，这里选择简体中文。

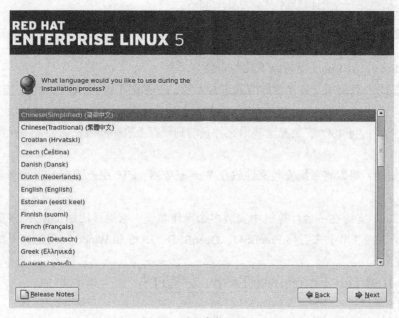

图 1-9　选择安装用语言

（5）单击"Next"按钮，出现如图 1-10 所示的界面，选择键盘类型，这里保留默认设置。

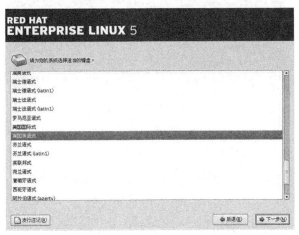

图 1-10　选择键盘类型

（6）单击"Next"按钮，出现如图 1-11 所示的界面，要求用户输入安装号码。Red Hat 通过安装号码自动为提供用户所订阅的安装组件。如果没有输入安装号码，只能安装核心服务器或 Desktop。其他功能可以在以后进行手动安装。

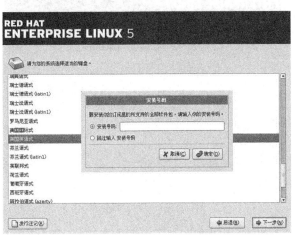

图 1-11　输入安装号码

（7）单击"确定"按钮，如果在新磁盘上安装系统，将弹出如图 1-12 所示的警告对话框，提示无法读取磁盘设备（例中为 sda）上的分区表，是否要初始化该驱动器，单击"是"按钮。

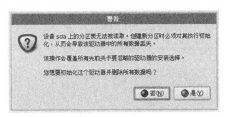

图 1-12　初始化驱动器警告

（8）出现如图 1-13 所示的界面，设置磁盘分区，选择分区方案。这里选择默认的"在选定驱动上删除 Linux 分区并创建默认的分区结构"方案，并选中"检验和修改分区方案"复选框。

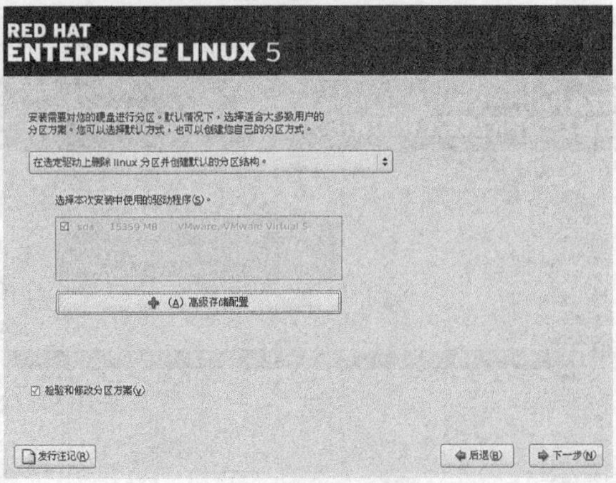

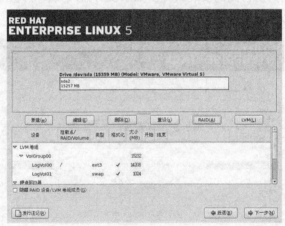

图 1-13　选择分区方案

（9）单击"下一步"按钮，弹出相应的警告对话框，提示是否要删除所有 Linux 分区及其所有数据，单击"是"按钮。这里使用的是图形化磁盘分区工具 Disk Druid。

（10）由于选中"检验和修改分区方案"复选框，将出现如图 1-14 所示的界面，显示当前分区结果，也可利用分区工具 Disk Druid 进一步创建新的分区、修改现有分区，以及创建磁盘阵列等。

图 1-14　显示分区结果

（11）单击"下一步"按钮，出现如图 1-15 所示的界面，设置引导程序，这里保持默认设置。

图 1-15　设置引导程序

Red Hat Linux 使用多重启动管理器 GRUB 来负责引导 Linux 系统，该工具还可引导 Windows、FreeBSD 等操作系统。

（12）单击"下一步"按钮，出现如图 1-16 所示的网络配置界面，设置网络设备或主机名。

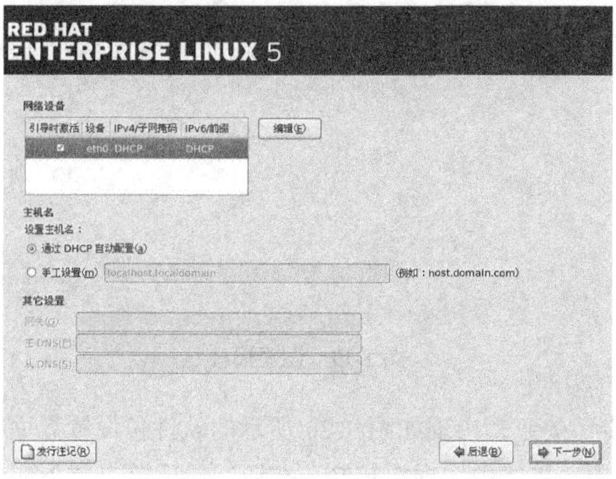

图 1-16　网络配置

默认 IP 地址由 DHCP 服务器分配，作为服务器，应当手动分配 IP 地址。单击"编辑"按钮打开相应的对话框，如图 1-17 所示，设置选项并手动指定 IP 地址，然后单击"确定"按钮回到网络配置界面，选中"手动设置"单选钮，设置主机名，根据需要设置网关或 DNS 服务器地址，如图 1-18 所示。

（13）单击"下一步"按钮，出现时区选择界面，这里保持默认设置。

（14）单击"下一步"按钮，出现如图 1-19 所示的根口令设置界面，为管理员账户 root 设置口令，该口令要尽可能复杂。

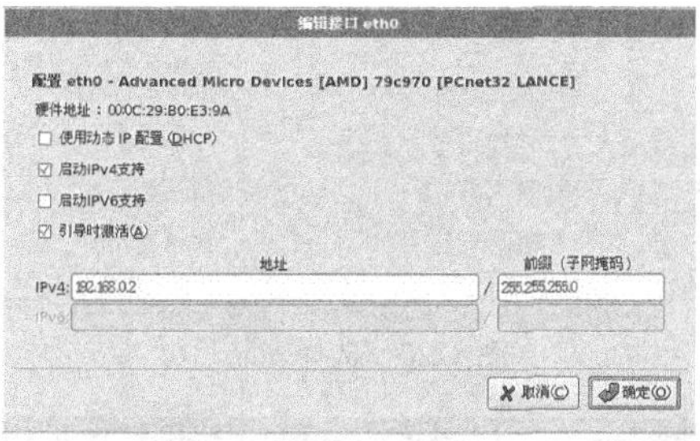

图 1-17　设置网络接口

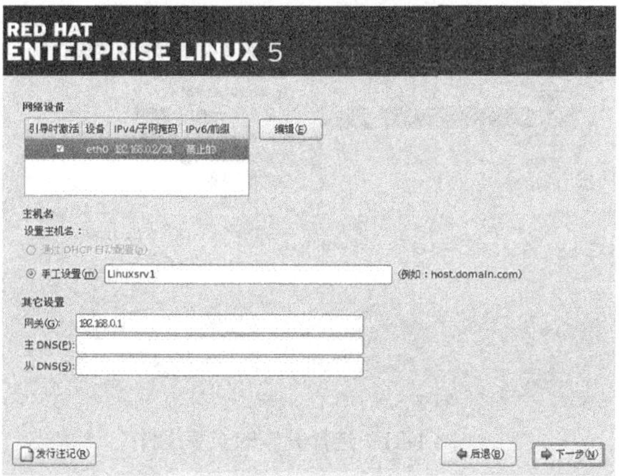

图 1-18　配置主机名等

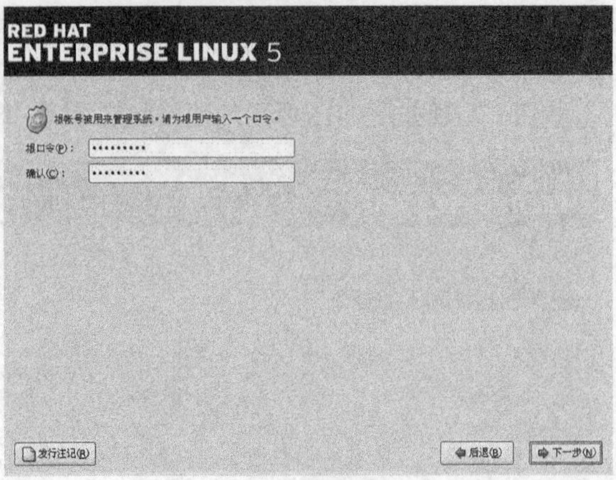

图 1-19 设置根口令

（15）单击"下一步"按钮，出现如图 1-20 所示的软件包设置界面，选择要安装的组件。这里选中"网络服务器"项，并选中"现在定制"按钮，然后单击"下一步"按钮，出现如图 1-21 所示的界面，选择具体的软件包。本例中保持默认设置。

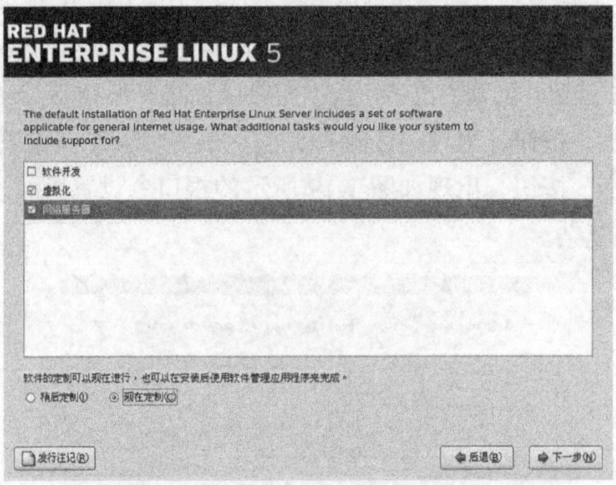

图 1-20 选择安装目标

图 1-21 选择具体的安装组件

（16）单击"下一步"按钮，出现如图 1-22 所示的界面，提示要安装系统。

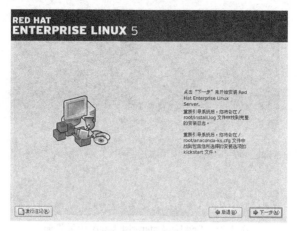

图 1-22　准备安装

（17）单击"下一步"按钮，出现如图 1-23 所示的界面，提示所需要的安装光盘。

图 1-23　提示要准备的光盘

（18）单击"继续"按钮开始执行安装过程，根据需要更换所需的光盘。

（19）当出现如图 1-24 所示的界面时，表示安装完成，需要单击"重新引导"按钮以重新启动系统。

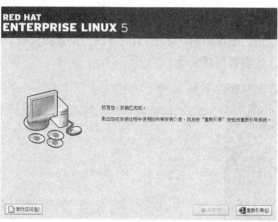

图 1-24　安装完成

2.　通过系统设置代理完成 Linux 系统的基本配置

计算机重新启动后，进入 Red Hat Enterprise Linux 5 引导界面，如图 1-25 所示，接着出现如图 1-26 所示的界面，提示运行系统设置代理程序完成 Linux 系统的基本配置。具体步骤如下。

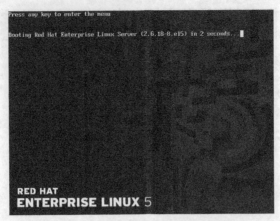

图 1-25　Red Hat Enterprise Linux 引导界面

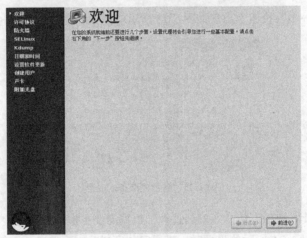

图 1-26　进入设置代理界面

（1）单击"前进"按钮，出现"许可协议"界面，单击"是"单选钮。

（2）单击"前进"按钮，出现如图 1-27 所示的界面，设置防火墙。**默认设置启用防火墙，为便于进行网络服务测试，这里禁用防火墙。**

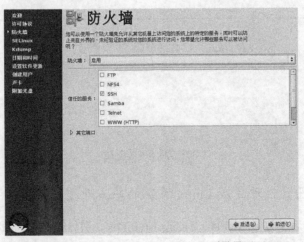

图 1-27　Red Hat Enterprise Linux 引导界面

（3）单击"前进"按钮，出现如图 1-28 所示的界面，设置 SELinux。**默认设置强制使用 SELinux，为便于网络服务测试，这里禁用 SELinux。**

图 1-28　设置 SELinux

　　本书主要介绍网络服务器，学习过程中需要大量的配置管理测试，如果启用防火墙和 SELinux，会增加调试工作量。为便于掌握网络服务本身的配置使用，建议禁用防火墙和 SELinux。在正式部署服务器时，则需要利用它们来保证网络安全，后续章节将专门介绍。

（4）单击"前进"按钮，出现如图 1-29 所示的界面，设置 Kdump。这里保持默认设置，没有启用该功能。Kdump 工具用于快速可靠地创建内核崩溃转储并进行离线分析。

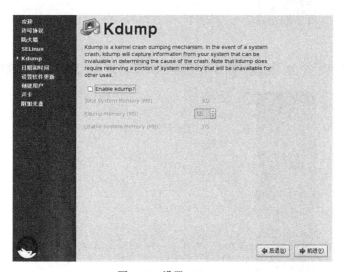

图 1-29　设置 Kdump 1

（5）单击"前进"按钮，出现"日期和时间"设置界面，根据需要调整日期和时间设置。
（6）单击"前进"按钮，出现如图 1-30 所示的界面，根据需要设置软件更新。

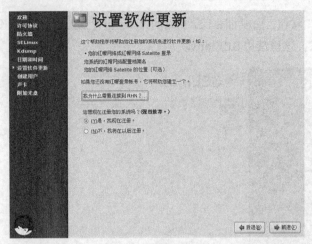

图 1-30　设置软件更新

（7）单击"前进"按钮，出现如图 1-31 所示的界面，根据需要创建一个普通用户。

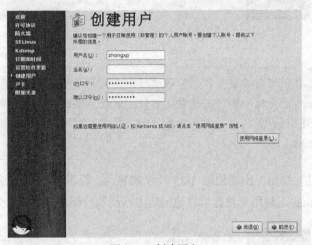

图 1-31　创建用户

（8）单击"前进"按钮，出现如图 1-32 所示的界面，如果检测到声卡，根据需要进行测试。

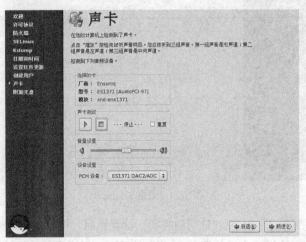

图 1-32　声卡测试

（9）单击"前进"按钮，最后出现"附加光盘"界面，根据需要使用其他光盘来安装其他应用软件。如果不需要，直接单击"完成"按钮，完成系统的基本设置。这样就可正式使用 Linux 系统了。

1.2.5　登录 Linux 系统

Linux 是一个多用户的网络操作系统，在使用 Linux 操作系统之前用户必须先登录，然后才可以使用 Linux 系统中的各种资源。登录的目的就是使系统能够识别出当前用户身份，当用户访问资源时就可以判断该用户是否具备相应的访问权限。登录 Linux 系统是使用这个系统的第一步。用户应该首先拥有该系统的一个账户，作为登录凭证。

按照图形模式安装 Linux 时设置的默认登录界面为图形界面，将启动图形系统，并进入图形登录界面。这里以图形界面登录为例，当完成前面的安装和基本设置之后，出现如图 1-33 所示的界面，输入用户账户名（这里以 root 账户为例，许多配置管理工作需要 root 权限），按回车键出现如图 1-34 所示的界面，输入该用户的口令（密码），再按回车键，一旦通过系统登录验证，就出现相应的图形界面，如图 1-35 所示。

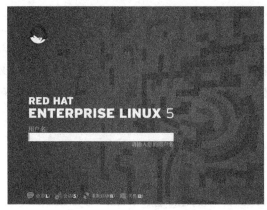

图 1-33　输入登录用户名

图 1-34　输入登录口令

图 1-35　Linux 图形界面

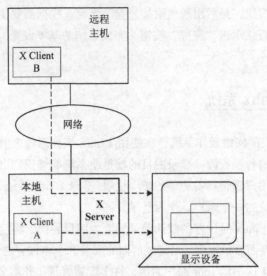

图 1-36　X Window 示意图

1.3　Linux 图形界面

Red Hat Enterprise Linux 提供文本与图形两种使用环境。大多数 Linux 专业人员倾向于文本（命令行）界面，但是初学者往往更喜欢图形界面（GUI）。随着硬件发展，图形界面被越来越多的 Linux 用户所接受。对于各种网络应用、多媒体应用、图形图像处理，或者使用 Linux 办公和娱乐来说，图形界面是更好的选择。

1.3.1　Linux 图形界面基础

Linux 提供的 GUI 解决方案是 X Window System。目前使用的是 X Window System 第 11 版，通常称之为 X11。**对 Linux 系统而言，X Window System 并不是必需的，只是一个可选的应用程序组件。**

1．X Window System

X Window System 本身基于客户/服务器（C/S）模式，具有网络操作的透明性。如图 1-36 所示，X Window System 由以下 3 部分构成。

● X Server：响应 X Client 程序的"请求"，建立窗口以及在窗口中绘出图形和文字。每一套显示设备只对应一个唯一的 X Server。对于操作系统而言，X Server 只是一个普通的应用程序。

● X Client：作为 X Server 的客户端，向 X Server 发出请求以完成特定的窗口操作。X Client 无法直接影响窗口或显示，只能请求 X Server 来完成。X Client 是使用操作系统窗口功能的一些应用程序。

● 通信通道：负责 X Server 与 X Client 之间的通信。X Server 和 X Client 可能位于同一台计算机上，也可能位于不同的计算机上，这需要通过网络进行通信，由相关网络协议提供支持。

X Client 将希望显示的图形发送到 X Server，X Server 将图形显示在显示器上，同时为 X Client 提供鼠标、键盘的输入服务。

　　　　X Window System 配置是由配置文件/etx/X11/xorg.conf 实现的。可以直接编辑该文件，初学者最好使用图形界面的配置工具进行配置，如修改分辨率和颜色等参数。Linux 安装时已对 X Window System 进行了初步配置。

2. 窗口管理器

X Window System 只是提供了建立窗口的一个标准，具体的窗口形式由窗口管理器决定。窗口管理器是 X Window System 的组成部分，用来控制窗口的外观，并提供与用户交互的方法。

作为在 X Server 上运行的应用程序，窗口管理器主要用于管理应用程序窗口，如窗口移动、缩放、开关等，当然还要管理键盘和鼠标焦点。在 X Window System 上可使用各种窗口管理器，常用的有 TWM、FVWM、MWM 等，可根据需要选择。

3. 桌面环境

对于使用操作系统图形环境的用户来说，仅有窗口管理器提供的功能是不够的。为此，开发人员在窗口管理器的基础上，增加各种功能和应用程序，提供更为完善的图形用户环境，这就是所谓的桌面环境。常用的桌面环境有 GNOME（GNU 网络对象模型环境）、KDE（K 桌面环境）和 CDE（通用桌面环境）等。

Red Hat Enterprise Linux 5 安装包同时提供 GNOME 和 KDE 两种桌面环境，用户在安装过程中可以任选其一，或两者都选中。GNOME 桌面环境具有更好的稳定性。KDE 桌面环境与 Windows 界面比较接近，更加友好。总的来说，这两种桌面环境的区别越来越小。

GNOME 是 Red Hat 发行版本默认的桌面环境，它由桌面（包括其图标）、应用程序窗口、面板（包括顶部或底部面板）组成，如图 1-37 所示。

图 1-37　GNOME 桌面环境

1.3.2　Linux 图形界面登录

如果安装 Linux 时设置的默认登录界面为图形界面，则系统启动后自动启动图形系统，并进入图形登录界面。

如果默认为文本方式启动，要将其改为图形界面启动，可在/etc 目录中找到 inittab 文件，使用文本编辑器软件（如 vi）进行编辑，如图 1-38 所示，找到包含"initdefault"的行，并将其修改为："id:5:initdefault:"，保存该文件，重启系统即可。

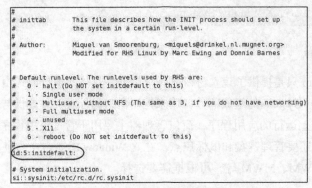

```
#
# inittab      This file describes how the INIT process should set up
#              the system in a certain run-level.
#
# Author:      Miquel van Smoorenburg, <miquels@drinkel.nl.mugnet.org>
#              Modified for RHS Linux by Marc Ewing and Donnie Barnes
#

# Default runlevel. The runlevels used by RHS are:
#   0 - halt (Do NOT set initdefault to this)
#   1 - Single user mode
#   2 - Multiuser, without NFS (The same as 3, if you do not have networking)
#   3 - Full multiuser mode
#   4 - unused
#   5 - X11
#   6 - reboot (Do NOT set initdefault to this)
#
id:5:initdefault:

# System initialization.
si::sysinit:/etc/rc.d/rc.sysinit
```

图 1-38　修改/etc/inittab 文件

也可以在 Linux 文本模式中运行命令"start x"重新启动 X Window，进入桌面环境。

1.3.3　Linux 图形界面操作

图形界面的使用大体与 Windows 系统相似，这里以 GNOME 桌面环境为例，讲解 Linux 图形界面的基本使用。

1.　通过图形界面执行管理任务

对于管理员来说，主要是通过主菜单"系统"来选择相应的子菜单及其命令来执行各种系统设置和管理任务。

从"首选项"子菜单中选择各种命令可完成系统的基本设置，包括可移动驱动器和介质、桌面背景、窗口、菜单和工具栏、远程桌面、默认打印机等，如图 1-39 所示。

图 1-39　设置首选项

从"管理"子菜单中选择各种命令可完成系统管理任务，包括安全级别和防火墙、用户配置文件编辑、服务配置管理、用户和组群、网络设置等，如图 1-40 所示。

　　直接从主菜单"系统"中选择"注销"、"挂起"和"关机"等命令，参见图 1-39。

2. 使用文件管理器

　　GNOME 桌面环境使用的文件管理器是 Nautilus，这个工具与 Windows 资源管理器类似，用于管理 Linux 计算机的文件和系统。

　　通过主菜单"位置"来选择相应的子菜单及其命令，来执行各种文件和系统的浏览和管理任务。在展开的目录中单击相应的目录或文件继续操作，包括浏览文件目录列表、创建、删除或修改文件目录、打开文件等。例如，从"位置"菜单中选择"计算机"子菜单，可查看主机上的所有资源，再单击"文件系统"，即可展开根目录，如图 1-41 所示。

图 1-40　系统管理

图 1-41　文件管理器

3. 运行 GUI 应用程序

　　GNOME 桌面环境中运行图形界面应用程序的方法有很多，如从菜单中选择应用程序项；在桌面上双击应用程序图标；在文件管理器中双击可执行文件；在终端窗口中执行命令等。

1.4 Linux 文本模式与命令行

实际应用中的 Linux 服务器通常并不需要图形界面，因为图形界面要额外占用大量系统资源。使用 Linux 文本模式可以完成服务器所需的管理和操作，系统运行更加高效和稳定。管理员要在文本模式中使用各种命令来完成管理和操作任务，就要掌握命令行操作。

1.4.1 进入 Linux 文本界面

文本界面主要用于执行各种命令行操作，又称字符界面或命令行界面。对于 Linux 系统来说，有两种情况，一种是纯文本模式，另一种是图形界面下的仿真终端。

1. 进入 Linux 文本模式

没有安装 X Window 和桌面环境的 Linux 系统只能进入文本模式。已经安装 X Window 和桌面环境的 Linux 系统则可以通过修改配置文件，使系统引导时自动进入文本模式。具体方案是编辑 /etc/inittab 文件（参见图 1-38），找到包含"initdefault"的行，并将其修改为："id:3:initdefault:"，保存该文件，重启系统自动进入 Linux 文本模式。

2. 文本模式下登录 Linux 系统

当然进入 Linux 文本模式也需要登录 Linux 系统。启动 Linux 计算机之后，当出现如图 1-42 所示的界面时，分别输入用户名和口令（密码），就可以登录到 Linux 系统中，如图 1-43 所示。

图 1-42　文本模式登录界面

图 1-43　登录成功

为安全起见，用户输入的口令（密码）不在屏幕上显示，而且用户名和口令输入错误时只会给出一个"login incorrect"提示，不会明确地提示究竟是用户名还是口令错误。

成功登录后，将显示一串提示符，由 4 部分组成，格式如下。

[当前用户名@主机名　当前目录] 命令提示符

root 用户登录后，命令提示符为#，普通用户登录后，命令提示符为$。在命令提示符之后输入命令，即可执行相应的操作。

例如，"[root@Linuxsrv1 ~]#"表示 root 用户登录到主机 Linuxsrv1，当前所在的目录为~（代表其主目录/root）。**用户登录之后会自动进入其主目录**，执行目录切换操作之后，将显示当前所在的目录，例如：

```
[root@Linuxsrv1 ~]# cd /usr
[root@Linuxsrv1 usr]#
```

下面是一个以普通用户登录的例子：

```
[zhongxp@Linuxsrv1 ~]$
```

3. 文本模式下注销当前用户

注销就是退出某个用户的会话，是登录操作的反向操作。**注销会结束当前用户的所有进程，但是不会关闭系统，也不影响系统上其他用户的工作。**注销当前登录的用户的目的是为了以其他用户身份登录系统。

在文本模式下执行 logout 或 exit 命令即可注销。

4. 文本模式和图形界面的切换

Linux 是一个真正的多用户操作系统，可以同时接受多个用户登录，而且允许一个用户进行多次登录，因为 Linux 与 UNIX 一样，提供虚拟控制台（Virtual Console）的访问方式，允许用户在同一时间从控制台进行多次登录。

> 　　直接在 Linux 计算机上的登录称为从控制台登录，使用 telnet、SSH 等工具通过网络登录到 Linux 主机称为远程登录（后续章节将专门介绍）。在文本模式下从控制台登录的界面又称终端（TTY）。

Linux 系统允许用户同时打开 6 个虚拟控制台（tty1～tty6）进行操作，每个控制台可以让不同用户身份登录，运行不同的应用程序。启动 Linux 系统之后，默认使用 1 号控制台，可按组合键<Alt>+<F(n)>（其中 F(n)为 F1～F6）切换到指定的控制台，或者在不同控制台界面之间自由切换。每个控制台有一个设备特殊文件与之相关联，文件名为 tty 加上序号。例如，1 号控制台为 tty1，2 号控制台为 tty2。注意 tty0 表示当前所使用的虚拟控制台的一个别名，系统所产生的信息会发送到该控制台上。不管当前正在使用哪个虚拟控制台，系统信息都会发送到该控制台上。

进入 X Windows 图形界面之后，可以按组合键<Ctrl>+<Alt>+<F(n)>（其中 F(n)为 F1～F6）切换到文本控制台界面，在文本控制台界面中按组合键<Ctrl>+<Alt>+<F7>返回到图形界面。

> 　　如果在 VMWare 虚拟机中使用 Linux 系统，由于 VMWare 默认占用<Ctrl>+<Alt>组合键（作为释放鼠标指针到主机上的热键），由图形界面切换到文本模式的组合键为<Ctrl>+<Alt>+<Shift>+<F(n)>（其中 F(n)为 F1～F6），由文本模式切换回图形界面的组合键为<Alt>+<F7>，文本模式下不同控制台界面之间切换仍然使用<Alt>+<F(n)>（其中 F(n)为 F1～F6）。当然，也可修改 VMWare 虚拟机的热键选项，使切换操作与物理计算机保持一致。

5. 使用仿真终端窗口

在 Linux 图形界面中可打开仿真终端窗口，在其中与 Linux 文本模式下一样执行命令行操作，执行结果也会显示在终端窗口中。

这里以 Red Hat Enterprise Linux 5 的 GNOME 桌面环境为例，从主菜单"应用程序"中选择"附件" > "终端"命令，可打开终端命令行窗口，如图 1-44 所示。在终端命令行窗口中可以直接输入命令执行，执行的结果也显示在该窗口中。由于这是一个图形界面的仿真终端工具，用户可以通过相应的菜单很方便地修改终端的设置，如字体、字体颜色、背景颜色等。

对于初学者来说，在图形界面下的仿真终端窗口中使用命令行操作比直接使用 Linux 文本模式要方便一些，既可打开多个终端窗口，又可借助图形界面来处理各种文件。建议初学者登录到 Linux 图形界面，然后使用终端命令行，待熟悉之后，再转入文本模式。本书的操作实例多数是在终端窗口中完成的，并且兼顾了图形界面配置管理工具的使用。

图 1-44　仿真终端界面

可以根据需要打开多个终端窗口，可以使用图形操作按钮关闭终端窗口，也可在终端命令行中执行命令 exit 关闭该终端窗口。**注意**在终端命令行中不能进行用户登录和注销操作。

6. 使用命令行关闭和重启系统

通过直接关掉电源来关机是很不安全的做法，正确的方法是使用专门的命令执行关机和重启系统。Linux 只有 root 用户才能执行关机或重启命令。

通常执行 shutdown 命令来关机。该命令有很多选项，这里介绍常用的选项。例如，要立即关机，执行以下命令。

```
shutdown -h now
```

Linux 服务器是多用户系统，在关机之前应提前通知所有登录的用户，如执行以下命令表示 10 分钟之后关机，并向用户给出提示。

```
shutdown +10 "System will shutdown after 10 minutes"
```

也可以使用 halt 命令关机，它实际调用的是命令 shutdown –h。执行 halt 命令，将停止所有进程，将所有内存中的缓存数据都写到磁盘上，待文件系统写操作完成之后，停止内核运行。它有一个选项-p 用于设置关闭电源，省略此选项表示仅关闭系统而不切断电源。

还有一个关机命令 poweroff 相当于 halt –p，关闭系统的同时切断电源。

至于系统重启，可执行命令 shutdown –r 或者 reboot。

1.4.2　Linux Shell 与命令行

在学习 Linux 命令行操作之前，必须了解 Linux Shell。

1. 什么是 Shell

Shell 就是外壳的意思，在 Linux 系统中是用户和系统交互的界面。如图 1-45 所示，它提供用户与内核进行交互操作的一种接口，它接收用户输入的命令并将其送到内核去执行。

实际上 Shell 是一个命令解释器，拥有自己内建的 Shell 命令集。用户在提示符下输入的命令都由 Shell 先解释然后传给 Linux 内核。Shell 同时又是一种程序设计语言，允许用户编写由 Shell 命令组成的程序，这种程序通常称为 Shell 脚本或命令文件。Shell 具有普通编程语言的很多特点，简单易学，任何 Linux 命令都可编入可执行的 Shell 程序中。

总的来说，Linux Shell 主要提供以下几种功能。

● 解释用户在命令行提示符下输入的命令。这是最主要的功能。

● 提供个性化的用户环境，通常由 Shell 的初始化配置文件（如.profile、.login 等）实现。

● 编写 Shell 脚本，实现高级管理功能。

Shell 有多种不同的版本，主流的版本有 Bourne Shell、BASH、Bourne Shell 和 C Shell 等。

图 1-45　Linux Shell

2. 使用 Shell

用户使用文本模式登录，或者打开仿真终端时，就已自动进入一个默认的 Shell 程序。用户可看到 Shell 的提示符，用户在提示符后输入一串字符（这就是命令行），Shell 将对这一串字符进行解释。

Red Hat Enterprise Linux 5 默认使用的 Shell 程序是 bash。bash 是 sh 的增强版本，操作和使用非常方便。当然用户也可根据需要选择其他 Shell 程序。Linux 系统一般都提供多种 Shell 程序，用户执行以下命令可列出当前系统可用的 Shell 程序。

```
[root@Linuxsrv1 ~]# chsh -l
/bin/sh
/bin/bash
/sbin/nologin
/bin/tcsh
/bin/csh
/bin/ksh
/bin/zsh
```

要使用其他 Shell 程序，只需在命令行中输入 Shell 名称即可。需要退出 Shell 程序，执行 exit 命令即可。例如：

```
[root@Linuxsrv1 ~]# ksh
# exit
```

用户可以嵌套进入多个 Shell，然后使 exit 命令逐个退出。建议用户使用默认的 bash，如无特别说明，本书中的命令行操作例子都是在 bash 下执行的。

bash 有两种不同的执行模式，一种是登录 Shell（Login Shel），即用户登录 Linux 系统激活的 bash；另一种是非登录 Shell（Non-Login Shell），即用户登录系统后手动执行 bash 程序，或者执行某些 Shell 脚本而不启动 bash 进程。

3. Linux 命令基本用法

与 DOS 命令一样，Linux 命令包括内部命令和程序（相当于外部命令）。内部命令包含在 Shell 内部，程序是存放在文件系统中某个目录下的可执行文件。Shell 首先检查命令是否是内部命令，如果不是，再检查是否是一个单独程序，然后由系统调用该命令传给 Linux 内核，如果两者都不是就会报错。当然就用户使用而言，没有必要关心某条命令是不是内部命令。

用户使用文本模式登录，或者打开仿真终端时，可以看到一个 Shell 提示符（管理员为#，普通用户为户$），提示符标识命令行的开始，用户可以在它后面输入任何命令及其选项和参数。输入命令必须遵循一定的语法规则，命令行中输入的第 1 项必须是一个命令的名称，从第 2 项开始是命令的选项（Option）或参数（Arguments），各项之间必须由空格或 TAB 制表符隔开，格式如下。

```
提示符  命令  选项  参数
```

有的命令不带任何选项和参数。**Linux 命令行严格区分大小写，命令、选项和参数都是如此。**

（1）选项。选项是包括一个或多个字母的代码，前面有一个"-"连字符，主要用于改变命令执行动作的类型。例如，如果没有任何选项，ls 命令只能列出当前目录中所有文件和目录的名称；而使用带-1 选项的 ls 命令将列出文件和目录列表的详细信息。

```
[root@Linuxsrv1 wang]# ls
Desktop  mail  Maildir
[root@Linuxsrv1 wang]# ls -l
总计 12
drwxr-xr-x 2 wang testsmb 4096 05-12 16:35 Desktop
drwx------ 3 wang testsmb 4096 02-09 10:43 mail
drwxr-xr-x 2 root root    4096 01-09 11:56 Maildir
```

使用一个命令的多个选项时，可以简化输入。例如，将命令 ls -l -a 简写为 ls -la。

对于由多个字符组成的选项（长选项格式），前面必须使用"--"符号，如 1s --directory。

有些选项既可以使用短选项格式，又可使用长选项格式，如 1s –a 与 1s –all 意义相同。

（2）参数。参数通常是命令的操作对象，多数命令都可使用参数。例如，不带参数的 ls 命令只能列出当前目录下的文件和目录，而使用参数可列出指定目录或文件中的文件和目录。例如：

```
[root@Linuxsrv1 wang]# ls /home/zhang
Desktop  public_html
```

使用多个参数的命令必须注意参数的顺序。有的命令必须带参数。

同时带有选项和参数的命令，通常选项位于参数之前。

4. 灵活使用命令行

（1）编辑修改命令行。命令行实际上是一个可编辑的文本缓冲区，在按回车键前，可以对输入的内容进行编辑，如删除字符，删除整行、插入字符。这样用户在输入命令的过程中出现错误，无须重新输入整个命令，只需利用编辑操作，即可改正错误。

在命令行输入过程中，使用快捷键<Ctrl>+<D>将提交一个文件结束符以结束键盘输入。

（2）调用历史命令。用户执行过的命令保存在一个命令缓存区中，称为命令历史表。默认情况下，Red Hat Enterprise Linux 5 使用的 bash 可以存储 1 000 个历史命令。用户可以查看自己的命令历史，根据需要重新调用历史命令，以提高命令行使用效率。

按上、下箭头键，便可以在命令行上逐次显示已经执行过的各条命令，用户可以修改并执行这些命令。

如果命令非常多，可使用 history 命令列出最近用过的所有命令，显示结果中为历史命令加上数字编号，如果要执行其中某一条命令，可输入"!编号"来执行该编号的历史命令。

（3）自动补全命令。bash 具有命令自动补全功能，当用户输入了命令、文件名的一部分时，按<Tab>键就可将剩余部分补全；如果不能补全，再按一次<Tab>键就可获取与已输入部分匹配的命令或文件名列表，供用户从中选择。这个功能可以减少不必要的输入错误，非常实用。

（4）一行多条命令和命令行续行。可在一个命令行中可以使用多个命令，用分号";"将各个命令隔开。例如：

```
ls -l;pwd
```

也可以在几个命令行中输入一个命令，用反斜杠"\"将一个命令行持续到下一行。例如：

```
ls -l -a \
/home/zhongxp/
```

（5）强制中断命令运行。在执行命令的过程中，可使用组合键<Ctrl>+<C>强制中断当前运行的命令或程序。例如，当屏幕上产生大量输出，或者等待时间太长，或者进入不熟悉的环境，就可立即中断命令运行。

5. Shell 中的特殊字符

Shell 中除使用普通字符外，还可以使用特殊字符，应注意其特殊的含义和作用范围。这里重点介绍通配符和引号。至于其他特殊字符，将在涉及有关功能时介绍。

（1）通配符。通配符用于模式匹配，如字符串查找、文件名匹配与搜索等。常用的通配符有*、?和[ ]中的字符序列。用户可以在作为命令参数的文件名中包含这些通配符，在执行过程中进行模式匹配。

*表示任何字符串。例如，*log*表示含有 log 的字符串。

? 表示任何单个字符。例如，a?c 表示由 a、任意字符和 b 3 个字符组成的字符串。

[]表示一个字符序列，字符序列可以直接包括若干字符，例如[abc]表示 a、b、c 之中的任一字符；也可以是由"-"连接起止字符形成的序列，例如[abc-fp]表示 a、b、c、d、e、f、p 之中的任一字符；在[]中使用!表示排除其中的任意字符，例如[!ab]表示不是 a 或 b 的任一字符；除连字符"-"之外，其他特殊字符在[]中都是普通字符，包括*和? 。

*、?和[]可以组合使用。

（2）引号。由单引号（'）括起来的字符串视为普通字符串，包括空格、$、/、\等特殊字符。

由双引号（"）括起来的字符串，除$、\、单引号和双引号仍作为特殊字符并保留其特殊功能外，其他都视为普通字符对待。\是转义符，Shell 不会对其后面的那个字符进行特殊处理，要将$、\、单引号和双引号作为普通字符，在其前面加上转义符\即可。

还有一个特殊引号是反引号（`）。由反引号括起来的字符串被 Shell 解释为命令行，在执行时首先执行该命令行，并以它的标准输出结果替代该命令行（反引号括起来的部分，包括反引号）。

6. 环境变量

每个用户登录系统后，都会有一个专用的运行环境。通常各个用户默认的环境都是相同的，这个默认环境实际上就是一组环境变量的定义。用户可直接引用环境变量，也可修改环境变量来定制运行环境。常用的环境变量列举如下。

- PATH：可执行命令的搜索路径。
- HOME：用户主目录。
- LOGNAME：当前用户的登录名。
- HOSTNAME：主机名。
- PS1：当前命令提示符。

使用 env 命令可显示所有的环境变量。

要引用某个环境变量，通常在其面加上$符号，如要查看当前用户主目录，执行下列命令：

```
[root@Linuxsrv1 ~]# echo $HOME
/root
```

要修改某个环境变量，则不用加上$符号，如默认历史命令记录数量为 1000，要修改它（变量名为 HISTSIZE），只需在命令行中为其重新赋值。例如：

```
[root@Linuxsrv1 ~]# HISTSIZE=1005
[root@Linuxsrv1 ~]# echo $HISTSIZE
1005
```

7．输入输出重定向与管道操作

与 DOS 类似，Shell 程序通常自动打开以下 3 个标准文档。

- 标准输入文档（stdin）。
- 标准输出文档（stdout）。
- 标准错误输出文档（stderr）。

其中 stdin 一般对应终端键盘；stdout 和 stderr 对应终端屏幕。进程从 stdin 获取输入内容，将执行结果信息输出到 stdout，如果有错误信息，同时输出到 stderr。多数情况下使用标准输入输出作为命令的输入输出，但有时可能要改变标准输入输出，这就涉及重定向和管道。

（1）输入重定向。输入重定向主要用于改变命令的输入源，让输入不要来自键盘，而来自指定文件。基本用法：

```
命令 < 文件名
```

例如，wc 命令用于统计指定文件包含的行数、字数和字符数，直接执行不带参数的 wc 命令，将等待用户输入内容之后，按<Ctrl>+<D>结束输入后才对输入的内容进行统计。而执行下列命令通过文件为 wc 命令提供统计源。

```
[root@Linuxsrv1 ~]# wc < /etc/protocols
 154 1014 6108
```

（2）输出重定向。输出重定向主要用于改变命令的输出，让标准输出不要显示在屏幕上，而写入到指定文件中。基本用法：

```
命令 > 文件名
```

例如，ls 命令在屏幕上列出文件列表，不能保存列表信息。要将结果保存到指定的文件，就可使用输出重定向，例如，下列命令将当前目录中的文件列表信息写到所指定的文件中。

```
ls > /home/zhongxp/myml.lst
```

如果写入到已有文件，则将该文件重写（覆盖）。要避免重写破坏原有数据，可选择追加功能，将>改为>>，例如，下列命令将当前目录中的文件列表信息追加到到所指定的文件的末尾。

```
ls >> /home/zhongxp/myml.lst
```

以上是对标准输出来讲的，至于标准错误输出的重定向，只需要换一种符号，将>改为 2>；将>>改为 2>>。

将标准输出和标准错误输出重定向到同一文件，则使用符号&>。

（3）管道。管道用于将一个命令的输出作为另一个命令的输入，使用管道符"|"来连接命令。可以将多个命令依此连接起来，前一个命令的输出作为后一个命令的输入。基本用法：

```
命令 1 | 命令 2 …… | 命令 n
```

在 Linux 命令行中，管道操作非常实用。例如，以下命令将 ls 命令的输出结果提交给 grep 命令进行搜索。

```
ls | grep "ab"
```

在执行输出内容较多的命令时可以通过管道使用 more 命令进行分页显示，例如：

```
cat /etc/log/messages | more
```

8. 获得联机帮助

Linux 命令非常多，许多命令都有很多选项和参数，在具体使用时要善于利用相关的帮助信息。Linux 系统安装有联机手册（Man Pages），为用户提供命令和配置文件的详细介绍，是用户的重要参考资料。

使用命令 man 显示联机手册，基本用法为

```
man [选项] 命令名或配置文件名
```

运行该命令显示相应的联机手册，由于提供基本的交互控制功能，如翻页查看，输入命令 q 即可退出 man 命令。

对于 Linux 命令，也可使用选项--help 来获取某命令的帮助信息，如要查看 cat 命令的帮助信息，可执行命令 cat --help。

1.4.3　使用 vi 编辑器

Linux 系统配置需要编辑大量的配置文件，在图形界面中编辑这些文件很简单，通常使用 gedit 图形编辑器，它类似于 Windows 记事本。作为管理员，往往要在文本模式下操作，这就需要熟练掌握文本编辑器。vi 是一个功能强大的文本模式全屏幕编辑器，也是 UNIX/Linux 平台上最通用、最基本的文本编辑器，Red Hat Enterprise Linux 5 中提供的版本为 vim。vim 相当于 vi 的增强版本。掌握 vi 对于 Linux 管理员来说是必需的。

1. vi 操作模式

vi 分为以下 3 种操作模式，代表不同的操作状态，熟悉这一点最为重要。

● 命令模式（Command mode）：输入的任何字符都作为命令（指令）来处理。

● 插入模式（Insert mode）：输入的任何字符都作为插入的字符来处理。

● 末行模式（Last line mode）：执行文件级或全局性操作，如保存文件、退出编辑器，设置编辑环境等。

命令模式下可控制屏幕光标的移动、行编辑（删除、移动、复制），输入相应的命令进入插入

模式。进入插入模式的命令有以下 6 个。

- a：从当前光标位置右边开始输入下一字符。
- A：从当前光标所在行的行尾开始输入下一字符。
- i：从当前光标位置左边插入新的字符。
- I：从当前光标所在行的行首开始插入字符。
- o：从当前光标所在行新增一行并进入插入模式，光标移到新的一行行首。
- O：从当前光标所在行上方新增一行并进入插入模式，光标移到新的一行行首。

从插入模式切换到命令模式，只需按<ESC>键。

命令模式下输入"："切换到末行模式，从末行模式切换到命令模式，也需按<ESC>键。

如果不知道当前处于哪种模式，可以直接按<ESC>键确认进入命令模式。

2．打开 vi 编辑器

在命令行中输入 vi 命令即可进入 vi 编辑器，如图 1-46 所示。

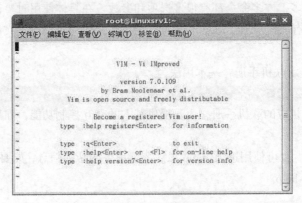

图 1-46　vi 编辑器

这里没有指定文件名，将打开一个新文件，保存时需要给出一个明确的文件名。

如果给出指定文件名，如 vi filename，将打开指定的文件。如果指定的文件名不存在，则将打开一个新文件，保存时使用该文件名。

3．编辑文件

刚进入 vi 之后处于命令模式下，不要急着用上下左右键移动光标，而是要输入 a、i、o 中的任一字符（用途前面有介绍）进入插入模式，正式开始编辑。

在插入模式下只能进行基本的字符编辑操作，可使用键盘操作键（非 vi 命令）打字、删除、退格、插入、替换、移动光标、翻页等。

其他一些编辑操作，如整行操作、区块操作，需要按<ESC>键回到命令模式中进行。实际应用中插入模式与命令模式之间的切换非常频繁。下面列出常见的 vi 编辑命令。

（1）移动光标。vi 可以直接用键盘上的光标键来上下左右移动，但正规的 vi 的用法为：用小写英文字母 h、j、k、l，分别控制光标左、下、上、右移一格。常用的光标操作还有如下几个：

- 按<Ctrl>+<b>键上翻一页；按<Ctrl>+<f>键下翻一页；

- 按 0 键移到光标所在行的行首，按$键移到该行的开头，按 w 键光标跳到下个单词的开头；
- 按 G 键移到文件最后一行；再 nG 键（**n 为数字，下同**），移到文件第 *n* 行。

（2）删除。

- 字符删除：按 x 键向后删除一个字符；按 nx 键，向后删除 *n* 个字符。
- 行删除：按 dd 键删除光标所在行；按 ndd 键，从光标所在行开始向下删除 *n* 行。

（3）复制。

- 字符复制：按 y 键复制光标所在字符；按 yw 复制光标所在处到字尾的字符。
- 行复制：按 yy 键复制光标所在行；按 nyy 键，复制从光标所在行开始往下的 *n* 行。

（4）粘贴。删除和复制的内容都将放到内存缓冲区。使用命令 p 将缓冲区内的内容粘贴到光标所在位置。

（5）查找字符串。

- /关键字：先按/键，再输入要寻找的字符串，再按回车键向下查找字符串。
- ?关键字：先按?键，再输入要寻找的字符串，再按回车键向上查找字符串。

（6）撤销或重复操作。如果误操作一个命令，按 u 回复到上一次操作。按.键可以重复执行上一次操作。

4．保存文件和退出 vi

保存文件和退出 vi 要进入末行模式才能操作。

- :w filename：将文件存入指定的文件名 filename。
- :wq：将文件以当前文件名并退出 vi 编辑器。
- :w：将文件以当前文件名保存并继续编辑。
- :q：退出 vi 编辑器。
- :q!：不保存文件强行退出 vi 编辑器。
- qw：保存文件并退出 vi 编辑器。

5．其他全局性操作

在末行模式下还可执行以下操作。

- 列出行号：输入 set nu，按回车键，在文件的每一行前面都会列出行号。
- 跳到某一行：输入数字，再按回车键，就会跳到该数字指定的行。
- 替换字符串：输入“范围/字符串 1/字符串 2/g”，将文件中指定范围字符串 1 替换为字符串 2，g 表示替换不必确认；如果 g 改为 c，则在替换过程中要求确认是否替换。范围使用“m,ns”的形式表示从 *m* 行到 *n* 行，对于整个文件，则可表示为“1,$s”。

6．多文件操作

要将某个文件内容复制到另一个文件中当前光标处，可在末行模式执行命令：r filename，filename 的内容将粘贴进来。

要同时打开多个文件，启动 vi 时加上多个文件名，如 vi filename1 filename2。打开多个文件之后，在末行模式下执行命令:next 和:previous 在文件之间切换。

习题

1. **简答题**

（1）简述网络服务的两种模式。

（2）常见的服务器软件有哪些种类？

（3）为什么 Linux 适合用作服务器操作系统？

（4）简述 Linux 内核版本与发行版本。

（5）安装 Linux 需要创建哪些分区？

（6）简述 X Window System 的工作原理。

（7）管理员为什么要使用 Linux 文本模式？

（8）什么是 Shell，它有什么作用？

2. **实验题**

（1）以图形模式安装 Red Hat Enterprise Linux 5，并以 root 身份登录到系统，在图形界面中查看主要菜单，并打开文件管理器浏览文件系统。

（2）切换到 Linux 文本模式，在虚拟控制台中登录，然后再切回图形界面。

（3）在 Linux 图形界面中打开终端窗口，练习命令行的基本操作。

（4）使用 vi 编辑器编辑一个文本文件，熟悉基本的编辑方法。

第2章

Linux 系统配置与管理

【学习目标】

本章将向读者详细介绍 Linux 系统配置与管理的基础知识，让读者掌握用户与组、文件系统、磁盘配额、系统启动、进程、自动化任务调度的配置管理技能，以及软件包安装的基本方法。

【学习导航】

Linux 是一个多用户、多任务的服务器操作系统，系统本身的配置管理对管理员来说尤其重要，本章用较大篇幅来讲解这方面的内容，这是各类 Linux 应用服务器部署、配置与管理的基础。

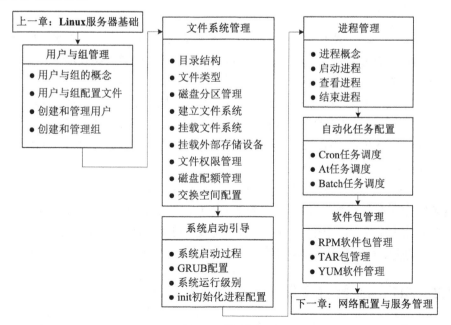

图 2-0　结构框图

2.1 用户与组管理

用户（User）和组（Group）的控制与管理是一项重要的系统管理工作。在 Linux 中，可通过命令行来创建和管理用户与组，也可在图形界面中使用用户管理器来实施。

2.1.1 用户与组概述

任何一个用户要获得 Linux 系统的使用授权，都必须要拥有一个用户账户（Account）。用户账户代表登录和使用系统的身份。

1. 了解用户账户

在操作系统中，每个用户对应一个账户。用户账户是用户的身份标识（相当于通行证），通过账户用户可登录到某个计算机上，并且访问已经被授权访问的资源。用户账户可分为以下 3 种类型。

- 根账户（root）：**超级用户 root 可以执行所有任务**，不受限制地执行任何操作。
- 系统账户：由系统本身或某应用程序使用的专门账户。其中供服务使用的又称服务账户。
- 普通用户：供实际用户登录使用的普通用户账户。

可将根账户与系统账户统称为标准用户。基于安全考虑，管理员应为自己建立一个用来处理一般事务的普通账户，只有在必要的时候才使用 root 身份操作。

Linux 系统使用用户 ID（简称 UID）作为用户账户的唯一标识。 root 账户的 UID 为 0，系统账户的 UID 的范围为 1～499，普通用户的 UID 默认从 500 开始顺序编号。

系统账户不用于登录系统，因而不需要主目录。它也没有特别的权限，通常又分为两种，一种是由 Linux 系统安装时自行建立的系统账户，另一种是用户自定义的系统账户。

2. 了解组账户

组是一类特殊账户，就是指具有相同或者相似特性的用户集合，又称用户组。Red Hat Enterprise Linux 中文图形界面中将其译为"组群"，还有人称为群组。将权限赋予某个组，组中的成员用户即自动获得这种权限。

用户与组属于多对多的关系。一个组可以包含多个不同的用户。一个用户可以同时属于多个组，其中某个组为该用户的主要组（Primary Group），其他组为该用户的次要组。

主要组又称初始组（Initial Group），实际上是用户的默认组，当用户登入系统之后，立刻就拥有该组的相关权限。

与用户账户类似，组账户分为超级组（Superuser Group）、系统组（System）和自定义组。**Linux 系统也使用组 ID（简称 GID）作为组账户的唯一标识。** 超级组名为 root，GID 为 0，只是不像 root 用户一样具有超级权限。系统组由 Linux 系统本身或应用程序使用，GID 的范围为 1～499。自定义组由管理员创建，GID 默认从 500 开始。

2.1.2 用户与组配置文件

在 Linux 系统中，用户账户、用户密码、组信息均存放在不同的配置文件中。无论是使用图形化工具，还是命令行工具创建管理用户账户和组账户，都会将相应的信息保存到配置文件中，这两种工具间没有本质区别。

1. 用户配置文件

Linux 用户账户及其相关信息（除密码之外）均存放在/etc/passwd 配置文件中。由于所有用户对该文件均有读取的权限，因此密码信息并未保存在该文件中，而是保存/etc/shadow 文件中。

（1）用户账户配置文件/etc/passwd。该文件是文本文件，可以直接查看。这里从中提出几个记录进行分析。

```
root:x:0:0:root:/root:/bin/bash
bin:x:1:1:bin:/bin:/sbin/nologin
zhongxp:x:500:502:::/home/zhongxp:/bin/bash
```

　　文本文件除了使用文本编辑器查看之外，还可以使用文本文件显示命令在控制台或终端窗口中查看。相关命令主要有：cat（全部显示，一屏显示不下，可控制滚屏）、more（分屏显示）、less（分屏显示，功能较 more 强）、head（显示文件前几行）和 tail（显示文件后几行）。如果需要从中查找特定的信息，还可结合管道操作使用 grep 命令来实现。

该文件中一行定义一个用户账户，每行均由 7 个字段构成，各字段值之间用冒号分隔，每个字段均标识该账户某方面的信息，基本格式：

账户名:密码:UID:GID:注释:主目录:Shell

各字段说明如下。

- 账户名是用户名，又称登录名。最长不超过 32 个字符，可使用下划线和连字符。
- 密码使用 x 表示，因为 passwd 文件不保存密码信息。
- UID 是用户账户的编号，**GID 用于标识用户所属的主要组**。
- 注释可以是用户全名或其他说明信息。
- 主目录是用户登录后首次进入的目录，这里必须使用绝对路径。
- Shell 是用户登录后所使用的一个命令行界面。Red Hat Enterprise Linux 默认使用的是/bin/bash，如果该字段的值为空，则默认使用/bin/bash。**如果要禁止用户账户登录 Linux，只需将该字段设置为/shin/nologin 即可**。例如，对于系统账户 ftp 来说，一般只允许它登录和访问 FTP 服务器，并不允许它登录 Linux 操作系统。

如果要临时禁用某个账户，可以在 passwd 文件中该账户记录行前加上星号（*）。

（2）用户密码配置文件/etc/shadow。为安全起见，用户真实的密码采用 MD5 加密算法加密后，保存在/etc/shadow 配置文件中，该文件只有 root 用户可以读取。该文件也可以直接查看，这里从中挑出几行内容进行分析。

```
root:$1$P1d0tvF8$jafU3KR4HuojR7sixfCzl1:14403:0:99999:7:::
bin:*:14403:0:99999:7:::
zhongxp:$1$CHVwuDaU$1ssBACCBHtnXl3yC3M/Py/:14403:0:99999:7:::
```

shadow 文件也是每行定义和保存一个账户的相关信息。每行均由 9 个字段构成，各字段值之间用冒号分隔，基本格式如下。

账户名:密码:最近一次修改:最短有效期:最长有效期:过期前警告期:过期日期:禁用:保留用于未来扩展

第 2 个字段为用户密码，存储的是加密后的密码。该字段值如果为空，表示没有密码；如果为!!，则表示密码已被禁用（锁定）。

第 3 个字段记录最近一次修改密码的日期，这是相对日期格式，即从 1970 年 1 月 1 日到修改日期的天数。第 7 个字段记录的密码过期日期也是这种格式，如果值为空，则表示永不过期。

第 4 个字段表示密码多少天内不许修改，0 值表示随时修改；第 5 个字段表示多少天后必须修改。第 6 个字段表示密码过期之前多少天开始发出警告信息。

2. 组配置文件

组账户的基本信息存放在/etc/group 文件中，而关于组管理的信息（组密码、组管理员等）则存放在/etc/gshadow 文件中。

（1）组账户配置文件/etc/group。该文件是文本文件，可以直接查看。这里从中挑出几行内容进行分析。

```
root:x:0:root
bin:x:1:root,bin,daemon
zhongxp:x:500:
```

每个组账户在 group 文件中占用一行，并且用冒号分为 4 个字段，格式如下。

```
组名:组密码:GID:组成员列表
```

在该文件中，用户的主要组不会将该用户自己作为成员列出，只有用户的次要组才会将其作为成员列出。例如，zhongxp 的主要组是 zhongxp，但 zhongxp 组的成员列表中并没有该用户。

（2）组账户密码配置文件/etc/gshadow。/etc/gshadow 文件用于存放组的加密密码。每个组账户在 gshadow 文件中占用一行，并且用冒号分为 4 个字段，格式如下。

```
组名:加密后的组密码:组管理员:组成员列表
```

2.1.3 创建和管理用户账户

命令行工具是 Linux 的工业标准，这里以命令行操作为例，介绍 Linux 用户账户的创建和管理。

1. 添加用户账户

创建或添加 Linux 新用户可使用 useradd 命令，其基本用法为

```
useradd [选项] <用户账户名>
```

该命令的选项较多，常用的主要有如下几种。

- -d：指定用户主目录。
- -m：若主目录不存在，则创建它。而-M 表示不创建主目录。
- -e：指定账户过期的日期，日期格式为 YYYY-MM-DD。
- -g：指定该用户所属主要组（名称或 ID 均可）。该用户组在指定时必须已创建。
- -G：指定用户所属其他组列表，各组之间用逗号分隔。
- -n：不为用户创建私有用户组。
- -r：指定创建一个系统账户，**建立系统账户时不会建立主目录**，其 UID 也会有限制。
- -s：指定用户登录时所使用的 Shell，默认为/bin/bash。
- -u：手动指定新用户的 UID。

对于没有指定上述选项，将根据/etc/login.defs（创建新用户的默认选项，如密码长度）文件

和 **etc/default/useradd（创建用户的默认设置，如是否创建用户私有目录）文件中的定义为新建用户账户提供默认值**。另外，Linux 还利用/etc/skel/目录为新用户初始化主目录。

　　下面是一个创建用户账户的简单例子，在创建一个名为 zhangsan 的用户账户的同时，创建并指定主目录 home/zhangsan，创建私有用户组 zhangsan，将登录 Shell 指定为/bin/bash，自动赋予一个 500 之后的 UID。

```
[root@Linuxsrv1 ~]# useradd zhangsan
[root@Linuxsrv1 ~]# cat /etc/passwd | grep zhangsan   ##从配置文件中查看该用户
zhangsan:x:508:508::/home/zhangsan:/bin/bash
```

　　Red Hat Enterprise Linux 使用用户私有组（UPG）模式。在 Linux 系统中，默认情况下创建用户账户的同时也会建立一个与用户名同名的组账户，该组作为用户的主要组（默认组）。

2. 管理用户账户密码

　　Linux 对于新创建的用户，在没有设置密码的情况下，账户密码处于锁定状态，此时用户账户将无法登录系统。可到/etc/shadow 文件中查看，密码部分为!!。

```
zhangsan:!!:14789:0:99999:7:::
```

　　Linux 用户账户必须设置密码后才能登录系统，这可使用 passwd 命令实现，其用法为

```
passwd [选项] [用户名]
```

　　下面讲解其主要用法。

　　（1）设置账户密码。如果不提供用户名，只对当前登录的用户设置密码，普通用户只能通过这种方式修改自己账户的密码。只有 root 用户才有权使用指定用户名的方式设置指定账户密码。设置密码后，原密码将被自动被覆盖。接上例，为新建用户 zhangsan 设置密码：

```
[root@Linuxsrv1 ~]# passwd zhangsan
Changing password for user zhangsan.
New UNIX password:
Retype new UNIX password:
passwd: all authentication tokens updated successfully.
```

　　用户登录密码设置后，就可使用它登录系统了。切换到虚拟控制台，尝试利用新账户登录，以检验能否登录。

　　（2）账户密码锁定与解锁。使用带-l 选项的 passwd 命令可锁定账户密码，其用法为

```
passwd -l 用户账户名
```

　　密码一经锁定，将导致该账户无法登录系统。使用带-u 选项的 passwd 命令可解除密码锁定。

　　（3）查询密码状态。使用带-S 选项的 passwd 命令可查看某账户的当前状态。接上例，查看 zhangsan 密码状态：

```
[root@Linuxsrv1 ~]# passwd -S zhangsan
zhangsan PS 2010-06-29 0 99999 7 -1 (Password set, MD5 crypt.)
```

　　（4）删除账户密码。使用带-d 选项的 passwd 命令可删除密码。账户密码删除后，将不能登录系统，除非重新设置。

3. 修改用户账户

　　对于已创建的用户账户，可使用 usermod 命令来修改其各项属性，包括用户名、主目录、用户组、登录 Shell 等，用法为

```
usermod [选项] 用户账户名
```

大部分选项与添加用户所用的 useradd 命令相同，这里重点介绍几个不同的选项及其功能。

使用–l 选项改变用户账户名：

```
usermod -l 新用户账户名 原用户账户名
```

使用-L 选项锁定账户，临时禁止该用户登录：

```
usermod -L 用户账户名
```

如果要解除账户锁定，使用-U 选项即可。

4. 删除用户账户

要删除账户，可使用 userdel 命令来实现，其用法为

```
userdel [-r] 用户账户名
```

如果使用选项-r，则在删除该账户的同时，一并删除该账户对应的主目录和邮件目录。

注意 userdel 不允许删除正在使用（已经登录）的用户账户。

2.1.4　创建和管理组账户

组账户的创建和管理与用户账户类似，由于涉及的属性比较少，非常容易。

1. 创建组账户

创建组账户使用 groupadd 命令，其命令用法为

```
groupadd [选项] 组名
```

使用-g 选项可自行指定组的 GID。

使用-r 选项，则创建系统组，其 GID 值小于 500；若不带此选项，则创建普通组。

2. 修改组账户

组账户创建后可根据需要可对其相关属性进行修改，主要是修改组名和 GID 值。其用法为

```
groupmod [-g GID] [-n 新组名] 组名
```

3. 删除组账户

删除组账户使用 groupdel 命令来实现，其用法为

```
groupdel 组名
```

要删除的组不能是某个用户账户的私有组，否则将无法删除；若要删除，则应先删除引用该私有组的账户，然后再删除组。

4. 管理组成员

使用命令 gpasswd 将用户添加到指定的组，使其成为该组的成员，其用法为

```
gpasswd -a 用户名 组名
```

使用以下命令作为将某用户从组中删除：

```
gpasswd -d 用户名 组名
```

2.1.5　使用用户管理器管理用户和组

Red Hat Enterprise Linux 图形界面提供了用户管理器，利用该管理器可以更为直观地创建和管理用户和组。操作方式与 Windows 大体相同，这里以 GNOME 桌面环境为例简单介绍一下。

从主菜单"系统"中选择"管理">"用户和组群"命令，打开用户管理器，如图 2-1 所示。也可在终端命令行中执行命令 system-config-users 来打开该管理器。

默认显示系统所有的用户列表，双击某用户可打开用户属性编辑器，查看和编辑该用户账户各项属性（见图 2-2）。切换到"组群"窗格，则可查看和管理组账户。单击"添加用户"、"添加组群"按钮，则可打开相应的窗口，根据提示创建账户。

图 2-1　用户管理主界面

图 2-2　查看和编辑用户属性

2.1.6　其他用户管理命令

1. 查看用户信息

执行 id 命令可以查看指定用户或当前用户的信息，用法为

```
id [选项] [用户名]
```

如果不提供用户名，显示当前登录的用户的信息。如果指定用户名，将显示该账户信息。例如，以 root 账户登录，查看其信息：

```
[root@Linuxsrv1 ~]# id
uid=0(root) gid=0(root) groups=0(root),1(bin),2(daemon),3(sys),4(adm),6(disk),
10(wheel)
```

2. 临时改变用户身份

使用 su 命令临时改变用户身份，用法为

```
su [选项] [用户名 [参数]]...
```

root 用户权限太大，并不适合一般性工作。Linux 管理员平常使用普通用户账户登录系统，当需要对系统执行一些普通用户没有权限执行的操作时，可以使以下命令临时改变身份为 root。

```
su root
```

由普通账户改变身份为 root 账户时需要提供 root 账户密码，完成管理任务再切换到普通用户身份，此时无须输入任何密码。

如果不带任何参数，默认为转换到 root 用户。使用选项-（或–l--login），将登录并改动到所转换的用户环境。

2.2　文件系统管理

文件系统管理是 Linux 系统管理的重要内容。这里重点介绍使用和管理 Linux 文件系统必备的知识和方法。

2.2.1　Linux 系统目录结构

在详细介绍 Linux 文件系统及其管理之前，先简单介绍一下更为直观的目录结构。

1．Linux 目录结构

与 Windows 系统一样，Linux 也使用树形目录结构来分级、分层组织管理文件，最上层是根目录，用"/"表示，路径表示可采用绝对路径，也可采用相对路径。

重点是要搞清楚 Linux 与 Windows 系统目录结构不一样的地方。Windows 系统每个磁盘分区都有一个独立的根目录，有几个分区就有几个目录树结构，它们之间的关系是并列的，各分区采用盘符（如 C、D、E）进行区分和标识，通过相应的盘符访问分区；而 **Linux 操作系统使用单一的目录树结构，整个系统只有一个根目录，各个分区挂载到被挂载到目录树的某个目录中，通过访问挂载点目录，即可实现对这些分区的访问。**

Linux 文件名由字母、数字、其他符号组成，长度可以达到 255 个字符，严格区分大小写。文件名应注意避免以下特殊字符：

```
* ? > < ; & ! [ ] | \ ' " ` ( ) { }
```

2．Linux 系统目录

Linux 是一个多用户系统，制定一个固定的目录规划有助于对系统文件和不同的用户文件进行统一管理。Linux 使用规范的目录结构，系统安装时就已创建了完整而固定的目录结构，并指定了各个目录的作用和存放的文件类型。常见的系统目录简介如下。

- /bin：存放用于系统管理维护的常用的实用命令文件。
- /boot：存放用于系统启动的内核文件和引导装载程序文件。
- /dev：存放设备文件。
- /etc：存放系统配置文件，如网络配置、设备配置、X Window 系统配置等。
- /home：各个用户的主目录，其中的子目录名称即为各用户名。
- /lib：存放动态链接共享库（其作用类似于 Windows 里的.dll 文件）。
- /media：为光盘、软盘等设备提供的默认挂载点。
- /mnt：为某些设备提供的默认挂载点。
- /root；root 用户主目录。**不要将其与根目录混淆。**

- /proc：系统自动产生的映射。通过查看该目录中的文件获取有关系统硬件运行的详细信息。
- /sbin：存放系统管理员或者 root 用户使用的命令文件。
- /usr：存放应用程序和文件。
- /var：保存经常变化的内容，如系统日志、打印。

3．Linux 目录和文件操作命令

除了可以通过图形界面操作目录和文件外，可以直接在命令行中使用目录和文件操作命令。

常见的目录操作命令有：mkdir（建立新目录）、rmdir（删除目录）、pwd（显示当前工作目录）、cd（改变当前目录）。

常见的文件操作命令有：ls（列表显示目录和文件清单）、cp（复制目录和文件）、rm（删除目录或文件）、mv（移动或重命名目录或文件）、ln（创建链接文件）。

2.2.2　Linux 文件类型

可以将 Linux 文件分为以下 4 种类型。

1．普通文件

包括文本文件、数据文件、可执行的二进制程序文件等。

2．目录文件

将目录看成是一种特殊的文件，每个目录文件中至少包括两个条目："."表示上一级目录，"."表示该目录本身。本章在介绍文件时，如没有特别说明，也包括目录。

3．设备文件

将每一个设备都看成是一个文件。设备文件是一种特别的文件，Linux 系统利用它们来标识各个设备驱动器，内核使用它们与硬件设备进行通信。

设备文件又可分为两种类型：字符设备文件和块设备文件。字符设备的存取是以一个个的字符为单位的，如键盘、鼠标等设备，无缓冲且只能顺序存取；而块设备的存取是以字符块为单位的，如软盘、硬盘、光盘等设备，有缓冲且可以随机存取。

Linux 将设备文件置于/dev 目录下，系统中的每个设备在该目录下有一个对应的设备文件，并有一些命名约定。例如串口 COM1 的文件名为/dev/ttyS0，/dev/sda 对应第一个 SCSI 硬盘（或 SATA 硬盘），/dev/sda5 对应第一个 SCSI 硬盘（或 SATA 硬盘）第 1 个逻辑分区，光驱表示为/dev/cdrom，软驱表示为/dev/fd0。甚至可以提供伪设备（实际没有）文件，如/dev/null、/dev/zero。

实际上 Linux 内核并不关心/dev 目录下的设备文件名，而关心主设备号和次设备号。主设备号帮助操作系统查找设备驱动程序代码，区分设备种类（在文件/usr/src/Linux/include/Linux/major.h 中定义）；次设备号用于区分同一类设备的不同个体，从 0 开始编号，1 就是第二个设备。

如果需要增加额外的设备，可能需要使用 mknod 命令增加一个新的设备文件，用法如下。

mknod　[选项]　设备文件名　类型　主设备号　次设备号

其中类型用 b（块设备）或 c（字符设备）表示。下例创建一个新的磁盘阵列设备：

`mknod md1 b 9 1`

4. 链接文件

链接就是将已有的文件（或目录）链接到访问更为方便的文件。例如，当需要在不同的目录中使用相同文件时，可以在一个目录中存放该文件，在另一个目录中创建一个指向该文件（目标）的链接，然后通过这个链接来访问该文件，这就避免了重复占用磁盘空间，而且也便于同步管理。

链接文件有两种，分别是符号链接（Symbolic Link）和硬链接（Hard Link）。

符号链接文件类似于 Windows 系统中的快捷方式，其内容是指向原文件的路径。原文件删除后，符号链接就失效了；删除符号链接文件并不影响原文件。使用以下命令建立符号链接文件：

`ln -s  目标（原文件或目录）  链接文件`

硬链接是对原文件建立的别名。建立硬链接文件后，即使删除原文件，硬链接也会保留原文件的所有信息。因为实质上原文件和硬链接是同一个文件，二者使用同一个索引节点，无法区分原文件和硬链接。与符号链接不同，**硬链接和原文件必须在同一个文件系统上，而且不允许链接至目录**。使用以下命令建立硬链接文件：

`ln  目标（原文件）  链接文件`

> 使用 ls -l 命令以长格式列目录时，每一行第一个字符代表文件类型。其中-表示普通文件，d 表示目录文件，c 表示字符设备文件，b 表示块设备文件，l 表示符号链接文件。

2.2.3　了解 Linux 文件系统

目录结构是操作系统中管理文件的逻辑方式，对用户来说是可见的。文件系统是磁盘或分区上文件的物理存放方法，对用户来说是不可见的。

文件系统是操作系统在磁盘上组织文件的方法，也就是保存文件信息的方法和数据结构。

不同的操作系统使用的文件系统格式不同，如 Windows 文件系统格式主要有 FAT16、FAT32 和 NTFS，Linux 文件系统格式主要有 ext2、ext3 等。Linux 还支持 hpfs、iso9660、minix、msdos、nfs、vfat（FAT16、FAT32）等文件系统。

Red Hat Enterprise Linux 5 使用 ext3 作为其默认文件系统。ext3 是 ext2 的升级版本，是可扩展、高性能的日志式文件系统。采用这种文件系统，即使因异常事件停机，操作系统也会根据文件系统的日志，快速检测并恢复文件系统到正常的状态，从而使数据完整性能得到可靠的保障。

每个文件系统都有独立的索引节点（inode）、块（block）和超级块（superblock）等信息。ext2 和 ext3 系统结构如图 2-3 所示，其核心部分是超级块、索引节点表和数据块。

超级块	块组描述符	块位图	索引节点位图	索引节点表	数据块

图 2-3　ext2/3 文件系统结构

超级块和块组描述符中包含关于该块组的整体信息，如索引节点的总数和使用情况、数据块的总数和使用情况以及文件系统状态等。

每一个索引节点都有一个唯一编号，并且对应一个文件，它包含了针对某一个具体文件的绝大部分信息，如文件的存取权限、所有者、文件大小、创建时间，以及对应的数据块地址等，但是不包括文件的名称。目录文件里包含有文件的名字以及此文件的索引节点号。索引节点指向特定的数据块，**数据块用于存储文件内容。**

在 Linux 安装过程中，会自动创建磁盘分区和文件系统，但在 Linux 的使用和管理中，往往还需要在磁盘中建立和使用文件系统，主要步骤如下所示。

（1）对磁盘进行分区。

（2）在磁盘分区上建立相应的文件系统。**磁盘分区在作为文件系统使用之前需要初始化，并将记录数据结构写到磁盘上，这个过程就叫建立文件系统或者格式化。**

（3）建立挂载点目录，将分区挂载到系统相应目录下，就可访问该文件系统。

2.2.4　创建和管理 Linux 磁盘分区

为了有效地使用磁盘空间，需要在使用磁盘之前对磁盘进行分区。

1.　磁盘分区概述

磁盘在系统中使用都必须先进行分区，然后进行格式化，这样才能用来保存文件和数据。磁盘分区包括以下 3 种类型，它们之间的关系如图 2-4 所示。

● 主要分区（主分区）：可用来启动操作系统。每个磁盘最多可以分成 4 个主要分区，以安装多套不同操作系统。

● 扩展分区：**无法用来启动操作系统，也不能直接使用，必须在扩展分区上建立逻辑分区才能使用。**每个磁盘上只能够有一个扩展分区，但扩展分区可包含多个逻辑分区。因为扩展磁盘分区也会占用一条磁盘分区记录，如果设有扩展分区，则该磁盘最多只能有 3 个主要分区。

● 逻辑分区：建立在扩展分区之上，操作系统可以直接使用。

不管什么操作系统，能够直接使用的只有主要分区和逻辑分区。

图 2-4　磁盘分区类型

在安装 Red Hat Enterprise Linux 系统的过程中，可以使用可视化工具 Disk Druid 进行分区。系统安装完成后，用户也可以对磁盘分区进行管理。Red Hat Enterprise Linux 提供了 fdisk 和 parted 两个磁盘分区管理命令行工具，都可以用来完成创建分区、删除分区、查看分区信息等基本操作，fdisk 命令简单易用，parted 工具更强大，而且可以调整原有分区的尺寸，只是操作更复杂一些。这里主要介绍利用 fdisk 命令来进行分区。

2.　查看现有分区

执行命令 fdisk -1 可列出系统所连接的所有磁盘的基本信息，也可获知未分区磁盘的信息。下面的例子显示磁盘分区查看结果，笔者通过##符号加注有中文解释（以下相同）。

```
## 以下为第一个 IDE 磁盘的信息
Disk /dev/hda: 8589 MB, 8589934592 bytes                      ## 磁盘文件名与容量
```

```
15 heads, 63 sectors/track, 17753 cylinders           ## 磁头数、每磁道扇区数、柱面数
Units = cylinders of 945 * 512 = 483840 bytes          ## 每个柱面大小
Disk /dev/hda doesn't contain a valid partition table  ## 该磁盘尚未分区
## 以下为第一个 SCSI 磁盘的信息
Disk /dev/sda: 16.1 GB, 16106127360 bytes              ## 磁盘文件名与容量
255 heads, 63 sectors/track, 1958 cylinders            ## 磁头数、每磁道扇区数、柱面数
Units = cylinders of 16065 * 512 = 8225280 bytes       ## 柱面大小
## 以下为该磁盘的分区信息，包括磁盘设备名称（Device）、是否启动分区（Boot）、起始柱面数（Start）、结
束柱面数（End）、大小（Blocks）、分区类型（Id）和系统（System）等
   Device Boot    Start       End     Blocks    Id System
/dev/sda1    *        1        13     104391    83 Linux
/dev/sda2            14      1958   15623212+   8e Linux LVM
```

要查看某一磁盘的分区信息，在命令 fdisk-1 后面加上磁盘名称，如

```
fdisk -1 /dev/hda
```

3. 创建和管理分区

要对磁盘进行分区操作，需要执行带磁盘设备名参数的 fdisk 命令。执行该命令将进入交互操作界面，在 Command (m for help):状态下输入各种子命令。执行 m 子命令可查看所有的子命令及对应的功能解释。fdisk 的交互操作子命令均为单个字母，常用的有：a，设置可引导标志；b，设置卷标；d，删除一个分区；n，新建一个分区；1，列出已知分区类型；p，显示分区信息；v，校验分区表；q，退出不保存更改；w，退出并保存更改。下面演示分区创建过程。

```
[root@Linuxsrv1 ~]# fdisk /dev/hda
Command (m for help): n                                ## 创建新分区
Command action                                         ## 选择要创建的分区类型
  e   extended                                         ## 扩展分区
  p   primary partition (1-4)                          ## 主分区
p                                                      ## 选择主分区
Partition number (1-4): 1                              ## 选择第几个主分区
First cylinder (1-17753, default 1): 1                 ## 起始柱面号
Last cylinder or +size or +sizeM or +sizeK (1-17753, default 17753): +5000M
                                                       ## 结束柱面号，也可输入分区尺寸
Command (m for help): p                                ## 查看分区信息
Disk /dev/hda: 8589 MB, 8589934592 bytes               ## 整个磁盘大小
15 heads, 63 sectors/track, 17753 cylinders            ## 磁头数、每磁道扇区数、柱面数
Units = cylinders of 945 * 512 = 483840 bytes          ## 每个柱面大小
   Device Boot    Start       End     Blocks    Id System
/dev/hda1             1     10335   4883256    83 Linux  ##分区信息
Command (m for help): w                                ## 保存分区信息并退出
The partition table has been altered!
Calling ioctl() to re-read partition table.
Syncing disks.
```

对于正处于使用状态（被挂载）的硬盘分区，不能删除，也不能修改分区信息。建议对在用的分区进行修改之前，首先备份分区上的数据。

2.2.5　建立和维护文件系统

使用分区工具新建立的分区上是没有文件系统的。要想在分区上存储数据，首先需要建立文件系统，即格式化。对于存储有数据的分区，建立文件系统会将分区上的数据全部删除，应慎重。

1. 建立文件系统

建立文件系统可使用 mkfs 命令，基本用法为

```
mkfs [-v] [-t 文件系统格式] 设备文件名 [大小]
```

下例显示分区/dev/hdal 上建立 ext3 文件系统的实际过程。

```
[root@Linuxsrv1 ~]# mkfs -t ext3 /dev/hda1
mke2fs 1.39 (29-May-2006)
Filesystem label=                                   ##  文件系统卷标
OS type: Linux                                      ##  操作系统类型
Block size=4096 (log=2)                             ##  块大小
Fragment size-4096 (log=2)
610432 inodes, 1220814 blocks                       ##  索引节点数和块数
61040 blocks (5.00%) reserved for the super user
First data block=0                                  ##  起始数据块
Maximum filesystem blocks=1254096896                ##  文件系统最大数据块数量
38 block groups
32768 blocks per group, 32768 fragments per group
16064 inodes per group
Superblock backups stored on blocks:
        32768, 98304, 163840, 229376, 294912, 819200, 884736
Writing inode tables: done                          ##  写索引节点表
Creating journal (32768 blocks): done               ##  创建日志记录
Writing superblocks and filesystem accounting information: done
This filesystem will be automatically checked every 24 mounts or
180 days, whichever comes first.  Use tune2fs -c or -i to override.
```

2. 维护文件系统

为了保证文件统的完整性和可靠性，在挂载文件系统之前，Linux 默认会例行检查文件系统状态，因而很少需要用户来执行维护文件系统的工作。

（1）改变分区卷标。使用 e2label 命令可以查看和设置指定分区的卷标，用法为

```
e2label 设备名  [新卷标]
```

不提供卷标参数，将显示分区卷标；如果指定卷标参数，将改变其卷标。

（2）检验并修复文件系统。硬件问题造成的宕机可能会带来文件系统的错乱，可以使用磁盘检验工具来维护。fsck 命令用于检测指定分区中的 ext2/ext3 文件系统，并进行错误修复。其用法为

```
fsck [选项] 设备名
```

fsck 命令不能用于检测系统中已经挂载的文件系统，否则将造成文件系统的损坏。如果要检查根文件系统，应该从软盘或光盘引导系统，然后对根文件系统所的设备进行检查。如果文件系

统不完整，可以使用 fsck 进行修复。修复完成后需要重新启动系统，以读取正确的文件系统信息。

2.2.6　挂载文件系统

建立了文件系统之后，还需要将文件系统连接到 Linux 目录树的某个位置上才能使用，这称为"挂载"（mount）。文件系统所挂载到的目录称为挂载点，该目录为进入该文件系统的入口。**除了磁盘分区之外，其他各种存储设备也需要进行挂载才能使用。**

1.　挂载文件系统

在进行挂载之前，应明确以下 3 点。

- 一个文件系统不应该被重复挂载在不同的挂载点（目录）中。
- 一个目录不应该重复挂载多个文件系统。
- 作为挂载点的目录通常应是空目录，因为挂载文件系统之后，原目录下的内容会暂时消失。

Linux 系统提供了专门的挂载点/mnt 和/media，其中在/media 目录下已经为软盘和光盘的挂载建立了专门的目录，建议用户使用这些默认的目录作为挂载点。文件系统的挂载，可以在系统引导过程中自动挂载，也可以使用命令手动挂载。

2.　手动挂载文件系统

使用 mount 命令进行手动挂载，基本用法为

```
mount [-t 文件系统类型] [-L 卷标名] [-o 挂载选项]  设备名  挂载点目录
```

其中-t 选项可以指定要挂载的文件系统类型。Linux 支持的类型主要有：ext2、ext3、vfat、reiserfs、iso9660（光盘格式）、nfs、cifs、smbfs（后 3 种为网络文件系统类型）。在不修改内核的情况，Linux 不能支持 NTFS 文件系统。

选项-o 指定挂载选项，多个选项用逗号分隔，这些选项决定文件系统的功能，常用的挂载选项如表 2-1 所示。有些文件系统类型还有专门的挂载选项。

表 2-1　　　　　　　　　　　　常用的文件系统挂载选项

选　项	说　明
async	I/O 操作是否使用异步方式，这种方式比同步效率高
auto/noauto	使用选项-a 挂载时是否需要自动挂载
exec/noexec	是否允许执行文件系统上的执行文件
dev/nodev	是否启用文件系统上的设备文件
suid/nosuid	是否启用文件系统上的特殊权限功能
user/nouser	是否允许普通用户执行 mount 命令挂载文件系统
ro/rw	文件系统是只读的，还是可读写的
remount	重新挂载已挂载的文件系统
defaults	相当于 rw、suid、dev、exec、auto、nouse、async 的组合；没有明确指定选项使用它，也代表相关选项默认设置

也可使用命令 mount -a 挂载/etc/fstab 文件（后面专门介绍）中具备 auto 挂载选项（defauts

亦可）的文件系统。

执行不带任何选项和参数的 mount 命令，将显示当前所挂载的文件系统信息。

mount 命令不会创建挂载点目录，如果挂载点目录不存在就要先创建。下面的例子显示挂载操作的完整过程。

```
[root@Linuxsrv1 ~]# mkdir /usr/mydoc              ## 创建一个挂载点目录
[root@Linuxsrv1 ~]# mount /dev/hda1 /usr/mydoc    ## 将/dev/hda1 挂载到/usr/mydoc
[root@Linuxsrv1 ~]# mount                          ## 显示当前已经挂载的文件系统
/dev/mapper/VolGroup00-LogVol00 on / type ext3 (rw)
……                                                 ## 此处省略其他文件系统
/dev/hda1 on /usr/mydoc type ext3 (rwz)            ## 证明文件系统挂载成功
```

手动挂载的设备在系统重启后需要重新挂载，对于硬盘等长期要使用的设备，最好在系统启动时能自动进行挂载。

3. /etc/fstab 配置文件与自动挂载

Linux 使用配置文件/etc/fstab 来定义文件系统的配置。Linux 启动过程中，init 进程会自动读取该文件中的内容，并挂载相应的文件系统，因此，只需将要自动挂载的设备和挂载点信息加入到 fstab 配置文件中即可实现自动挂载。该文件还可设置文件系统的备份频率，以及开机时执行文件系统检查（使用 fsck 工具）的顺序。

可使用文本编辑器来查看和编辑 fstab 配置文件中的内容。这里给出如下一个例子：

```
/dev/VolGroup00/LogVol00 /                    ext3    defaults      1 1
LABEL=/boot              /boot                ext3    defaults      1 2
devpts                  /dev/pts             devpts  gid=5,mode=620 0 0
tmpfs                   /dev/shm             tmpfs   defaults       0 0
proc                    /proc                proc    defaults       0 0
sysfs                   /sys                 sysfs   defaults       0 0
```

每一行定义一个系统启动时自动挂载的文件系统，共有 6 个字段，从左至右依次为设备名、挂载点、文件系统类型、挂载选项（参见表 2-1）、是否需要备份（0 表示不备份，1 表示备份）、是否检查文件系统及其检查次序（0 表示不检查，非 0 表示检查及其顺序）。

可以将要挂载的文件系统按照此格式添加到该文件中，下面的例子用于自动挂载某硬盘分区。

```
/dev/hda1               /usr/mydoc           ext3 default    0 0
```

4. /etc/mtab 配置文件

除/etc/fstab 文件之外，还有一个/etc/mtab 文件用于记录当前已挂载的文件系统信息。默认情况下，执行挂载操作时系统将挂载信息实时写入/etc/mtab 文件中，只有执行使用选项-n 的 mount 命令时，才不会写入该文件。执行文件系统卸载也会动态更新/etc/mtab 文件。fdisk 等工具必须要读取/etc/mtab 文件，才能获得当前系统中的分区挂载情况。

5. 卸载文件系统

文件系统使用完毕，需要进行卸载，这就要执行 umount 命令，基本用法为

```
umount [-dflnrv] [-t <文件系统类型>] 挂载点目录|设备名
```

选项-n 表示卸载时不要将信息存入/etc/mtab 文件中；选项-r 表示如果无法成功卸除，则尝试以只读方式重新挂载；选项-f 表示强制卸载，对于一些网络共享目录很有用。

执行命令 umount -a 将卸载/etc/ftab 中记录的所有文件系统。

正在使用的文件系统不能卸载。如果正在访问的某个文件或者当前目录位于要卸载的文件系统上，应该关闭文件或者退出当前目录，然后再执行卸载操作。

2.2.7 挂载和使用外部存储设备

各种外部存储设备，如软盘、光盘、U 盘、USB 移动硬盘等，都需要进行挂载才能使用。

1. 在图形界面中使用外部存储设备

用户如果使用 Linux 图形界面，这些设备可自动挂载，并可直接使用。从桌面上双击"计算机"图标，可查看和使用软盘、光盘、U 盘、USB 移动硬盘，如图 2-5 所示。

系统自动生成挂载目录，其中 U 盘被挂载到/media/disk 目录，光盘和移动硬盘分区被挂在到/media 目录以卷标名命名的子目录。在终端命令行中执行 mount 命令，可发现这些设备被自动挂载，并创建相应的挂载点目录，例如：

```
/dev/sdc5 on /media/DATA1 type vfat (rw,noexec,nosuid,nodev,shortname=winnt,uid=0)
/dev/hdc on /media/NEW type iso9660 (ro,noexec,nosuid,nodev,uid=0)
/dev/sdd1 on /media/disk type vfat (rw,noexec,nosuid,nodev,shortname=winnt,uid=0)
```

对于光盘，插入光盘后，打开光盘即可自动挂载，也可直接使用挂载卷命令；一旦弹出光盘，将自动卸载，同时自动删除相应的挂载点目录。

对于 U 盘或 USB 移动硬盘，插入之后，打开该盘即可自动挂载，也可直接使用挂载卷命令；要停止使用，应当执行卸载文件卷命令，自动删除相应的挂载点目录并移除设备。

另外，可从主菜单"系统"中选择"首选项">"可移动驱动器和介质"命令，来设置可移动介质在挂载和浏览时的选项，如图 2-6 所示。

图 2-5 外部存储设备   图 2-6 设置可移动驱动器和介质

接下来重点介绍一下光盘和 USB 存储设备的手动挂载和使用。

2. 光盘的挂载和使用

光驱设备文件名根据光驱安装位置来确定，例如，安装在 IDE2 主盘位置为/dev/hdc；安装在

IDE2 从盘位置为/dev/hdd；SCSI 光驱则用/dev/scd*x* 来表示，如第 1 个 SCSI 光驱位/dev/scd0，第 2 个为/dev/scd1。另外，Linux 系统通过链接文件为光驱赋予多个文件名称，常用的有/dev/cdrom、/dev/dvd。这些名称都指向光驱设备文件（如/dev/hdc，具体可在/dev 目录下查看）。

使用 mount 命令挂载光盘的基本用法为

```
mount /dev/cdrom  挂载点
```

下面给出一个例子。

```
[root@Linuxsrv1 ~]# mkdir /media/mycd              ## 创建一个挂载点目录
[root@Linuxsrv1 ~]# mount /dev/cdrom /media/mycd    ## 将光盘挂载到该目录
mount: block device /dev/cdrom is write-protected, mounting read-only
##  说明设备/dev/cdrom写保护，以只读方式挂载
```

也可加上选项，例如：

```
mount -t iso9660 /dev/hdc /media/mycd
```

进入该挂载点目录，就可存取访问光盘中的内容了。**用 mount 命令装入的是光盘，而不是光驱**。当要换一张光盘时，一定要先卸载，再重新装载新盘。

对于光盘，如果不进行卸载则无法从光驱中取出光盘。在卸载光盘之前，直接按光驱面板上的弹出键是不会起作用的。卸载命令的用法为

```
umount 光驱文件名或挂载点目录
```

3.　光盘镜像文件的制作和使用

通过虚拟光驱使用光盘镜像文件非常普遍。使用镜像文件可减少光盘的读取，提高访问速度。Linux 系统下制作和使用光盘镜像比在 Windows 系统下更方便，不必借用任何第三方软件包。光盘的文件系统为 ISO 9660，光盘镜像文件的扩展名通常命名为.iso，从光盘制作镜像文件可使用 cp 命令，基本用法为：

```
cp /dev/cdrom  镜像文件名
```

除了可将整张光盘制作成一个镜像文件外，Linux 还支持将指定目录及其文件制作生成一个 ISO 镜像文件。对目录制作镜像文件，使用 mkisofs 命令来实现，其用法为

```
mkisofs -r -o 镜像文件名 目录路径
```

ISO 镜像文件在 Linux 图形界面中可以作为压缩包直接打开使用，在文本模式下可以像光盘一样直接挂载使用（相当于虚拟光驱），光盘镜像文件的挂载命令为

```
mount -o loop ISO 镜像文件名 挂载点目录
```

4.　USB 存储设备的挂载和使用

USB 存储设备主要包括 U 盘和 USB 移动硬盘两种类型。USB 存储设备通常会被 Linux 系统识别为 SCSI 存储设备，使用相应的 SCSI 设备文件名来标识。例如，系统可能会使用/dev/sdal 这样的名称来标识用户的 USB 存储设备。如果系统上已经连接了其他 SCSI 存储设备，则用户的 USB 存储设备会被标识为其他名称如/dev/sdbl 等，在挂载 USB 存储设备之前可以使用 fdisk-1 命令进行查看以获取设备名称。这里以 U 盘为例讲解，USB 移动硬盘采用类似的方法和步骤。

插入 U 盘后，Linux 系统将检测到该设备，并显示设备相关信息，如图 2-7 所示。

从中可获知该 USB 的容量大小、存取方式以及在当前 Linux 系统中的设备名称（例中为

sdb）。根据系统所安装的 SCSI 设备的不同，具体使用时，U 盘的设备名会有所不同。还可使用命令 fdisk-l 进一步获知该 U 盘分区信息。

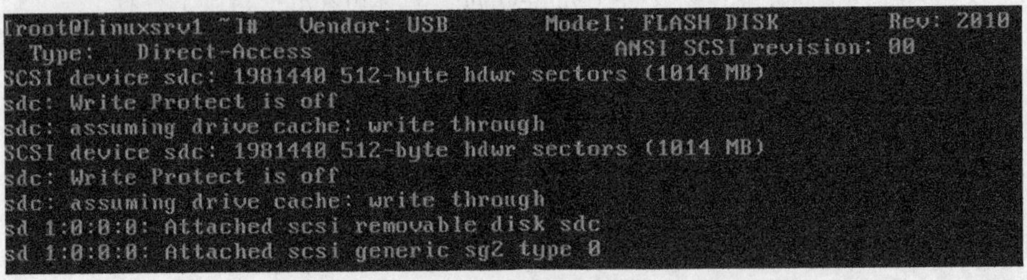

```
[root@Linuxsrv1 ~]# Vendor: USB      Model: FLASH DISK      Rev: 2010
    Type:    Direct-Access                ANSI SCSI revision: 00
SCSI device sdc: 1981440 512-byte hdwr sectors (1014 MB)
sdc: Write Protect is off
sdc: assuming drive cache: write through
SCSI device sdc: 1981440 512-byte hdwr sectors (1014 MB)
sdc: Write Protect is off
sdc: assuming drive cache: write through
sd 1:0:0:0: Attached scsi removable disk sdc
sd 1:0:0:0: Attached scsi generic sg2 type 0
```

图 2-7　USB 设备检测信息

创建一个挂载点目录，并将该 U 盘挂载，例如：

```
mkdir /mnt/usbdisk
mount -t vfat /dev/sdc1 /mnt/usbdisk
```

挂载成功，进入挂载点目录，就可存取访问 U 盘中的内容了。当不再使用 U 盘时，应卸载该设备，然后再从物理上移除设备。例如，执行以下命令卸载例中挂载使用的 U 盘：

```
umount /mnt/usbdisk
```

2.2.8　管理文件权限

对于多用户多任务的 Linux 来说，文件的权限管理非常重要。文件权限是指文件的访问控制，决定哪些用户和组对某文件具有哪种访问权限。Linux 将文件访问者身份分为 3 个类别：所有者（owner）、所属组（group）和其他用户（others），对于每个文件，又可以为这 3 类用户指定 3 种访问权限：读（read）、写（write）和执行（execute）权限。对文件权限的修改包括两个方面，即修改文件所有者和用户对文件的访问权限。

1．文件访问者身份

（1）所有者。每个文件都有它的所有者（属主）。默认情况下，文件的创建者即为其所有者。所有者对文件具有所有权，是一种特别权限。

root 用户可以将文件的所有权转让给其他用户，使其他用户对文件具有所有权，成为所有者。使用 chown 命令变更文件所有者，基本用法为：

```
chown [选项] [新所有者] 文件列表
```

使用选项-R 进行递归变更，即目录连同其子目录下的所有文件的所有者的都变更。

（2）所属组。这是指文件所有者所属的组（简称属组），可为该组指定访问权限。默认情况下，文件的创建者的主要组即为该文件的所属组。

管理员使用 chgrp 命令可以变更文件的所属组，基本用法为

```
chgrp [选项] [新的所属组] 文件列表
```

使用选项-R 也可以连同子目录中的文件一起变更所属组。

还可以使用 chown 命令同时变更文件所有者和所属组，基本用法为

```
chown [选项] [新所有者]: [新的所属组] 文件列表
```

（3）其他用户。其他用户是指文件所有者和所属组之外的所有用户。对这部分用户可以授予

最低级别的权限。

2. 文件访问权限与文件属性

对于每个文件，针对上述 3 类身份的用户可指定以下 3 种不同级别的访问权限。

- 读：读取文件内容或者查看目录。
- 写：修改文件内容或者创建、删除文件。
- 执行：执行文件或者允许使用 cd 命令进入目录。

这样也就形成了 9 种具体的访问权限。

这些权限包括在文件属性中，可以通过查看文件属性来查看文件权限。使用 ls -1 命令即可显示文件详细信息，便于查看文件的权限与属性。这里给出两个文件的详细信息并进行分析。

```
drwxr-xr-x    2    root    root        57344    06-10 10:47    bin
-rw-r-----    1    root    root    357058560    06-10 14:25    newcdbak.iso
[ 文件权限 ]  [链接] [拥有者] [所属组]    [档案容量]  [ 修改日期 ]   [ 文件名 ]
```

其中文件信息共有 7 项，第 1 项表示的文件类型与权限，共有 10 个字符，格式如下。

字符 1	字符 2~4	字符 5~7	字符 8~10
文件类型	所有者权限	所属组权限	其他用户权限

第 1 个字符表示文件类型，d 表示目录，-表示文件，l 表示链接文件，b 表示块设备文件，c 表示则表示字符设备文件。接下来的字符以 3 个为一组，分别表示文件所有者、所属组和其他用户的权限，每一种用户的 3 种文件权限**依次用 r、w 和 x 分别表示读、写和执行，这 3 种权限的位置不会改变，如果某种权限没有，则在相应权限位置用-表示。**

第 3 项信息表示这个文件的所有者，第 4 项信息表示这个文件的所属组。

3. 设置文件访问权限

root 用户和文件所有者可以修改文件访问权限，也就是为不同用户或组指定相应的访问权限。使用 chmod 命令来修改文件权限，基本用法为

```
chmod [选项]... 模式 [,模式]... 文件...
```

使用选项-R 表示递归设置指定目录下所有文件的权限。

文件权限有两种表示方法，相应的使用方法也不尽相同。

（1）文件权限用字符表示。这时需要具体操作符号来修改权限，+表示增加某种权限，–表示撤销某种权限，=表示指定某种权限（同时会取消其他权限）。对于用户类型，所有者、所属组和其他用户分别用字符 u、g、o 表示，全部用户（包括 3 种用户）则用 a 表示。权限类型用 r、w 和 x 表示。下面给出几个例子。

```
chmod g+w,o+r /home/wang/myfile        ##  给所属组用户增加写权限，给其他用户增加读权限
chmod go-r /home/wang/myfile           ##  同时撤销所属组和其他用户对该文件的读权限
chmod a=rx /home/wang/myfile           ##  对所有用户赋予读和执行权限
```

（2）文件权限用数字表示。将权限读（r）、写（w）和执行（x）分别用数字 4、2 和 1 表示，没有任何权限则表示为 0。每一类用户的权限用其各项权限的和表示（结果为 0~7 的数字），依次为所有者（u）、所属组（g）和其他用户（o）的权限。这样以上所有 9 种权限就可用 3 个数字来统一表示。例如，754 表示所有者、所属组和其他用户的权限依次为：[4+2+1]、[4+0+1]、[4+0+0]，

转化为字符表示就是：rwxr-xr--。

要使文件 file 的所有者拥有读写权限，所属组用户和其他用户只能读取，可以执行以下命令：

```
chmod 644 file
```

这也等同于：

```
chmod u=rw-,go=r-- file
```

4. 默认的文件访问权限

默认情况下，管理员新创建的普通文件的权限被设置为：rw-r--r--，用数字表示为 644，所有者有读写权限，所属组用户和其他用户都仅有读权限；新创建的目录权限为：rwxr-xr-x，用数字表示为 755，所有者拥有读写和执行权限，所属组用户和其他用户都仅有读和执行权限。

该掩码用数字表示，实际上是文件权限码的"补码"。默认权限是通过 umask（掩码）来实现的，创建目录的最大权限为 777，减去 umask 值（如 022），就得到目录创建默认权限（如 777-022=755）。由于文件创建时不能具有执行权限，因而创建文件的最大权限为 666，减去 umask 值（如 022），就得到文件创建默认权限（如 666-022=644）。

可以使用 umask 命令来查看和修改 umask 值。例如，不带参数显示当前用户的 umask 值：

```
[root@Linux ~]# umask
0022                               ## 最前面的 0 可忽略
```

可以使用参数来指定要修改的 umask 值，如执行命令 umask 002，将 umask 值改为 002，请读者计算出目录和文件创建的默认权限。

5. 在图形界面中管理文件权限

在图形界面中可通过查看或修改文件（目录）的属性来管理权限。文件权限管理界面如图 2-8 所示，目录权限管理界面如图 2-9 所示。以文件权限为例，除了可以修改文件的所有者和所属组（群组）之外，还可以为所有者、所属组和其他用户设置以下 4 种访问权限。

- 无（None）：没有任何访问权限（不能对所有者设置此权限）。

图 2-8　文件权限

图 2-9　目录权限

- 只读（Read-only）：可打开文件查看内容，但是不能做任何更改。
- 读写（Read and write）：打开和保存文件。
- 执行（Execute）：允许以程序方式运行文件。

2.2.9 管理磁盘配额

多个用户可以共同使用同一磁盘空间，为防止某个用户或组（一组用户）占用过多的磁盘空间，可以通过设置磁盘配额（Disk Quota）对其可用存储空间进行限制。磁盘配额既可减少磁盘空间的浪费，又可避免不安全因素，可谓一举两得，对服务器磁盘管理尤其有用。

1. Linux 磁盘配额概述

Linux 磁盘配额只能针对整个文件系统（或整个磁盘分区）进行设置，该分区所有目录或文件都受配额限制，但是**不能针对某个具体目录进行设置**。另外，要注意 VFAT 文件系统并不支持 Linux 磁盘配额功能。

Linux 磁盘配额可以针对用户设置，也可针对组设置，但是 root 账户不受磁盘配额限制，磁盘配额只适用于普通用户或组。

在 Linux 系统中，磁盘配额的限制项目有以下两种类型。

- 磁盘容量限制：限制用户能够使用的磁盘区块数（block），在实际应用中大多使用此类型。
- 文件数量限制：限制用户能够使用的索引节点数（inode）。

Linux 磁盘配额除了直接针对服务器主机的使用空间进行限制外，还可针对一些网络服务来限制磁盘空间的使用。例如，以下服务器可能需要用到磁盘配额功能。

- Web 服务器：限制用户的网页空间的容量。
- 邮件服务器：限制用户的邮箱空间的容量。
- 文件服务器：限制用户最大的可用网络硬盘空间的容量。

2. 启用 Linux 磁盘配额功能

在应用配额限制之前，首先要启用配额功能，包括设置要启用配额的文件系统（分区）、启用配额服务等，下面以启用磁盘分区/dev/hda1 的配额功能为例讲解具体实现步骤。

（1）检查是否安装有 quota 软件包。多数情况下 Linux 系统默认安装该软件包，可以使用以下命令来检查。

```
rpm -qa | grep quota
```

（2）修改/etc/fstab 配置文件，对于要设置配额的磁盘分区，在挂载项中加上特定挂载选项以启用磁盘配额功能，然后重启系统使之生效。其中 **usrquota 表示启用用户配额，grpquota 表示启用组配额**，例中，修改的挂载项如下。

```
/dev/hda1   /usr/mydoc  ext3  defaults,usrquota,grpquota   1  1
```

如果只是临时测试磁盘配额，可运行以下命令在手动挂载时加入对配额的支持：

```
mount -o usrquota,grpquota /dev/hda1 /usr/mydoc
```

对于已经挂载的文件系统，可以运行以下命令手动重新挂载，以加入对配额的支持：

```
mount -o remount,usrquota,grpquota /usr/mydoc
```

（3）运行 quotacheck 命令扫描文件系统并生成磁盘配额文件，例中执行结果如下。

```
[root@Linuxsrv1 ~]#quotacheck -cvug /dev/hda1
quotacheck: Scanning /dev/hda1 [/usr/mydoc] done
quotacheck: Checked 5 directories and 4 files
```

Linux 在文件系统挂载点目录中使用磁盘配额文件来存储该文件系统的配额设置值和目前磁盘使用量等信息，有两个配额文件：aquota.user 存储用户配额，aquota.group 存储组配额信息。配额文件通过每个用户或组的限制值来规范磁盘使用空间。

初次启用配额功能时，必须初始化磁盘配额文件。这需要执行 quotacheck 命令，其中选项-c 用来新建配额文件；选项-v 表示显示扫瞄过程的信息；选项-u 表示检查用户配额并更新 aquota.user；选项-g 表示检查组配额并更新 aquota.group。

Linux 分析整个文件系统中每个用户或组拥有的文件总数与总容量，再将这些数据记录到相应的配额文件（aquota.user 和 aquota.group），可以在挂载点目录中查看这两个文件。

> 在已经启用了磁盘配额功能或者已经挂载的文件系统上运行 quotacheck 命令可能会遇到问题，此时可以根据提示信息使用-f 或-m 等选项强制执行。

（4）执行 quotaon 命令开启该文件系统的磁盘配额。例中运行以下命令：

```
quotaon /dev/hda1
```

quotaon 命令用来开启配额。如果要开启特定文件系统的配额，需要加上该挂载点作为参数。而使用选项-a，将开启当前挂载的所有设置有配额选项的文件系统的配额。可使用选项-u 针对用户开启配额；使用选项-g 针对组开启配额；默认仅开启用户配额。

如果要停用配额，只需执行命令 quotaoff，其参数和选项与 quotaon 命令类似。

3. 设置用户和组配额限制值

启用文件系统的配额之后，还需要针对用户和组设置具体的配额限制值。

（1）磁盘配额限制值。Linux 的磁盘配额限制值分为以下两种。

● 硬性限制值（hard）：用户和组可以使用的磁盘容量或文件数量绝对不允许超过这个限制值，一旦超过该限制值，系统就会锁住该用户的磁盘使用权。

● 软性限制值（soft）：用户和组可以使用的磁盘容量或文件数量在某个宽限期（grace period）内可以暂时超过这个限制值。如果超过软性限制值并且低于硬性限制值，用户每次登录系统时会收到警告信息，同时给出一个宽限期，超过宽限期将被停止磁盘使用权。**不过用户在宽限期内将容量降低到软性限制值之下，则宽限期自动终止。**

硬性限制值、软性限制值及其宽限期的关系如图 2-10 所示。

通常使用命令 edquota 来设置磁盘配额限制值，基本用法如下。

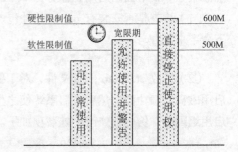

图 2-10　磁盘配额限制值

```
edquota [-u 用户名] [-g 组名] [-f 文件系统]
```

该命令会自动调用默认的编辑器 vi 来编辑配额限制值。可以使用选项-f 来指定要设置的文件系统（可用设备名或挂载点目录表示），否则将设置所有启用磁盘配额的文件系统。接下来通过实例讲解磁盘配额限制值的设置。

（2）设置用户配额限制值。要编辑某个用户（如 zhongxp）的配额限制值，执行以下命令：

```
edquota -u zhongxp
```

自动调用默认的编辑器 vi 来编辑限制值，要编辑的内容如下。

```
Disk quotas for user zhongxp (uid 500):
Filesystem          blocks        soft        hard        inodes        soft        hard
/dev/hda1           0             0           0           0             0           0
```

其中 Filesystem 表示要设置限制的文件系统，blocks 表示该用户已经使用的数据块（容量，单位是 KB），inodes 表示用户已经使用的节点数（文件数），其后面的 soft 和 hard 分别表示相应的软性限制值和硬性限制值（单位是 KB）。

对用户进行磁盘容量的限制时，需要修改 blocks 列后面的 soft 和 hard 列的数值；要对文件数量进行限制可以修改 inodes 列后面的 soft 和 hard 列的数值。可以同时对这两项都作出限制，默认为 0 表示不受限制。本例中修改为

```
Disk quotas for user zhongxp (uid 500):
Filesystem          blocks        soft        hard        inodes        soft        hard
/dev/hda1           0             200000      300000      0             0           0
```

（3）设置组配额限制值。要编辑某个组的配额限制值，执行以下命令：

```
edquota -g testgroup
```

设置方法与用户配额设置类似，在 vi 编辑器中修改保存即可。

（4）设置宽限期。当使用的空间超过软性限制值，就会给出一个宽限期，系统默认为 7 天。可以使用以下命令来修改这一期限。

```
edquota -t
```

执行该命令将打开默认编辑器 vi，显示如下内容：

```
Grace period before enforcing soft limits for users:
Time units may be: days, hours, minutes, or seconds
  Filesystem              Block grace period        Inode grace period
  /dev/hda1               7days                     7days
```

管理员可根据需要修改数据块和节点数的宽限器，可用用秒、分钟、小时、天、周、月表示。

（5）复制配额设置。edquota 命令还可用来复制配额设置，用法为

```
edquota -p 模板账户 -u 用户名 -g 组名
```

将某个配置好的账户作为模板，复制到由选项-u 和-g 指定的用户和组。

4. 检查磁盘配额情况

磁盘配额生效后，受限制的用户的磁盘使用就不能超过限制。可通过磁盘配额报表来了解磁盘使用情况。配额报表有两类，一类针对用户或组的报表，另一类针对整个文件系统的报表。

（1）查看用户或组的磁盘使用情况。使用 quota 命令查看用户或组的磁盘使用情况，基本用法为

```
quota [-v] [-s] [-u 用户名] [-g 组名]
```

其中选项-v 表示显示每个用户在文件系统中的配额值；-s 表示使用 1024 为倍数来指定单位，会显示如 M 之类的单位；-u 表示查看用户，如果要查看组，应使用选项-g。如果不指定用户或组，将查看当前用户的情况。下面是一个查看某用户配额使用情况的例子：

```
[root@Linuxsrv1 ~]# quota -vs -u zhongxp
Disk quotas for user zhongxp (uid 500):
Filesystem blocks  quota  limit  grace  files  quota  limit  grace
/dev/hda1       0   196M   293M          0      0      0
```

（2）查看文件系统的磁盘使用情况。使用 repquota 命令针对文件系统使用情况报表。要查看所有启用磁盘配额的文件系统的磁盘使用情况，使用以下命令：

```
repquota -a
```

要查看指定文件系统的磁盘使用情况，使用以下命令：

```
repquota 文件系统（设备名或挂载点目录）
```

该命令还可加上一些选项，例如-v 表示显示详细信息；-u 表示显示用户的配额使用（默认设置）；-g 表示组的配额使用；-s 表示使用 M、G 为单位显示结果。下面是一个查看所有文件系统配额使用情况的例子：

```
[root@Linuxsrv1 ~]# repquota -a -ugs
*** Report for user quotas on device /dev/hda1
Block grace time: 7days; Inode grace time: 7days
                    Block limits              File limits
User        used  soft  hard grace  used soft hard grace ##用户
----------------------------------------------------------------
root        --    1063     0     0         6    0    0
zhongxp     --       0   196M  293M         0    0    0
*** Report for group quotas on device /dev/hda1
Block grace time: 7days; Inode grace time: 7days
                    Block limits              File limits
Group       used  soft  hard grace  used soft hard grace ##组
----------------------------------------------------------------
root        --    1063     0     0         6    0    0
```

2.2.10　配置交换空间

交换空间（Swap Space）是 Linux 用于暂时补充物理内存，以提供更多内存空间的一种机制。如果系统需要更多的内存，而物理内存已满，尚未激活的内存页面就转移到交换空间。交换空间对内存有限的计算机有所帮助，但不能取代物理内存，因为它位于硬盘上，硬盘的存取速度比内存要慢几个数量级。当同时运行很多程序，而它们不能同时都装载进内存时，使用交换空间是一种很有效的手段，而用户在这些程序之间快速切换，可能会有一个明显的延时。

Linux 支持两种形式的交换空间：专用磁盘分区和交换文件。磁盘分区效率高，推荐使用，而交换文件更为灵活，但效率低。Linux 系统最多可以有 32 个交换空间，每个交换空间最大 2GB。

1.　建立交换空间

这里以基于文件建立交换空间为例讲解。

（1）确定新建交换文件的区块大小和区块数量。例中区块大小为 1MB，区块数量是 200，整个空间大小为 200MB。

（2）用 dd 命令创建一个交换文件，其中 of 指定文件名，bs 和 count 分别是区块大小和数量。

```
[root@Linuxsrv1 ~]# dd if=/dev/zero of=/tmp/swapfile bs=1M count=200
200+0 records in
200+0 records out
209715200 bytes (210 MB) copied, 0.985351 seconds, 213 MB/s
```

（3）使用 mkswap 命令基于上述文件创建一个交换空间。

```
[root@Linuxsrv1 ~]# mkswap /tmp/swapfile
Setting up swapspace version 1, size = 209711 kB
```

（4）使用 mkswapon 命令启用该交换空间。

```
[root@Linuxsrv1 ~]# mkswapon /tmp/swapfile
Setting up swapspace version 1, size = 209711 kB
```

（5）使用 mkswapon -s 命令查看当前启用的所有交换空间，可见新增的交换空间/tmp/swapfile
已经启用，只是优先级较低。

```
[root@Linuxsrv1 ~]# swapon -s
Filename                              Type        Size       Used    Priority
/dev/mapper/VolGroup00-LogVol01       partition   1048568    0       -1
/tmp/swapfile                         file        204792     0       -3
```

当然还可使用 free 命令来查看当前的交换内存大小。

以上设置的交换空间都是临时性的，要让它在系统启动时自动启用，还必须在/etc/fstab 文件
加上相应的定义：

```
/tmp/swapfile swap                     swap      defaults        0 0
```

如果要停用交换空间，可以执行命令 swapoff。

```
swapoff /tmp/swapfile
```

至于基于磁盘分区的交换空间，实现步骤类似。注意首先将分区 ID 设置为 "82"（表示 Linux
swap/Solaris 类型）。

2. 扩展基于逻辑卷（LVM）的交换空间

Red Hat Enterprise Linux 5 安装时默认将交换分区建在逻辑卷/dev/VolGroup00/LogVol01 上面，
可以利用逻辑卷的特性灵活地扩展交换空间，下面给出基本步骤。

（1）停用基于相应逻辑卷的交换空间。

```
swapoff-v/dev/VolGroup00/LogVol01
```

（2）为现有逻辑卷增加空间（这里增加 256MB）。

```
lvm lvresize /dev/VolGroup00/LogVol01 -L +256M
```

（3）重新建立交换空间。

```
mkswap /dev/VolGroup00/LogVol01
```

（4）启用扩展的逻辑卷。

```
swapon -va
```

（5）检查基于逻辑卷交换空间的扩展是否正常启用。

```
cat /proc/swaps
```

2.3　Linux 系统启动引导配置

Linux 系统启动过程比较复杂，虽然是自动完成的，但作为管理员应当了解这个过程，以便
进行相关设置，诊断和排除故障。

2.3.1   Linux 启动过程分析

从开机到登录 Linux 系统，要经历 BIOS 启动、启动引导加载程序、装载内核和执行 init 等 4 个主要阶段，这里以 Red Hat Enterprise Linux 5 为例进行分析，启动的详细过程如图 2-11 所示。

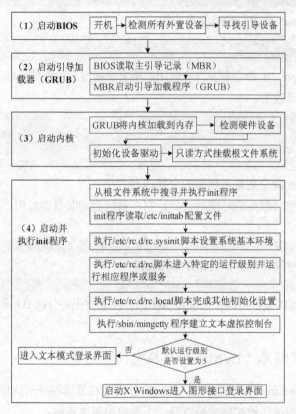

图 2-11   Red Hat Enterprise Linux 启动过程

BIOS 完成加电自检（POST）之后，按照 CMOS 设置搜索处于活动状态并且可以引导的设备。引导设备可以是软盘、CD-ROM、硬盘、U 盘等。Linux 通常从硬盘上引导。

选择引导设备之后，就读取该设备的 MBR（主引导记录）引导扇区。MBR 位于磁盘第一个扇区（0 道 0 柱面 0 扇区）中。如果 MBR 中没有存储操作系统，就需要读取启动分区的第一个扇区（引导扇区）。当 MBR 加载到内存之后，BIOS 将控制权交给 MBR。

接着 MBR 启动引导加载程序（Boot Loader），由引导加载程序引导操作系统。Linux 系统有 LILO 和 GRUB 两种引导加载程序，Red Hat Enterprise Linux 使用 GRUB 作为默认引导加载程序。

GRUB 载入 Linux 系统内核（Kernel），初始化设备驱动程序，以只读方式来挂载根文件系统。

内核在完成核内引导以后，加载 init 程序。**init 是第一个运行的进程（进程号 1），是系统所有进程的起点，**也是所有进程的发起者和控制者。init 读取/etc/inittab 配置文件，根据其中的设置完成系统初始化，进入某个特定的运行级别（Runlevel）运行相应的程序和服务，最后提供用户登录界面。

从启动的整个过程来看，管理员可配置管理的有两个环节，一是引导加载程序配置，而是 init

进程相关配置。

2.3.2　引导加载程序 GRUB 配置

在系统启动过程中，从启动引导加载程序开始，到加载内核之前都由 GRUB 负责。GRUB（GRand Unified Bootloader）作为一种多重操作系统启动管理器，除引导 Linux 之外，也可在多操作系统共存时管理多重操作系统的引导。管理员可对 GRUB 进行配置管理来干预系统的启动。

1.　GRUB 配置文件

安装 Linux 系统时会生成 GRUB 配置文件/boot/grub/grub.conf，它还有一个符号链接文件/etc/grub.conf，通过编辑该文件可以更改系统引导设置，修改之前最好备份该文件。下面是一个 GRUB 配置文件例子，列出主要内容，其中以#开始的行是注释行，以"##"打头的是追加的中文注释。

```
## 全局设置
default=0      ##设置默认启动的操作系统编号，从 0 开始，第一个为 0，第二个为 1，依此类推
timeout=5      ##设置用户选择要启动的操作系统的等待时间，单位为秒，超过时间后自动启动默认操作系统
splashimage=(hd0,0)/grub/splash.xpm.gz    ##设置 GRUB 引导界面使用的背景图案（文件）
hiddenmenu    ##隐藏 GRUB 菜单，如果不设置，将显示菜单
## 操作系统设置（可设置要启动的多个操作系统）
title Red Hat Enterprise Linux Server (2.6.18-8.el5)    ##设置 GRUB 菜单中所显示的系统名称
root (hd0,0)    ##设置启动磁盘设备，即系统内核存放的分区
kernel /vmlinuz-2.6.18-8.el5 ro root=/dev/VolGroup00/LogVol00 rhgb quiet    ##内核镜像
initrd /initrd-2.6.18-8.el5.img                        ##设置初始化内存磁盘镜像文件名
```

如果有其他操作系统需要启动，分别为每个系统设置 title 等参数。修改完 grub.conf 配置文件后，重新启动计算机，设置立即生效。

2.　动态修改 GRUB 引导参数

进入 GRUB 界面后，可以使用特殊按键 a、e 等来修改引导参数。

可以在系统启动过程中修改内核的参数，也就是可以传一个参数给内核。最常用的是临时进入单用户模式（运行级别 1，参见 2.3.3 小节），在该模式下无需口令即可以 root 身份登录。这可用于执行一些特别任务，如管理员忘记 root 口令，可进入单用户模式修改 root 口令。

（1）开机进入 GRUB 界面出现 "Press any key enter the menu" 提示时按任意键（默认 5 秒之内按键，超时将自动启动默认操作成雪松），进入 GRUB 菜单，如图 2-12 所示。

（2）按下<a>键，进入内核参数编辑界面。

（3）在 "grub append> ro root=/dev/VolGroup00/LogVol00 rhgb quiet" 行尾先输入一个空格，再输入一个 1 或单词 "single"，如图 2-13 所示。

（4）按回车键，不需任何口令系统就进入单用户模式，如图 2-14 所示。

（5）根据需要执行管理任务。例如，可以执行 passwd root 命令修改 root 口令。

在 GRUB 菜单（参见图 2-12）中选择时，按<e>键，出现如图 2-15 所示的界面。显然能够修改更多的 GRUB 引导参数。从中选择要编辑的行，再按<e>键，可修改这一行；修改完成后按回

车键，返回上一界面，再按<b>键，使用编辑后的设定引导。

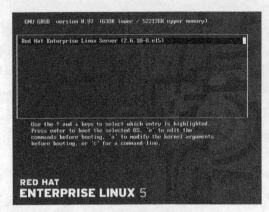

图 2-12　GRUB 菜单

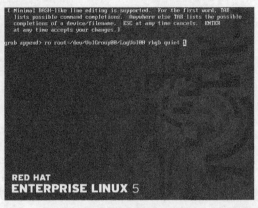

图 2-13　修改内核启动参数

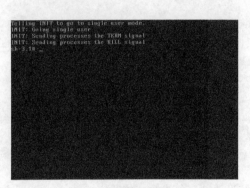

图 2-14　单用户模式

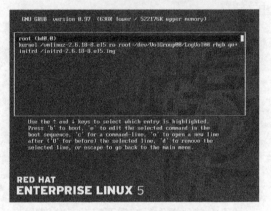

图 2-15　GRUB 启动参数修改菜单

3. 设置 GRUB 密码

由上例得知，任何人无需密码都能进入单用户模式，这具有相当大的安全隐患，为此可以设置 GRUB 口令，只有拥有口令的用户才能修改 GRUB 参数，进入单用户模式。方法是在 GRUB 配置文件中设定密码，以防止非法者以单用户模式进入。

（1）编辑 grub.conf 配置文件，在全局设置部分插入一行"password　密码"。这里的密码就是要设置的 GRUB 密码。

（2）重新开机后，在 GRUB 菜单中需要输入 p+，再输入密码才可以进行下一步，选择编辑模式。

以上设置的密码是明文的，GRUB 可以对这个密码进行加密。具体方法是先使用 grub-md5-crypt 命令生成一个经 MD5 加密的密码，再在 grub.conf 文件中使用以下形式定义密码。

```
password --md5　加密过的密码
```

2.3.3　Linux 运行级别

运行级别（Runlevel）就是操作系统当前正在运行的功能级别。Linux 使用运行级别来设置不同环境下所运行的程序和服务。

1. 标准运行级别

标准的有运行级别从 0 到 6，具体说明如表 2-2 所示。

表 2-2　　　　　　　　　　　　　　　　标准的 Linux 运行级别

级别	说　　明	进入该模式所执行的任务	可登录用户	网络功能
0	关机。不要将默认运行级别设置为此级别	关闭所有可登录的虚拟控制台，强迫用户注销系统；结束所有启动的服务；卸载所有文件系统；停用所有外围设备	无	
1	单用户模式。以 root 身份开启一个虚拟控制台，主要用于管理员维护系统	关闭所有可登录的虚拟控制台；关闭网络；关闭大部分服务与应用程序	仅 root 登录，无需口令	不支持
2	多用户模式，不支持 NFS。除了不启用网络功能，与 Runlevel 3 相同	启动网络；启动大部分网络服务，开启所有控制台	仅允许本机用户登录	支持
3	完整多用户模式。允许所有用户登录，拥有完整的功能，但是以文字模式进入系统	开启可登录的虚拟控制台，启用本地和网络用户；开启网络连接；启动所需网络服务	本机与网络用户	支持
4	保留。用户可自定义环境	如果未定义，进入该级别，将保持系统原有状态	本机与网络用户	支持
5	X11 图形模式。与 Runlevel 3 功能一样，拥有完整功能，以图形界面模式进入系统	执行与 Runlevel 3 相同任务；启动 X Windows System	本机与网络用户	支持
6	重启。不要将默认运行级别设置为此级别	执行与 Runlevel 1 相同任务；关闭系统之后通知 BIOS 重启系统	无	

2. 查看当前运行级别

执行 runlevel 命令，可以显示当前系统处于哪个级别，例如：

```
[root@Linuxsrv1 ~]# runlevel
N 5
```

该命令分别显示进入该级别之前的级别和当前级别，例中 5 表示当前级别为运行级别 5，N 表示此前没有进入任何级别，即开机直接进入运行级别 5。

3. 切换到不同的运行级别

启动过程中可以通过引导加载程序将运行级别作为参数传给内核，要求启动后进入指定的运行级别。例如，在 GRUB 菜单按<a>键，可以给 kernel 传一个参数 1 以单用户模式登录系统，请参见 2.3.2 小节的相关内容。

启动 Linux 系统之后，可以使用 init 命令切换到指定的运行级别。例如，执行以下命令切换到运行级别 3，如果从图形界面切换，将关闭图形界面，进入纯文本模式。

```
init 3
```

4. 设置默认运行级别

系统启动时没有指定要进入哪个运行级别，或者退出运行级别 1 的 Shell 程序时，都将进入默认运行级别。默认运行级别由/etc/inittab 配置文件中的参数 id 设置。例如，安装图形界面的 Linux 系统，默认情况下默认运行级别设置为 5，该参数设置如下。

```
id:5:initdefault:
```

要将默认级别改为 3，让系统启动后直接进入文本模式，该参数修改如下。

```
id:3:initdefault:
```

如果没有设置任何默认运行级别，启动过程中将提示用户输入一个运行级别，按该级别运行。

2.3.4 配置 init 进程

init 进程根据/etc/inittab 配置文件完成大量系统初始化工作，运行各种服务。管理员可以定制该配置文件来建立所需的系统运行环境。

1. /etc/inittab 文件内容

以下列出以图形模式安装 Red Hat Enterprise Linux 5 之后的/etc/inittab 文件主要内容。

```
## （0）对 Red Hat Enterprise Linux 支持的级别进行解释
# Default runlevel. The runlevels used by RHS are:
#   0 - halt (Do NOT set initdefault to this)
#   1 - Single user mode
#   2 - Multiuser, without NFS (The same as 3, if you do not have networking)
#   3 - Full multiuser mode
#   4 - unused
#   5 - X11
#   6 - reboot (Do NOT set initdefault to this)
## （1）设置默认运行级别
id:5:initdefault:
## （2）设置 init 执行系统初始化的程序为/etc/rc.d/rc.sysinit
# System initialization.
si::sysinit:/etc/rc.d/rc.sysinit
## （3）设置 init 根据运行级别执行对应目录中的程序。本例默认运行级别 5，将参数 5 传给/etc/rc.d/rc
程序，执行/etc/rc.d/rc5.d 目录中的程序，启用相应的服务。
l0:0:wait:/etc/rc.d/rc 0
l1:1:wait:/etc/rc.d/rc 1
l2:2:wait:/etc/rc.d/rc 2
l3:3:wait:/etc/rc.d/rc 3
l4:4:wait:/etc/rc.d/rc 4
l5:5:wait:/etc/rc.d/rc 5
l6:6:wait:/etc/rc.d/rc 6
## （4）设置按下<CTRL>+<ALT>+<DELETE>组合键的响应，本例为按这该组合键 3 秒后重启系统
## Trap CTRL-ALT-DELETE
ca::ctrlaltdel:/sbin/shutdown -t3 -r now
## （6）设置 UPS（不间断电源）通知电源发生问题时要运行的程序，这里为 2 分钟后关机并给出相应通知消息
# When our UPS tells us power has failed, assume we have a few minutes
# of power left.  Schedule a shutdown for 2 minutes from now.
# This does, of course, assume you have powerd installed and your
```

```
# UPS connected and working correctly.
pf::powerfail:/sbin/shutdown -f -h +2 "Power Failure; System Shutting Down"
```
（7）设置电源恢复时要执行哪些程序，这里为取消关机并发出相应通知消息
```
# If power was restored before the shutdown kicked in, cancel it.
pr:12345:powerokwait:/sbin/shutdown -c "Power Restored; Shutdown Cancelled"
```
##（8）设置建立文本虚拟控制台。这里设置在 2、3、4、5 运行级别上使用程序/sbin/mingetty 建立 6 个虚拟控制台（tty1~tty6），并在退出时重新执行(respawn)该程序
```
# Run gettys in standard runlevels
1:2345:respawn:/sbin/mingetty tty1
2:2345:respawn:/sbin/mingetty tty2
3:2345:respawn:/sbin/mingetty tty3
4:2345:respawn:/sbin/mingetty tty4
5:2345:respawn:/sbin/mingetty tty5
6:2345:respawn:/sbin/mingetty tty6
```
（9）如果启动时进入 Runlevel 5，使用程序/etc/X11/prefdm 启动 X11 图形界面，并在退出时重新执行(respawn)该程序
```
# Run xdm in runlevel 5
x:5:respawn:/etc/X11/prefdm -nodaemon
```
从以上注释可以发现/etc/inittab 文件清晰地定义了 init 进程初始化系统的顺序。

2. /etc/inittab 文件格式

编辑修改该文件，需要了解其格式。以#开始的行是注释行，除了注释行之外，每一行参数设置都采用以下格式：

```
ID:Runlevel:Action:Process
```
各字段由冒号分隔，具体含义说明如下。
- ID：参数的识别名称，不超过 4 个字符。
- Runlevel：运行级别，决定哪个运行级别要调用此参数。
- Action：进程执行方式，定义如何执行进程。例如，sysinit 表示只要系统引导就开始运行；respawn 表示进程停止时重新引导；wait 表示进程运行一次，init 等待其停止之后再继续处理其他项目；initdefault 很特殊，定义默认运行登记，不需提供 Process。
- Process：具体运行的进程，定义要执行的脚本程序（可带参数）。

关于各参数定义的详细资料，可使用命令 man inittab 查阅相关手册。

2.4 Linux 进程管理

Linux 系统上所有运行的任务都可以称之为一个进程，每个用户任务、每个应用程序或服务也都可以称之为进程。就管理员来说，没有必要关心进程的内部机制，而是要关心进程的控制管理。管理员应经常查看系统运行的进程务，对于异常的和不需要的进程，应及时将其结束。

2.4.1 什么是进程

通常将一个开始执行但是还没有结束的程序的实例称为进程。程序本身是一种包含可执行代码的静态文件。进程由程序产生，是动态的，是一个运行着的、要占用系统运行资源的程序。多个进程可以并发调用同一个程序，一个程序可以启动多个进程。每一个进程还可以有许多子进程。

为了区分不同的进程，**系统给每一个进程都分配了一个唯一的进程标识符（进程号，简称 PID）**。Linux 是一个多进程的操作系统，每一个进程都是独立的，都有自己的权限及任务。

> Linux 系统刚启动时运行于内核方式，此时只有一个初始化进程（init）在运行，该进程首先完成系统初始化，然后执行初始化程序。初始化进程是系统的第一个进程，以后的所有进程都是初始化进程的子进程。

Linux 的进程大体可分为以下 3 种类型。

- 交互进程：在 Shell 下通过执行程序所产生的进程，可在前台运行，也可在后台运行。
- 批处理进程：一个进程序列。
- 守护进程：又称监控进程，是指那些在后台运行，并且没有控制终端的进程，通常可以随着操作系统的启动而运行，也可以将其称为服务。例如，httpd 是 Apache 服务器的守护进程。守护进程最重要的特性是后台运行，其次守护进程必须和其运行前的环境隔离开来。

2.4.2 Linux 进程管理

1. 启动进程

启动进程需要运行程序。启动进程有两个主要途径，即手动启动和调度启动。

由用户在 Shell 命令行下输入要执行的程序来启动一个进程，即为手动启动进程。其启动方式又分为前台启动和后台启动，默认为前台启动。若在要执行的命令后面跟随一个符号 "&"，则为后台启动，此时进程在后台运行，Shell 可继续运行和处理其他程序。在 Shell 下启动的进程就是 Shell 进程的子进程，一般情况下，只有子进程结束后，才能继续父进程，如果是从后台启动的进程，则不用等待子进程结束。

调度启动是事先设置好程序要运行的时间，当到了预设的时间后，系统自动启动程序。2.5 节将专门介绍调度启动的方法。

2. 查看进程

每个正在运行的程序都是系统中的一个进程，要对进程进行调配和管理，就需要知道现在的进程情况，这可以通过查看进程来实现。

（1）ps 命令。ps 命令是最基本的进程查看命令，可以确定有哪些进程正在运行、进程的状态、进程是否结束、进程有没有僵死、哪些进程占用了过多的资源等。**ps 命令最常用的还是监控后台进程的工作情况，因为后台进程是不和屏幕键盘这些标准输入进行通信的。**其基本用法为

```
ps [选项]
```

常用的选项有：a 表示显示系统中所有用户的进程；x 表示显示没有控制终端的进程及后台进程；-e 表示显示所有进程；r 表示只显示正在运行的进程；u 表示显示进程所有者的信息；-f 按全格式显示（列出进程间父子关系）；-l 按长格式显示。注意有些选项之前没有连字符（-）。

如果不带任何选项，则仅显示当前控制台的进程。

最常用的是使用 aux 选项组合，例如：

```
[root@Linuxsrv1 ~]# ps aux
USER       PID %CPU %MEM   VSZ   RSS TTY      STAT START   TIME COMMAND
```

```
root       1  0.0  0.1  2032  644 ?        Ss   08:55  0:00 init [5]
root       2  0.0  0.0     0    0 ?        S    08:55  0:00 [migration/0]
root       3  0.0  0.0     0    0 ?        SN   08:55  0:00 [ksoftirqd/0]
## 从此处开始省略
```

其中，USER 表示进程的所有者；PID 是进程号；%CPU 表示占用 CPU 的百分比；%MEM 表示占用内存的百分比；VSZ 表示占用虚拟内存的数量；RSS 表示驻留内存的数量；TTY 表示进程的控制终端（值 "?" 说明该进程与控制终端没有关联）；STAT 表示进程的运行状态（R 代表准备就绪状态，S 是可中断的休眠状态，D 是不可中断的休眠状态，T 是暂停执行，Z 表示不存在但暂时无法消除，W 表示无足够内存页面可分配，<表示高优先级，N 表示低优先级，L 表示内存页面被锁定，s 表示创建会话的进程，1 表示多线程进程，+表示是一个前台进程组）；START 是进程开始的时间，TIME 是进程已经执行的时间；COMMAND 是进程对应的程序名称和运行参数。

通常情况下，系统中运行的进程很多，可使用管道操作符和 less（或 more）命令来查看：

```
ps aux | less
```

还可使用 grep 命令查找特定的进程。

另外，若要查看各进程的继承关系，可使用 pstree 命令。

（2）top 命令。ps 命令仅能静态的输出进程信息，而 top 命令用于动态显示系统进程信息，可以每隔一短时间刷新当前状态，还提供一组交互式命令用于进程的监控。基本用法为

```
top [选项]
```

选项–d 指定每信息刷新的时间间隔，默认为 5s；–s 表示 top 命令在安全模式中运行，不能使用交互命令；–c 表示显示整个命令行而不只是显示命令名。如果在前台执行该命令，它将独占前台，直到用户终止该程序为止。

在 top 命令执行过程中可以使用一些交互命令。例如：按空格将立即刷新显示；按<Ctrl>+<L>键擦除并且重写。

3．进程的挂起及恢复

通常将正在执行的一个或多个相关进程称为一个作业（job）。一个作业可以包含一个或多个进程。作业控制指的是控制正在运行的进程的行为，可以将进程挂起并可以在需要时恢复进程的运行，被挂起的作业恢复后将从中止处开始继续运行。

在运行进程的过程中使用<Ctrl>+<Z>组合键可挂起当前的前台作业，将进程转到后台。此时进程默认是停止运行的，如果要恢复进程执行，有两种选择，一种是用 fg 命令将挂起的作业放回到前台执行；另一种是用 bg 命令将挂起的作业放到后台执行。

4．结束进程的运行

当需要中断一个前台进程的时候，通常是使用组合键<Ctrl>+<C>；但是对于一个后台进程，就必须求助于 kill 命令。该命令可以结束后台进程。遇到进程占用的 CPU 时间过多，或者进程已经挂死的情形，就需要结束进程的运行。当发现一些不安全的异常进程时，也需要强行终止该进程的运行。

kill 命令是通过向进程发送指定的信号来结束进程的，基本用法为

```
kill [-s,--信号|-p] [-a] 进程号...
```

选项-s 指定需要送出的信号，既可以是信号名也可以是对应数字。默认为 TERM 信号（值 15）。选项-p 指定 kill 命令只是显示进程的 pid，并不真正送出结束信号。

可以使用 ps 命令获得进程的进程号。为了查看指定进程的进程号，可使用管道操作和 grep 命令相结合的方式来实现，比如，若要查看 xinetd 进程对应的进程号，则实现命令为

```
ps -e | grep xinetd
```

信号 SIGKILL（值为 9）用于强行结束指定进程的运行，适合于结束已经挂死而没有能力自动结束的进程，这属于非正常结束进程。

假设某进程（PID 为 3456）占用过多 CPU 资源，使用命令 kill 3456 并没有结束该进程，这就需要执行命令 kill -9 3456 强行将其终止。

Linux 下还提供了一个 killall 命令，能直接使用进程的名字而不是进程号作为参数，例如：

```
killall xinetd
```

如果系统存在同名的多个进程，则这些进程将全部结束运行。

2.5　自动化任务配置

Linux 可以将任务配置为在指定的时间、时间区间，或者系统负载低于特定水平时自动运行，实际上就是一种进程的调度启动。管理员可将自动化任务用于执行定期备份、监控系统、运行指定脚本等工作。Red Hat Enterprise Linux 提供 cron、at 和 batch 等自动化任务工具。

2.5.1　使用 cron 工具安排周期性任务

cron 用来管理周期性重复执行的作业任务调度，非常适合日常系统维护工作。cron 程序依赖于 vixie-cron 软件包，可使用命令检查是否安装。

```
rpm q vixie-cron
```

下面讲解基本的配置步骤。

1.　配置 cron 任务调度

（1）通过配置文件/etc/crontab 定制任务调度。cron 主要使用配置文件/etc/crontab 来管理任务调度。下面是/该配置文件的一个实例：

```
## 前 4 行是 Shell 环境变量，设置 cron 运行的系统环境
SHELL=/bin/bash                          ## 默认 Shell 环境
PATH=/sbin:/bin:/usr/sbin:/usr/bin       ## 运行命令的默认路径
MAILTO=root                              ## 任务异常发送邮件
HOME=/                                   ## 执行命令或脚本的主目录
# run-parts                              ## 以下定义任务调度
01 * * * * root  run-parts /etc/cron.hourly
02 4 * * * root  run-parts /etc/cron.daily
22 4 * * 0 root  run-parts /etc/cron.weekly
42 4 1 * * root  run-parts /etc/cron.monthly
```

共有 4 行任务定义，每行格式为

```
分钟  小时  日期  月份  星期  用户身份   要执行的命令
```

前 5 个字段用于表示计划时间，数字取值范围：分钟（0～59）、小时（0～23）、日期（1～31）、月份（1～12）、星期（0～7，0 或 7 代表星期日）。尤其要注意以下几个特殊符号的用途。

- 星号"*"为通配符，表示取值范围中的任意值。
- 连字符"-"表示数值区间。
- 逗号","用于多个数值列表。
- 正斜线"/"用来指定间隔频率。在某范围后面加上"/整数值"表示在该范围内每跳过该整数值执行一次任务。例如"*/3"或者"1-12/3"用在"月份"字段表示每 3 个月，"*/5"或者"0-59/5"用在"分钟"字段表示每 5min。

/etc/crontab 文件中并没有定义要执行的具体作业，而是设置了可执行文件目录，/etc/cron.hourly、/etc/cron.daily、/etc/cron.weekly 和/etc/cron.monthly 分别表示每小时、每日、每周和每月执行要执行任务的目录。cron 程序使用 run-parts 脚本来运行对应目录中的调度任务，这就需要将待执行任务的脚本文件（必须具有可执行权限）置于对应的目录中。

例如，要建立一个每周执行一次备份任务，可以为这个任务建立一个脚本文件 backup.sh，然后将该脚本放到/etc/cron.weekly 目录中即可。

（2）在/etc/cron.d/目录中定制特殊的任务调度。如果任务不是计划在每小时、每天、每周或每月执行，可以在/etc/cron.d/目录中添加配置文件，采用文本格式，语法与 etc/crontab 语法相同，可以自定义文件名。例如，添加一个文件 backup 用于执行备份任务，内容如下。

```
## 每月第 1 天 4:10AM 执行自定义脚本
10 4 1 * * /root/scripts/backup.sh
```

（3）使用 crontab 命令为普通用户定制任务调度。只有 root 用户能够通过/etc/crontab 文件和/etc/cron.d/目录来定制 cron 任务调度。普通用户只能使用 crontab 命令创建和维护自己的 crontab 文件。该命令的基本用法为

```
crontab [-u 用户名] [ -e | -l | -r ]
```

选项-u 用于指定要定义任务调度的用户名，不指定此选项则为当前用户；-e 用于编辑用户的 cron 调度文件；-l 用于显示 cron 调度文件的内容；-e 用于删除用户的 cron 调度文件。

crontab 命令生成的 cron 调度文件位于/var/spool/cron/目录，以用户账户名命令，语法格式同/etc/crontab 文件。

例如，执行以下命令，将打开文本编辑器，参照/etc/crontab 格式定义任务调度，任务调度文件保存为/var/spool/cron/zhongxp。

```
crontab -u zhongxp -e
```

　　cron 服务每分钟都检查/etc/crontab 文件、etc/cron.d/目录和/var/spool/cron 目录中的变化。如果发现了改变，就将其载入内存。这样，更改 cron 任务调度配置后，不必重新启动 cron 服务。

2. 控制对 cron 的访问

可以通过/etc/cron.allow 和/etc/cron.deny 文件来限制用户对 cron 服务的使用。这两个控制文件的格式都是每行一个用户，不允许空格。如果控制文件被修改了，不必重启 cron 服务。

如果 cron.allow 文件存在，只有其中列出的用户才被允许使用 cron，并且忽略 cron.deny 文件的设置；如果 cron.allow 文件不存在，所有在 cron.deny 中列出的用户都被禁止使用 cron。

root 用户不受这两个控制文件的制约，总是可以使用 cron。

3. 管理 cron 服务

只有启动 cron 服务，才能按照配置实现任务调度。cron 对应的系统守护进程名为 crond，可通过启动脚本进行管理，用法为

```
/etc/init.d/crond {start|stop|status|reload|restart|condrestart}
或 service crond {start|stop|status|reload|restart|condrestart}
```

默认已将 cron 服务配置为系统启动。

2.5.2   使用 at 和 batch 工具安排一次性任务

cron 根据时间、日期、星期、月份的组合来调度对重复作业任务的周期性执行，有时也会调度一次性任务，at 工具用于在指定时间内调度一次性任务，batch 工具用于在系统平均载量降到 0.8 以下时执行一次性的任务，这两个工具对由 at 软件包提供，由 at 服务支持（守护进程名为 atd），Red Hat Enterprise Linux 默认已安装该软件包，并启动 at 服务。

1.   配置和管理 at 任务调度

要在某一指定时间内调度一项一次性作业任务，就要配置 at 作业。

（1）执行 at 命令进入作业设置状态。at 后面跟时间参数，即要执行任务的时间，可以是下面格式中任何一种。

● HH:MM：某一时刻，如 05:00 代表 5:00AM。如果时间已过，就会在第 2 天的这一时间执行。

● MMDDYY、MM/DD/YY 或 MM.DD.YY：日期格式，表示某年某月某天的当前时刻。

● 月日年英文格式：如 January 15 2010，年份可选。

● 特定时间：midnight 代表 12:00 AM；noon 代表 12:00 PM；teatime 代表 4:00 PM。

● now +：从现在开始多少时间以后执行，单位是 minutes、hours、days、或 weeks。如 now +3 days 代表命令应该在 3 天之后的当前时刻执行。

（2）出现 at>提示符，进入命令编辑状态，设置要执行的命令或脚本。可指定多条命令，每输入一条命令，按<Enter>键。

（3）需要结束时按<Ctrl>+<D>组合键退出。可根据需要执行命令 atq 查看等待运行（未执行）的作业。如果 at 作业需要取消，可以在 atrm 命令后跟 atq 命令输出的作业号来删除该 at 作业。

下面给出一个简单的 at 配置实例。

```
[root@Linuxsrv1 ~]# at now + 10minutes
at> ps                              ## 指定作业任务
at> ls
at> <EOT>
job 1 at 2010-07-02 10:03
 [root@Linuxsrv1 ~]# atq             ## 查询未执行 at 作业
1       2010-07-02 10:03 a root
[root@Linuxsrv1 ~]# atrm 1           ## 删除 at 作业
```

2. 配置和管理 batch 任务调度

batch 与 at 一样使用 atd 守护进程，主要执行一些不太重要以及消耗资源比较多的维护任务。配置和管理 batch 作业的过程与 at 作业类似。执行 batch 命令后，at>提示符就会出现，编辑要执行的命令。

3. 控制对 at 和 batch 的使用

/etc/at.allow 和/etc/at.deny 文件可以用来限制用户对 at 和 batch 命令的使用，root 用户不受其限制。这两个控制文件的格式都是每行一个用户，不允许空格。如果 at.allow 文件存在，只有其中列出的用户才能使用 at 或 batch 命令，并忽略 at.deny 文件；如果 at.allow 文件不存在，所有在 at.deny 文件中列出的用户都被禁止使用 at 和 batch 命令。

4. 管理 at 服务

只有启动 cron 服务，才能按照配置实现任务调度。at 对应的系统守护进程名为 atd，可通过启动脚本进行管理，用法为

```
/etc/init.d/atd {start|stop|status|reload|restart|condrestart}
或 service atd {start|stop|status|reload|restart|condrestart}
```

默认已将 at 服务配置为系统启动。

2.6　Linux 软件包管理

在对系统的使用和维护过程中，安装和卸载软件是必须掌握的技能。Red Hat Linux 为便于软件包的安装、更新或卸载，提供了 RPM（Redhat package manager）软件包管理器。对于普通用户，安装或升级软件可以直接使用 Red Hat 公司的软件包安装与管理工具 RPM。直接以二进制形式发送的 Linux/UNIX 系统中标准的 TAR 包管理命令。Red Hat Enterprise Linux 5 开始提供更为先进的软件包管理工具 YUM，便于管理员更轻松地管理系统中的软件。

2.6.1　RPM 软件包管理

RPM 是由 Red Hat 公司提出的一种软件包管理标准，可用于软件包的安装、查询、更新升级、校验、卸载已安装的软件包，以及生成.rpm 格式的软件包等，其功能均是通过 rpm 命令结合使用不同的选项来实现的。由于功能十分强大，RPM 已成为目前 Linux 各发行版本中应用最广泛的软件包格式之一。

RPM 软件包的名称具有特定的格式，其格式为

```
软件名称-版本号（包括主版本和次版本号）.软件运行的硬件平台.rpm
```

例如，netconfig 安装包名称为 netconfig-0.8.24-1.2.2.1.i386.rpm。

Red Hat Linux 使用 rpm 命令实现对 RPM 软件包进行维护和管理，在图形界面中，只需双击 RPM 文件即可自动调用 RPM 安装向导。不过使用 RPM 命令可以得到更多的功能选项。下面介绍其基本用法。

1. 安装 RPM 软件包

安装 RPM 软件包的基本用法为

```
rpm -ivh 软件包全路径名
```

主要使用"-i"选项表示安装软件，另外还结合使用"-v"选项以显示较详细的安装信息，使用"-h"选项显示软件包的 hash 值。例如，在 RHEL5 中安装 netconfig 工具，插入 RHEL5 第 3 张安装光盘，执行以下命令：

```
[root@Linuxsrv1 ~]# mount /dev/cdrom /media/mycd
[root@Linuxsrv1 ~]# rpm -ivh /media/mycd/Server/netconfig-0.8.24-1.2.2.1.i386.rpm
warning:  /media/mycd/Server/netconfig-0.8.24-1.2.2.1.i386.rpm:  Header  V3  DSA
signature: NOKEY, key ID 37017186
Preparing...            ########################################### [100%]
   1:netconfig           ########################################### [100%]
```

2. 升级 RPM 软件包

若要将某软件包升级为较高版本的软件包，此时可采用升级安装方式。升级安装使用"-U"选项来实现，先卸载旧版，然后再安装新版软件包。为了更详细地显示安装过程，通常也结合使用"-v"和"-h"选项，其用法为

```
rpm -Uvh 软件包文件全路径名
```

如果指定的 RPM 包以前并未安装，则系统直接进行安装。

3. 查询 RPM 软件包

查询 RPM 软件包主要使用"-q"选项，基本用法为

```
rpm -q 软件包名
```

例如，要查询某软件包的名称、版本号和发行号，则实现命令为

```
[root@Linuxsrv1 ~]# rpm -q netconfig
netconfig-0.8.24-1.2.2.1
```

注意查询 RPM 软件包应该使用软件包名称，而不是软件包文件的名称。要进一步查询软件包中的各个方面的信息，可结合使用以下一些选项。

- -a：查询系统中所有已经安装的软件包。
- -f：查询包含指定文件的软件包。
- -p：查询软件包文件的信息。查询未安装的软件包信息。
- -i：显示软件包详细信息，包括描述、发行号、建立日期、适用平台等。
- -1：列出软件包中的文件列表。

如果要查询包含某关键字的软件包是否已安装，可结合管道操作符和 grep 命令来实现。比如，若要在已安装的软件包中，查询包含 mail 关键字的软件包的名称，可执行以下命令：

```
rpm -qa | grep mail
```

4. 验证 RPM 软件包

对软件包进行验证可保证软件包是安全的、合法有效的。若验证通过，将不会产生任何输出，否则将显示相关信息，此时应考虑删除或重新安装。验证软件包是通过比较从软件包中安装的文

件和软件包中原始文件的信息来进行的，验证主要是比较文件的大小、MD5 校验码、文件权限、类型、所有者和所属组等。

验证 RPM 软件包使用 "-V" 选项，基本用法为

```
rpm -V RPM包文件名
```

例如：rpm -V netconfig-0.8.24-1.2.2.1。

要验证所有已安装的软件包，使用命令 rpm -Va。

5．卸载 RPM 软件包

卸载 RPM 软件包使用 "-e" 选项，命令用法为

```
rpm -e 软件包名
```

例如，若要卸载上述软件包，则实现命令为

```
rpm -e netconfig
```

卸载 RPM 软件包应该使用软件包名称，而不是软件包文件的名称。成功卸载不会有任何信息提示。当有其他软件包依赖于要卸载的软件包时，卸载过程就会产生错误。

2.6.2　TAR 包管理

TAR 是一种标准的文件打包格式，利用 tar 命令可将要备份保存的数据打包成一个扩展名为.tar 的文件，以便于保存，需要时再从.tar 文件中恢复即可。

使用 tar 命令来实现 TAR 包的创建或恢复，生成的 TAR 包文件的扩展名为.tar，该命令只负责将多个文件打包成一个文件，但并不压缩文件，因此通常的做法是再配合其他压缩命令（如 gzip 或 bzip2），来实现对 TAR 包进行压缩或解压缩，为方便使用，tar 命令内置了相应的参数选项，来实现直接调用相应的压缩解压缩命令，以实现对 TAR 文件的压缩或解压。该命令的基本用法为：

```
tar [选项] 文件列表
```

常用的选项有：-t 表示查看包中的文件列表；-x 释放包；-c 创建包；-r 增加文件到包文档的末尾；-z 代表.gz 格式的压缩包，-j 代表.bz 或 bz2 格式的压缩包，-f 用于指定包文件名，-v 表示在命令执行时显示详细的提示信息，-C 用于指定包解压释放到的目录路径。

文件列表为要打包的文件名列表（文件名之间用空格分隔）或目录名，或者是要解压缩的包文件名。下面分别介绍该命令的详细用法。

1．创建 TAR 包

将指定的目录或文件打包成扩展名为.tar 的包文件。命令用法为

```
tar -cvf  tar包文件名  要备份的目录或文件名
```

2．创建压缩的 TAR 包

直接生成的 TAR 包没有压缩，所生成的文件一般较大，为节省磁盘空间，通常需要生成压缩格式的 TAR 包文件，此时可在 tar 命令中增加使用-z 或-j 选项，以调用 gzip 或 bzip2 程序对其进行压缩，压缩后的文件扩展名分别为.gz,. bz 或.bz2，其命令用法为

```
tar -[z|j] cvf  压缩的tar包文件名  要备份的目录或文件名
```

3. 查询 TAR 包中文件列表

在释放解压 TAR 包文件之前，有时需要了解一下 TAR 包中的文件目录列表，其用法为

```
tar -tf tar 包文件名
```

4. 释放 TAR 包

释放 TAR 包使用一 x 参数，其命令用法为

```
tar -xvf  tar 包文件名
```

2.6.3 通过 YUM 管理软件

YUM（Yellow dog Updater Modified）是一个基于 RPM 包的自动升级和软件包管理工具。一些 Linux 应用程序和服务的关联或依赖程序非常多，逐个安装费时费力，而且还容易出差错。YUM 则能够从指定的服务器自动下载 RPM 包并且安装，自动计算出程序之间的依赖性关系，并且计算出完成软件按装需要哪些步骤，从而自动地一次安装所有依赖的软件包，无限繁琐地一次次下载和安装。

默认情况下，YUM 需要从 Red Hat 公司的服务器上下载软件并安装，用户必须提供相关的订阅号，当然下载的速度也不够快。对于管理员来说，可以部署自己的 YUM 系统，方便软件的安装。下面介绍一个简单的实现方案，目的是能够在不需要订阅号的情况下，从本地下载并安装软件。

（1）架设一台 HTTP 服务器，参见本书第 7 章的方案。

（2）在 HTTP 服务器上创建一个内容目录，假设为/var/www/html/rhe15-yum，将 Red Hat En Linux 5 的 5 张安装光盘中 Server 目录下的所有文件复制到该目录中。

（3）在/etc/yum.repos.d 目录下建立一个名为 update.repo 的文件，该文件的内容如下。

```
[base]
name=base RPM Repository for RHEL5
baseurl=http://www.abc.com/rhe15-yum/          ## 指定 YUM 下载源
enabled=1
gpgcheck=0
[rhel-debuginfo]
name=Red Hat Enterprise Linux $releasever - $basearch - Debug
baseurl=ftp://ftp.redhat.com/pub/redhat/linux/enterprise/$releasever/en/os/$basearch/Debuginfo/
enabled=0
gpgcheck=1
gpgkey=file:///etc/pki/rpm-gpg/RPM-GPG-KEY-redhat-release
```

（4）修改/usr/lib/python2.4/site-packages/yum/yumRepo.py 文件，将其中的一行内容：

```
        remote = url + '/' + relative
```

改为：

```
        remote = "http://www.abc.com/rhe15-yum" + '/' + relative
```

（5）执行以下命令清除 YUM 缓存。

```
yum clean all
```

（6）根据需要执行安装命令。

yum install 软件名

习题

1. **简答题**

（1）简述用户与组之间的关系。

（2）Linux 目录结构与 Windows 有何不同？

（3）Linux 文件有哪些类型？

（4）简述 Linux 建立和使用文件系统的步骤。

（5）Linux 中 USB 存储设备的挂载有什么特点？

（6）Linux 文件访问者有哪几种类型？文件访问权限又有哪几种类型？

（7）Linux 磁盘配额有什么特点？

（8）Linux 系统启动经过哪 4 个阶段？

（9）Linux 标准的运行级别有哪几种？

（10）Linux 进程有哪几种类型？

（11）Linux 支持哪些类型的任务调度？

（12）简述 RPM 软件包的特点。

2. **实验题**

（1）创建一个用户账户，并将他加入到组。

（2）创建一个磁盘分区，建立文件系统，并将它挂载到某目录中。

（3）修改文件所有者和所属组。

（4）使用字符形式或数字形式修改文件权限。

（5）建立一个磁盘配额，并进行测试。

（6）在 Linux 系统启动过程中进入单用户模式，并修改 root 密码。

（7）配置一个 at 作业，并进行测试。

第3章

网络配置与服务管理

【学习目标】

本章将向读者详细介绍 Linux 服务器的网络配置和网络服务基本管理，让读者掌握网卡、IP 地址、主机名、默认网关等配置方法；学会如何使用服务启动脚本管理服务，如何设置服务自动启动；了解主机防火墙并能进行基本的配置和管理。

【学习导航】

本章是网络服务的基础部分。除了网络配置和网络服务管理外，考虑到服务器在网络环境中安全，还介绍了 Linux 主机防火墙。

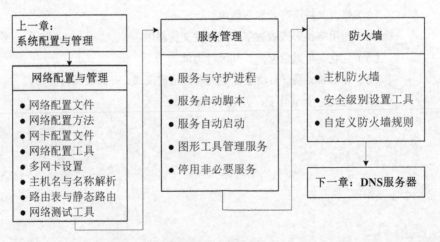

图 3-0　结构框图

3.1　网络配置与管理

Linux 服务器要与其他主机进行连接和通信，必须对其进行网络配置。

3.1.1　网络配置概述

1．网络配置基本项目

与 Windows 计算机一样，Linux 网络配置主要包括以下 3 个方面。

● 网络接口配置：Linux 支持多种网络接口设备类型，包括以太网连接、令牌环连接、无线局域网连接、ADSL 连接、ISDN 连接、Modem 连接等。一般情况下，Linux 安装程序均能自动检测和识别到网络接口设备（如网卡）。在实际应用中主要是网卡配置，包括 IP 地址、子网掩码、默认网关等。设置 IP 地址和子网掩码后，主机就可与同网段的其他主机进行通信，但是要与不同网段的主机进行通信，还必须设置默认网关地址。默认网关地址是一个本地路由器地址，用于与不在本网段的主机进行通信。

● 主机名配置：主机名是用于标识一台主机的名称，在网络中主机名具有唯一性。

● DNS 服务器配置：主机作为 DNS 客户端，访问 DNS 服务器来进行域名解析，使用目标主机的域名与日标主机进行通信，在 Linux 中最多可同时指定 3 个 DNS 服务器的 IP 地址。

2．网卡设备命名规则

Linux 支持多个网络接口设备类型，包括以太网连接、令牌环连接、无线局域网连接、ADSL连接、ISDN 连接、Modem 连接等，其中最重要的是网卡。

网卡设备名格式为：网卡类型+网卡序号。以太网卡的设备名用 eth$N$ 来表示，其中 N 为一个从 0 开始的数字，代表网卡的序号，第一块以太网卡的设备名为 eth0，第二块以太网卡的设备名为 eth1，其余依次类推。

Linux 支持一块物理网卡绑定多个 IP 地址，此时对于每个绑定的 IP 地址，需要一个虚拟网卡，该网卡的设备名为 eth$N$:M，其中 N 和 M 均为从 0 开始的数字，代表其序号。如第 1 块以太网卡上绑定的第 1 个虚拟网卡设备名为 eth0:0，绑定的第 2 个虚拟网卡设备名为 eth0:1。

3．网络配置文件

主要的网络配置文件如下。

● /etc/hosts：存储主机名和 IP 地址映射，用来解析无法用其他方法解析的主机名。

● /etc/resolv.conf：与域名解析有关的设置。

● /etc/sysconfig/network：定义所有网络接口的路由和主机信息。

● /etc/sysconfig/network-scripts/ifcfg-<网络接口名>：对于每个网络接口，都有一个相应的接口配置文件，提供该网络接口的特定信息。

其中/etc/sysconfig/network 用于对网络服务进行基本配置，主要设置项目如下。

● NETWORKING = yes|no：设置系统是否使用网络服务功能。如果设置为 no，不能使用网络。

● NETWORKING_IPV6 = yes|no：设置是否启用 IPv6。

● HOSTNAME =主机名：设置本机的主机名。

其他配置文件在涉及相关内容再详细介绍。

4. 网络配置方法

在 RHEL5 中网络配置不外乎以下 3 种方法。

- 在图形界面使用网络配置工具进行配置。
- 使用命令行工具进行配置。
- 直接编辑网络相关配置文件。

无论是图形界面配置工具还是命令行配置工具，实际上都是通过修改相关的配置文件来实现的。**要使网络配置生效，必须重启 network 服务，或者重新启动计算机。**

3.1.2 通过图形界面进行网络配置

对于初级用户来说，可以像 Windows 系统一样直接使用图形界面工具来完成网络配置。在 Red Hat Enterprise Linux 5 桌面环境中，从"系统"主菜单中选择"管理">"网络"命令，打开网络配置工具，如图 3-1 所示。

1. 配置网络基本设置

默认在"设备"选项卡中列出已有的网络接口设备，例中为一个以太网卡。这里以设置现有网卡为例。

（1）要启用或禁用某网络接口设备，单击"激活"按钮或"取消激活"按钮即可。

（2）要对某网络接口进行设置，选中该设备，单击"编辑"按钮打开如图 3-2 所示的界面，设置 IP 地址、子网掩码和默认网关。如果网络配置有 DHCP 服务器，也可以选中"自动获取 IP 设置使用"单选钮。不过服务器一般应设置静态 IP 地址。设置完毕单击"确定"按钮。

图 3-1　网络配置工具

图 3-2　以太网卡配置

（3）在网络配置工具中切换到"DNS"选项卡，如图 3-3 所示，可以设置主机名以及客户端 DNS（包括解析域名所用的 DNS 服务器的 IP 地址和 DNS 搜寻路径）。

（4）在网络配置工具中切换到"主机"选项卡，如图 3-4 所示，设置通过 hosts 文件解析的主机名（不通过 DNS 服务器查找的主机名）。

图 3-3　主机名与 DNS

图 3-4　使用 hosts 文件解析主机名

（5）设置完成后从"文件"菜单选择"保存"命令**将配置更改保存到相应的配置文件中**。

（6）要使用设置生效，还需要重新启动 network 服务或者重新启动系统。在图形界面中从"系统"主菜单中选择"管理">"服务"子菜单打开服务配置界面，如图 3-5 所示，找到"network"服务，右键单击它，选择"重启"命令即可重启 network 服务。

也可在命令行中执行命令 service network restart 来重启 network 服务。

2．设置多个网卡

除了添加多个网络接口外，还可以在每个物理网络接口设备上设置多个虚拟网络接口设备，这可用来实现一个网络接口上绑定多个 IP 地址。

（1）在网络配置工具中切换到"设备"选项卡，单击"新建"按钮，弹出如图 3-6 所示的窗口，从列表中选择设备类型，这里选择"以太网连接"，单击"前进"按钮。

图 3-5　重启 network 服务

图 3-6　选择设备类型

（2）出现如图 3-7 所示的窗口，列出已有的以太网卡。

（3）如果要为同一网卡设置多个 IP 地址，选中现有网卡，单击"前进"按钮出现如图 3-8 所示的窗口，配置另一套 IP 地址、子网掩码和默认网关。

图 3-7　选择以太网设备

图 3-8　配置网络基本设置

（4）如果要添加新的网卡（前提是系统中已经安装好另一块网卡），选中"其他以太网卡"，单击"前进"按钮，出现如图 3-9 所示的界面，从"适配器"列表中选择网卡（例中为 VMware 虚拟机自带的 AMD PCnet32），从"设备"列表中为其指定名称，再单击"前进"按钮，出现配置网络窗口（参见图 3-8），配置 IP 地址、子网掩码和默认网关。

最后出现如图 3-10 所示的界面，显示第一块网卡上新增的虚拟网卡（第 2 个网络设备）和另一块网卡。

图 3-9　选择以太网适配器

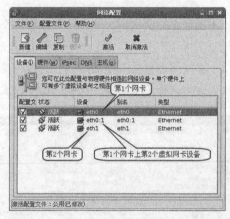

图 3-10　显示网络设备

3.1.3　使用命令行工具配置网卡基本设置

网卡基本配置项目包括网卡的 IP 地址、子网掩码和默认网关。

1．了解网卡配置文件

网卡的设备名、IP 地址、子网掩码以及默认网关等配置信息是保存在网卡的配置文件中的，一块网卡对应一个配置文件，该配置文件位于/etc/sysconfig/network-scripts 目录中，其配置文件名具有以下格式：ifcfg-网卡设备名称。例如，第一块网卡的配置文件名为 ifcfg-eth0，第 1 块网卡绑定的第一个虚拟网卡的配置文件名为 ifcfg-eth0:0。以 ifcfg-eth0 为例，网卡配置文件的主要内容如下。

```
DEVICE=eth0                      ##  该网卡设备名称
ONBOOT=yes                       ## 计算机启动时是否启用（激活）该网卡
NETMASK=255.255.255.0            ## 子网掩码
IPADDR=192.168.0.2               ## IP 地址
HWADDR=00:0c:29:ec:a8:50         ## 物理地址（MAC）
GATEWAY=192.168.0.1              ## 默认网关地址
TYPE=Ethernet                    ## 网卡类型
USERCTL=no                       ## 是否允许普通用户启用网卡
IPV6INIT=no                      ## 是否支持 Ipv6
PEERDNS=yes                      ## 是否允许自动修改/etc/resolv.conf 文件
```

如果自动获得 IP 地址，将提供项目 BOOTPROTO=dhcp。

除了使用配置工具添加或修改网卡配置文件外，其他网卡的配置文件可用 cp 命令复制 ifcfg-eth0 配置文件来获得，然后根据需要进行适当的修改即可。

2. 使用工具 netconfig 或 system_config_tui 设置网卡

多数 Linux 版本都可使用工具 netconfig 来设置网卡的 IP 地址、子网掩码、默认网关，以及主机名和主要名称服务器。Red Hat Enterprise Linux 5 默认没有安装该工具，可从第 3 张安装光盘上安装（安装包为 netconfig-0.8.24-1.2.2.1.i386.rpm）。netconfig 的基本用法为

```
netconfig  [选项]
```

选项--bootproto、--gateway、--ip、--nameserver、--netmask、--hostname、--hwaddr 等分别用于设置获取 IP 地址方式（DHCP/BOOTP）、默认网关、IP 地址、名称服务器、子网掩码、主机名、物理地址等。

如果不带网络参数选项执行 netconfig，将弹出一个蓝色背景的文本方式窗口界面，如图 3-11 所示，按下 "Yes" 按钮，弹出如图 3-12 所示的配置窗口，设置主要的网络参数即可。

图 3-11　提示是否配置网络

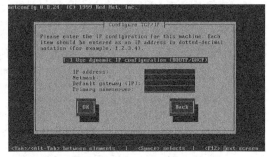

图 3-12　netconfig 配置界面

默认配置第一个网卡，如果要配置其他网卡，需要使用选项—device 来指定，例如：

```
netconfig --device=eth0:1
```

Red Hat Enterprise Linux 5 提供了一个功能更为强大的文本窗口网络配置工具 system-config-tui，笔者建议使用该工具。执行命令 system-config-tui 弹出如图 3-13 所示的界面，选择要配置的网络设备，或者新添网络设备，按下<F12>键出现如图 3-14 所示的界面，设置网络参数。

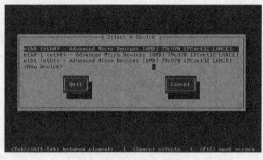
图 3-13　选择网络设备

图 3-14　配置网络参数

上述两个工具都会将配置内容写入相应的配置文件中，但是要使设置生效，还需要重新启动 network 服务或者重新启动系统。可执行以下命令重启 network 服务。

```
service network restart
```

3. 使用 ifconfig 命令显示网卡设置信息

可使用 ifconfig 命令显示网卡的设置信息。要显示系统中所有网卡的设置信息，命令用法为

```
ifconfig -a
```

显示指定网卡的设置信息，命令用法为

```
ifconfig 网卡设备名
```

该命令不带任何选项将显示当前启用的网卡（未被禁用的）设置，例如：

```
[root@Linuxsrv1 ~]# ifconfig
eth0   Link encap:Ethernet  HWaddr 00:0C:29:EC:A8:50        ##MAC 地址
       inet addr:192.168.0.2 Bcast:192.168.0.255  Mask:255.255.255.0
                                               ##IP 地址、广播地址与子网掩码
       inet6 addr: fe80::20c:29ff:feec:a850/64 Scope:Link      ## IP6 地址
       UP BROADCAST RUNNING MULTICAST  MTU:1500  Metric:1
           ##是否启用、广播方式、MTU、路由跃点数
##以下为统计信息，RX 和 TX 分别表示接收和发送的数据包
       RX packets:11 errors:0 dropped:0 overruns:0 frame:0
       TX packets:40 errors:0 dropped:0 overruns:0 carrier:0
       collisions:0 txqueuelen:1000
       RX bytes:1293 (1.2 KiB)  TX bytes:7678 (7.4 KiB)
       Interrupt:169 Base address:0x2024
lo     Link encap:Local Loopback
       inet addr:127.0.0.1  Mask:255.0.0.0
       inet6 addr: ::1/128 Scope:Host
       UP LOOPBACK RUNNING  MTU:16436  Metric:1
##以下省略
```

这是一个只有一个网卡的主机，有两个网络接口，一个是 eth0（第一个以太网卡），另一个是 lo 代表 loopback 接口（即环回设备）。计算机使用 loopback 接口来连接自己，该接口同时也是

Linux 内部通信的基础，其接口 IP 地址始终为 127.0.0.1，默认情况下，lo 网络接口已经自动配置好，用户不需对其进行修改或重新配置。

4. 使用 ifconfig 命令设置网卡 IP 地址

要设置或修改网卡的 IP 地址，可使用以下命令用法来实现：

```
ifconfig 网卡设备名 IP地址 netmask 子网掩码
```

该命令的设置立即生效，但不会修改网卡的配置文件，所设置的 IP 地址仅对本次有效，重启系统或网卡被禁用后又重启，其 IP 地址将设置为网卡配置文件中指定的 IP 地址。

5. 启用或禁用网卡

若要禁用（取消激活）网卡设备，可使用以下命令来实现：

```
ifconfig 网卡设备名 down
或者    ifdown 网卡设备名
```

网卡被禁用后，若要重新启用（激活）网卡，执行以下命令：

```
ifconfig 网卡设备名 up
或者    ifup    网卡设备名
```

 　　生成网卡配置文件后，启用（激活）与禁用网卡有多种方法：（1）执行 ifup 或 ifdown 命令；（2）使用网络配置工具"激活"或"取消激活"；（3）启动或停止 network 服务。network 服务初始化 Linux 网络环境，启动该服务时根据网卡配置文件的 ONBOOT 设置决定是否调用 ifup 工具启用网卡；启动该服务时要调用 ifdown 工具停用所有网卡。network 服务还会初始化路由表和默认网关等设置。

6. 设置默认网关

若要添加默认网关，其命令用法为

```
route add default gw 网关IP地址 dev 网卡设备名
```

删除默认网关，其命令用法为

```
route del default gw 网关IP地址
```

例如，若要设置网卡 eth0 的默认网关地址为 192.168.1，可采用以下命令：

```
route add default gw 192.168.0.1 dev eth0
```

3.1.4　配置主机名

主机名保存到/etc/sysconfig/network 网络配置文件中，用于标识一台主机的名称。使用 hostname 命令来查看当前主机的名称。

如果要临时设置主机名，可使用以下命令来实现，该命令不会将新主机名写入相应配置文件，因此重新启动系统后，主机名将恢复为配置文件中所设置的主机名。

```
hostname 新主机名
```

要使主机名更改长期生效，则应直接在/etc/sysconfig/network 配置文件中进行修改。

3.1.5 配置 DNS 名称解析

/etc/resole.conf 配置文件用于配置 DNS 客户端与 DNS 域名解析有关的设置，该文件包含了主机的域名搜索顺序和 DNS 服务器的 IP 地址。使用 nameserver 配置项来指定 DNS 服务器的 IP 地址，查询时就按 nameserver 在配置文件中的顺序进行，且只有当第一个 nameserver 指定的域名服务器没有反应时，才用下面一个 nameserver 指定的域名服务器来进行域名解析。使用 search 指定 DNS 搜索路径，解析不完整的名称时默认的附加域名后缀。下面是一个例子。

```
nameserver 192.168.0.2
search abc.com
domain abc.com
```

3.1.6 配置路由

路由通常在路由设备上配置，对于 Linux 服务器来说，路由配置并不是必需的。但是，如果服务器配置有多个网络接口，同时连接多个不同子网，这需要为每个网络接口配置路由。

1. 路由表

路由表同来确定数据包的流向，也称为路由选择表，由一系列称为路由的表项组成，其中包含有关互联网络的网络 ID 位置信息。当一个节点接收到一个数据包时，查询路由表，判断目的地址是否在路由表中，如果是，则直接发送给该网络，否则转发给其他网络，直到最后到达目的地。

TCP/IP 协议对应的是 IP 路由表，每一个路由表项主要包括以下信息。

- 目的地址：路由的目的地址，需要子网掩码来配套确定。
- 网关地址：转发路由数据包的 IP 地址，一般就是下一个路由器的地址。在路由表中查到目的地址后，将数据包发送到此 IP 地址，由该地址的路由器接收数据包。该地址可以是本机网卡的 IP 地址，也可以是同一子网的路由器的地址。
- 接口：指定转发数据包的网络接口，也就是要路由的数据包从哪个接口转发出去。
- 路由度量标准（Metric）：指路由数据包到达目的地址所需的相对成本。典型的度量标准指到达目的地址所经过的路由器数目，此时又常常称为路径长度或跳数（Hop Count），本地网内的任何主机，包括路由器，值为 1，每经过一个路由器，该值再增加 1。如果到达同一目的地址有多个路由，度量标准值低的为最佳路由，优先选用。

如果在路由表中没有找到其他路由，则使用默认路由。**默认路由简化了主机的配置。默认路由的网络地址和网络掩码均为 0.0.0.0。在 TCP/IP 协议配置中，一般将默认路由称为默认网关。**

通常设置路由目的地为网络地址，即网络路由。也可将路由目的地设置为某主机地址，这就是主机路由，显然主机路由的子网掩码为 255.255.255.225。

2. 查看路由表

可以使用命令 route 命令来查看当前路由表信息，基本用法为：

```
route [-CFvnee]
```

其中选项-C 表示基于内核缓存操作；-F 表示采用内核的 FIB 格式的路由信息表，这是默认设置；-n 表示不进行域名解析，仅以数字格式显示；-e 表示采用 netstat 格式显示路由表，-ee 表示显示更详细的信息。以下是执行 route 命令查看路由表的一个例子。

```
[root@Linuxsrv1 ~]# route
Kernel IP routing table
Destination     Gateway         Genmask         Flags Metric Ref    Use Iface
192.168.0.0     *               255.255.255.0   U     0      0        0 eth0
172.16.0.0      *               255.255.0.0     U     0      0        0 eth1
169.254.0.0     *               255.255.0.0     U     0      0        0 eth1
default         linuxsrv2.abc.c 0.0.0.0         UG    0      0        0 eth0
```

其中，Destination 表示路由目的地，默认路由用 0.0.0.0 表示（可显示为 default）；Gateway 表示网关地址；Genmask 是指目的地的子网掩码；Flags 是路由标志，标志 U 表示路由项启用，H 表示主机路，G 表示路由指向网关，C 表示缓存的路由项，! 表示拒绝的路出项；Metric 表示路由度量（成本）；Use 表示路由项被查找的次数；Iface 表示转发接口。

3. 配置静态路由

配置路由信息主要有两种方式：手动指定（静态路由）和自动生成（动态路由）。动态路由通过路由协议，在路由器之间相互交换路由信息，自动生成路由表，按需动态调整和维护路由表，适用于复杂或经常变动的互联网络环境。静态路由是指由网络管理员手动配置的路由信息，当网络环境发生变化时，需要手动去修改路由表中相关的静态路由信息，适合简单的网络环境。

Linux 服务器可能连接到不同网络，有时需要为不同子网设置静态路由。例如，某服务器有两个网卡，eth0 在 192.168.0.0/24 子网，eth1 接口在 172.16.0.0/16 子网中，要添加一条经 eth1 接口由网关 172.16.0.10 到网络 172.18.0.0/16 的静态路由，可以采取以下方法。

（1）使用 route 命令设置静态路由。route 命令除了查看路由表之外，还可以用来修改路由表，如添加或删除路由项。添加路由项的基本用法为：

```
route add [-net|-host] 目的地 [netmask 子网掩码] [gw 网关] [metric N] [[dev] 接口]
```

选项-net 表示网络路由，目的地可使用 CDIR 格式表示，例中命令如下：

```
route add -net 172.18.0.0/16 gw 172.16.0.10
```

route 命令也可以用于删除指定的路由，基本用法如下：

```
route del [-net|-host] 目的地 [netmask 子网掩码] [gw 网关] [metric N] [[dev] 接口]
```

在 Linux 系统中，路由表都是由内核维护的，内核将路由表数据保存在内存中。一旦重启系统，甚至重启 network 服务，都会初始化路由表，这样，使用 route 命令添加的路由暂存于内存中，也会被删除。要保存路由表信息，就需要使用静态路由配置文件。

（2）通过经路由配置文件设置静态路由。Red Hat Enterprise Linux 的静态路由配置存储在 /etc/sysconfig/network-scripts/route-interface 文件中，其中 interface 为设置静态路由的网络接口名称。例如，eth0 接口的静态路由存放在/etc/sysconfig/network-scripts/route-eth0 文件中。该配置文

件有两种格式：IP 命令参数和网络/掩码指令。

采用 IP 命令参数格式，每行定义一项路由，基本格式为

```
网络 IP 地址/网络长度 via 网关 IP 地址 dev 网络接口名称
```

例中/etc/sysconfig/network-scripts/route-eth0 文件的内容如下。

```
172.18.0.0/16 via 172.16.0.10 dev eth1
```

如果采用网络/掩码指令形式，每一项路由包括 3 个参数：

```
ADDRESSN=目的地址
NETMASKN=子网掩码
GATEWAYN=网关地址
```

其中，每个参数后面的 N 表示路由项序号。例中/etc/sysconfig/network-scripts/route-eth0 文件的内容又可作如下设置：

```
ADDRESS0=172.18.0.0
NETMASK0=255.255.0.0
GATEWAY0=172.16.0.10
```

无论采用哪种格式，要是静态路由生效，必须重启系统或重启 network 服务。

3.1.7　网络测试工具

为便于网络测试和查找网络故障，Linux 系统内置了一些网络测试工具，也是基本的网络管理维护工具，使用起来非常方便，小巧实用，提供了许多开关选项。

1.　ping 命令

主要用来检测网络是否连通以及连通的质量，使用非常频繁。它通过向被测试的目的主机发送 ICMP 数据包并获取回应数据包，以测试当前主机到目的主机的网络连接状态。基本用法为

```
ping [-c 数量] [-s 包大小] [-W timeout]  目的主机
```

选项-c 用于指定向目的主机地址发送多少个报文，默认会不停地发送 ICMP 包，如果要让 p 停止发送 ICMP 包，需要按<Ctrl>+<C>组合键强行终止；-s 用于指定发送 ICMP 包的大小，以字节为单位（默认为 56B）；-W 用于设置等待接收回应数据包的间隔时间，以秒为单位。

2.　traceroute 命令

这是路由跟踪实用程序，用于确定 IP 数据包访问目的主机所采取的路径。它用 IP 生存时间（TTL）字段和 ICMP 错误消息来确定从一个主机到网络上其他主机的路由。通过向目标发送不同 IP 生存时间（TTL）值的 ICMP 回应数据包，来确定到目标所采取的路由。要求路径上的每个路由器在转发数据包之前至少将数据包上的 TTL 递减 1。当数据包上的 TTL 减为 0 时，路由器应该将 ICMP 已超时的消息发回源主机。基本用法为

```
traceroute [选项]  目的主机
```

3.　netstat 命令

主要用来显示网络连接、路由表和正在侦听的端口等信息。通过网络连接信息，可以查看当

前主机已建立了哪些连接，以及有哪些端口正处于侦听状态，从而发现异常的连接和开启的端口。其基本用法为

```
netstat [选项]
```

netstat 命令的命令选项较多，常用的列举如下。

- -1：显示正在侦听的服务或端口。
- -a：显示所有连接和侦听端口。
- -n：以数字格式显示地址和端口号（而不是尝试解析名称）。
- -p：显示端口是由哪个进程和程序在侦听。
- -c：动态显示网络连接和端口侦听信息。
- -i：显示指定网络接口卡的相关信息。
- -r：显示当前主机的路由表信息。

3.2 Linux 服务管理

Linux 服务器部署在网络环境中，用来提供各种网络服务。Linux 服务的管理涉及服务的启动、停止或重启，状态查看等。Linux 的服务在系统启动或进入某运行级别时会自动启动或停止，另外在系统运行过程中，也可使用相应的命令来实现对某服务的启动、停止或重启服务。对于不需要的服务，应当及时关闭。当然，服务也是一种进程，称为守护进程。

3.2.1 服务与守护进程的概念

在 Linux 系统中有些程序在启动之后持续在后台运行，等待用户或其他应用程序调用，此类程序就是服务（Service）。

大多数服务都是通过守护进程（Daemon）实现的。客户端发出的各种网络通信请求，在服务器端是由各种守护进程来处理的，如 Web 服务 http、文件服务 nfs 等。守护进程还用于完成许多系统任务，如作业调度进程 crond，打印进程 lpd 等。守护进程是服务的具体实现。

Linux 服务按照功能可以区分为系统服务（System Service）与网络服务（Networking Service）。系统服务是指那些为系统本身或者系统用户提供的一类服务，如提供作业调度服务的 Cron 服务。网络服务是指供客户端调用的一类服务，如 Web 服务、文件服务等。

按照服务启动的方法与执行时的特性，还可以将 Linux 服务分为独立服务（Standalone Service）与临时服务（Transient Service）。独立服务一经启动，将始终在后台执行，除非关闭系统或强制中止。多数服务属于此种类型。临时服务只有当客户端需要时才会被启动，使用完毕就会结束。在 Linux 中还有一种特殊的超级服务 xinetd，用于管理其他服务。

3.2.2 通过 Linux 服务启动脚本管理服务

传统的服务管理方法主要是通过运行服务程序来实现服务的管理。只要用户拥有服务程序的

执行权限，就可以直接运行程序文件以启动服务。服务都在后台运行，要停止相应服务，采取结束进程的方法，如使用 kill 命令。

1. 了解 Linux 服务启动脚本

目前主要使用 Linux 服务启动脚本来统一管理服务。因为需要管理的服务数量较多，所以**使用 rc 脚本统一管理每个服务的脚本程序，将这些脚本文件存放在/etc/rc.d 目录下，**并且由专用的脚本文件/etc/rc.d/rc 来启动或停止大部分服务。服务脚本程序保存在/etc/rc.d/init.d 目录中，**脚本的名称通常使用守护进程名，而不是通常所说的服务名称。**该目录中究竟有哪些脚本，与当前系统中所安装的服务有关。

> 注意服务的服务名（service names）与守护进程名（process names）往往是不同的。例如，DNS 的服务名为 domain，守护进程名为 named；SSH 的守护进程名为 sshd；Cron 服务的守护进程名为 crond。常用服务的服务名（包括服务别名）通常在/etc/services 中列出，该文件定义各项服务所对应的 TCP/UDP 端口。守护进程名位于/etc/rc.d/init.d 目录下，而实际调用的程序文件多数位于/usr/sbin 目录。

每一个运行级别在/etc/rc.d 目录中都有一个对应的下级目录。这些运行级别的下级子目录的命名方法是 rcn.d，n 表示运行级别的数字。例如，运行级别 3 的全部脚本程序都保存在/etc/rc.d/rc3.d 目录中。不过，**/etc/rc.d/rcn.d 目录中存放的是指向/etc/rc.d/init.d 目录中脚本程序的符号链接，**而实际的脚本程序保存在/etc/rc.d/init.d 目录中。

init 进程根据/etc/inittab 文件中的配置进入某一特定运行级别，然后根据相应运行级别执行相应的脚本程序。这些脚本程序负责启动或停止该运行级别特定的各种服务。当系统启动或进入某运行级别时，对应脚本目录中用于启动服务的脚本将自动被运行，当离开该级别时，用于停止服务的脚本也将自动运行，以结束在该级别中运行的这些服务。

2. 使用 Linux 服务启动脚本管理服务

使用服务启动脚本即可实现启动服务、重启服务、停止服务和查询服务等功能。基本用法为

```
/etc/rc.d/init.d/服务启动脚本名 {start|stop|status|restart|condrestart|reload }
```

其中参数 start、stop、restart 分别表示启动、停止和重启服务；status 表示查看服务状态；condrestart 表示只有在服务运行状态下才重新启动该服务。服务启动脚本名一般是该服务的进程名。如果直接执行相应的服务启动脚本，系统将显示用法帮助。在服务器启动脚本中大都提供对该脚本功能的简要说明和使用方法。

3. 使用 service 命令管理服务

直接利用服务启动脚本来启动或停止服务时，每次都要输入脚本的全路径，使用起来比较麻烦，为此 Red Hat Enterprise Linux 提供了 service 命令来加以简化。启动或停止的服务名即可，其用法为

```
service 服务名 {start|stop|status|restart|condrestart|reload }
```

3.2.3 配置服务自动启动

除了在系统运行时启动服务之外，还可以让服务在系统引导时自动启动。通过配置服务启动状态，系统根据运行级别自动调用服务启动脚本，从而启动相应的服务。Linux 提供 chkconfig 和 ntsysv 工具来实现该功能。

1. chkconfig 命令

chkconfig 命令可以查看和设置系统中所有服务在各运行级别中的启动状态。

查看服务的启动状态的基本用法为

```
chkconfig --list [服务名称]
```

加上服务名称参数，显示该服务的启动状态。如果不加参数，则显示所有服务的启动状态。例如，执行以下命令，显示每项服务各个运行级别（1-6）的启动状态。

```
[root@Linuxsrv1 ~] chkconfig --list
acpid        0:on    1:on   2:off  3:on  4:on  5:on  6:off
anacron      0:off   1:off  2:on   3:in  4:on  5:on  6:off
   ## 其他行省略
```

设置指定运行级别中服务的启动状态的用法为

```
chkconfig --level <运行级别列表> <服务名称> {on|off|reset}
```

on 代表设置为启动，off 为不启动，reset 表示表恢复为系统的默认启动状态。例如，要设置 vsftpd 服务在 2、3、5 运行级别启动，执行命令：

```
chkconfig -level 235 vsftpd on
```

2. ntsysv 工具

ntsysv 是一个基于文本字符界面的实用程序，操作简单、直观。在命令行状态下执行 ntsvsv 命令将出现如图 3-15 所示的界面。通过上下光标键或翻页键滚动显示服务列表，每一行显示一个服务名称，"*"标识表示该服务进入当前运行级别时自动启动，用户可以使用空格键添加和移除 "*" 标识。设置完毕，按<Tab>键将光标移动到 "OK" 按钮，然后按回车键退出。

注意 ntsysv 命令默认只能设置当前运行级别下各服务的启动状态。若要设置其他运行级别下各服务的启动状态，在执行 ntsvsv 命令时应加上相应的运行级别列表选项：

```
ntsysv [--level <运行级别列表>]
```

例如，要设置服务在 2、3、5 运行级别的启动状态，执行以下命令打开相应界面，统一设置。

```
ntsysv [--level 235]
```

3.2.4 使用图形界面工具管理服务

Red Hat Enterprise Linux 图形界面提供了服务配置工具。从 "系统" 主菜单中选择 "管理" > "服务器设置" > "服务" 命令，可以打开如图 3-16 所示的界面。使用该工具，用户可以对服务进行各种控制，如启动、停止、重启。也可以设置某个服务在具体运行级别下的启动情况。

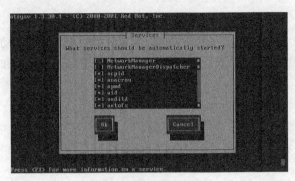

图 3-15　ntsysv 操作界面

图 3-16　服务配置界面

3.2.5　停用不必要的服务

运行不必要或有漏洞的服务（守护进程）会给操作系统带来安全和性能上的影响。对于系统安全来说，操作系统中的任何一个漏洞，都可能使整个系统受到攻击。通过修改服务的自动启动状态，可关闭不需要的自启动服务。

像 crond、syslog、keytable、xinetd、iptables 等基本的守护进程，往往为系统运行所需，则需要启用。而 echo、echo-udp、daytime、daytime-udp、chargen 等守护进程主要用于调试，平常可以关闭。另外，对于确实需要的服务或守护进程，应该尽量选用最新版本的程序，并增强安全防范。

3.3　主机防火墙

防火墙是控制网络服务访问的第一道安全屏障，外部请求在到达服务器之前首先要接受防火墙检查，只有通过防火墙检查，才能继续接受其他安全检查。Linux 内核使用一个基于 iptables 的防火墙来将不受欢迎的网络数据包过滤在内核网络之外。防火墙可分为网络防火墙和主机防火墙。网络防火墙用于控制内外网的数据包通信，保护内网安全，本书第 11 章将专门介绍。这里主要介绍如何在 Linux 服务器上部署主机防火墙，以控制网络服务的访问。**主机防火墙功能是通过 iptables 实现的，使用的是 iptables 规则**，iptables 也在第 11 章详细讲解。

3.3.1　主机防火墙配置

主机防火墙用于保护主机免受外界的攻击，尤其是恶意软件和未授权用户的访问。服务器对外提供比较重要的服务，或者在一个不安全的环境中使用，都需要安装主机防火墙，以保护其本身的安全。在安装 Red Hat Enterprise Linux 的过程中，安装向导会提示开启系统防火墙。Red Hat Enterprise Linux 5 图形界面提供安全级别设置工具，这里介绍在图形界面中使用该工具来设置主机防火墙。

1. 启用或禁用防火墙

在以图形模式安装 Red Hat Enterprise Linux 的过程中，当出现防火墙配置界面，向导会提示启用基本防火墙，设置允许特定的设备、对外服务和端口。

系统安装之后，可以从"系统"主菜单中选择"管理">"安全级别和防火墙"命令，或者在命令行中运行命令 system-config-securitylevel 来启动安全级别配置工具，如图 3-17 所示。

在"防火墙选项"选项卡中从"防火墙"下拉列表中选择是否启用主机防火墙。"禁用"（Disabled）表示不启用防火墙。

> 这里防火墙配置和定制的规则都保存在/etc/sysconfig/iptables 文件中，选择"禁用"项，除了关闭主机防火墙之外，相应的 iptables 规则和配置都将丢失。

"启用"（Enabled）表示启用防火墙，这样可以拒绝不能响应传出请求的传入连接，如 DNS 应答或 DHCP 请求。这对于直接连接到 Internet，并不打算作为服务器，是最安全的选择。

2. 设置信任的服务

作为 Linux 服务器，还需要允许一些服务运行。在"信任的服务"（Trusted services）列表中选中允许通过防火墙的服务。这里列出了常用的服务，如 WWW（HTTP）、FTP、SSH、Telnet、Mail（SMTP）、NFS4、Samba。

3. 添加其他端口

如果需要开放更多的端口，单击"其他端口"（Other Ports）按钮，弹出相应的对话框，自定义要开放的服务端口，如图 3-18 所示。例如，要允许 IRC 和 Internet 打印（IPP）通过防火墙，分别添加端口 tcp 194 和 tcp 631。

图 3-17　设置防火墙选项

图 3-18　开放其他端口

4. 保存防火墙设置

完成上述设置后，单击"确定"按钮保存更改，并启用（或禁用）防火墙。

如果启用防火墙，上述选项将转换为 iptables 命令，并写入到/etc/sysconfig/iptables 文件（下面给出一个例子），然后 iptables 服务启动，防火墙立即激活。

```
## 这是由安全级别配置工具生成的 iptables 规则，不建议手动修改
*filter
:INPUT ACCEPT [0:0]
:FORWARD ACCEPT [0:0]
:OUTPUT ACCEPT [0:0]
:RH-Firewall-1-INPUT - [0:0]
-A INPUT -j RH-Firewall-1-INPUT
-A FORWARD -j RH-Firewall-1-INPUT
-A RH-Firewall-1-INPUT -i lo -j ACCEPT
-A RH-Firewall-1-INPUT -p icmp --icmp-type any -j ACCEPT
-A RH-Firewall-1-INPUT -p 50 -j ACCEPT
-A RH-Firewall-1-INPUT -p 51 -j ACCEPT
-A RH-Firewall-1-INPUT -p udp --dport 5353 -d 224.0.0.251 -j ACCEPT
-A RH-Firewall-1-INPUT -p udp -m udp --dport 631 -j ACCEPT
-A RH-Firewall-1-INPUT -p tcp -m tcp --dport 631 -j ACCEPT
-A RH-Firewall-1-INPUT -m state --state ESTABLISHED,RELATED -j ACCEPT
-A RH-Firewall-1-INPUT -m state --state NEW -m tcp -p tcp --dport 22 -j ACCEPT
-A RH-Firewall-1-INPUT -j REJECT --reject-with icmp-host-prohibited
COMMIT
```

如果禁用防火墙，删除/etc/sysconfig/iptables 文件，立即停止 iptables 服务。

注意防火墙选项的设置信息将写入到/etc/sysconfig/system-config-securitylevel 文件，以使设置在下一次启动应用程序时恢复。请不要手动编辑该文件。

即使防火墙立即激活，默认 iptables 服务并未配置成在系统启动时自动启动，如果需要设置自动启动，请更改相应设置。要使 iptables 随系统启动自动启动，执行以下命令：

```
chkconfig--level 345 iptables on
```

默认防火墙规则拒绝访问主机上的大部分服务，因此**如果在服务器上启用主机防火墙，在部署各类服务器时，要注意开放相应的服务或端口**。

3.3.2 自定义防火墙规则

图形界面的安全级别配置工具只能配置基本的防火墙，功能有限，如果需要复杂的防火墙规则，则需要使用 iptables 命令自定义 iptables 规则。

例如，如果服务器上的主机防火墙拒绝所有的数据包，要开放该服务器上的 Web 服务，可以执行以下命令：

```
iptables -A INPUT -p tcp --dport 80 -j ACCEPT
```

此规则允许目的端口为 80 的 TCP 数据包通过 INPUT 链，即允许访问服务器的 80 端口。

只有 iptables 服务运行时，防火墙规则才能激活。要手动启动防火墙服务，执行以下命令：

```
service iptables restart
```

要保存防火墙规则，还要执行以下命令：

```
service iptables save
```

习题

1. **简答题**

（1）Linux 网络配置有哪几种方法？

（2）多个网卡如何命名？

（3）启用网卡有哪几种方法？

（4）简述服务与守护进程的关系。

（5）简述 Linux 服务启动脚本。

（6）主机防火墙有何作用？

2. **实验题**

（1）为一个网卡设置 3 个 IP 地址。

（2）使用 ifconfig 命令查看和管理网卡配置。

（3）启用主机防火墙，开放 FTP 服务和 Internet 打印（IPP）服务（端口 TCP 631）。

第4章
DNS 服务器

【学习目标】

本章将向读者详细介绍 DNS 服务器的基本原理与解决方案，让读者掌握 DNS 规划、DNS 服务器安装、DNS 服务器全局配置、DNS 区域配置、DNS 资源记录配置、辅助 DNS 服务器部署、高速缓存 DNS 服务器配置、DNS 动态更新、DNS 测试，以及 DNS 客户端配置管理的方法和技能。

【学习导航】

DNS 是基本的 TCP/IP 网络服务之一，BIND 是目前使用最广泛的 DNS 服务器软件。本章在介绍 DNS 背景知识的基础上，重点以 Red Hat Enterprise Linux 5 平台为例，讲解基于 BIND 软件的 DNS 服务器的配置、管理和应用。

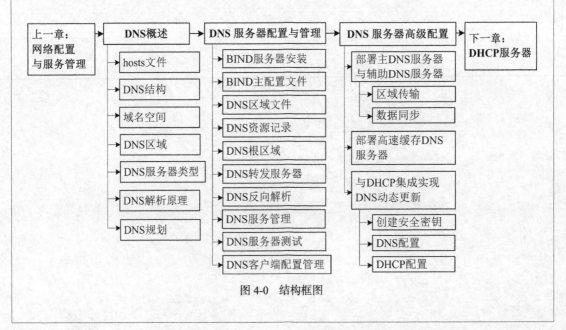

图 4-0　结构框图

4.1　DNS 概述

用数字表示 IP 地址难以记忆，而且不够形象、直观，于是就产生了域名方案，即为联网计算机赋予有意义的名称。在 Internet 上域名与 IP 地址之间是一一对应的，计算机之间通过 IP 地址进行通信，**将域名转换为 IP 地址称为域名解析**，DNS（Domain Name Server）就是专门进行域名解析的服务器。对于企业用户来说，还可以通过域名来反映自己的品牌和服务内容，以提升企业形象。总之，DNS 在 TCP/IP 网络中具有非常重要的地位。

4.1.1　hosts 文件

现在的域名系统是由早期的 hosts 文件发展而来的。早期的 TCP/IP 网络用一个名为 hosts 的文本文件对网内的所有主机提供名称解析。该文件是一个纯文本文件，又称主机表，可用文本编辑器软件来处理，这个文件以静态映射的方式提供 IP 地址与主机名的对照表，例如：

```
127.0.0.1 linuxsrv1 localhost.localdomain  localhost
```

hosts 文件中每条记录包含 IP 地址和对应的主机名，还可以包括若干主机的别名。主机名既可以是完整的域名，也可以是短格式的主机名，使用起来非常灵活。不过，每台主机都需要配置该文件（在 Linux 计算机上为/etc/hosts）并及时更新，管理很不方便，这种方案目前仍在使用，仅适用于规模较小的 TCP/IP 网络，或者一些网络测试场合。

随着网络规模的扩大，hosts 文件就无法满足计算机名称解析的需要了，于是产生了一种基于分布式数据库的域名系统 DNS，用于实现域名与 IP 地址之间的相互转换。

4.1.2　DNS 结构与域名空间

1．DNS 结构

如图 4-1 所示，**DNS 结构如同一棵倒过来的树**，层次结构非常清楚，根域位于最顶部，紧接着在根的下面是几个顶级域，每个顶级域又进一步划分为不同的二级域，二级下面再划分子域，子域下面可以有主机，也可以再分子域，直到最后是主机。

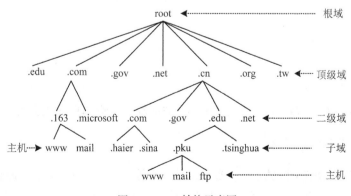

图 4-1　DNS 结构示意图

2．域名空间

这个树形结构又称为域名空间（domain name space），DNS 树的每个节点代表一个域，通过这些节点，对整个域名空间进行划分，成为一个层次结构，**最大深度不得超过 127 层**。

3．域名标识

域名空间的每个域的名字通过域名进行表示。与文件系统的结构类似，每个域都可以用相对的或绝对的名称来标识。相对于父域来表示一个域，可以用相对域名；绝对域名指完整的域名，称为 FQDN（可译为"全称域名"或"完全规范域名"），采用从节点到 DNS 树根的完整标识方式，并将每个节点用符号"."分隔。要在整个 Internet 范围内来识别特定的主机，必须用 FQDN，例如 google.com。

FQDN 有严格的命名限制，长度不能超过 256 字节，只允许使用字符 a-z，0-9，A-Z 和减号"-"。点号"."只允许在域名标识之间或者 FQDN 的结尾使用。域名不区分大小。

在 Internet 上的每个网络都必须有自己的域名，应向 InterNIC 注册自己的域名，这个域名对应于自己的网络，注册的域名就是网络域名。拥有注册域名后，即可在网络内为特定主机或主机的特定应用程序服务，自行指定主机名或别名，如 www、ftp。对于内网环境，可不必申请域名，完全按自己的需要建立自己的域名体系。

4.1.3 理解区域（zone）

要正确部署 DNS 服务器，理解区域和域（domain）的关系就非常重要。

1．区域与域

DNS 服务器是通过区域来管理名称空间的，而不是以域为单位来管理名称空间的，但区域名称与其管理的 DNS 名称空间的域名称是一一对应的。在具体应用时区域也就是一个域。

域是名称空间的一个分支，除了最末端的主机节点之外，DNS 树状结构中的每个节点都是一个域，包括子域（subdomain）。

域空间庞大，这就需要划分区域进行管理，以减轻网络管理负担。**区域通常表示管理界限的划分**，是 DNS 名称空间的一个连续部分，它开始于一个顶级域，一直到一个子域或是其他域的开始。区域管辖特定的域名空间，它也是 DNS 树状结构上的一个节点，包含该节点下的所有域名，但不包括由其他区域管辖的域名。

区域和域之间的关系如图 4-2 所示，abc.com 是一个域，用户可以将它划分为两个区域分别管辖：abc.com 和 sales.abc.com。区域 abc.com 管辖 abc.com 域的子域 rd.abc.com 和 office.abc.com，而 abc.com 域的子域 sales.abc.com 及其下级子域则由区域 sales.abc.com 单独管辖。**一个区域可以管辖多个域（子域），另一个域也可以分成多个部分交由多个区域管辖，这取决于如何组织名称空间。**

2．区域与 DNS 服务器

整个域空间被划分若干区域管理，每个区域负责管辖一个名称空间。**区域在权威服务器上定义**，负责管理一个区域的 DNS 服务器就是该区域的权威服务器。该区域所管辖的域名空间范围内的域名解析的权威性结果都由该服务器提供。其他 DNS 服务器可向权威服务器请求其所管辖区域的域名空间的数据。一台 DNS 服务器可以是多个区域的权威服务器。

一台 DNS 服务器可以管理一个或多个区域，使用区域文件（或数据库）来存储域名解析数据。在 DNS 服务器中必须先建立区域，然后再根据需要在区域中建立子域，最后在子域中建立资源记录。由区域、域和资源记录组成的域名体系如图 4-3 所示。

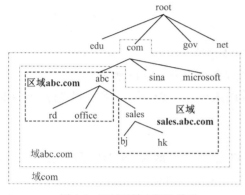

图 4-2　区域和域之间的关系

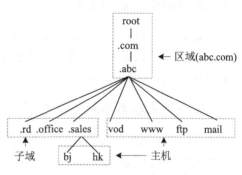

图 4-3　域名体系示例

3. 区域委派授权

DNS 基于委派授权的原则，自上而下解析域名，根 DNS 服务器仅知道顶级域服务器的位置，顶级域服务器仅知道二级域服务器的位置，依此类推，直到在目标域名的权威 DNS 服务器上找到相应记录。

每一个区域都至少包含一条 NS 记录，用来指定某域名（空间）由哪个 DNS 服务器进行解析，可以为从区域委派出去的任何子域指明权威服务器。一台负责某区域的 DNS 服务器应列在其上级域的 NS 记录中，这样就形成一个正式的授权。任何列在 NS 记录中的 DNS 服务器必须配置成该域的权威服务器。例如，abc.com 区域中增加一条 NS 记录，指明 sales.abc.com 域名空间的权威服务器 B，这样向 abc.com 区域权威服务器请求 sales.abc.com 域名解析时，将自动转向服务器 B。

4.1.4　DNS 服务器类型

根据配置或角色，可将 DNS 服务器分为以下 4 种主要类型。

- 主域名服务器（Primary Name Server）：存储某个名称空间的原始和权威区域记录，为其他域名服务器提供关于该名称空间的查询。

- 辅助域名服务器（Second Name Server）：又称从域名服务器，名称空间信息来自主域名服务器，响应来自其他域名服务器的查询请求。辅助域名服务器可以提供必要的冗余服务。

- 高速缓存 DNS 服务器（Caching Only Server）：将它收到的解析信息存储下来，并再将其提供给其他用户进行查询，直到这些信息过期。它对任何区域都不能提供权威性解析。

- 转发服务器（Forwarding Server）：向其他 DNS 服务器转发不能满足的查询请求。如果接受转发要求的 DNS 服务器未能完成解析，则解析失败。

DNS 服务器可以是以上一种或多种配置类型。例如，一台域名服务器可以是一些区域的主域名服务器，另一些区域的辅助域名服务器，并且仅为其他区域提供转发解析服务。

4.1.5　DNS 解析原理

DNS 采用客户/服务器机制，实现名称与 IP 地址转换。DNS 服务器上提供域名解析库，响应客户端的域名查询请求，DNS 客户端也称解析程序，用来查询服务器获取名称解析信息。在介绍 DNS 解析过程之前，先介绍几个重要的概念。

1.　正向解析与反向解析

按照 DNS 查询目的，可将 DNS 解析分为以下两种类型。
- 正向解析：根据计算机的 DNS 名称（即域名）解析出相应的 IP 地址。
- 反向解析：根据计算机的 IP 地址解析出它的 DNS 名称，主要用来为服务器进行身份验证。

2.　权威性应答与非权威性应答

从 DNS 服务器返回的查询结果分为两种类型：权威的和非权威的。所谓权威的查询结果是从该区域的权威 DNS 服务器的本地解析库查询而来的，一般是正确的。

所谓非权威的查询结果来源于非权威 DNS 服务器，是该 DNS 服务器通过查询其他 DNS 服务器而不是本地解析库而得来的。例如，客户端要查找 www.abc.com 主机的 IP 地址，接到查询请求的 DNS 服务器不是区域 abc.com 的权威服务器，该服务器可能有 3 种处理方法。
- 查询其他 DNS 服务器直到获得结果，然后返回给客户端。
- 指引客户端到上一级 DNS 服务器查找。
- 如果缓存有该记录，直接用缓存中的结果回答。

这 3 种查询结果都属于非权威性应答。

3.　DNS 递归查询

这是一种常见的 DNS 查询方式，要求 DNS 服务器代表 DNS 客户端查询其他 DNS 服务器，力求完全解析，不管如何，最后都要将结果返回至客户端。查询结果可以是资源记录（如主机的 IP 地址），也可以是请求的地址不存在的信息。执行递归查询，DNS 客户端总是处于等待状态。一般 DNS 客户端向 DNS 服务器提出的查询请求属递归查询。

4.　DNS 迭代查询

采用这种方式，DNS 服务器只是给客户端返回一个提示，告诉它到另一台 DNS 服务器继续查询，客户端再向指定的 DNS 服务器提交请求，依次循环直到返回查询的结果为止。如果最后一台 DNS 服务器中也不能提供所需答案，则宣告查询失败。一般 DNS 服务器之间的查询都属迭代查询。

向另一台 DNS 服务器发出查询请求的 DNS 服务器本身也充当 DNS 客户端角色。默认情况下，DNS 客户端要求服务器使用递归查询来代表自己完全解析名称。在大多数情况下 DNS 服务器默认配置为支持递归查询。而根 DNS 服务器或流量较大的 DNS 服务器都不使用递归查询。为了减轻 DNS 解析的负担，根 DNS 服务器以下的各级 DNS 服务器都应使用递归查询与迭代查询的混合模式。值得一提的是，当 DNS 服务器响应客户端递归查询的请求而去查询其他 DNS 服务器时，默认采用的是迭代查询。

5. 域名解析过程

DNS 域名解析过程如图 4-4 所示，具体步骤说明如下。

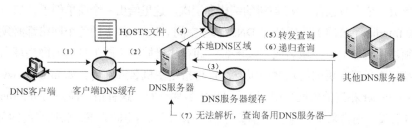

图 4-4 DNS 域名解析过程

（1）当客户端提出查询请求时，首先在本地计算机的缓存中或者 hosts 文件中查找。如果在本地获得查询信息，查询完成。否则继续尝试下面的解析过程。

（2）客户端向所设置的本地 DNS 服务器发起一个递归的 DNS 查询。

（3）本地 DNS 服务器接到查询请求，首先查询本地的缓存。如果缓存中存在该记录，则直接返回查询的结果（非权威性），查询完成。否则继续下面的解析过程。

（4）如果本地 DNS 服务器就是所查询区域的权威服务器，查找本地 DNS 区域数据文件，无论是否查到匹配信息，都作出权威性应答，至此查询完成。如果本地 DNS 服务器不是所查询区域的权威服务器，继续下面的解析过程。

（5）如果本地 DNS 服务器配置有 DNS 转发器并符合转发条件，将查询请求提交给 DNS 转发器（另一 DNS 服务器），由 DNS 转发器负责完成解析。否则继续下面的解析过程。

（6）本地 DNS 服务器使用递归查询来完成解析名称，这需要其他 DNS 服务器的支持。

例如，要查找 host.abc.com，本地 DNS 服务器首先向根 DNS 服务器发起查询，获得顶级域 com 的权威 DNS 服务器的位置；本地 DNS 服务器随后对 com 域权威服务器进行迭代查询，获得 abc.com 域权威服务器的地址；本地 DNS 服务器最后与 abc.com 域权威服务器联系上，获得该权威服务器返回的权威性的应答，保存到缓存并转发给客户端，从而完成递归查询。

（7）如果还不能解析该名称，则客户端按照所配置的 DNS 服务器列表，依次查询其中所列的备用 DNS 服务器。

4.1.6 DNS 规划

首先需要确定是否架设 DNS 服务器，因为 DNS 服务器并不是必需的。当网络主机数量很少，或者可以直接请求上层 DNS 主机管理员解决域名解析时，就不需要建立自己的 DNS 服务器。需要部署 DNS 服务器的情形有以下两种。

● 需要连接 Internet 的主机数量较多，且需要对外提供服务。

● 服务器有随时增加的可能性或者经常变动。

部署 DNS 服务器之前要进行规划，主要包括域名空间规划和 DNS 服务器规划两个方面。

1. 域名空间规划

域名空间规划主要是解决 DNS 命名问题，选择或注册一个可用于维护内网或者 Internet 的唯一父 DNS 域名，通常是二级域名，如 abc.com，然后根据用户组织机构设置和网络服务建立分层的域名体系。根据域名使用的网络环境，域名规划有以下 3 种情形。

● 仅在内网中使用内部 DNS 名称空间。可以按自己的需要设置域名体系，设计内部专用 DNS 名称空间，形成一个自身包含 DNS 域树的结构和层次。这里给出一个简单例子，如图 4-5 所示。

● 仅在 Internet（公网）使用外部 DNS 名称空间。Internet 上的每个网络都必须有自己的域名，用户必须注册自己的二级域名或三级域名。拥有注册域名（属于自己的网络域名）后，即可在网络内为特定主机或主机的特定网络服务，自行指定主机名或别名，如 info、www。

● 在与 Internet 相连的内网中引用外部 DNS 名称空间。这种情形涉及对 Internet 上 DNS 服务器的引用或转发，通常采用兼容于外部域名空间的内部域名空间方案，将用户的内部 DNS 名称空间规划为外部 DNS 名称空间的子域，如图 4-6 所示，本例中 Internet 名称空间是 abc.com，内部名称空间是 corp.abc.com。也可采用另一种方案，即内部域名空间和外部域名空间各成体系，内部 DNS 名称空间使用自己的体系，外部 DNS 名称空间使用注册的 Internet 域名。

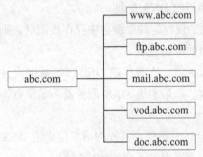

图 4-5　内部专用域名体系

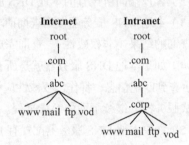

图 4-6　内外网域名空间兼容

2．DNS 服务器规划

DNS 服务器规划决定网络中需要的 DNS 服务器的数量及其角色（配置类型）。

主 DNS 服务器负责基本的域名解析服务，对于需要管理域名空间的环境来说，至少部署一台主 DNS 服务器，负责管理区域，以解析域名或 IP 地址。

规模较大的网络，要提供可靠的域名解析服务，通常会在部署主 DNS 服务器的基础上，再部署一台辅助 DNS 服务器。辅助服务器作为主服务器的备份，直接从主 DNS 服务器自动更新区域。

为减轻网络和系统负担，可以将本地 DNS 服务器设置为高速缓存 DNS 服务器。这种 DNS 服务器没有自己的解析库，只是帮助客户端向外部 DNS 服务器请求数据，充当一个"代理人"角色，通常部署在网络防火墙上。

转发服务器一般用于用户不希望内部服务器直接和外部服务器通信的情况下。

4.2　安装 DNS 服务器

在 Linux 上安装 DNS 服务器非常简单，注意该服务器本身的 IP 地址应是固定的，不能是动态分配的。Linux 架设 DNS 服务器一般使用 BIND（Berkeley Internet Name Domain）软件，它是目前使用最广泛的 DNS 服务器软件。这里以 Red Hat Enterprise Linux 5 平台为例，介绍如何使用 BIND 软件包架设和管理 DNS 服务器。

4.2.1　BIND 软件包

BIND 主要有 3 个版本：BIND4、BIND8、BIND9。Red Hat Enterprise Linux 5 支持 BIND9，并提供了一套完整的 BIND 软件包，下面列出主要的软件包。

- bind-9.3.3-7.el5.i386.rpm（DNS 服务器软件包，默认未安装，位于第 2 张光盘）。
- bind-chroot-9.3.3-7.el5.i386.rpm（chroot 目录安全增强工具，默认未安装，位于第 2 张光盘）。
- caching-nameserver-9.3.3-7.el5.i386.rpm（缓存 DNS 服务器基本配置文件，默认未安装，位于第 4 张光盘）。
- bind-libs-9.3.3-7.el5.i386.rpm（域名解析功能必备库文件，默认已安装）。
- bind-utils-9.3.3-7.el5.i386.rpm（DNS 测试工具，默认已安装）。
- bind-devel-9.3.3-7.el5.i386.rpm (DNS 开发工具，默认未安装，位于第 3 张光盘)。
- system-config-bind-4.0.3-2.el5.noarch.rpm（DNS 图形界面配置工具，默认未安装，位于第 5 张光盘）。

4.2.2　安装 BIND 服务器

1．安装 bind 软件包

在准备部署 DNS 服务器之前，首先执行以下命令检查当前 Linux 系统是否安装 bind 软件包或者已经安装的具体版本。

```
rpm -qa | grep bind
```

如果查询结果表明没有安装 bind，将 Red Hat Enterprise Linux 5 第 2 张安装光盘插入光驱，加载光驱后，切换到光驱加载点目录，执行以下命令进行安装。

```
rpm -ivh Server/bind-9.3.3-7.el5.i386.rpm
```

2．安装 bind-chroot 软件包

DNS 服务器提供的域名解析服务是一类公共服务，访问量较大，而且对客户端一般不加以限制，因此安全隐患较大。在实际应用中大都使用所谓的 chroot 技术来增强 BIND 服务器的安全性。

chroot 的含义是 "change to root"，"root" 代表的是根目录。chroot 的作用是改变程序运行时所引用的根目录位置，即将某个特定目录作为程序的虚拟根目录，并且对程序运行时可以使用的系统资源、用户权限和所在目录进行严格控制，让程序只在这个虚拟根目录下具有权限，一旦离开该目录就不再具有任何权限。这样，即使程序被攻击，也会将危害行为限制在特定目录下，不会危害整个系统。

许多 Linux 发行版本默认将 bind 程序锁定在/var/named/chroot 目录中。Red Hat Enterprise Linux 5 提供有 chroot 目录安全增强工具 bind-chroot 软件包，不过默认情况下没有安装。可执行以下命令检查是否安装该软件包。

```
rpm -qa | grep bind-chroot
```

注意安装 bind-chroot 软件包之前必须先安装 bind 软件包，而且要用到 BIND 主配置文

件/etc/named.conf。Red Hat Enterprise Linux 5 安装 bind 服务器软件包时并没有提供该配置文件，需要管理员自行创建。然后，将第 2 张安装光盘插入光驱，加载光驱后,切换到光驱加载点目录，执行以下命令进行安装。

```
rpm -ivh Server/bind-chroot-9.3.3-7.el5.i386.rpm
```

安装 bind-chroot 软件包之后，**就自动将/var/name/chroot 作为 bind 程序的虚拟根目录**。这样，如果黑客通过 bind 侵入系统，将被限定在该目录及其子目录中，其破坏力也仅局限于该目录。

> 安装 bind-chroot 之后，bind 的所有配置文件都是相对于/var/name/chroot 目录的。主配置文件 named.conf 存储在/var/named/chroot/etc 目录下，系统还会在/etc/目录下建立一个该文件的链接；区域文件存储在/var/named/chroot/var/named 目录下；根服务器信息文件 named.root 则通常存储在/var/named/chroot/var/named 目录下。以下关于 bind 的所有配置文件，如果没有明确声明，都是相对于该目录的。

4.3 DNS 服务器配置与管理

BIND 使用 named 守护进程提供域名解析服务。对于 DNS 管理员来说，最重要的还是建立和维护主 DNS 服务器，各种域名服务主要是通过主 DNS 服务器来配置和实现的。

4.3.1 主 DNS 服务器配置实例

配置主 DNS 服务器的最主要工作就是编辑主配置文件/etc/named.conf 和相应的区域文件。某内网 IP 地址为 192.168.0.0/24，要设置一台 DNS 服务器（IP 地址为 192.168.0.2），为内部域名空间 abc.com 提供正反向解析服务，其中部署网站、邮件、FTP 等几台基本的网络服务器，可以利用的公网 DNS 转发器为 202.102.128.68 和 202.102.134.68。下面结合此例给出相应的配置。

1. 编辑主配置文件/etc/named.conf

使用文本编辑工具编辑/etc/named.conf 文件，并输入以下配置内容。

```
options                      ## 设置全局选项
{
query-source    port 53;
directory "/var/named";      ## 设置服务器的工作目录, 配置文件中所有相对路径都基于此目录
dump-file "data/cache_dump.db"; ## 设置服务器建立的数据库路径
statistics-file "data/named_stats.txt";        ## 设置服务器的统计信息文件路径
forwarders { 202.102.128.68 ; 202.102.134.68; }      ## 设置 DNS 转发器
forward first;
};
controls {                   ## 声明一个控制通道, 用于 rndc 实用程序管理 named 守护进程
inet 127.0.0.1 allow { localhost;} keys { rndckey }; ## 限于本地使用 rndc 实用程序
};
zone "." IN {                ## 根区域的名称是 "."
     type hint;              ## 根区域的类型是 "hint"
     file "name.ca";         ## 根服务器列表文件名
```

```
};
zone "abc.com" IN {                    ## 声明一个正向解析区域（名称与类型）
    type master;                       ## 定义 DNS 区域的类型，这里表示主区域
    file "abc.com.zone";               ## 定义正向解析区域文件名称
};
zone  "0.168.192.in-addr.arpa"  IN  {      ## 声明反向解析区域（名称与类型）
    type  master;                      ## 定义 DNS 区域的类型，这里表示主区域
    file  "192.168.0.arpa";            ## 定义反向解析区域文件名称，一般以反向解析的子网名称命名
};
include "/etc/rndc.key";               ## 提供 rndc 实用程序验证密钥
```

2. 编辑区域文件

根据/etc/named.conf 文件中所声明的区域，需要编写相应的区域文件，以提供解析数据。这里给出一个正向解析区域的完整例子，文件名为 abc.com.zone。

```
$TTL 86400       ;定义默认生存时间
@  IN  SOA dns.abc.com. admin.abc.com (        ;定义起始授权机构
                 42 ; serial  (序列号)
                 3H ; refresh  (刷新间隔)
                 15M ; retry   (重试时间)
                 1W ; expiry   (过期时间)
                 1D ) ; minimum  (最小生存时间)
abc.com.       IN  NS  dns.abc.com.     ;定义名称服务器（NS）
abc.com.       IN  A   192.168.0.2      ;定义主机记录
dns            IN  A   192.168.0.2
linuxsrv1      IN  A   192.168.0.2
linuxsrv2      IN  A   192.168.0.10
www            IN  A   192.168.0.2
mail           IN  A   192.168.0.2
ftp            IN  A   192.168.0.10
bbs            IN   CNAME  www          ;定义别名记录
samba          IN   CNAME  www
abc.com.       IN   MX 10  mail.abc.com.        ;定义邮件交换记录
```

下面再给出一个反向解析区域的完整例子，文件名为 192.168.0.arpa。

```
$TTL  86400      ;定义默认生存时间
0.168.192.in-addr.arpa. IN SOA  dns.abc.com admin.abc.com  (  ;定义 SOA 记录
2007090503 ; serial
10800      ; refresh
3600       ; retry)
604800     ; expire
86400 )    ; TTL
0.168.192.in-addr.arpa.     IN    NS   dns.abc.com.     ;定义名称服务器（NS）
2.0.168.192.in-addr.arpa.   IN    PTR  dns.abc.com.     ;定义 PTR 记录（完全名称）
20                          IN    PTR  ftp.abc.com.     ;定义 PTR 记录（相对名称）
```

接下来结合以上例子详细讲解 DNS 服务器的配置。

4.3.2 设置 BIND 主配置文件

选择 BIND 提供域名服务，DNS 服务器级的配置主要是通过 BIND 主配置文件/etc/named.conf 来实现的。

1. 创建 BIND 主配置文件

与早期版本不同，Red Hat Enterprise Linux 5 安装 BIND 软件包之后，并没有自动生成 /etc/named.conf 文件，这就需要用户自行创建，具体有以下 3 种解决方案。

● 参考样本文件。安装 BIND 软件包之后，/usr/share/doc/bind-9.3.3/sample 目录中提供了样本文件 named.conf，可将其复制到/var/named/chroot/etc，在此基础上进行修改即可。必要时可将该目下的其他文件复制到/var/named/chroot 目录。

● 安装缓存 DNS 服务器配置文件。Red Hat Enterprise Linux 5 自带的 caching-nameserver-9.3.3-7.el5.i386.rpm 软件包提供缓存 DNS 服务器基本配置文件，安装该软件包之后，默认主配置文件为/etc/named.caching-nameserver.conf。一旦创建有/etc/named.conf 文件，默认配置文件就自动改变为/etc/named.conf 文件。管理员可以通过复制文件方式，参照/etc/named.caching-nameserver.conf 内容来设置/etc/named.conf。

● 自行创建/etc/named.conf 文件。

2. BIND 主配置文件语法格式

BIND 9 的配置文件由语句和注释组成。语句以分号（半角）结束，语句还可包含子语句，子语句也以分号结束。注释可采用多种形式，如 C 风格注释以符号 "/*" 开头，以 "*/" 结束，可包含一行或多行注释内容；C++风格的注释以 "//" 开头，直到行尾，只能提供一行内容；shell 风格的注释以符号 "#" 开始，直到行结尾，也只能提供一行内容。配置文件的基本结构如下。

```
语句 1
{   若干子语句 {若干选项定义； }；
若干选项定义；}；
……
语句 n
{   若干子语句 {若干选项定义； }；
若干选项定义；}；
```

BIND 9 支持以下语句。

● acl：定义一个命名的 IP 地址匹配列表，用于访问控制或其他用途。

● controls：定义 rndc 命令使用的控制通道。

● include：包含一个文件。

● key：指定用于认证和授权的密钥信息。

● logging：指定服务器日志记录的内容和日志信息的来源。

● options：设置 DNS 服务器全局选项和一些默认参数。

● server：为服务器设置配置选项。

- trusted-keys：定义信任的 DNSSEC 密钥。
- view：声明一个视图。
- zone：声明一个区域。

其中 logging 和 options 语句在每个配置文件中只能出现一次。每个语句都有自己的语法，接下来介绍 3 个最基本的语句。

3. 使用 options 语句设置全局选项

语句 options 用于 DNS 服务器全局性的设置，如果没有显式定义 options 选项，将自动启用相应选项的默认值。常用配置选项的指令及功能简介如下。

- directory：指定 DNS 服务器的工作目录，所有在配置文件中出现的相对路径都是相对于这个目录的。该目录也是区域文件的存储目录。如果没有指定，默认的工作目录就是 "."，即 DNS 服务器的启动目录。
- recursion：指定是否允许客户端递归查询其他 DNS 服务器。默认设置为 yes，允许递归查询，如果客户端也要求递归，服务器就尽力完成解析。如果将其设置为 no，不允许递归查询，服务器不能解析将会返回一个参考性应答，这种情况并不会阻止客户端从服务器缓存获取数据，它仅阻止将新数据作为查询结果缓存起来。
- max-cache-size：设置最大缓存大小。
- allow-recursion：指定允许执行递归查询操作的客户端 IP 地址（列表）或网络。
- allow-query：指定允许哪些主机可以进行 DNS 查询，默认允许所有主机请求。
- query-source：指定查询 DNS 服务所使用的端口号，通常为 53。
- listen-on：指定 DNS 服务器侦听查询请求的接口和端口，默认服务器将会侦听所有接口的 53 端口。要指定端口，其用法为

```
listen-on port 端口号 {接口地址 IP 列表}
```

4. 使用 acl 语句定义访问控制列表

如果地址列表较多，可用 acl 语句预先定义一个访问控制列表（ACL），供其他语句引用，其基本用法为

```
acl 访问控制列表名 {    地址列表;        };
```

下例定义一个名为 mynetwork 的访问控制列表。

```
acl mynetwork {   192.168.0.0/24;192.168.1.0/24;       };
```

实际上 BIND 已经内置下列 4 个访问控制列表，可以直接引用。

- any：匹配所有的 IP 地址。
- none：不匹配任何 IP 地址。
- localhost：匹配本地主机使用的所有 IP 地址。
- localnets：匹配同本地主机相连的网络中的所有主机。

5. 使用 zone 语句定义区域

zone 语句是 named.conf 文件的核心部分，用于在域名系统中声明所使用的区域（分为正向解析区域和反向解析区域），并为每个区域设置适当的选项，基本用法如下。

```
zone  "区域名称" 类 {
    type  区域类型;
    file  "区域文件路径及文件名";
    若干其他选项;
};
```

区域名称后面有一个可选项用于指定类。如果未指定类，默认为 IN(表示 Internet)类，适合大多数情况；另外两种不常用的类分别是 HS（hesiod）和 CHAOS（Chaosnet）。

type 用于指定区域的类型，这些类型有：master（主 DNS 区域）、slave（辅助 DNS 区域）、forward（将任何解析请求转发给其他 DNS 服务器）、stub（存根区域，与辅助 DNS 区域类似，但只保留 DNS 服务器的名称）、hint（根域名服务器）。

file 用于指定区域文件路径。

还可以定义其他选项，如 allow-query、allow-transfer 等。options 语句中选项的作用域是整个 DNS 服务器，而 zone 语句中的选项的作用域仅限于该区域。

4.3.3　使用区域文件配置 DNS 资源记录

一个区域内的所有数据（包括主机名和对应 IP 地址、刷新间隔和过期时间等）必须存放在 DNS 服务器内，而用来存放这些数据的文件就称为区域文件。BIND 服务器的区域数据文件一般存放在/var/named/目录下。**一台 DNS 服务器可以存放多个区域文件，同一个区域文件也可以存放在多台 DNS 服务器中。**

1. 理解资源记录

DNS 通过资源记录来识别 DNS 信息。区域文件记录的内容就是资源记录。每个资源记录包含解析特定名称的答案。完整的 DNS 资源记录包括 5 个部分，格式如下。

[域名]　[生存时间]　类　类型　记录数据

各部分含义说明如下。

- 域名（Owner Name）：用于确定资源记录的位置，即拥有该资源记录的 DNS 域名。
- 生存时间（TTL）：指定一个资源记录在其被丢弃前可以被缓存多长时间。
- 类（Classic）：说明网络类型，有 3 种类型，分别是 IN、HS 和 CH，一般使用 IN 类。
- 类型（Type）：一个编码的 16 位值，指定资源记录的类型。常用的资源记录类型见表 4-1。
- 记录数据（RDATA）。记录数据的格式与记录类型有关，主要用于说明域中该资源记录有关的信息，通常就是解析结果。

表 4-1　　　　　　　　　　　常见的 DNS 资源记录类型

类　型	名　称	说　明
SOA	Start of Authority（起始授权机构）	设置区域主域名服务器(保存该区域数据正本的 DNS 服务器)
NS	Name Server（名称服务器）	设置管辖区域的权威服务器（包括主域名服务器和辅助域名服务器）
A	Address（主机地址）	定义主机名到 IP 地址的映射
CNAME	Canonical Name（规范别名）	为主机名定义别名

续表

类　　型	名　　称	说　　明
MX	Mail Exchanger（邮件交换器）	指定某个主机负责邮件交换
PTR	Pointer（指针）	定义反向的 IP 地址到主机名的映射
SRV	Service（服务）	记录提供特殊服务的服务器的相关数据

2. 区域文件格式

大多数资源记录显示在一行之内，如果涉及多行，需要使用括号。可以使用以下方式来定义资源记录的域名。

- 使用全称域名：以 "." 结尾，如 abc.com.。
- 使用相对名称：bind 自动加上当前域后缀，如 www，实际上是指 www.abc.com.。
- 空字符：如果一行以一个空字符开始，则表示域名与上一个资源记录一样。
- 符号@：该符号代表当前域。

在资源记录定义中，TTL 值和 IN 类通常省略。

为便于阅读，每条记录的各个组成部分之间最好用 TAB 制表符隔开。另外应包含一些空行以增加可读性。**区域数据文件使用 ";" 符号进行注释**。接下来讲解区域文件的各类定义。

3. 设置默认生存时间

区域文件第 1 行通常用于设置允许 DNS 客户端缓存所查询的数据的默认时间，即数据的有效期，语法格式为

```
$TTL   生存时间
```

默认单位为秒。为便于理解，也可以使用更大的时间单位来表示，如 H（小时）、D(天)、W（周）。如 86400 秒为 1 天，可表示为 "$TTL 1D"。为减少不必要的查询流量，通常该值不应设置得过小。

4. 设置 SOA 资源记录

SOA（起始授权机构）是主 DNS 服务器区域文件中必须要设置的资源记录，表示最初创建区域的 DNS 服务器，或者是该区域的主 DNS 服务器，宣称该服务器具有权威性的域名空间。SOA 记录定义了域名数据的基本信息和其他属性（如更新或过期间隔）。通常应将 SOA 资源记录放在区域文件的第 1 行或紧跟在$TLL 选项之后。**一个区域文件只允许存在唯一的 SOA 记录**。SOA 资源记录比较特殊，参见 4.3.1 节的例子，各个部分解释如下。

- 符号 "@" 定义了当前 SOA 所管辖的域名，例中该符号代表 abc.com。
- IN：代表网络类型属于 Internet 类，这个格式是固定不可改变的。
- dns.abc.com：定义负责该区域域名解析的权威服务器，DNS 服务器由此知道哪一台主机被授权管理该区域。**授权主机名称必须在区域文件中有一个对应的 A（主机）资源记录**。
- admin.abc.com：定义负责该区域的管理员的 E-mail 地址。由于在 DNS 中使用符号 "@" 代表本区域的名称，如果有邮件地址中，应使用句点号 "." 代替 "@"。
- 括号()：共有 5 个选项值，主要设置与辅助 DNS 服务器同步 DNS 数据的选项，分别表示序列号、更新间隔、重试间隔、过期时间和最小生存时间。

5. 设置 NS（名称服务器）资源记录

NS 资源记录定义该区域的权威服务器，决定该域名空间由哪个 DNS 服务器来进行解析。**权威服务器负责维护和管理所管辖区域中的数据**，它被其他服务器或客户端当作权威解析的来源，为 DNS 客户端提供数据查询。每个区域文件至少包含一条 NS 记录。如果有辅助 DNS 服务器，也应当针对其定义一条 NS 记录。

 SOA 和 NS 资源记录在区域配置中具有特殊作用，它们是任何区域都需要的记录并且一般是区域文件中要首先列出的资源记录。

6. 设置 A（主机地址）资源记录

A 资源记录最常用，定义 DNS 域名对应 IP 地址的信息。在多数情况下，DNS 客户端要查询的是主机信息。可以为文件服务器、邮件服务器和 Web 服务器等建立 A 记录。常见的各种网络服务，如 www、ftp 等，都可用主机名来指示。

7. 设置 CNAME（别名）资源记录

别名记录又称规范名称，往往用来将多个域名映射到同一台计算机，主要有以下两种用途。

● 标识同一主机的不同用途。例如，一台服务器拥有一个主机记录 srv.abc.com，要同时提供 Web 服务和邮件服务，可以为这些服务分别设置别名 www 和 mail，实际上都指向 srv.abc.com。

● 方便更改域名所映射的 IP 地址。当有多个域名需要指向同一服务器的 IP 地址，此时可将一个域名作为 A 记录指向该 IP，然后将其他域名作为别名指向该主机记录。这样一来，当服务器 IP 地址变更时，就不必为每个域名更改指向的 IP 地址，只需要更改那个主机记录即可。

例中先建立一条 A 资源记录 www.abc.com，然后为该计算机建立两个别名 bbs 和 samba，这样访问 samba.abc.com 和 bbs.abc.com 时，实际都是访问 www.abc.com。

8. 设置 MX（邮件交换器）资源记录

MX 资源记录为电子邮件服务专用，指向一个邮件服务器，用于电子邮件系统发送邮件时根据收信人的邮件地址后缀（域名）来定位邮件服务器。例如，某用户要发一封信给 user@domain.com 时，邮件系统（SMTP 服务器）通过 DNS 服务器查找 domain.com 域名的 MX 记录，如果 MX 记录存在，就将邮件发送到 MX 记录所指定的邮件服务器上。如果一个邮件域名有多个 MX 记录，优先级别由 MX 后的数字决定，按照从最低值到最高值的优先级顺序尝试与相应的邮件服务器联系。MX 记录的工作机制如图 4-7 所示。

图 4-7　邮件交换记录工作机制

在建立 MX 记录之前，需要为邮件服务器创建相应的 A 资源记录，因为 MX 记录只能查询邮件服务器的域名，而在邮件实际传输时需要知道邮件服务器的 IP 地址，否则会导致传输邮件失败。按照例中设置，发往 abc.com 邮件域的邮件将交由邮件服务器 mail.abc.com 投递。

9. 配置直接解析域名

用户在使用域名访问网站时，经常在输入网站地址时省去主机名"www"或"mail"，如 http://baidu.com。DNS 服务器默认只能解析全称域名，不能直接将域名解析成 IP 地址。为方便用户访问，可以加入一条特殊的 A 资源记录，以便支持实现直接解析域名功能，例如：

```
abc.com.   IN  A   192.168.0.2
```

或者

```
.       IN  A   192.168.0.2
```

10. 配置泛域名解析

泛域名解析是一种特殊的域名解析服务，将某 DNS 域中所有未明确列出的主机记录都指向一个默认的 IP 地址，泛域名用通配符"*"来表示。例如，设置泛域名*.abc.com 指向某 IP 地址，则域名 abc.com 之下所有未明确定义 DNS 记录的任何子域名、任何主机，如 sails.abc.com、dev.abc.com 均可解析到该 IP 地址，当然已经明确定义 DNS 记录的除外。

泛域名主要用于子域名的自动解析，应用非常广泛。例如，企业网站采用虚拟主机技术在同一个服务器上架设多个网站，部门使用二级域名访问这些站点，采用泛域名就不用逐一维护二级域名，以节省工作量。

通过 BIND 服务器实现泛域名解析非常简单，因为它允许直接使用"*"字符作为主机名称。可以在 DNS 服务器的区域文件末尾加入下面一条特殊的 A 资源记录，使用符号"*"代表任何字符的通配符，以便支持实现泛域名解析功能，例如：

```
*.abc.com.   IN    A      192.168.0.20
```

4.3.4　配置根区域

采用递归方式工作的 DNS 服务器，必须指定根服务器信息文件。当 DNS 服务器处理递归查询时，如果本地区域文件不能进行查询的解析，就会转到根 DNS 服务器查询，这就需要在主配置文件 named.conf 文件中声明根区域，根区域的名称是"."。

根服务器列表文件包含了 DNS 根服务器的地址列表，服务器启动的时候，它能找到根 DNS 服务器并得到根 DNS 服务器的最新列表。该文件一般命名为 named.ca（也可自定义文件名，但必须与区域定义中索引用的文件名一致）。由于根服务器会随 Internet 的变化而发生变动，因此对于 Internet 上的 DNS 服务器，named.ca 文件应及时更新。用户可以匿名登录站点 ftp://internic.net，下载该文件的最新版本。

named.root 记录了全球 13 台根域名服务器地址，将该文件复制到 DNS 服务器工作目录（/var/named/）下即可，这样它就可以正常工作了。采用这种方法不但节省时间而且可以避免手动输入出错。

4.3.5　配置 DNS 转发服务器

在实际应用中，往往要将非本地域的域名解析请求转发到 ISP 提供的 DNS 服务器。一般在位于 Intranet 与 Internet 之间的网关、路由器或防火墙中配置 DNS 转发服务器，如图 4-8 所示。

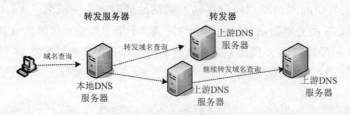

图 4-8　DNS 转发服务器

在不指定转发器的情况下，如果本地区域文件不能解析，而且在缓存中又没有记录时，就会自动转到根 DNS 服务器查询。如果指定转发服务器，则将向转发器（另一 DNS 服务器）提交查询请求，然后等待查询结果。配置 DNS 转发器有两个方面的作用。

- 充分利用 DNS 缓存，减少网络流量并加速查询速度。
- 避免本地 DNS 直接暴露在 Internet 上，有利于 DNS 服务器安全。

注意转发服务器的查询模式必须允许递归查询，否则无法正确完成转发。

转发功能由 forwarder 选项来设置。转发服务器可以分为以下两种类型。

1.　完全转发服务器

完全转发是指将所有非本地区域的 DNS 查询请求转送到其他 DNS 服务器。可以在 named.conf 文件中的 options 语句中使用 forwarder 选项设置该功能。

forwarders 选项指定 DNS 转发器，通常是一个远程 DNS 服务器的 IP 地址列表，多个地址之间使用分号分隔。例如：

```
forwarders { 202.102.128.68 ; 202.102.134.68; 117.32.34.56 ;}
```

如果没有指定此选项，则默认转发列表为空，服务器不会进行任何转发，所有请求都由 DNS 服务器自己来处理。

还有一个选项 forward 用于控制 DNS 服务器的转发行为。默认设置为 first，将用户请求先转发到所设置的转发器，由转发器完成域名解析工作，若指定的转发器无法完成解析或无响应，则再由 DNS 服务器来完成域名解析。另一个值为 only，仅将请求转发 DNS 转发器，若指定的转发器无法完成解析或无响应，则不再尝试解析。

2.　条件转发服务器

这种服务器只能转发指定域的 DNS 查询请求，需要在 named.conf 文件中的 zone 语句中使用 type、forwarder 和 forward 选项设置该功能。实际上是设置一个转发区域，转发区域是一种基于特定域的转发配置方式。下面是一个条件转发配置的例子。

```
zone ".net" IN {
    type forward;                                          ## 指定该区域为条件转发类型
```

```
    forwarders  { 202.102.128.68 ; 202.102.134.68; };  ## 设置转发器
};
```

这表明 DNS 服务器收到以.net 为后缀的域名查询请求时，将转发到转发器。

4.3.6 配置反向解析

大部分 DNS 解析都是正向解析，即根据 DNS 域名查询对应的 IP 地址。有时也会用到反向解析，即通过 IP 地址查询对应的域名，最典型的就是判断 IP 地址所对应的域名是否合法。**配置反向解析包括两个方面，一是要在主配置文件中定义反向解析区域，二是编辑反向解析区域文件。**

1. 定义反向解析区域

在 named.conf 文件中定义反向解析区域。由于反向查询的特殊性，DNS 标准规定了固定格式的反向解析区域后缀格式 in-addr.arpa。与 DNS 名称不同，当 IP 地址从左向右读时，它们是以相反的方式解释的，所以对于每个 8 位字节值需要使用域的反序，因此建立 in-addr.arpa 域时，IP 地址 8 位字节的顺序必须倒置。例如子网 192.168.10.0/24 的反向解析域名为 10.168.192.in.addr.arpa。

2. 配置反向解析区域文件

反向解析区域文件与正向解析区域文件格式相同，只是其主要内容是用于建立 IP 地址到 DNS 域名的转换记录，即 PTR 资源指针记录。PTR 资源记录和 A 资源记录正好相反，它是将 IP 地址解析成 DNS 域名的资源记录。另外，该文件也必须设置 SOA 和 NS 资源记录。

与区域文件的其他资源记录类似，PTR 也可以使用相对名称和完全规范域名，如对于资源记录 20 IN PTR ftp.abc.com，bind 会自动在其后面加上.0.168.192.in-addr.arpa，所以相当于全称域名的 20.0.168.192.in-addr.arpa。

4.3.7 管理 DNS 服务

Linux 的 DNS 服务是通过 named 守护进程来实现的，默认情况下，该服务不会自动启动。使用启动脚本/etc/init.d/named 可实现 DNS 服务的基本管理，用法如下。

```
/etc/init.d/named {start|stop|status|restart|condrestart|reload }
或者  service named {start|stop|status|restart|condrestart|reload }
```

其中参数 start、stop、restart 分别表示启动、停止和重启 DNS 服务；condrestart 表示只有在 DNS 运行状态下才重启 DNS；reload 表示不用重启服务就可更新配置文件；status 表示查看 DNS 服务状态。

如果需要让 DNS 服务随系统启动而自动加载，可以执行 "ntsysv" 命令启动服务配置程序，找到 "named" 守护进程，在其前面加上星号 "*"，然后选择 "确定" 即可。也可直接使用 chkconfig 命令设置，具体命令如下。

```
Chkconfig-level 235 named on
```

另外，如果部署有防火墙，应当开放 TCP 53 和 UDP 53 端口。

4.3.8　DNS 服务器测试

建立 DNS 服务器之后，通常要测试 DNS 服务器是否正常运行，当遇到域名解析问题时，也需要进行域名测试。可以直接在 DNS 服务器上测试，也可在 DNS 客户端上测试。除了使用 BIND 服务器自带的配置检查工具之外，Red Hat Enterprise Linux 内置了一套 DNS 测试工具，包括 nslookup、dig、host 等。下面介绍这些工具的使用方法。

1.　排查 BIND 配置配置文件错误

如果 BIND 配置文件有问题，named 守护进程不能正常启动。此类问题排查起来比较麻烦，最好在 BIND 服务器上使用 BIND 配置文件检查工具进行。

●　使用 named-checkconf 检查主配置文件 named.conf。

如果没有问题，将不会显示任何信息，否则给出错误提示信息。

●　使用 named-checkzone 检查区域文件。

需要指定要检查的区域名称和相应的区域文件，例如：

```
[root@Linuxsrv1 ~]# named-checkzone abc.com /var/named/chroot/var/named/abc.com.zone
zone abc.com/IN: loaded serial 2009070104
OK
```

上述信息表明区域文件没有问题，而且已经加载。如果出现错误，将给出相应的提示，包括出现的错误以及错误发生的位置。

2.　使用 nslookup 工具测试 DNS 服务器

如果要对 DNS 服务器排错，或者要检查 DNS 服务器的信息，可以使用 nslookup。该命令可以在两种模式下运行：交互式和非交互式。

当需要返回单一查询结果时，使用非交互式模式即可。非交互模式的语法格式如下。

```
nslookup [-选项] [要查询的域名|-] [DNS 服务器地址]
```

通常在交互模式下使用，执行 nslookup 命令进入交互状态，执行相应的子命令。要中断交互命令，请按<CTRL>+<C>组合键。要退出交互模式并返回到命令提示符下，在命令提示符下输入 exit 即可。这种方式具有非常强的查询功能，常用的子命令如下。

●　server：改变要查询的默认 DNS 服务器，使用当前默认服务器查找域信息。

●　lserver：改变要查询的默认 DNS 服务器，使用初始服务器查找域信息。

●　set：设置查询参数，包括查询类型、搜索域名、重试次数等。

　　　　无论是交互式和非交互式，如果没有指定 DNS 服务器地址，nslookup 命令将查询在/etc/resolv.conf 文件中所指定的 DNS 服务器。

下面给出几个在交互模式下测试 DNS 的例子。

（1）查询 DNS 服务器信息。

进入交互模式后，输入 server（不带参数），即可返回当前 DNS 服务器的信息，例如：

```
[root@Linuxsrv1 ~]# nslookup
>server
```

```
Default server: 192.168.0.2
Address: 192.168.0.2#53
```

可在子命令 server 或 lserevr 后面加上 DNS 服务器地址，指定要查询的 DNS 服务器。

（2）查询主机名（A 资源记录）。

进入交互模式后，直接输入要查询的域名可返回该域名对应的 IP 地址，例如：

```
> www.abc.com                    ## 查询域名
Server:        192.168.0.2       ## 当前所用的 DNS 服务器
Address:       192.168.0.2#53
Name:   www.abc.com              ## 要解析的域名
Address: 192.168.0.2             ## 域名解析结果（IP 地址）
```

（3）查询 IP 地址（用于反向解析的 PRT 资源记录）。

进入交互模式后，直接输入要查询的 IP 地址可返回该对应的域名，例如：

```
> 192.168.0.20                   ## 反向域名解析
Server:        192.168.0.2       ## 当前所用的 DNS 服务器
Address:       192.168.0.2#53
20.0.168.192.in-addr.arpa     name = ftp.abc.com.     ## 反向解析结果
```

（4）测试其他类型的资源记录。

进入交互模式后，先使用 set type 命令设置要查询的 DNS 记录类型，然后再输入域名，可得到相应类型的域名测试结果，例如：

```
> set type=mx                    ## 设置查看 MX（邮件交换器）记录
> abc.com                        ## 查询该域的 MX 记录
Server:        192.168.0.2
Address:       192.168.0.2#53
abc.com mail exchanger = 10 mail.abc.com.      ## 得到该域 MX 记录的结果
```

要查询 SOA 记录、NS 记录、别名记录等，需要将类型分别设置为 soa、ns、cname。**如果要查询 A 记录，还需将类型重新设置为 a，执行命令"set type=a"。**

无论查询哪种 DNS 记录，都可直接在查询记录后面明确指定要查询的 DNS 服务器地址，例如：

```
>www.abc.com 192.168.0.2
```

3. 使用 dig 工具测试 DNS 服务器

dig (domain information groper)也是一个用于检查 DNS 服务器的工具。dig 具有非常灵活、易于使用、分类输出的特点，多数 DNS 管理使用它来排查 DNS 问题。dig 命令的功能非常强，支持很多选项。不过多数情况都是使用以下基本用法：

```
dig [@服务器] [名称] [类型]
```

服务器是指要查询的 DNS 服务器名称或 IP 地址。如果没有提供该参数，dig 将查询 /etc/resolv.conf 配置文件所列的 DNS 服务器。dig 显示来自 DNS 服务器的应答信息。

名称是指将要查询的 DNS 资源记录的名称。

类型是指请求的查询类型，如 ANY（所有类型）、A（主机名）、MX（邮件交换器）等。如果不提供任何类型参数，dig 将对 A 资源记录执行查询。下面的例子是查询所有类型：

```
dig @192.168.0.2 abc.com any
```

4. 使用 host 命令测试 DNS 服务器

host 是一个功能更为简单的 DNS 查询命令，可以将一个主机名解析到一个 IP 地址，或者将

一个 IP 地址解析到一个主机名。它支持很多选项，基本用法为

```
host [-各种选项] 主机名| IP 地址[ 要查询的 DNS 服务器 ]
```

如果没有指定要查询的名称服务器，host 将查询/etc/resolv.conf 配置文件所列的 DNS 服务器。如果查询特定类型的资源记录，可以使用"-t"选项。这里给出两个典型的例子。

```
[root@Linuxsrv1 ~]# host www.abc.com                ## 查询主机名对应的 IP 地址
www.abc.com has address 192.168.0.2
[root@Linuxsrv1 ~]# host -t mx abc.com              ## 查询 MX 记录
abc.com mail is handled by 10 mail.abc.com.
```

4.3.9 使用 rndc 工具管理 DNS 服务器

BIND 软件包提供了一个 rndc 工具，通过该工具，使用命令行参数可实现本地或远程管理 named 守护进程。rndc 通过远程控制通道发送命令，所有经过控制通道的命令都必须使用密钥进行加密。

1. 在 DNS 服务器（被控端）配置 rndc

这里的关键是在被控端定义控制通道，需要在主配置文件 named.conf 中通过 controls 语句来实现。controls 语句的基本用法如下。

```
controls{
inet 被控端地址 [侦听端口] allow{允许管理的主控端地址;} keys{所使用的密钥名称;};
};
```

每个 inet 子句定义一个控制通道，设置被控服务器的地址和用于提供通道服务的端口（默认为 953）；allow 子句设置允许通过该控制通道发出 rndc 命令的主控端地址；keys 子句设置使用该控制通道的密钥标识，只有持有指定密钥的主控端才能使用该通道。

如果没有定义 controls 语句，named 会建立一个默认控制通道,监听 loopback 地址 127.0.0.1 和对应的 IPV6 地址::1。这样就只能在本地主机上使用 rndc，但是能保证最大安全性。

如果没有定义 key 子句，named 将会试着从文件/etc/rndc.key 中读取命令通道密钥。安装 BIND 时自动生成一个/etc/rndc.key 文件，执行以下命令会生成一个新的 rndc.key 文件。

```
rndc-confgen -a
```

为保证密钥信息的安全，将密钥数据存储在/etc/rndc.key 文件中。下面是一个/etc/rndc.key 文件的内容。

```
key "rndckey" {                         ## 指定连接使用的密钥标识
        algorithm hmac-md5;             ## 指定密钥生成算法
        secret "y3/p5YQDpR/f3rQskedsRQ==";  ## 指定具体密钥
};
```

如果在主配置文件 named.conf 不使用 include 语句嵌入/etc/rndc.key 文件，可将这些代码复制到 named.conf 文件中。

如果要彻底禁用控制通道，定义一条空 controls 语句 controls{};即可。

2. 在客户端（控制端）配置 rndc.conf 文件

执行 rndc 命令的控制端通过配置文件/etc/rndc.conf 来完成与受控 DNS 服务器之间的认证。该配置文件的格式类似 named.conf，但只有 4 个语句：options、key、server 和 include。

```
options{
    default-server  localhost;   ## 指定要连接的默认受控 DNS 服务器
    default-port  953;           ## 指定要连接的受控 DNS 服务器的默认端口
    default-key    "rndckey";    ## 指定连接使用的默认密钥名称
};
server localhost{                ## 指定要连接的受控 DNS 服务器
    key  rndckey;                ## 指定连接使用的密钥名称
};
include "/etc/rndc.key";
```

主控端应当使用与被控端相同的密钥。

3. 使用 rndc 命令

完成上述设置后，即可在主控端指定 rndc 命令来对 DNS 服务器进行管理。rndc 基本用法为

```
rndc [-c 配置文件] [-s 受控服务器] [-p 控制通道端口] [-k 密钥文件] [-y 密钥名称] 子命令
```

常用的 rndc 子命令有：status（显示服务器状态）、stop（停止 named，保存挂起的更新）、halt（中止 named，不保存挂起的更新）、flush（刷新服务器缓存）、reload（重新载入 named.conf 和区域文件）、reload zone（重新载入指定的区域）等。

下面是一个在本地执行 rndc 命令查看 DNS 服务器状态的例子。

```
[root@Linuxsrv1 ~]# rndc status
number of zones: 1
debug level: 0
xfers running: 0
xfers deferred: 0
soa queries in progress: 0
query logging is OFF
recursive clients: 0/1000
tcp clients: 0/100
server is up and running
```

4.3.10　在图形界面中配置和管理 DNS 服务

Red Hat Enterprise Linux 5 的 BIND 软件包也提供了 DNS 图形界面配置工具，默认未安装。进入图形界面，从第 5 张安装光盘中的 Server 目录中找到该软件包（system-config-bind-4.0.3-2.el5.noarch.rpm），安装之后，从"系统"主菜单中选择"管理" > "服务器设置" > "域名服务系统"命令，打开如图 4-9 所示的 BIND 配置界面，可以配置 DNS 服务器选项、区域中的资源记录等。

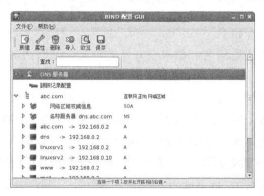

图 4-9　BIND 配置界面

也可通过服务配置界面来管理 DNS 服务（named）的启动、停止等，如图 4-10 所示。

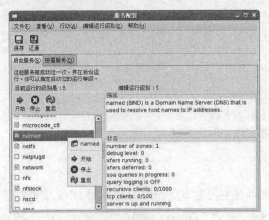

图 4-10　管理 DNS 服务

4.4　DNS 客户端配置与管理

网络中的计算机如果要使用域名解析服务，就必须进行设置，使其成为 DNS 客户端。操作系统大都内置 DNS 客户端，配置与管理极为方便。DHCP 客户端可自动配置 DNS，有关内容将在下一章介绍，这里主要介绍手动配置 DNS 客户端。

4.4.1　Linux 客户端 DNS 的配置与管理

这里以 Red Hat Enterprise Linux 5 系统中的 DNS 客户端为例讲解。

1．编辑/etc/resolv.conf 文件

在 Linux 计算机中，使用配置文件/etc/resolv.conf 来设置与 DNS 域名解析有关的选项。该文件是用来确定主机解析的关键，下面是一个典型的/etc/resolv.conf 文件的设置内容。

```
domain  abc.com              ## 指定默认的域名
search  abc.com              ## 指定默认的搜索域
nameserver 192.168.0.2       ## 指定要查询的 DNS 服务器
nameserver 202.102.168.34
```

其中各语句的具体解释如下。

● domain：指定默认的域名。如果没有显式定义，则默认域名将从系统主机名中直接提取。

● search：设置搜索域，当需要解析不完整的主机名时，将自动附加由此语句指定的域名后缀。该语句最多可提供 6 个域名，如果没有显式定义，系统将默认的域名作为搜索域。

● nameserver：指定要查询的 DNS 服务器的地址。最多可以使用 3 个 nameserver 语句定义 3 个 DNS 服务器，每个 DNS 服务器将按其在配置文件中出现的顺序依次被请求。要使系统能够持续运行，通常至少应定义两个 nameserver 语句，分别指向不同的域名服务器。

在图形界面中，也可通过网络配置工具来设置 DNS 客户端。

2. 设置域名解析方法和顺序

Linux 系统在解析域名的过程中，除了采用 DNS 方式之外，还可以通过 hosts 文件或使用 NIS（网络信息服务）服务来解析主机名，具体采用哪些方法，优先使用哪种方法，则需要由配置文件 /etc/host.conf 或/etc/nsswitch.conf 来决定。这两个文件都可定义主机名解析顺序，不同的 Linux 内核可能依据其中一个，也可能依据另一个，没有确定的标准，因此应保证这两个文件配置正确。系统默认配置是正确的，如果要修改，应确保两者一致。

/etc/hosts 文件默认配置内容为

```
order hosts,bind
```

order 设置解析方法及其顺序，默认配置说明在解析过程中系统将优先使用 hosts 文件，如果 hosts 不能正确解析再使用 DNS 服务器 bind。**默认情况下/etc/hosts 中至少要有关于 localhost 的解析条目，因为公网 DNS 服务器不会解析 localhost。**

/etc/nsswitch.conf 文件比/etc/host.conf 文件提供了更多的功能，其中与域名解析查询顺序相关的语句是 hosts，默认配置为

```
hosts:      files dns
```

这表明使用本地 hosts 解析主机名，再使用 DNS，可见默认设置与/etc/hosts 文件是一致的。

3. 管理本地 DNS 缓存

客户端的 DNS 查询首先响应自己的 DNS 缓存。DNS 缓存机制可以避免重复查询 DNS 服务器，同时也提高了访问速度，但是也会产生 DNS 更新后不能立即生效的问题。

在 Linux 中 nscd 守护进程负责管理 DNS 缓存。nscd 可以为大多数名称服务请求提供缓存，其配置文件/etc/nscd.conf 决定如何管理缓存。

默认情况下，在 Red Hat Enterprise Linux 5 系统中不会自动启动 nscd 服务，也就不能对域名请求进行缓存。要启用 DNS 缓存，可执行以下命令手动启动。

```
/etc/rc.d/init.d/nscd start
```

也可使用 ntsysv 或 chkconfig 命令自动加载 nscd 服务。

由于 DNS 缓存支持未解析或无效 DNS 名称的负缓存，再次查询可能会引起查询性能方面的问题，因此遇到 DNS 问题时，可清除缓存。而要清除 DNS 缓存，一般重启 nscd 守护进程即可。

在 Red Hat Enterprise Linux 系统中，单纯重启 nscd 守护进程并不能清空 DNS 缓存。经测试，从/var/db/nscd 目录中删除 hosts 文件（启动 nscd 将自动恢复），然后再重启 nscd 守护进程，即可清除 DNS 缓存。如果停用 nscd 服务，DNS 缓存也就不起作用了。

4.4.2 Windows 客户端 DNS 的配置与管理

这里以 Windows XP 系统为例讲解。

1. 直接设置 DNS 服务器地址

最简单的 DNS 客户端设置就是直接设置 DNS 服务器地址。打网络连接属性对话框，从组件

列表中选择"Internet 协议（TCP/IP）"项，单击"属性"按钮打开相应的对话框，如图 4-11 所示，可分别设置首选 DNS 服务器地址和备用 DNS 服务器地址。在大多数情况下，客户端使用列在首位的首选 DNS 服务器。当首选服务器不能用时，再尝试使用备用 DNS 服务器。因此，让首选 DNS 服务器在正常情况下可以使用非常重要。

2. 设置 DNS 高级选项

如果要设置更多的 DNS 选项，单击"高级"按钮，打开相应的高级 TCP/IP 设置对话框，切换到如图 4-12 所示的选项卡，根据需要设置选项。如果要查询两个以上的 DNS 服务器，在"DNS 服务器地址"列表中添加和修改要查询的 DNS 服务器地址。这样，DNS 客户端按优先级排列的 DNS 名称服务器列表查询相应的 DNS 服务器，直到获得所需的 IP 地址。对于不合格的域名的解析，可设置相应选项来提供扩展查询。

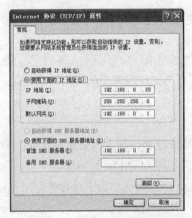

图 4-11　设置 DNS 服务器地址

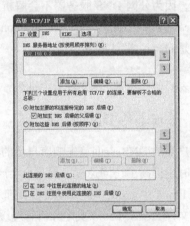

图 4-12　设置 DNS 高级选项

3. 使用 ipconfig 命令管理客户端 DNS 缓存

使用命令 ipconfig /displaydns 可显示和查看客户端解析程序缓存。

使用 ipconfig /flushdns 命令可刷新和重置客户端解析程序缓存。

4.5　部署主 DNS 服务器与辅助 DNS 服务器

在实际应用中，对于规模较大或较为重要的网络，一般要在部署主 DNS 服务器的同时，部署一台或多台辅助 DNS 服务器，以提高 DNS 服务器的可用性。

4.5.1　进一步了解辅助 DNS 服务器

管理员可根据实际需要，让服务器管理多个不同的主区域和辅助区域。**对每个区域来说，管理其主区域的服务器是该区域的主服务器，管理其辅助区域的服务器是该区域的辅助服务器。**

辅助 DNS 服务器与主 DNS 服务器的区别主要在于数据的来源不同。主 DNS 服务器从自己的数据文件中获得数据，区域数据的变更必须在该区域的主 DNS 服务器上进行。辅助 DNS 服务器通过网络从其主 DNS 服务器上复制数据，这个传送的过程称为区域传输（Zone Transfer）。

区域的辅助服务器启动时与其主服务器进行连接并启动一次区域传输，然后**以一定的时间间隔查询主服务器来了解数据是否需要更新，间隔时间在 SOA 记录中设置**。主服务器与辅助服务器数据同步过程如图 4-13 所示。

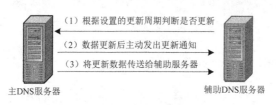

图 4-13　主/辅助服务器数据同步过程

辅助 DNS 服务器主要具有以下作用。

- 减轻主 DNS 服务器的负载。直接由辅助服务器负担部分域名查询。
- 提供容错能力。如果主 DNS 服务器崩溃了，可由辅助 DNS 服务器负责解析域名。
- 减轻网络负载，提高响应速度。可以让辅助服务器就近响应客户端的请求。

4.5.2　设计主/辅助 DNS 服务器拓扑结构

一台 DNS 服务器可以只管理一个区域，也可同时管理多个区域，包括主区域和辅助区域。因为 DNS 是网络基本服务，每个区域必须有主服务器。通常将区域的主服务器和辅助服务器部署在不同子网上，这样如果一个子网连接中断，DNS 客户端还能直接查询另一个子网上的 DNS 服务器。

为了便于实验，例中将主服务器和辅助服务器部署在同一子网中，网络拓扑结构如图 4-14 所示。本例不涉及 Internet 中 DNS 服务器对 abc.com 域名的指向，即 abc.com 域只在局域网内部的 DNS 服务器中有效。对于外部域名的解析，则设置转发器。

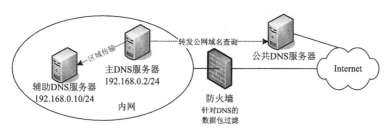

图 4-14　主/辅助 DNS 服务器拓扑结构

按照要求配置好网络。然后进行下面的配置。

4.5.3　配置主 DNS 服务器

首先需要配置主服务器，下面列出基本步骤，详细说明请参见 4.3 节的有关内容。

（1）安装软件包 bind 和 bind-chroot 软件包。

（2）配置主配置文件 named.conf，主要是设置 options 选项（这里还涉及转发）；定义正向解析区域和反向解析区域，区域类型均为 master，为安全起见，列出允许的辅助 DNS 服务器地址。

```
options
{
query-source    port 53;
directory "/var/named";
forwarders {202.102.134.68;202.102.134.132 };
forward first;
listen-on {192.168.0.2;}   ## DNS 服务侦听接口
};
zone "." IN {              ##设置根区域
     type hint;
     file "name.ca";};
zone "abc.com" IN {        ## 定义正向解析区域
     type master;          ## 设置区域类型为主区域
     file "abc.com.zone";
allow-transfer {            ##设置允许进行区域复制的辅助 DNS 服务器地址
     192.168.0.10;};
};
zone "0.168.192.in-addr.arpa " IN {     ##定义反向解析区域
     type master;                        ## 设置区域类型为主区域
     file  "192.168.0.arpa";
allow-transfer {
     192.168.0.10;};       ##设置允许进行区域复制的辅助 DNS 服务器地址
};
```

（3）在/var/named 目录中建立正向区域文件。根据主配置文件 named.conf 中的设置，正向区域文件必须保存在工作目录/var/named 下。这里的关键是设置 SOA 记录。其他参见前面的例子。

```
$TTL  86400
@    IN SOA dns.abc.com. root (
                   42  ; 序列号
                   3H  ; 辅助服务器从主服务器数据更新间隔
                   15M ; 更新期限辅助服务器无法联系主服务器，重试间隔
                   1W  ; 过期时间辅助服务器无法联系主服务器，放弃当前区域数据
                   1D )  ; 允许辅助服务器缓存查询的默认时间
```

（4）在/var/named 目录中建立反向解析区域文件。根据主配置文件 named.conf 中的设置，反向区域文件须保存在工作目录/var/named 下。

（5）启动 named 服务。

4.5.4　配置辅助 DNS 服务器

辅助 DNS 服务器中不用建立区域文件，而从主 DNS 服务器中接收并保存区域文件。从主服务器中接收区域文件通常保存在 BIND 服务器工作目录的 slaves 子目录（/var/named/slaves）中。

这种服务器需要在与主服务器不同的主机上架设，本例为上述主 DNS 服务器构建一台辅助 DNS 服务器，具体步骤如下。

（1）安装软件包 bind 和 bind-chroot 软件包。

（2）配置主配置文件 named.conf，主要是设置 options 选项（这里也涉及转发）；与主服务器

一样定义正向解析区域和反向解析区域，只是区域类型均为 slave。

```
options
{
query-source      port 53;
directory "/var/named";
forwarders {202.102.134.68;202.102.134.132 };
forward first;
listen-on {192.168.0.10;}          ## DNS 服务侦听接口
};
zone "." IN {
      type hint;
      file "name.ca";};
zone "abc.com" IN {                       ##定义正向解析区域
      type slave;                         ##设置区域类型为辅助区域
      file "slaves/abc.com.zone";  ## 设置辅助服务器的区域文件存放位置及文件名，为便于管理，
应尽量使用与主服务器中相同的区域文件名称
      masters{          192.168.0.2;};     ## 设置主 DNS 服务器 IP 地址
};
zone "0.168.192.in-addr.arpa" IN {        ## 定义反向解析区域
      type slave;
      file  "slaves/192.168.0.arpa";      ## 设置辅助服务器的区域文件存放位置及文件名
      masters{          192.168.0.2;};     ## 设置主 DNS 服务器 IP 地址
```

（3）启动辅助服务器上的 named 守护进程。如果辅助服务器上的区域文件不存在，named 守护进程就会创建该文件，并写入从主服务器上得到的数据。如果存在区域文件，named 会检查主服务器上的数据是否不同于本地，以决定是否更新该文件。

4.5.5 测试数据同步

重启辅助服务器 named 服务，使其与主域名服务器数据同步。建议配置区域复制时关闭 SELinux 功能。可以查看（看执行 tail 命令）系统日志来确定是否执行数据同步操作。例中检查主 DNS 服务器的系统日志，得知辅助 DNS 服务器通过完全区域复制（AXFR）从主服务器上获取 abc.com 区域数据，下面给出两条相关日志信息。

```
Jul 26 10:41:40 Linuxsrv1 named[21218]: client 192.168.0.10#56452: transfer of
'0.168.192.in-addr.arpa/IN': AXFR started
Jul 26 10:41:40 Linuxsrv1 named[21218]: client 192.168.0.10#56452: transfer of
'0.168.192.in-addr.arpa/IN': AXFR ended
```

在辅助 DNS 服务器系统日志，通过 ls 命令查看辅助域名服务器/var/named/slaves 目录，发现了通过复制获得的区域文件，例如：

```
[root@Linuxsrv1 ~]# ls /var/named/chroot/var/named/slaves
192.168.0.arpa  abc.com.zone
```

4.5.6 区域更新与传输安全

主/辅助 DNS 服务器之间区域更新与传输，传统方法是基于 IP 地址进行限制和授权的，使用 allow-update 选项设置辅助服务器的 IP 地址或网络前缀。由于 IP 地址很容易被仿冒，所以这是很

不安全的，强烈建议通过 TSIG（Transaction Signature）来对数据更新进行密码鉴定。也就是说，allow-update 选项应该只列出 TSIG 名称，而不是 IP 地址或网络前缀。

TSIG 以 MD5 hash 数字签名方式认证 DNS 服务器之间的数据传输。首先在主服务器上自行产生签名，然后将此签名传递给辅助服务器，最后要求辅助服务器向主服务器提交签名后才能进行区域传输。也就是说，主/辅助 DNS 服务器之间需要共享密钥。

4.6 部署高速缓存 DNS 服务器

高速缓存 DNS 服务器是最简单的一种 DNS 服务器类型，根本不用为它创建 DNS 区域文件。高速缓存服务器也不需要建立区域，可以直接对 named.conf 文件进行设置，实现缓存的功能。

4.6.1 进一步了解高速缓存 DNS 服务器

这种 DNS 服务器运行 DNS 服务器软件，但是没有配置 DNS 区域数据文件，当 DNS 客户端向它提出域名解析请求时，该服务器从其他 DNS 服务器上查询得到结果，除了返回给客户端外，还将结果临时保存在高速缓存中。在一定时间（保存的信息在 TTL 值过期后将会自动清空）内收到来自客户端的相同域名查询请求时，该服务器直接用缓存中的结果答复客户端。

高速缓存 DNS 服务器提供的信息都是间接的，对任何域都不提供权威的 DNS 解析，不能作为任何区域的权威服务器。如图 4-15 所示，它充当一个"代理人"角色，通常部署在网络防火墙上。

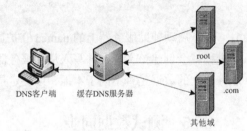

图 4-15 缓存 DNS 服务器

高速缓存 DNS 服务器主要具有以下作用。

- 提高 DNS 查询效率。
- 减轻网络负载，减少内网与外网之间的流量。
- 代替 ISP 的 DNS 服务器作为转发器，避免内部 DNS 服务器完成递归查询，提高安全性。

4.6.2 配置高速缓存 DNS 服务器

虽然可以在同一台服务器上部署高速缓存 DNS 服务器和主（辅助）DNS 服务器，但并不推荐这样做。为减少错误配置，保证安全，高速缓存 DNS 服务器应单独部署。

在实际应用中，高速缓存 DNS 服务器部署在内网中，还要保证该服务器能够访问 Internet，这样就能与公网中的其他 DNS 服务器进行网络连接，以查询 DNS 客户端的域名解析请求。

配置高速缓存 DNS 服务器，应首先安装 bind 和 bind-chroot 软件包。它不需要区域配置文件，但需要相应的主配置文件。根据实际应用情况，主配置文件主要有以下 3 种配置方法。

1. 直接使用缓存服务器配置文件 named.caching_nameserver.conf

Red Hat Enterprise Linux 5 专门提供了包含缓存 DNS 服务器基本配置文件的软件包 caching-nameserver-9.3.3-7.el5.i386.rpm（第 4 张光盘）。安装 bind 和 bind-chroot 软件包之后，再安装该软件包，

这就会自动生成缓存相关配置文件（如/etc/named.caching-nameserver.conf、/etc/named.rfc1912.zones）和多种正向、反向解析区域文件（如/var/named/localdomain.zone 等）。

/etc/named.caching-nameserver.conf 成为 BIND 主配置文件，默认状态下其主要内容如下。

```
......                     ## 此处省略
options {
listen-on port 53 { 127.0.0.1; };    ## DNS 服务侦听地址为 127.0.0.1，端口为 53
listen-on-v6 port 53 { ::1; };       ## 支持 IPv6
directory  "/var/named";             ## bind 服务器的工作目录
query-source    port 53;
query-source-v6 port 53;
allow-query    { localhost; };       ## 仅允许服务器本机查询
};
......                     ## 此处省略
view localhost_resolver {            ## 这里使用视图来将客户端限制为服务器本机
match-clients      { localhost; };
match-destinations { localhost; };
recursion yes;
include "/etc/named.rfc1912.zones";## 加载/etc/named.rfc1912.zones 文件来定义区域
};
```

该缓存配置文件所加载的/etc/named.rfc1912.zones 文件主要定义了根区域、localdomain 区域、localhost 区域、255.in-addr.arpa 广播区域、0.in-addr.arpa 区域等，这些区域文件都位于/var/named 目录中。**高速缓存服务器通过访问由根区域配置文件定义的 DNS 根服务器为客户端担供正常的域名解析服务**，这是最为关键的。

不过默认的/etc/named.caching-nameserver.conf 文件将 DNS 服务侦听地址限制为 127.0.0.1，仅允许服务器本机查询，而且通过视图将查询请求的源和目的都限制为服务器本机，也就是说只能为服务器本地提供域名查询服务，不能为其他客户端提供查询服务。要保证为其他客户端提供服务，需要修改其中部分选项设置，这里示范如下。

将以下语句删除：

```
listen-on port 53 { 127.0.0.1; };
```

或者改为

```
listen-on port 53 { 127.0.0.1;192.168.0.10; };
```

将以下语句删除：

```
allow-query { localhost; };
```

或者改为

```
allow-query { localhost;192.168.0.0/24; };
```

将以下语句：

```
match-clients { localhost; };
match-destinations { localhost; };
```

修改为

```
match-clients { localhost; 192.168.0.0/24;};
match-destinations { localhost; 192.168.0.0/24; };
```

2. 创建配置文件/etc/named.conf 并配置根区域

创建/etc/named.conf 文件之后，/etc/named.caching-nameserver.conf 文件就不再起作用。作为

缓存服务器，在/etc/named.conf 文件中不需定义区域文件，但要配置根区域。下面给出一个用于缓存服务器的/etc/named.conf 文件的基本配置实例。

```
options
{
query-source    port 53;
directory "/var/named";

};
zone "." IN {        #配置根区域
        type hint;
        file "name.ca";};
```

3. 创建配置文件/etc/named.conf 并配置转发服务器

往往将高速缓存服务器与转发服务器结合起来使用。DNS 服务器使用根区域记录，向根服务器发送查询，可能导致重要的 DNS 信息暴露在公网，而且通信量也不小。设置转发服务器，将域名查询请求转发给指定的公网 DNS 服务器，转发服务器可以存储 DNS 缓存，这样减少网络流量并加速查询速度。可在本地用两台 DNS 服务器进行试验，将转发器设置为另一台 DNS 服务器。

4.6.3　测试缓存 DNS 服务器

缓存 DNS 服务器第一次启动时，没有任何缓存任何信息。通过执行客户端的查询请求才可以构建缓存数据库，达到减少网络流量及提速的作用。

在缓存 DNS 服务器上启动或重启 named 守护进程（DNS 服务），这里使用 nslookup 工具进行测试。首先保证缓存 DNS 服务器能够访问 Internet 或转发服务器，测试某域名解析，下面给出一个操作实例。

```
[root@Linuxsrv1 ~]# nslookup
> www.abc.com
Server:        192.168.0.10
Address:       192.168.0.10#53
Non-authoritative answer:        ##这里指明域名解析结果为非权威性，来自另一个服务器
Name:  www.abc.com
Address: 192.168.0.2
```

然后断开外网连接，或者关闭转发器，仍然执行上述命令，如果获得同样结果，表明缓存服务器已经正常工作。

4.7　与 DHCP 集成实现 DNS 动态更新

以前的 DNS 区域数据只能静态改变，添加、删除或修改资源记录仅能通过手动方式完成。DNS 管理是一项基础性的网络管理工作，随着用户规模的扩大，频繁地手动修改 DNS 区域文件会带来较重的负担。规模较大的网络，大都使用 DHCP 来动态分配 IP 地址以简化 IP 地址管理。为此推出了一种 DNS 动态更新（简称 DDNS）方案，将 DNS 服务器与 DHCP 服务器结合起来，允许客户端动态地更新其 DNS 资源记录，从而减轻手动管理工作。在 Red Hat Enterprise Linux 5 平台上由 BIND（DNS）服务器和 DHCP 服务器协同工作，可以实现 DNS 动态更新，下面详细介

绍解决方案。

4.7.1　创建用于安全动态更新的密钥

DNS 动态更新首先要考虑安全问题，通过共享密钥来实现 DNS 服务器与 DHCP 服务器之间的相互认证。这需要使用 DNSSEC（安全 DNS）密钥生成工具 dnssec-keygen 生成所需的 TSIG 密钥。以 root 身份执行该命令，例如：

```
[root@Linuxsrv1 ~]# dnssec-keygen -a HMAC-MD5 -b 128 -n USER ddnskey
Kddnskey.+157+46586
```

其中选项-a 指定密钥生成算法，这里采用 HMAC-MD5；选项-b 指定密钥位数（长度），这里为 128；选项-n 指定密钥所有者类型，这里是 USER（针对用户关联的密钥）；参数用于指定密钥名称。

当 dnssec-keygen 命令执行成功后，将显示如 Knnnn.+aaa+iiiii 的字符串（其中 nnnn 是密钥名，aaa 是算法的数字表示，iiiii 是密钥标识符），这就是密钥的标识字符串。在当前目录下创建两个基于该标识字符串命名的密钥文件，Knnnn.+aaa+iiiii.key 文件包含公钥，而 Knnnn.+aaa+iiiii.private 文件包含私钥。如果使用 HMAC-MD5 等对称加密算法，则公钥和私钥相同。

例中 Kddnskey.+157+46586.key 或 Kddnskey.+157+46586.private 文件中包括同样的密钥 "0idTiT/Dz4UXlrOxXylS8g=="。该密钥是 DHCP 对 DNS 进行安全动态更新时的凭据，接下来要将该密钥用于到 DNS 和 DHCP 配置文件中。

4.7.2　设置 DNS 主配置文件

要实现 DNS 动态更新，需要修改 DNS 服务器主配置文件/etc/named.conf，主要包括两个方面。

- 在允许动态更新的区域声明（定义）中增加 allow-update 指令，允许使用指定密钥的主机提交动态 DNS 更新。语法格式为

```
allow-update { key 密钥标识符; };
```

- 添加 key 语句定义，提供共享密钥。语法格式为

```
key 密钥标识符{
algorithm 算法名称;
secret 密钥;
};
```

本例在/etc/named.conf 文件中与动态更新有关的设置如下：

```
zone "abc.com" IN {                    ##正向解析区域
      type master;
      file "abc.com.zone";
      allow-update {key ddnskey;};     ## 允许动态更新
};
zone "0.168.192.in-addr.arpa" IN {     ##反向解析区域
      type master;
      file "192.168.0.arpa";
      allow-update {key ddnskey;};     ## 允许动态更新
};
key ddnskey {                          ## 定义共享密钥
algorithm HMAC-MD5;
```

```
secret "0idTiT/Dz4UXlrOxXylS8g==";
};
```

完成 DNS 服务器主配置文件修改之后，重新启动 DNS 服务。

4.7.3 设置 DHCP 主配置文件

DHCP 的主要功能是为 DHCP 客户端动态地配置 IP 地址、子网掩码、默认网关等内容。DNS 动态更新正是利用 DHCP 的这种动态特性来实现的。要使 DHCP 服务器支持 DNS 动态更新，需要对 DHCP 服务器主配置文件/etc/dhcpd.conf 进行相应的修改，主要包括以下两个方面。

● 使用 ddns-update-style 参数定义 DHCP 服务器所支持的 DNS 动态更新类型。目前 Linux 平台上的 DHCP 服务器只能通过 interim 方法来进行 DNS 的动态更新。

● 添加 key 声明，提供共享密钥。应与/etc/named.conf 中 key 语句定义完全一样，唯一的不同是/etc/dhcpd.conf 中的 "}" 符号后面没有分号。

● 添加 zone 声明，设置要动态更新的区域。主要使用 primay 选项定义负责 DNS 更新的 DNS 服务器，使用 key 选项指定用于更新验证的密钥。注意这里的区域名称后面一定加上符号 "."。

本例 etc/dhcpd.conf 设置如下。

```
ddns-update-style interim;                      ## DNS 动态更新类型
ignore client-updates;                          ## 不允许客户端更新 DNS
max-lease-time 21600;
option subnet-mask 255.255.255.0;
option domain-name-servers 192.168.0.2;
option domain-name "abc.com";
option routers   192.168.0.1;
subnet 192.168.0.0 netmask 255.255.255.0 {
range 192.168.0.11 192.168.0.200;
}
key ddnskey {                                   ## 定义共享密钥
algorithm HMAC-MD5;
secret 0idTiT/Dz4UXlrOxXylS8g==;
}
zone abc.com. {                                 ## 允许动态更新的正向解析区域
primary 192.168.0.2;                            ## 指定 DNS 服务器
key ddnskey;                                    ## 提供共享密钥
}
zone 0.168.192.in-addr.arpa.{                   ## 允许动态更新的反向解析区域
primary 192.168.0.2;                            ## 指定 DNS 服务器
key ddnskey;                                    ## 提供共享密钥
}
```

一定要注意/etc/named.conf 与/etc/dhcpd.conf 语法的区别。关于 DHCP 的详细介绍请参见下一章的介绍。完成 DHCP 服务器主配置文件修改之后，执行以下命令启动 DHCP 服务。

```
service dhcpd start
```

4.7.4 测试 DNS 动态更新

要使 DNS 动态更新顺利实现，除了确认启动 DHCP 和 DNS 服务之外，还要调整/var/named

（启用 chroot 功能之后应为/var/named/chroot/var/names）目录的权限，让所属组 named 具有写入权限。本例中执行以下命令：

```
chmod 770 /var/named/chroot/var/names
```

然后通过 DHCP 客户端来实际测试 DDNS 动态更新。这里以安装 Windows XP 操作系统的计算机为例。将其主机名设为 WINXP01，并将其设置为通过 DHCP 获取 IP 地址和 DNS 服务器地址。执行 ipconfig 命令显示所获得的 IP 地址（例中为 192.168.0.200）。在客户端执行 nslookup 命令进行测试，过程如下。

```
C:\Documents and Settings\Administrator>nslookup
Default Server: dns.abc.com
Address: 192.168.0.2
> WINXP01.abc.com            ## 测试客户端域名在区域文件中是否存在
Server: dns.abc.com
Address: 192.168.0.2
Name: WINXP01.abc.com
Address: 192.168.0.200        ## 表明该资源记录存在，DNS 动态更新成功
```

一旦开始 DNS 动态更新，BIND 服务器就会在/var/named/目录下为每个允许动态更新的区域生成一个以.jnl 结尾的二进制格式区域文件。所有动态更新的记录都会最先写到到这种文件中，然后经过大约 15 分钟左右，才将更新的内容反映到文本形式的正式区域文件中。例中为该计算机添加到区域文件中的记录为

```
$TTL 10800 ; 3 hours    ##动态更新刷新间隔
WINXP01  A  192.168.0.200            ## 动态生成的主机记录
TXT  "31898d174f5aac410c0ef00d81366ba38c"    ## 特殊的记录类型
$TTL 86400 ; 1 day      ##动态更新生成的记录生存时间
```

可见在动态更新的客户端的 A 资源记录下多了一条同名的 TXT 类型的记录。TXT 类型记录是 BIND 和 DHCP 专门用来实现 DNS 动态更新的辅助性资源记录，其值是哈希标识符字符串。

请读者查阅日志文件/var/log/messages 来进一步分析 DNS 动态更新的过程。

习题

1. 简答题

（1）简述 DNS 结构与域名空间。

（2）简述区域与域的区别和联系。

（3）DNS 服务器主要有哪几种配置类型？

（4）什么是权威性应答？

（5）DNS 递归查询与迭代查询有何不同？

（6）简述 DNS 解析过程。

（7）chroot 技术有什么用途？

（8）如何规划域名空间？

（9）常见的 DNS 资源记录类型有哪些？

（10）为什么说 SOA 和 NS 记录很重要？

（11）什么是泛域名解析？

（12）为什么要部署 DNS 转发服务器？它有哪两种类型？

（13）为什么要部署辅助 DNS 服务器？它有什么特点？

（14）高速缓存 DNS 服务器有何作用？

（15）什么是 DNS 动态更新？

2. 实验题

（1）在 Linux 服务器上安装 BIND 软件包，配置一个简单的主 DNS 服务器，建立一个 DNS 正向区域，然后设置 DNS 客户端进行实际测试。

（2）为某邮件服务器建立一个邮件交换器（MX）记录，并使用 nslookup 工具进行测试。

（3）配置一个简单的高速缓存 DNS 服务器，并设置 DNS 转发器。

第5章
DHCP 服务器

【学习目标】

本章将向读者详细介绍 DHCP 服务器的基本原理与解决方案，让读者掌握 DHCP 规划、DHCP 服务器部署、DHCP 作用域配置、DHCP 选项配置、DHCP 服务管理、DHCP 客户端配置管理等方法和技能。

【学习导航】

前一章讲解了 DNS 服务，本章讲解另一种基本的 TCP/IP 网络服务 DHCP。DHCP 除了自动分配 IP 地址之外，还可用来简化客户端 TCP/IP 设置，提高网络管理效率。本章在介绍相关背景知识的基础上，以 Linux 服务器为例讲解 DHCP 服务器的部署、配置和管理。

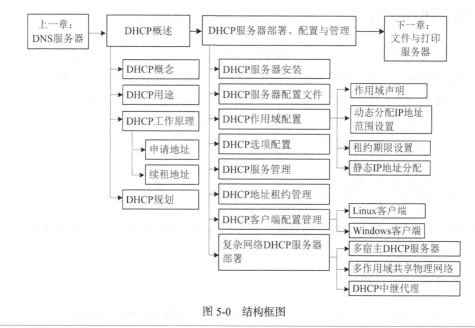

图 5-0　结构框图

5.1 DHCP 概述

在 TCP/IP 网络中每台计算机都必须拥有唯一的 IP 地址。设置 IP 地址可以采用两种方式：一种是手动设置 IP 地址，这种方式容易出错，易造成地址冲突，适用于规模较小的网络；另一种是由 DHCP 服务器自动分配 IP 地址，适用于规模较大的网络，或者是经常变动的网络。

5.1.1 什么是 DHCP

DHCP 是一种简化主机 IP 配置管理的 TCP/IP 标准，全称动态主机配置协议（Dynamic Host Configuration Protocol）。它以 UNIX 的引导协议 BOOTP 为基础进行功能扩展。BOOTP 只是简单地将地址表中的 IP 地址指定给发出请求的客户端，用于在旧系统上启用无盘工作站的引导配置。**DHCP 根据其作用域定义将 IP 地址租用给客户端，而且能够在作用域上配置其他 TCP/IP 设置**，如 DNS 服务器 IP 地址、默认网关等。

DHCP 基于客户/服务器模式，DHCP 服务器（安装 DHCP 服务器软件的计算机或内置 DHCP 服务器软件的网络设备）为 DHCP 客户端（启用 DHCP 功能的计算机或设备）提供自动分配 IP 地址的服务，DHCP 客户端启动时自动与 DHCP 服务器通信，并从服务器那里获得自己的 IP 地址。

DHCP 客户端软件一般由操作系统内置，而 DHCP 服务器软件多由网络操作系统提供，如 Linux、Windows，它们的功能很强，可支持非常复杂的网络。一些代理服务器软件也提供局域网专用的 DHCP 服务器软件，只是多数功能比较单一，适于小型网络。另外，许多网络硬件设备，如路由器、防火墙也都内置有 DHCP 功能。本章以 Red Hat Enterprise Linux 5 平台为例介绍 DHCP 服务器的配置与管理。

5.1.2 DHCP 用途

- 实现安全可靠的 IP 地址分配，避免因手动分配引起的配置错误，还能防止 IP 地址冲突。
- 减轻配置管理负担，使用 DHCP 选项在指派地址租约时提供其他 TCP/IP 配置（包括 IP 地址、默认网关、DNS 服务器地址等），大大降低配置和重新配置计算机的时间。
- 便于对经常变动的网络计算机进行 TCP/IP 配置，如移动设备、便携式计算机。
- 有助于解决 IP 地址不够用的问题。

5.1.3 DHCP 工作原理

DHCP 客户端每次启动时都要与 DHCP 服务器通信，以获取 IP 地址及有关的 TCP/IP 配置信息。

1. 申请新的 IP 地址

只要符合下列情形之一，DHCP 客户端就要向 DHCP 服务器申请新的 IP 地址。

- 计算机首次以 DHCP 客户端身份启动。从静态 IP 地址配置转向使用 DHCP 也属于这种情形。
- DHCP 客户端租用的 IP 地址已被 DHCP 服务器收回，并提供给其他客户端使用。
- DHCP 客户端自行释放已租用的 IP 地址，要求使用一个新地址。

DHCP 客户端从开始申请到最终获取 IP 地址的过程如图 5-1 所示，具体说明如下。

（1）DHCP 客户端以广播方式发出 DHCPDISCOVER（探测）信息，查找网络中的 DHCP 服务器。

（2）网络中的 DHCP 服务器收到来自客户端的 DHCPDISCOVER 信息之后，从 IP 地址池中选取一个未租出的 IP 地址作为 DHCPOFFER（提供）信息，以广播方式发送给网络中的客户端。

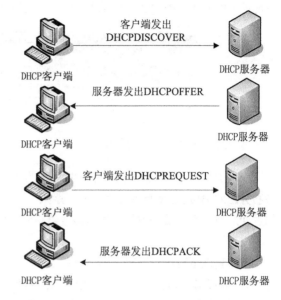

图 5-1　DHCP 分配 IP 地址的过程

此时客户端没有自己的 IP 地址，所以只能用广播方式。服务器将准备租出的 IP 地址临时保留起来，以免同时分配给其他客户端。

（3）DHCP 客户端收到 DHCPOFFER 信息之后，再以广播方式向网络中的 DHCP 服务器发送 DHCPREQUEST（请求）信息，申请分配 IP 地址。

如果网络中有多个 DHCP 服务器都接收到客户端的 DHCPDISCOVER 信息，并且都向客户端发送 DHCPOFFER 信息，DHCP 客户端只会选择第一个收到的 DHCPOFFER 信息。

　　　客户端之所以采用广播方式发送 DHCPREQUEST 信息，是因为除了要通知已被选择的 DHCP 服务器之外，还要通知其他未被选择的 DHCP 服务器，使它们能及时释放原本准备租给自己的 IP 地址，以供其他客户端使用。

（4）DHCP 服务器收到 DHCP 客户端的 DHCPREQUEST 信息之后，以广播方式向客户端发送 DHCPACK（确认）信息。除 IP 地址外，DHCPACK 信息还包括 TCP/IP 配置数据，如默认网关、DNS 服务器地址等。

（5）DHCP 客户端收到 DHCPACK 信息之后，随即获得了所需的 IP 地址及相关的配置信息。

为便于读者理解，这里再演示一台 DHCP 客户端向一台 DHCP 服务器申请并获得 IP 地址的实际过程（客户端和服务器都运行 Linux 系统）。

DHCP 客户端相关日志如图 5-2 所示，其中行（1）表示通过网卡 eth0 采用广播方式发送 DHCPREQUEST 信息；行（2）表示收到来自服务器的 DHCPACK 信息；行（3）表示更新配置文件/etc/resolv.conf；行（4）表示绑定到新获取的 IP 地址。

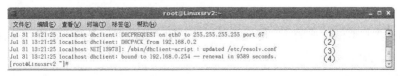

图 5-2　DHCP 客户端申请并获得 IP 的过程

DHCP 服务器相关日志如图 5-3 所示，其中行（1）表示通过网卡 eth0 收到来自某客户端（物理地址）的 DHCPREQUEST 信息；行（2）表示向客户端发送 DHCPACK 信息。

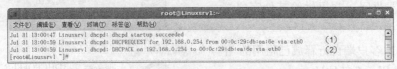

图 5-3　DHCP 服务器向客户端分配 IP 的过程

2．续租现有的 IP 地址

如果 DHCP 客户端要延长现有 IP 地址的使用期限，则必须更新租约。**租约定义从 DHCP 服务器分配的 IP 地址及其可使用的时间期限。当服务器将 IP 地址租用给客户端时，租约生效。**租约过期之前，客户端一般需要通过服务器更新租约。当租约期满或在服务器上被删除时，租约将自动失效。

当遇到以下两种情况时，需要续租 IP 地址。

● 不管租约是否到期，已经获取 IP 地址的 DHCP 客户端每次启动时都将以广播方式向 DHCP 服务器发送 DHCPREQUEST 信息，请求继续租用原来的 IP 地址。即使 DHCP 服务器没有发送确认信息，只要租期未满，DHCP 客户端仍然能使用原来的 IP 地址。

● 租约期限超过一半时，DHCP 客户端自动以非广播方式向 DHCP 服务器发出续租 IP 请求。

如果续租成功，DHCP 服务器将给该客户端发回 DHCPACK 信息，予以确认。如果续租不成功，DHCP 服务器将给该客户端发回 DHCPNACK 信息，说明目前该 IP 地址不能分配给该客户端。

3．DHCP 分配的 IP 地址类型

● 静态（static）IP 地址：根据 DHCP 客户端的 MAC 地址"永久地"分配给该客户端使用。这种情况比较适合一些网络服务器和重要工作站。

● 动态（dynamic）IP 地址：从地址池中取出一个未分配的地址归客户端暂时使用，一旦租约到期，IP 地址归还给 DHCP 服务器，可再提供给其他客户端使用。

5.1.4　DHCP 规划

首先需要确定是否架设 DHCP 服务器，因为 DHCP 服务器并不是在所有场合都是必需的。当网络主机数量很少，或者网络中主机以服务器为主时，就不需要组建 DHCP 服务器。需要部署 DHCP 服务器的情形主要有以下几种。

● 网络中的主机数量较多。

● 网络中的客户端需要统一配置 TCP/IP，如公共机房、共享上网等。

● 网络中主机有随时增加的可能性或者经常变动，如配置较多的笔记本计算机。

部署 DHCP 服务器之前要进行规划，主要是确定 DHCP 服务器的数目和部署位置。可根据网络的规模，在网络中安装一台或多台 DHCP 服务器。具体要根据网络拓扑结构和服务器硬件等因

素综合考虑，主要有以下几种情况。

● 在单一的子网环境中一般仅需一台 DHCP 服务器。

● 非常重要的网络在部署主要 DHCP 服务器的基础上，可再部署一台或多台辅助（备份）DHCP 服务器，这样做有两大好处，一是提供容错，二是在网络中平衡 DHCP 服务器使用。通常使用 80/20 规则划分两台 DHCP 服务器之间的 IP 地址范围，如图 5-4 所示。

● 在路由网络中部署 DHCP 服务器。DHCP 依赖于广播信息，一般情况下 DHCP 客户端和 DHCP 服务器应该位于同一个网段之内。对于有多个网段的路由网络，最简单的办法是在每一个网段中安装一台 DHCP 服务器，但是这样不仅成本高，而且不便于管理。更好的办法是在一两个网段中部署一到两台 DHCP 服务器，而在其他网段使用 DHCP 中继代理（DHCP Relay Agent），如图 5-5 所示。

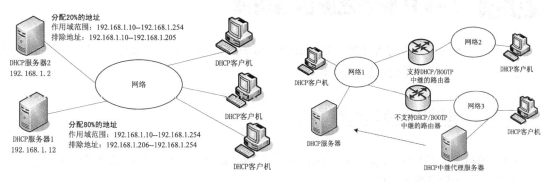

图 5-4　配置多台 DHCP 服务器　　　　　　　图 5-5　DHCP 中继

　　　　DHCP 中继代理有两种解决方案。一是直接通过路由器实现，要求路由器必须支持 DHCP/BOOTP 中继代理功能（符合 RFC 1542 规范），能够中转 DHCP 和 BOOTP 通信，现在多数路由器或三层交换机都支持 DHCP 中继代理。二是在路由器不支持 DHCP/BOOTP 中继代理功能的情况下，使用 DHCP 中继代理组件，例如可在一台主机上安装 DHCP 运行中继代理组件，但是不能在 DHCP 服务器上再部署 DHCP 中继代理。

5.2　DHCP 服务器安装

在 Linux 平台上安装 DHCP 服务器非常简单，只是要注意该服务器本身的 IP 地址应是静态的，不能是动态分配的。Red Hat Enterprise Linux 5 提供一套完整的 DHCP 软件包，包括以下组件。

● dhcp-3.0.5-3.el5.i386.rpm（DHCP 主程序包，包括 DHCP 服务和中继代理程序，默认未安装，位于第 3 张安装光盘）。

● dhcp-devel-3.0.5-3.el5.i386.rpm（DHCP 服务器开发工具，为 DHCP 开发提供库文件支持，默认未安装，位于第 3 张安装光盘）。

● dhcpv6-0.10-33.el5.i386.rpm（DHCP 的 IPv6 扩展工具，使 DHCP 服务器能够支持 IPv6 的最新功能，默认未安装，位于第 3 张安装光盘）。

● dhclient-3.0.5-3.el5（DHCP 客户端软件包，默认已安装，位于第 1 张安装光盘）。

● dhcpv6_client-0.10-33.el5（DHCP 客户端 IPv6 软件包，默认已安装，位于第 1 张安装光盘）。

Red Hat Enterprise Linux 5 默认没有安装 DHCP 主程序包。在准备部署 DHCP 服务器之前，应首先检查当前 Linux 系统是否安装 DHCP 服务器软件包或者已经安装的具体版本，执行以下命令：

```
rpm -qa | grep dhcp
```

如果查询结果表明没有安装 DHCP 服务器，将 Red Hat Enterprise Linux 5 第 3 张安装光盘插入光驱，加载光驱后，切换到光驱加载点目录，执行以下命令进行安装。

```
rpm -ivh Server/dhcp-3.0.5-3.el5.i386.rpm
```

5.3 DHCP 服务器配置与管理

在 Linux 平台中，主要通过配置文件/etc/dhcpd.conf 对 DHCP 服务器进行配置，主要设置 IP 作用域、DHCP 选项、租约和静态 IP 地址等内容。

5.3.1 DHCP 服务器配置流程

（1）编辑主配置文件 dhcpd.conf，设置 IP 作用域（指定一个或多个 IP 地址范围）。
（2）建立租约数据库文件。
（3）重新加载主配置文件，或者重新启动 DHCP 服务使配置生效。

5.3.2 DHCP 主配置文件

安装 DHCP 主程序包之后，在/etc 目录下会建立一个空白的 dhcpd.conf 主配置文件。另外在/usr/share/doc/dhcp-3.0.5/目录中提供样本文件 dhcpd.conf.sample，可将其内容复制到/etc/dhcpd.Conf 文件中，根据实际需要进行修改。

1. /etc/dhcpd.conf 文件示例

这里先通过一个实例进行示范。要为某局域网安装配置一台 DHCP 服务器，基本要求如下所示。

● 为 192.168.0.0/24 网段的用户提供 IP 地址动态分配服务，用于动态分配的 IP 地址池范围为 192.168.0.128～192.168.0.254。
● 为客户端指定的默认网关为 192.168.0.1，默认的 DNS 服务器为 192.168.0.2。
● 该网段的其余地址保留或用于静态分配。
● 物理地址为 00:OC:29:04:FB:E2 的网卡固定分配的静态 IP 地址为 192.168.0.100。

针对这些需求设置的/etc/dhcpd.conf 文件内容如下：

```
#以下设置全局参数
ddns-update-style interim;    #设置 DNS 动态更新方式
ignore client-updates;        #不允许客户端更新
```

```
#以下设置作用域
subnet 192.168.0.0 netmask 255.255.255.0 {          #作用域声明开始
# 以下设置作用域参数
default-lease-time 21600;                           #指定默认的 IP 租期（单位为秒）
max-lease-time 43200;                               #指定默认的最长租期（单位为秒）
# 以下设置动态分配 IP 地址范围
range dynamic-bootp 192.168.0.128      192.168.0.254;
# 以下设置作用域选项
option routers             192.168.0.1;             #指定默认网关
option subnet-mask         255.255.255.0;           #指定默认的子网掩码
option domain-name         "abc.com";               #指定默认的域名
option domain-name-servers 192.168.0.2;             #指定默认的 DNS 服务器
# 以下设置分配的静态 IP 地址
host ns {
hardware ethernet 00:0C:29:C1:F0:A1;                #指定物理地址
fixed-address 192.168.0.100;                        #指定要分配的 IP 地址
}
}                                                   #作用域声明结束
```

2. /etc/dhcpd.conf 文件格式

/etc/dhcpd.conf 是一个包含若干参数（parameters）、声明（declarations）以及选项（option）的纯文本文件。基本结构为

```
#全局设置
参数或选项;              #全局生效
#局部设置
声明{
        参数或选项;      #局部生效
}
```

其中参数主要用于设置服务器和客户端的动作或者是否执行某些任务，比如设置 IP 地址租约期限、是否检查客户端所用的 IP 地址等；声明一般用来指定网络布局、管理行分组、分配的 IP 地址池等；选项通常用来配置 DHCP 客户端的可选参数，比如定义客户端的 DNS 地址、默认网关等。选项设置以 option 关键字打头。

全局设置可以包含参数或选项，该部分对整个 DHCP 服务器起作用；局部设置位于声明部分，该部分仅对局部生效，比如只对某个 IP 作用域（或管理性分组）起作用。

注释部分以 "#" 号开头，可以放在任何位置，并以 "#" 号开头。

每一行参数或选项定义都要以 ";" 号结束，但声明所用的大括号所在行除外。

5.3.3　DHCP 服务器全局设置

全局设置作用于整个 DHCP 服务器，参数和选项有可能被局部设置所覆盖。这里介绍两个经常使用的全局参数，至于其他参数和选项将在后面章节专门介绍。

1. ddns-update-style

该参数定义 DHCP 服务器所支持的 DNS 动态更新类型。配置文件 dhcpd.conf 中必须包含这一参数定义，并且要置于第 1 行。所谓 DNS 动态更新是指 DHCP 可以透过 DDNS（DNS 动态更新）来更新域名记录（主机名与 IP 地址）。该参数共有 3 个可选值。

- none：不支持动态更新。
- interim：DNS 互动更新模式，一般选择此项。
- ad-hoc：特殊 DNS 更新模式。

2. allows/ignore client-updates

此参数定义是否允许客户端更新 DNS 记录。allows client-updates 表示允许，ignore client-updates 表示不允许。

ddns-update-style 和 allows/ignore client-updates 这两个参数只能用于全局设置。其他参数既可用于全局设置，又可用于局部设置。

5.3.4 配置 DHCP 作用域

DHCP 服务器以作用域（Scope）为基本管理单位向客户端提供 IP 地址分配服务。在 DHCP 服务器内必须至少设置一个 IP 作用域。作用域也称为领域，是对使用 DHCP 服务的子网所划分的计算机管理性分组，它拥有一个可分配 IP 地址的范围。

1. 声明 DHCP 作用域

在 dhcpd.conf 配置文件中，可用 subnet 语句来声明一个作用域。subnet 语句格式如下：

```
subnet 网络 ID  netmask 子网掩码
{..参数或选项;....}
```

subnet 声明确定要提供 DHCP 服务的 IP 子网，这要用网络 ID 和子网掩码来定义。这里的**网络 ID 必须与 DHCP 服务器的网络 ID 相同。一个 IP 子网只能对应一个作用域。**

DHCP 客户端查询同一网段的 DHCP 服务器，通过 DHCP 服务器连接该网段的网络接口来访问对应的作用域。如果 DHCP 服务器在某个 subnet 声明的 IP 子网范围内没有提供网络接口，DHCP 服务器将不能服务该网络。

例如，下面声明表示为子网 192.168.0.0/24 提供 DHCP 服务。

```
subnet 192.168.0.0 netmask 255.255.255.0 {
}
```

括号{}内参数或选项具体设置作用域属性，包括 IP 地址范围、子网掩码和租约期限等，还可定义作用域选项等。

2. 指定 IP 地址范围

首先必须为作用域指定可分配的 IP 地址范围，DHCP 客户端向 DHCP 服务器请求 IP 地址时，DHCP 服务器从该作用域 IP 地址范围内选择一个尚未分配的 IP 地址，分配给该 DHCP 客户端。

在括号{}内使用 range 参数来定义地址范围，语法格式为：

```
range 起始 IP 地址 结束 IP 地址；
```

IP 地址范围应属于 subnet 声明的子网。最简单的方法就是使用一个地址范围，例如：

```
range 192.168.0.10  192.168.0.100；
```

可用多个 range 参数来指定多个地址范围，但是其中每个 IP 地址范围不能交叉或重复。例如：

```
range 192.168.0.10  192.168.0.100；
range 192.168.0.151  192.168.0.220；
```

3. 设置租约期限

租约期限是 DHCP 服务器提供给客户端 IP 地址使用的时限。在 dhcpd.conf 配置文件中，有以下两个与租约期限有关的参数。

（1）default-lease-time。设置默认租约期限，单位为秒。例如将默认租约期限设置为半天：

```
default-lease-time 43200；
```

（2）max-lease-time。定义客户端 IP 租约期限的最大值（即最大租约期限），单位为秒。当超过设置的默认租约期限后，在超过最大租约期限之前，还可以续租该 IP 地址。例如将最大租约期限设置为 1 天：

```
max-lease-time  86400；
```

租约期限实际上由此参数来确定，如果不设置此参数，默认最大租约期限为 12 小时（43200 秒）。

4. 固定分配静态 IP 地址（"IP-MAC"绑定）

DHCP 服务器可为特定的 DHCP 客户端分配静态 IP 地址，供其"永久使用"。这又称为客户端保留地址，在实际应用中很有用处，一方面可以避免用户随意更改 IP 地址；另一方面用户无须设置自己的 IP 地址、网关地址、DNS 服务器等信息。通过此功能为联网计算机固定分配 IP 地址，实现所谓的"IP-MAC"绑定。一般仅为特定用途的 DHCP 客户端或设备（如远程访问网关、DNS 服务器、打印服务器）分配静态地址。

分配静态地址需使用 host 声明和 hardware、fixed-address 参数，基本用法：

```
host  主机名 {
hardware ethernet  网卡 MAC 地址；     #DHCP 客户端网卡物理地址
fixed-address  固定 IP 地址；         #为该 DHCP 客户端固定分配的 IP 地址
其他参数或选项；
}
```

　　　　分配静态地址需要获取客户端网卡的 MAC 地址。可以利用网卡所附软件来查询网卡 MAC 地址，除此之外，在 Linux 计算机上可使用 ifconfig 命令查看网卡 MAC 地址，在 Windows 计算机上可使用 DOS 命令 ipconfig /all 查看 MAC 地址。

例如，要为某打印服务器分配静态 IP 地址 192.168.0.105，首先获取该计算即网卡 MAC 地址，然后添加 host 声明，并定义 MAC 地址和对应的 IP 地址，配置语句如下：

```
host prinsrv {
hardware ethernet 00:1F:D0:9E:9E:53；   #指定物理地址
fixed-address 192.168.0.105；          #固定分配的 IP 地址
}
```

这样就将该 IP 地址与 MAC 地址绑定起来。还可以在 host 声明中为该客户端设置默认网关、DNS 服务器等选项。

5.3.5 配置 DHCP 选项

除了为 DHCP 客户端动态分配 IP 地址外，还可通过 DHCP 选项设置，使 DHCP 客户端在启动或更新租约时，自动配置 TCP/IP 设置，如默认网关、DNS 服务器，这样既简化客户端的 TCP/IP 设置，又便于整个网络的统一管理。

DHCP 选项有不同的作用范围，具体取决于选项定义的位置。在全局部分定义的选项属于全局选项，应用于整个 DHCP 服务器（所有作用域）；在局部定义的选项属于局部选项，可应用于某作用域、静态地址客户端以及分组等。

在配置文件 dhcpd.conf 中，DHCP 选项设置的基本用法为

```
option  选项名  选项值;
```

下面介绍几个常用的选项。

1. 设置默认网关

使用以下语句为 DHCP 客户端自动设置默认网关（路由器）的 IP 地址。

```
option  routers  默认网关 IP 地址;
```

2. 设置子网掩码

使用以下语句为 DHCP 客户端自动设置子网掩码。

```
option subnet-mask  子网掩码;
```

3. 设置默认域名

使用以下语句为 DHCP 客户端自动设置默认域名。

```
option domain-name  默认域名;
```

这里的默认域名相当于全称域名的后缀，用来为主机名自动附加域名后缀。例如：

```
option domain-name  "abc.com",
```

按照此设置，如果 DHCP 客户端的主机名为 wxp101，则该主机的全称域名为 wxp101.abc.com。

4. 设置 DNS 服务器

使用以下语句为 DHCP 客户端自动设置 DNS 服务器的 IP 地址。

```
option domain-name-servers  DNS 服务器 IP 地址;
```

可以设置多个 DNS 服务器，作为首选或备用 DNS 服务器，例如：

```
option domain-name-servers  192.168.0.2; 176.16.0.1
```

5.3.6 使用分组简化 DHCP 配置

可以使用 group 声明为多个作用域、多个主机（静态地址客户端）设置共同的参数或选项，

以简化配置。例如，以下设置将多个静态地址主机归到一个组：

```
group {                          # 分组声明开始
option router 192.168.0.1;       #应用于该分组的所有主机
host  srv3{
hardware ethernet 00:0C:29:C1:F0:A1;
fixed-address 192.168.0.115;
}
host  srv4{
hardware ethernet 00:0C:29:EC:A8:50;
fixed-address 192.168.0.116;
}
}                                #分组声明结束
```

如果将多个作用域归到一个组，从某种角度上看，相当于超级作用域，便于统一管理多个域。

5.3.7　配置 DHCP 服务侦听端口

DHCP 服务要侦听的网络接口由/etc/sysconfig/dhcpd 配置文件来设置。默认情况下 DHCP 守护进程侦听所有网络接口，可根据需要指定 DHCP 服务要侦听的网络接口。例如，在/etc/sysconfig/dhcpd 中设置以下指令，表示 DHCP 服务侦听两个网络接口 eth0 和 eth1：

```
DHCPDARGS="eth0 eth1";
```

如果 Linux 系统有 3 个网络接口——eth0、eth1 和 eth2，仅希望 DHCP 服务侦听其中的 eth0接口，设置如下：

```
DHCPDARGS="eth0";
```

5.3.8　管理 DHCP 服务

Linux 的 DHCP 服务是通过 dhcpd 守护进程来实现的，默认情况下，该服务不会自动启动，另外在应用中，可能要停止该服务或者查看运行状态。使用启动脚本/etc/init.d/dhcpd 可实现 DHCP服务的基本管理，用法如下：

/etc/init.d/dhcpd {start|stop|restart|condrestart|configtest|status}

或 service dhcpd {start|stop|restart|condrestart|configtest|status}

其中参数 start、stop、restart 分别表示启动、停止和重启 DHCP 服务；condrestart 表示只有在DHCP 运行状态下才重启 DHCP；configtest 表示配置测试；status 表示查看 DHCP 服务状态。

如果需要让 DHCP 服务随系统启动而自动加载，可以执行"ntsysv"命令启动服务配置程序，找到"dhcpd"守护进程，在其前面加上星号"*"，然后选择"确定"即可。也可直接使用 chkconfig命令设置，具体命令如下：

```
# chkconfig - level 235 dhcpd on
```

5.3.9　管理地址租约

在 DHCP 服务器上使用文件/var/lib/dhcpd/dhcpd.leases 存储 DHCP 客户端租约数据，包括客户端的主机名、MAC 地址、所分配的 IP 地址，以及有效期等相关信息。这个数据库文件是可编辑的文本文件。DHCP 安装时该文件是个空白文件，运行 DHCP 服务之后，每当发生租约变化的时候，都会在该文件结尾添加新的租约记录。可以通过该文件来查看当前 IP 地址分配情况，例如：

```
lease 192.168.0.254 {
  starts 4 2009/07/30 05:05:48;
  ends 4 2009/07/30 11:05:48;
  binding state active;
  next binding state free;
  hardware ethernet 00:0c:29:db:ea:6e;
}
lease 192.168.0.253 {
  starts 4 2009/07/30 05:07:14;
  ends 4 2009/07/30 11:07:14;
  binding state active;
  next binding state free;
  hardware ethernet 00:0c:29:48:8e:e5;
  uid "\001\000\014)H\216\345";
  client-hostname "WINXP01";
}
```

如果有大量而又频繁的 IP 分配，就需要经常重建该数据库，以免文件过大。所有已知的租约都保存在一个临时租约数据库中，将 dhcpd.leases 文件重命名，临时租约数据库自动写入一个新的 dhcpd.leases 文件。

5.4　DHCP 客户端配置

DHCP 客户端使用两种不同的过程来与 DHCP 服务器通信并获得配置信息。**当客户端计算机首先启动并尝试加入网络时，执行初始化过程；在客户端拥有租约之后将执行续订过程，但是需要使用服务器续订该租约。**当 DHCP 客户端关闭并在相同的子网上重新启动时，它一般能获得和它关机之前的 IP 地址相同的租约。

5.4.1　Linux 客户端 DHCP 配置

在 Linux 系统中一般通过修改配置文件来实现 DHCP 客户端配置，这里以 Red Hat Enterprise Linux 5 系统中的 DHCP 客户端为例讲解。

（1）查看编辑/etc/sysconfig/network 文件，确认其中包括以下语句。

```
NETWORKING=yes
```

变量 NETWORKING 设置系统是否使用网络服务功能，这里必须将其设置为 yes。

（2）编辑网卡配置文件，使其能够使用 DHCP。例如，以网卡 eth0 为例，其配置文件应当包括以下语句：

```
DEVICE=eth0
BOOTPROTO=dhcp
ONBOOT=yes
```

将 BOOTPROTO 设置为 dhcp，即可启用客户端 DHCP 功能。ONBOOT 设置计算机启动时是否激活该网卡。

（3）保存配置文件，执行以下命令重新启动网卡即可。

```
ifdown eth0
ifup eth0
```

也可重新启动网络服务，命令如下。

```
service network  restart
```

还可使用 dhclient 命令重新发送广播申请 IP 地址，例如：

```
dhclient eth0
```

（4）使用 ifconfig 命令来测试是否获得 IP 地址。下面给出一个实例。

```
[root@Linuxsrv2 ~]# ifconfig
eth0      Link encap:Ethernet  HWaddr 00:0C:29:DB:EA:6E
          inet addr:192.168.0.254  Bcast:192.168.0.255  Mask:255.255.255.0
          inet6 addr: fe80::20c:29ff:fedb:ea6e/64 Scope:Link
          UP BROADCAST RUNNING MULTICAST  MTU:1500  Metric:1
          RX packets:502 errors:0 dropped:0 overruns:0 frame:0
          TX packets:409 errors:0 dropped:0 overruns:0 carrier:0
          collisions:0 txqueuelen:1000
          RX bytes:53753 (52.4 KiB)  TX bytes:42059 (41.0 KiB)
          Interrupt:169 Base address:0x2024
```

实际上客户端获得 IP 租约的数据都被记载在特定的文件中，例如网卡 eth0 的租约记录在文件 /var/lib/dhcp/dhclient-eth0.leases 中，网卡 eth1 的租约记录在文件/var/lib/dhcp/dhclient-eth1.leases 中。

还可通过 Linux 图形界面配置 DHCP 客户端，打开网络配置窗口，选中要配置的网卡，单击 "编辑" 按钮，打开如图 5-6 所示的对话框，选中 "自动获取 IP 地址使用 DHCP" 单选钮即可。

5.4.2 Windows 客户端 DHCP 配置

任何运行 Windows 操作系统的计算机都可作为 DHCP 客户端运行，DHCP 客户端的安装和配置非常简单。

1. 配置 DHCP 客户端

在 Windows 操作系统中安装 TCP/IP 时，就已安装了 DHCP 客户程序，要配置 DHCP 客户端，通过网络连接的 "TCP/IP 属性" 对话框，切换到 "IP 地址" 选项卡，选中 "自动获取 IP 地址" 单选钮即可，如图 5-7 所示。只有启用 DHCP 的客户端才能从 DHCP 服务器租用 IP 地址，否则必须手动设定 IP 地址。

图 5-6 配置 DHCP 客户端（Linux 图形界面）

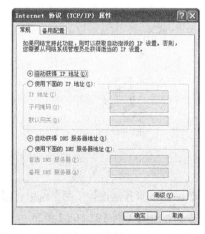

图 5-7 配置 DHCP 客户端（Windows 界面）

2. DHCP 客户端续租地址和释放租约

在 DHCP 客户端可要求强制更新和释放租约。当然，DHCP 客户端也可不释放，不更新（续租），等待租约过期而释放占用的 IP 地址资源。一般使用命令行工具 ipconfig 来实现此功能。

执行以下命令可更新所有网络接口的 DHCP 租约。

```
ipconfig /renew
```

执行以下命令可更新指定网络接口的 DHCP 租约。其中参数 adapter 用网络适配器名称表示网络接口，且支持通配符表示的名称。

```
ipconfig /renew adapter
```

一旦服务器返回不能续租的信息，DHCP 客户端就只能在租约到达时放弃原有的 IP 地址，重新申请一个新地址。为避免发生问题，续租在租期达到一半时就将启动，如果没有成功将不断启动续租请求过程。

DHCP 客户端可主动释放自己的 IP 地址请求。执行以下命令可释放所有网络接口的 DHCP 租约。

```
ipconfig /release
```

执行以下命令可释放指定网络适配器的 DHCP 租约。

```
ipconfig /release adapter
```

5.5 复杂网络的 DHCP 服务器部署

DHCP 服务采用广播方式，不能跨网段提供服务，对于包括多个子网的复杂网络，需要涉及多作用域。下面通过实例来讲解有关的解决方案。

5.5.1 多宿主 DHCP 服务器

所谓多宿主 DHCP 服务器，是一台 DHCP 服务器安装多个网络接口，分别为多个独立的网络提供服务。这里以两个子网为例，网络结构如图 5-8 所示。

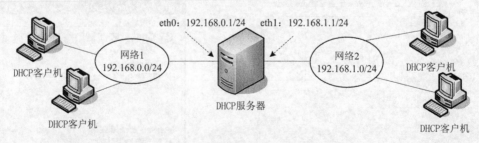

图 5-8 多宿主 DHCP 服务器

该 DHCP 服务器连接了两个网络，需要在服务器上创建两个作用域，一个面向子网 192.168.0.0/24，另一个面向子网 192.168.1.0/24。

应当为 DHCP 服务器所服务的每个网络给出一个 subnet 声明。多个子网要求多个 subnet 声明。

这里根据要求为两个子网分别声明作用域，并设置相关参数和选项。/etc/dhcpd.conf 文件设置的语句如下：

```
ddns-update-style interim;
default-lease-time 6000;
max-lease-time 7200;
subnet 192.168.0.0 netmask 255.255.255.0{
option subnet-mask 255.255.255.0;
option routers 192.168.0.1;
range 192.168.0.21 192.168.0.250;
}
subnet 192.168.1.0 netmask 255.255.255.0{
option subnet-mask 255.255.255.0;
option routers 192.168.1.1;
range 192.168.1.5 192.168.1.115;
}
```

经过这样的配置，DHCP 服务器将通过两块网卡侦听客户端的请求，并发送相应的应答。当与网卡 eth0 位于同一网段的 DHCP 客户端访问 DHCP 服务器时，将从与该网卡 1 对应的作用域中获取 IP 地址。同样，与网卡 eth1 位于同一网段的 DHCP 客户端也将获得该网卡对应作用域的 IP 地址。

5.5.2　多作用域共享同一物理网络

如果当前作用域的可用地址池快要耗尽，还需要向网络添加更多的计算机，这就需要添加新的作用域以扩展 IP 地址空间。有以下两种解决方案。

● 配置多宿主 DHCP 服务器：为服务器增加网络接口，增配作用域，这会增加网络拓扑的复杂性，并有可能使维护难度加大。

● 配置共享网络（shared-network）：使用另一个逻辑 IP 网络以扩展同一物理网段的地址空间，这样可保持现有网络结构，并实现网络扩容。

多宿主方案前面介绍过，这里介绍共享网络。要在同一物理网段上使用两个或多个逻辑 IP 网络，可以使用 shared-network 声明一个共享网络，将多个作用域并到一起，从而**为单个物理网络上的 DHCP 客户端提供多个作用域的租约**。从某种角度看，共享网络也相当于一种 DHCP 超级作用域，将多个作用域作为一个实体统一管理。

在 dhcpd.conf 配置文件中定义共享网络的语法格式：

```
shared-network  共享网络名 {
      [参数或选项]                                #这里设置对所有作用域有效，也可以不配置
      subnet  网络 ID  netmask  子网掩码 {        #   声明作用域
         ……  }
      [subnet ……]                               #   按需声明若干其他作用域
}
```

这里通过一个实例讲解具体的实现方案。某公司架设有 DHCP 服务器，原来采用单一作用域，使用 192.168.0.0/24 子网的 IP 地址，随着公司发展，网络节点增多，现有 IP 地址空间无法满足需求，需要添加可用的 IP 地址。为此在 DHCP 服务器上添加新的作用域，使用 192.168.1.0/24 子网扩展地址范围，将新作用域和原作用域并到一个共享网络，如图 5-9 所示。

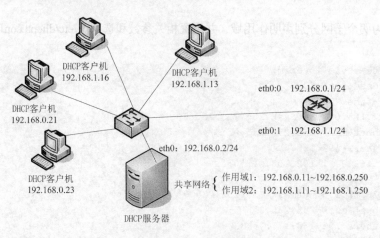

图 5-9　DHCP 共享网络

/etc/dhcpd.conf 文件配置如下：

```
ddns-update-style interim;
ignore client-updates;
shared-network abcgroup {                       #共享网络声明开始
option domain-name-servers 192.168.0.1;         #此选项应用于所有作用域
subnet 192.168.0.0 netmask 255.255.255.0 {
option routers  192.168.0.1;
option subnet-mask 255.255.255.0;
range  192.168.0.11 192.168.0.250;
}
subnet 192.168.1.0 netmask 255.255.255.0 {
option routers   192.168.1.1;
option subnet-mask 255.255.255.0;
option domain-name-servers 192.168.0.2;
range  192.168.1.11 192.168.1.250;
}
}                                               #共享网络声明结束
```

这里包括两个作用域，作用域之外的选项对两个作用域都有效，而每个作用域中的选项只对该作用域有效。启用共享网络，DHCP 服务器在其网络接口上为多个逻辑子网提供服务，当一个子网地址用尽之后，自动分配另一个子网地址。这样使用一个网卡就可以实现多作用域。还可以使用 group 声明将多个共享网络归到一个分组进行统一设置。

　　　　DHCP 共享网络包括多个作用域，这些作用域分配给客户端的 IP 地址不在同一子网，要实现相互访问，还需对网关配置多个 IP 地址，然后在每个作用域中设置相应的网关地址，在网关上设置路由，使不在同一子网的计算机之间能够相互通信。

5.5.3　跨网段的 DHCP 中继

如果 DHCP 服务器与 DHCP 客户端位于不同的网段，路由器本身会阻断 LAN 广播，这就需要配置 DHCP 中继代理，使 DHCP 请求能够从一个网段传递到另一个网段。参见图 5-5，当没有 DHCP 服务器的网段里的客户端发出 DHCP 请求时，DHCP 中继代理就会像 DHCP 服务器一样接收广播，然后向另一网段的 DHCP 服务器发出单播请求，就可以获得 IP 地址了。

　　DHCP 中继代理可以直接由路由器或交换机（支持 DHCP/BOOTP 中继代理功能）实现，也可通过 DHCP 中继代理组件来实现。Red Hat Enterprise Linux 5 提供的 DHCP 主程序包就包括 DHCP 服务和中继代理程序，可以用来实现 DHCP 中继代理，这里以此为例来讲解 DHCP 中继代理的实现方法，解决方案如图 5-10 所示，下面介绍具体步骤。

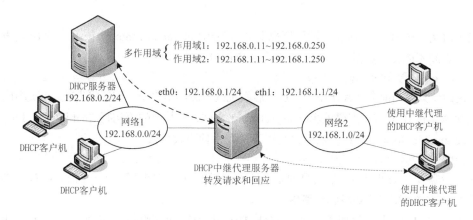

图 5-10　DHCP 中继代理

　　此项实验需要两个网段、两台 Linux 服务器和一台客户机。其中用于 DHCP 中继代理服务器配置两块网卡，分别连接两个网段。客户机与 DHCP 服务器位于不同网段，以测试中继代理。如果在虚拟机中模拟网络环境，应注意划分两个网段。

1. 配置 DHCP 服务器

本例中将 DHCP 服务器部署在网络 1，为网络 1 和网络 2 的节点分配 IP 地址。

（1）将 DHCP 服务器的默认网关设置为 DHCP 中继代理服务器连接网络 1 的接口的 IP 地址，本例中为 192.168.0.1。

（2）编辑配置文件/etc/dhcpd.conf，需要分别为两个网段声明作用域，具体设置如下：

```
ddns-update-style interim;
ignore client-updates;
default-lease-time 43200;
max-lease-time 86400;
option domain-name-servers 192.168.0.1;
subnet 192.168.0.0 netmask 255.255.255.0 {
option routers  192.168.0.1;
option subnet-mask 255.255.255.0;
range  192.168.0.11 192.168.0.250;
}
subnet 192.168.1.0 netmask 255.255.255.0 {
option routers   192.168.1.1;
option subnet-mask 255.255.255.0;
option domain-name-servers 192.168.0.2;
range  192.168.1.11 192.168.1.250;
}
```

其中默认网关分别设置为 DHCP 中继代理服务器的两个网络接口。

（3）保存配置文件/etc/dhcpd.conf，重新启动 DHCP 服务。

2. 配置 DHCP 中继代理服务器

DHCP 中继代理服务器相当于一个特殊用途的网关，位于两个网段之间。

（1）为 DHCP 中继代理服务器配置两个网络接口，分别连接网络 1 和网络 2，设置相应 IP 地址。

（2）启用内核 IP 转发功能。默认情况下 Red Hat Enterprise Linux 内核不支持 IP 转发，各个网络接口之间不能转发数据包，执行以下命令启用 IP 转发功能。

```
sysctl -w net.ipv4.ip_forward = 1
```

上述命令只对当前会话起作用，一旦重启系统或重启网络服务，配置将失效，仅适用于测试。要永久性地设置 IP 转发，需要编辑/etc/sysctl.conf 文件，将其中的语句行 "net.ipv4.ip_forward =0" 改为 "net.ipv4.ip_forward =1"，然后执行以下命令，使更改生效。

```
sysctl -p /etc/sysctl.conf
```

这一步骤设置是可选的，主要目的是让两个网段的节点之间能够相互通信。**DHCP 中继代理程序转发 DHCP 请求并不依赖 IP 路由。**

（3）在 DHCP 中继代理服务器上安装 DHCP 中继代理组件。例中该主机运行 Red Hat Enterprise Linux 5，安装 DHCP 主程序包（dhcp-3.0.5-3.el5.i386.rpm，位于第 3 张安装光盘）。

（4）编辑中继代理配置文件/etc/sysconfig/dhcrelay，设置如下语句。

```
INTERFACES=""
DHCPSERVERS="192.168.0.2"
```

其中 INTERFACES 参数用于设置 DHCP 中继代理程序侦听的网络接口，默认设置为

```
INTERFACES=""
```

表示侦听所有网络接口。例中网络接口 eth0 和 eth1 分别连接两个网段，eth1 收到网络 2 中某节点的 DHCP 请求，交由 eth0 提交给 DHCP 服务器；eth0 收到 DHCP 服务器的应答后，再交由 eth1 返回给最初提出请求的节点。这两个接口都要侦听。

INTERFACES 一般保持默认设置以侦听所有接口。如果有多个接口，例如有 3 个网络接口——eth0、eth1 和 eth2，不希望 DHCP 中继代理程序为 eth2 所连接的网络服务，可明确列出要侦听的接口（多个网络接口之间用空格隔开）。

```
INTERFACES="eth0 eth1"
```

DHCPSERVERS 参数用于设置为中继代理提供 DHCP 服务的服务器，由它来分配 IP 地址。默认没有指定，例中指定网络 1 中的服务器 192.168.0.2 提供 DHCP 服务。

（5）保存该配置文件，执行以下命令启动 DHCP 中继代理程序。

```
[root@Linuxsrv2 ~]# service dhcrelay start
启动 dhcrelay: Internet Systems Consortium DHCP Relay Agent V3.0.5-RedHat
Copyright 2004-2006 Internet Systems Consortium.
All rights reserved.
For info, please visit http://www.isc.org/sw/dhcp/
Listening on LPF/eth1/00:0c:29:db:ea:78
Sending on  LPF/eth1/00:0c:29:db:ea:78
Listening on LPF/eth0/00:0c:29:db:ea:6e
Sending on  LPF/eth0/00:0c:29:db:ea:6e
Sending on  Socket/fallback
```

DHCP 中继代理程序使用启动脚本/etc/init.d/dhcrelay 来管理，基本用法如下：

/etc/init.d/dhcrelay {start|stop|restart|condrestart|status}

或 service dhcrelay {start|stop|restart|condrestart|status}

它作为守护进程,可设置为随系统启动而自动加载。

也可以使用命令 dhcrelay 来运行 DHCP 中继代理程序。该命令提供很多选项,其中选项-i 用于指定中继代理程序侦听的网络接口。例如,上述第 4 步和第 5 步的设置可用以下命令实现:dhcrelay　192.168.0.2

3.　测试 DHCP 中继代理

在网络 2 中使用客户机自动获取 IP 地址,成功之后可在 DHCP 服务器上查看系统日志 var/log/message 文件,例中出现如下记录,表明 IP 地址是通过中继代理(192.168.0.10)分配的。

```
Jun 22 10:50:40 mai dhcpd: DHCPREQUEST for 192.168.1.250 from 00:0c:29:a0:d3:bb
(LUOBO-51178E0DC) via 192.168.1.10
Jun 22 10:50:40 mai dhcpd: DHCPACK on 192.168.1.250 to 00:0c:29:a0:d3:bb
(LUOBO-51178E0DC) via 192.168.1.10
```

习题

1.　简答题

(1)简述 DHCP 的用途。

(2)简述通过 DHCP 申请 IP 地址的过程。

(3)简述通过 DHCP 续租 IP 地址的过程。

(4)哪些场合需要部署 DHCP?

(5)什么是 DHCP 作用域?

(6)何时需要通过 DHCP 为固定分配静态 IP 地址?

(7)DHCP 选项有什么作用? 常用选项有哪些?

(8)什么是 DHCP 中继代理?

2.　实验题

(1)在 Linux 服务器上安装 DHCP 服务器,并建立一个 DHCP 作用域,指定可分配的 IP 地址范围,然后设置 DHCP 客户端进行实际测试。

(2)使用 host 声明为网络中某台计算机固定分配静态 IP 地址。

(3)在 DHCP 服务器上配置默认网关、子网掩码、DNS 服务器等 DHCP 选项,进行测试。

(4)配置一个服务于两个网段的多宿主 DHCP 服务器。

第6章

文件与打印服务器

【学习目标】

本章将向读者详细介绍文件和打印服务器的基本知识与解决方案，让读者掌握 Linux 文件服务器和打印服务器的配置管理，以及客户端使用等方法和技能。

【学习导航】

从本章开始将讲解具体的网络应用。计算机网络的基本功能是在计算机间实现信息和资源共享，文件和打印机共享可以说是最基本、最普遍的一种网络应用。Linux 系统可以使用多种方式提供文件和打印服务，NFS（Network File System，网络文件系统）用于文件共享，Samba 提供文件与打印共享服务并能与 Windows 系统集成，CUPS 打印系统可直接支持网络共享打印。本章在介绍相关背景知识的基础上，重点以 Red Hat Enterprise Linux 5 平台为例讲解这些文件与打印服务器解决方案，包括配置、管理和使用。

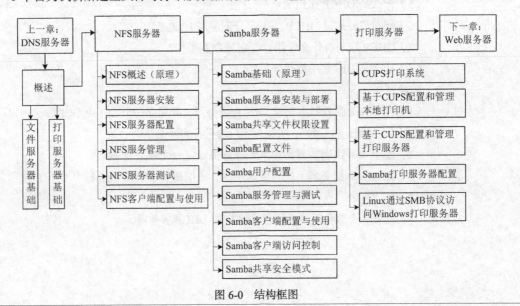

图 6-0　结构框图

6.1　概述

在局域网环境中，文件和打印服务是基本的资源共享服务，也是最常用的网络服务之一。

6.1.1　文件服务器概述

1. 文件服务器概念

文件服务器负责共享资源的管理和传送接收，管理存储设备（硬盘、光盘、磁带）中的文件，**为网络用户提供文件共享服务，又称文件共享服务器**。如图 6-1 所示，当用户需要使用文件时，可访问文件服务器上的文件，而不必在各自独立的计算机之间传送文件。除了文件管理功能之外，文件服务器还提供配套的磁盘缓存、访问控制、容错等功能。

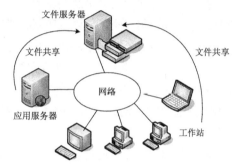

图 6-1　文件服务器

FTP（文件传输协议）也可用于网络共享资源，主要是主机之间通过网络交换文件，而**文件服务器的共享资源可通过网络在客户端直接使用，客户端将服务器共享出来的目录或文件系统当作本地硬盘来使用**。

2. 文件服务器解决方案

文件服务器的部署主要考虑存取速度、存储容量和安全措施等因素。主要有两类解决方案，一类是专用文件服务器，另一类是通用文件服务器。

专用文件服务器是设计成文件服务器的专用计算机，以前主要是运行操作系统、提供网络文件系统的大型机、小型机，现在的专用文件服务器则主要指具有文件服务器功能的网络存储系统，如 NAS。

通用文件服务器作为操作系统的一项功能来实现。一般用户可通过网络操作系统来实现文件共享，UNIX、Linux、Novell、Windows 等操作系统都可提供文件共享服务。

Linux 的文件服务器方案主要有两种，一种是类 UNIX 系统环境下的文件服务器解决方案 NFS，配置简单，响应速度快；另一种是用于 Linux 与 Windows 混合环境的 Samba，Samba 为 Linux 客户端和 Windows 客户端提供文件共享服务。

6.1.2　打印服务器概述

打印机网络共享是通过打印服务器来实现的，这种打印方式又称为**网络打印，能集中管理和控制打印机，降低总体拥有成本，提高整个网络的打印能力、打印管理效率和打印系统的可用性**。

1．打印服务器概念

打印服务器就是将打印机通过网络向用户提供共享使用服务的计算机，如图 6-2 所示。虽然都是为了共享打印机，但是打印服务器与打印机共享器（一种用于扩展打印机接口的专用设备）有着本质的差别，**打印服务器旨在实现网络打印，需要计算机网络支持，还能实现打印集中控制和管理。**

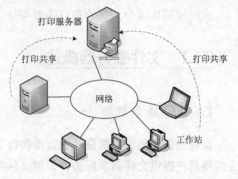

图 6-2　打印服务器

2．打印服务器解决方案

打印服务器主要有两类解决方案，一类是硬件打印服务器，另一类是软件打印服务器。

硬件打印服务器相当于一台独立的专用计算机，拥有独立的网络地址。硬件打印服务器配置容易、功能强大，打印速度快，效率高，能支持大量用户的打印共享，一般与网络打印管理软件相配合，便于管理用户和打印机。高端的打印服务器适合大中型企业和集团用户。硬件打印服务器又可分为外置打印服务器和内置打印服务器两种。

软件打印服务器是通过软件实现的，将普通打印机连接到计算机上，利用操作系统来实现打印共享，通常与文件服务器结合在一起。打印机共享类似于文件共享。软件打印服务器成本低廉，但是效率较低，打印共享依赖于服务器计算机。这种方案适用于打印作业量不多、用户相对集中、要求不高的场合，如小型企业、工作组或部门。

UNIX、Linux、Novell、Windows 等操作系统均可提供打印共享服务。Linux 的打印服务器方案主要有两种，一种是直接使用通用 UNIX 打印系统（CUPS），CUPS 本身就支持因特网打印协议，是一套功能强大的打印服务器软件，可直接向联网计算机提供打印服务，部署非常方便；另一种是通过 Samba 服务器将 Linux 所连接的打印机共享给 Windows 客户端使用。

6.2　NFS 服务器

NFS 是分布式计算机系统的一个组成部分，可实现在异构网络上共享远程文件系统，是类 UNIX 环境下的文件服务器解决方案。

6.2.1　NFS 概述

NFS 最早是由 Sun 公司于 1984 年开发的，其目的就是让不同计算机不同操作系统之间可以彼此共享文件。由于 NFS 使用起来非常方便，被 UNIX/Linux 系统广泛支持。

1．NFS 工作原理

如图 6-3 所示，NFS 采用客户/服务器工作模式。在 NFS 服务器上将某个目录设置为共享目录后，其他客户端就可以将这个目录挂载到自己系统中的某个目录下，像本地文件系统一样使用。

虽然 **NFS** 可实现文件共享，但是 **NFS** 协议本身并没有提供数据传输功能，它必须借助于 **RPC**（远程过程调用）协议来实现数据传输。要使用 **NFS**，客户端和服务器端都需要启动 **RPC**。

RPC 定义了一种进程间通过网络进行交互通信的机制，允许客户端进程通过网络向远程服务器上的服务进程请求服务，而忽略底层通信协议的细节。从某种程度上看，NFS 服务器就是一个 RPC 服务器，NFS 客户端是一个 RPC 客户端，两者之间通过 RPC 协议进行数据传输。

对于 NFS 来说，RPC 最主要的功能就是指定每个 NFS 功能所对应的端口号，并且告知客户端，让客户端可以连接到正确的端口。当服务器启动 NFS 时会随机取用多个端口，并主动向 RPC 注册，让 RPC 知道每个端口对应的 NFS 功能，然后 RPC 固定使用 111 端口来监听客户端的需求，并向客户端通知正确的端口。NFS 工作的基本原理如图 6-4 所示。当客户端请求访问 NFS 文件时，需要经过以下 3 个步骤来实现访问服务器端共享文件。

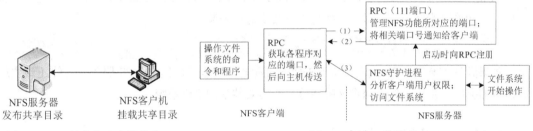

图 6-3　NFS 的客户/服务器模式　　　　　图 6-4　NFS 工作原理

（1）客户端向服务器端 RPC（端口 111）发出 NFS 文件访问功能的询问要求。

（2）服务器端找到对应的已注册的 NFS 守护进程端口后，通知给客户端。

（3）客户端了解正确的端口后，直接与 NFS 守护进程建立连接。

2. NFS 必需的系统守护进程

使用 NFS 服务，至少需要启动以下 3 个系统守护进程。

● rpc.nfsd：基本的 NFS 守护进程，主要功能是管理客户端是否能够登录服务器。

● rpc.mountd：RPC 装载守护进程，主要功能是管理 NFS 文件系统。当客户端顺利地通过 rpc.nfsd 登录 NFS 服务器后，必须通过文件使用权限的验证（这需要 rpc.mountd 读取 NFS 配置文件来确认客户端的权限），才能使用 NFS 服务器所提供的文件。

● portmap：主要用于端口映射，当客户端尝试连接并使用 RPC 服务器提供的服务（如 NFS 服务）时，portmap 将所管理的与服务对应的端口号提供给客户端，从而使客户端可以通过该端口向服务器请求服务。虽然 portmap 只用于 RPC，但它对 NFS 服务来说是必不可少的。

3. NFS 的作用

使用 NFS 既可以提高服务器资源的使用率，又可以节省客户端本地硬盘的空间，还便于对文件进行集中管理。用户不需要将所有的文件复制到本地硬盘中，可以像操作本地文件一样操作服务器上的文件。NFS 服务器对系统资源占用非常少，效率很高。

6.2.2 安装 NFS 服务器

NFS 是基本的 Linux 服务，一般 Linux 发行版默认都会安装该服务。Red Hat Enterprise Linux 5 也是如此，只是默认没有启动该服务。正常运行 NFS 服务需要安装以下两个软件包。

● nfs-utils（NFS 主程序，提供 rpc.nfsd 和 rpc.mountd 守护进程。默认已经安装，位于第 1 张光盘）。

● portmap（RPC 主程序，提供端口映射功能。默认已经安装，位于第 1 张光盘）。

在准备配置 NFS 服务器之前，首先检查当前 Linux 系统是否安装这两个软件包或已安装的具体版本，执行以下命令进行查询。

```
# rpm -qa | grep nfs
# rpm -qa | grep portmap
```

如果查询结果表明没有安装，将 Red Hat Enterprise Linux 5 第 1 张安装光盘插入光驱，加载光驱后，切换到光驱加载点目录，执行以下命令进行安装。

```
# rpm -ivh Server/portmap-4.0-65.2.2.1.rpm
# rpm -ivh Server/nfs-utils-1.0.9-16.el5.rpm
```

如果默认安装了 NFS 组件，接下来要通过配置，使服务器提供 NFS 服务。另外还要注意规划服务器分区，从安全等方面定义哪些分区作为要共享的文件系统。

6.2.3 配置 NFS 服务器

NFS 服务器的配置比较简单，**关键是对主配置文件/etc/exports 进行设置，NFS 服务器启动时会自动读取该文件，决定要共享的文件系统和相关的存取权限。**可能是出于安全考虑，在 Red Hat Enterprise Linux 5 中，该文件内容默认情况下为空，需要自行定义。除了使用直接修改/etc/exports 文件之外，还可以使用 exportfs 命令来增加和删除共享目录，或者使用图形化配置界面进行定制。

1．/etc/exports 文件格式

/etc/exports 实际上相当于一个向 NFS 客户端发布的文件系统的访问控制列表，定义 NFS 系统的共享目录（输出目录）、访问权限和允许访问的主机等参数。首先来看一个典型例子。

```
# [共享目录]      [客户端(选项)]
/projects        *.abc.com(rw)
# [共享目录]      [客户端(选项)]           [用通配符表示的客户端（选项）]
/home/testnfs    192.168.0.10(rw,sync)    *(ro)
```

/etc/exports 文件包括若干行，每一行提供一个共享目录的设置，由共享路径、客户端列表以及针对客户端的选项构成，基本格式如下。

```
共享路径   [客户端][(选项 1,选项 2,…)]
```

如果将同一目录共享给多个客户端，采用以下格式：

```
共享路径   [客户端1][(选项 1,选项 2,…)]  [客户端1][(选项 1,选项 2,…)]  …
```

共享路径与客户端之间、客户端彼此之间都使用空格分隔，但是客户端和选项是一体的，之间不能有空格，选项之间用逗号分隔。在配置文件中还可使用符号"#"提供注释。如果有空行，

将被忽略。接下来分别讲解共享路径、客户端和选项的具体设置。

2. 在/etc/exports 文件设置共享路径

共享路径是服务器提供客户端共享使用的文件系统（目录或文件），又称输出点。要发布文件共享资源，必须设置共享路径。共享路径必须使用绝对路径，而不能使用符号链接；如果包括空格，应使用半角双引号（如"/home/branch docs"）。

3. 在/etc/exports 文件设置客户端

客户端指可以访问该共享路径的计算机（NFS 客户端），是可选的设置项。客户端设置非常灵活，支持通配符"*"或"?"，可以是单个主机的 IP 地址或域名（如 192.168.0.10、sales.abc.com），也可以是某个子网所有主机（如 192.168.0.0/24 或 192.168.0.*），还可以是域中的主机（如*.rd.abc.com）。如果客户端为空，则代表任意客户端。可以设置客户端列表来为不同客户端分别设置共享。

4. 在/etc/exports 文件设置选项

选项用于对客户端的访问进行控制（权限参数），也是可选的设置项。选项总是针对客户端设置的，常用的选项列举如下。

- ro：对共享路径具有只读权限。这是默认设置。
- rw：对共享路径具有可读写权限。
- sync：数据同步写入到内存与硬盘当中。这是默认设置。
- async：数据会先暂存于内存当中，而非直接写入硬盘。
- root_squash：root 用户使用共享路径时被映射成匿名用户（与匿名用户具有一样的权限）。这是默认设置。
- no_root_squash：root 用户使用共享路径的权限同 root，这容易带来安全问题。
- all_squash：共享目录的用户和组都被映射为匿名用户，适合公用目录。
- not_all_squash：共享目录的用户和组维持不变，这是默认设置。
- secure：要求客户端通过 1024 以下的端口连接 NFS 服务器，这是默认设置。
- insecure：允许客户端通过 1024 以上的端口连接 NFS 服务器。
- wdelay：如果多个用户要写入 NFS 目录，则并到一起再写入，这是默认设置。
- no_wdelay：如果有写操作，则立即执行，当使用 async 时无需此设置。
- subtree_check：如果共享/usr/bin 之类的子目录时，强制 NFS 检查父目录的权限，这是默认设置。
- no_subtree_check：共享/usr/bin 之类的子目录时不要求 NFS 检查父目录的权限。

如果不指定任何选项时，将使用默认选项，默认的选项主要有 sync、ro、root_squash、no_wdelay、subtree_check 等。

5. /etc/exports 文件典型示例

```
/home/public  192.168.0.0/24(rw)  *(ro)
```
表示 192.168.0.0/24 这个网段的客户端对共享目录/home/public 有读写权限，其他所有客户端只具有只读权限。

```
/                        master(rw) trusty(rw,no_root_squash)
```

表示根目录允许 master 主机读写访问；允许 trusty 主机读写，其 root 用户拥有 root 权限。

```
/projects        proj*.local.domain(rw)
```

表示网域 local.domain 中以 proj 打头的主机都可以访问/projects 目录（支持通配符）。

```
/pub             (ro,insecure,all_squash)
```

表示目录/pub 允许所有匿名用户的只读访问，非常适合 FTP。

6. 使用图形化界面配置 NFS

在 Red Hat Enterprise Linux 5 系统中也可以使用图形化界面配置 NFS，这种方法更简单，更适合初学者。需要从第 2 张光盘安装软件包 system-config-nfs-1.3.23-1.el5.noarch.rpm。

执行 system-config-nfs 命令，或者选择"系统" > "管理" > "服务器设置" > "NFS"打开如图 6-5 所示的配置界面，主界面显示当前配置的 NFS 共享项目。

可添加新的共享项目，具体步骤如下。

（1）单击工具栏中的"添加"按钮打开"添加 NFS 共享"对话框。

（2）在"基本"选项卡中设置"目录"（要共享的目录）、"主机"（要共享目录的主机）和"基本权限"（只读或读/写）等选项，如图 6-6 所示。

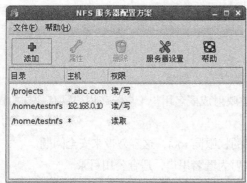

图 6-5 NFS 图形化界面配置界面   图 6-6 设置基本选项

（3）切换到"常规选项"选项卡，设置常用的一些选项，如图 6-7 所示。一般保留系统默认值即可。

（4）切换到"用户访问"选项卡，设置用户访问选项，如图 6-8 所示。

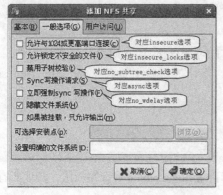
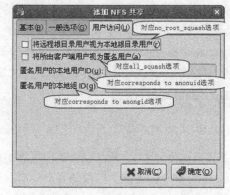

图 6-7 设置一般选项   图 6-8 设置用户访问

上述图形化配置界面的选项设置与/etc/exports 文件的选项设置存在对应关系。

如果要编辑修改现有的共享项目，选中它，单击"属性"按钮即可进入编辑界面（类似于添加共享）。若要删除某个现有共享项目，选中它，然后单击"删除"按钮。

添加、编辑或删除某个 NFS 共享之后，单击"确定"按钮，更改就会立即生效，服务器守护进程被重新启动。

7.　使用 exportfs 命令维护配置文件

修改/etc/exports 文件之后，要使新的配置生效，并不一定要重启 NFS 服务，直接使用 exportfs 命令即可重新加载配置。**exportfs 命令用于维护当前的 NFS 共享文件系统列表，该列表保存在单独的文件/var/lib/nfs/xtab 中。**该命令语法格式为

```
exportfs [选项]
```

常用的选项列举如下。

- -a：全部发布（或取消）/etc/exports 文件中所设置的共享目录。
- -r：重新发布/etc/exports 中配置的共享目录，同步更新/var/lib/nfs/xtab 与 etc/exports 文件。
- -u：取消 etc/cxports 中配置的共享目录。
- -v：发布共享目录，同时显示到屏幕。

6.2.4　管理 NFS 服务

NFS 服务需要 portmap 支持，在管理 NFS 时要同时管理 portmap。

1.　查看 NFS 及其相关服务状态

执行以下命令查看 portmap 和 nfs 服务状态。

```
# /etc/init.d/portmap status
# /etc/init.d/nfs status
```

或者采用下列命令形式，以下相同，不再赘述。

```
# service portmap status
# service nfs status
```

2.　启动 NFS 服务

按顺序分别执行以下执行命令。

```
# /etc/init.d/portmap start
# /etc/init.d/nfs start
```

3.　停止 NFS 服务

按顺序分别执行以下执行命令。

```
# /etc/init.d/nfs stop
# /etc/init.d/portmap stop
```

4.　重启 NFS 服务

每次修改完/etc/exports 这个文件后，可能需要重新启动 NFS 服务。

```
# /etc/init.d/nfs restart
```

5．重新加载 NFS 配置文件

修改 NFS 配置文件之后，可以在不重启 NFS 服务的情况下执行以下命令重新加载该配置文件。

```
# /etc/init.d/nfs reload
```

6．设置 NFS 服务自动加载

如果需要让 NFS 服务随系统启动而自动加载，可以执行"ntsysv"命令启动服务配置程序，找到"pormap"和"nfs"服务，在其前面分别加上星号"*"，然后选择"确定"即可。

也可直接使用 chkconfig 命令设置，具体命令如下。

```
# chkconfig -level 235 pormap on
# chkconfig -level 235 nfs on
```

6.2.5 测试 NFS 服务器

通常采用以下几种方式来测试 NFS 服务。

1．检查文件/var/lib/nfs/etab

NFS 服务器/var/lib/nfs/目录中有一个文件 etab，主要记录 NFS 共享目录的完整权限设定值，通过查看/var/lib/nfs/etab 文件来检查所共享的目录内容，如图 6-9 所示。

```
[root@Linuxsrv1 ~]# cat /var/lib/nfs/etab
/home/testnfs   192.168.0.10(rw,sync,wdelay,hide,nocrossmnt,secure,root_squash,n
o_all_squash,no_subtree_check,secure_locks,acl,mapping=identity,anonuid=65534,an
ongid=65534)
/projects       *.abc.com(rw,sync,wdelay,hide,nocrossmnt,secure,root_squash,no_a
ll_squash,no_subtree_check,secure_locks,acl,mapping=identity,anonuid=65534,anong
id=65534)
/home/testnfs   *(ro,sync,wdelay,hide,nocrossmnt,secure,root_squash,no_all_squas
h,no_subtree_check,secure_locks,acl,mapping=identity,anonuid=65534,anongid=65534
)
```

图 6-9 检查文件/var/lib/nfs/etab

2．使用 showmount 命令测试 NFS 共享

showmount 命令用于显示 NFS 服务器的挂载信息，语法格式为

```
showmount [选项] [主机名| IP 地址]
```

常用的选项有如下几种。

- -a 或-all：以"主机:目录"格式来显示客户端主机名和挂载点目录。
- -d 或-directories：仅显示被客户端挂载的目录名。
- -e 或-exports：显示 NFS 服务器的共享目录列表。

要测试当前 NFS 服务器所提供的 NFS 共享目录时，可在服务器上执行命令 showmount –e，这里给出一个例子，结果如图 6-10 所示。

要查看当前 NFS 服务器上已被客户端挂载的的 NFS 共享目录（即正被共享）时，可在服务器上执行命令 showmount –d，这里给出一个例子，结果如图 6-11 所示。

```
[root@Linuxsrv1 ~]# showmount -e
Export list for Linuxsrv1:
/projects       *.abc.com
/home/testnfs (everyone)
```

图 6-10　查看可共享的目录

```
[root@Linuxsrv1 ~]# showmount -d
Directories on Linuxsrv1:
*,*.abc.com,192.168.0.10
/home/testnfs
/projects
```

图 6-11　查看正被共享的目录

6.2.6　配置和使用 NFS 客户端

一般 Linux 或 UNIX 计算机都支持 NFS 客户端。配置 NFS 服务器以后，网络中不同的计算机在使用共享的文件系统之前必须先挂载该文件系统。与一般文件系统挂载一样，用户既可以通过mount 命令挂载，也可以通过在/etc/fstab 中加入相关定义来实现。

1.　在客户端扫描可以使用的 NFS 共享目录

在客户端挂载 NFS 文件系统之前，可以使用 showmount 命令来查看 NF 服务器上可以共享的资源。例如，要查看 IP 地址为 192.168.0.2 的服务器上的 NFS 共享资源，执行以下命令：

```
[root@Linuxsrv2 ~]# showmount -e 192.168.0.2
Export list for 192.168.0.2:
/projects       *.abc.com
/home/testnfs (everyone)
```

2.　使用 mount 命令挂载和卸载 NFS 文件系统

NFS 文件系统的名称由文件所在的主机名加上被挂载目录的路径名组成，两个部分通过冒号分开。例如，srv1:/home/project 是指一个文件系统被挂载在 srv1 主机中的/home/project 中。

首先创建挂载点目录，然后将 NFS 文件系统挂载到该挂载点。下面给出一个例子：

```
[root@Linuxsrv2 ~]# mkdir /mnt/testnfs
[root@Linuxsrv2 ~]# mount -t nfs 192.168.0.2:/home/testnfs /mnt/testnfs
[root@Linuxsrv2 ~]# mount -t nfs linuxsrv1:/projects /mnt
```

执行以下命令检验是否正确挂载：

```
[root@Linuxsrv2 ~]# mount
……
192.168.0.2:/home/testnfs on /mnt/testnfs type nfs (rw,addr=192.168.0.2)
linuxsrv1:/projects on /mnt type nfs (rw,addr=192.168.0.2)
```

卸载 NFS 文件系统更为简单，使用 umount 命令像卸载普通文件系统进行卸载即可。

3.　编辑/etc/fstab 文件来挂载 NFS 文件系统

在/etc/fstab 文件中添加一行，声明 NFS 服务器的主机名或 IP、要共享的目录，以及要挂载NFS 共享的本地目录（挂载点）。只有根用户才能修改/etc/fstab 文件。

/etc/fstab 中关于 NFS 文件系统的挂载语法如下：

```
NFS 服务器名或 IP 地址:共享目录    挂载点目录  nfs  default 0 0
```

挂载点目录在客户端必须存在。例如：

```
linuxsrv1:/projects  /mnt  nfs  default 0 0
```

6.3 Samba 服务器

Samba 最初的主要目的就是要用来沟通 Windows 与类 UNIX 平台。NFS 服务器只能用于类 UNIX 计算机之间的文件共享，微软文件共享方案只能用于 Windows 计算机之间共享文件和打印机。Samba 充当文件和打印服务器，既可以让 Windows 用户通过 "网上邻居" 来访问 Linux 主机上共享资源，也可以让 Linux 用户利用 SMB 客户端程序访问 Windows 计算机上的共享资源，如图 6-12 所示。

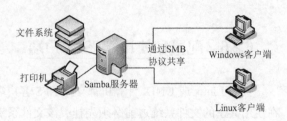

图 6-12　Samba 文件和打印服务器

6.3.1　Samba 基础

Samba 是 SMB Server 的注册商标，作为一种基于 SMB 协议的网络服务器软件，是 Linux 与微软产品之间实现共享的桥梁。

1.　Samba 工作原理

Samba 整合了 SMB 协议和 NetBIOS 协议，运行于 TCP/IP 之上，使用 NetBIOS 名称解析，让 Windows 计算机可以通过 "网上邻居" 访问 Linux 计算机。 NetBIOS 是用于局域网计算机连接的一个通信协议，主要用来解析计算机名称。SMB 全称 Server Message Block（服务信息块），可看作是局域网资源共享的一种开放性协议，不仅提供文件和打印机共享，还支持认证、权限设置等，目前大多数 PC 都在运行这一协议，Windows 系统都是 SMB 协议的客户端和服务器。

 在 Windows 系统中，SMB 是基于 NBT（NetBIOS over TCP/IP）实现的，现在微软将 SMB 改名为 CIFS（Common Internet File System），并且增加了许多新的特性。Samba 是 SMB 在 Linux/UNIX 系统上的实现。

Samba 采用客户/服务器工作模式，SMB 服务器负责通过网络提供可用的共享资源给 SMB 客户机，服务器和客户机之间通过 TCP/IP（或 IPX、NetBEUI）进行连接，SMB 工作在 OSI 会话层、表示层和部分应用层，如图 6-13 所示。一旦服务器和客户机之间建立了一个连接，客户机就可以通过向服务器发送命令完成共享操作，比如读、写、检索等。

通过 SMB 协议实现资源共享，一是要识别 NetBIOS 名称来定位该服务器，二是根据服务器授予的权限访问可用的共享资源。为此，Samba 需要以下两个系统守护进程来支持。

● nmbd：进行 NetBIOS 名称解析，并提供浏览服务显示网络上的共享资源列表，主要使用 UDP 端口 137/138 来解析名称。

应用层				应用层
表示层		SMB		应用层
会话层				
传输层	NetBIOS		NetBIOS	传输层
网络层	IPX	NetBEUI	TCP/UDP	网络层
			IP	
链路层				网　络
物理层				接口层
OSI				TCP/IP

图 6-13　SMB 协议体系

● smbd：管理 Samba 服务器上的共享目录、打印机等，主要是针对网络上的共享资源进行管理，主要使用 TCP 端口 139/445 协议来传输数据。

2. Samba 服务器角色

根据微软网络的管理模式，Samba 服务器可以在局域网中充当以下 3 种角色。

● 域控制器。这要求网络采用域模式进行集中管理，所有账户由域控制器统一管理，如图 6-14 所示。Samba 服务器可以充当 Windows NT4 类型的主域控制器（PDC）、备份域控制器（BDC），或者活动目录安全模式的域控制器（相当于 Windows 2000 Server 或更新版本的域控制器）。

● 域成员服务器。这要求网络采用域模式进行集中管理，Samba 服务器可以充当 Windows NT4 类型的域成员服务器或者活动目录安全模式的域成员服务器，接受域控制的统一管理。域控制器可以由 Windows 服务器或 Samba 服务器来充当。

● 独立服务器。工作在对等网络（工作组网络，如图 6-15 所示），Samba 服务器作为不加入域的独立服务器，与其他计算机是一种对等关系，各自管理自己的用户账户。其中所有计算机都可以独立运行，不依赖于其他计算机，任何一台计算机加入或退出网络，不影响其他计算机的运行。

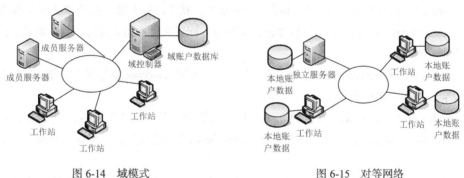

图 6-14　域模式　　　　　　　　　　图 6-15　对等网络

3. Samba 安全模式

Samba 服务器的安全模式有 5 种，按照安全级别由低到高列举如下。

● share：共享安全模式，用户不需要提供用户名和密码即可访问 Samba 服务器资源，适用于公共的共享资源，安全性差，需要配合其他权限设置才能保证 Samba 服务器的安全性。

● user：用户安全模式，用户必须提供合法的用户名和密码，通过身份验证才能访问 Samba 服务器资源。这也是默认的安全模式。

● server：服务器安全模式，与用户安全模式类似，但用户名和密码需要提交到另外一台 Samba 服务器进行验证，因而还要指定密码验证服务器。如果验证出现错误，客户端改用用户安全模式。

● domain：域安全模式，Samba 服务器作为域成员加入到 Windows 域环境中，验证工作由 Windows 域控制器负责。

● ads：活动目录安全模式，Samba 服务器具备域安全模式的所有功能，并可以作为域控制器加入到 Windows 域环境中。

4．Samba 的功能与应用

● 文件和打印机共享：这是 Samba 的主要功能，SMB 进程实现资源共享，将文件和打印机发布到网络之中，以供用户访问。

● 身份验证和权限设置：支持用户安全模式和域安全模式等的身份验证和权限设置模式，通过加密方式可以保护共享的文件和打印机。

● 名称解析：可以作为 NBNS（NetBIOS 名称服务器）提供名称解析，还可作为 WINS 服务器。

● 浏览服务：局域网中 Samba 服务器可以成为本地主浏览服务器（LMB），保存可用资源列表，当使用客户端访问 Windows 网上邻居时，会提供浏览列表，显示共享目录、打印机等资源。

Samba 主要是在 Windows 和 Linux 系统混合环境中使用。如果一个网络运行的都是 Linux 或 UNIX 类的系统，就没有必要用 Samba，而应该部署 NFS 来实现文件共享。

6.3.2　安装 Samba 服务器

默认情况下，Red Hat Enterprise Linux 5 没有安装该服务。Samba 软件包的主要组件如下。

● samba（Samba SMB 服务器，提供 SMB 服务。默认没有安装，位于第 2 张光盘）。

● samba-common（Samba 支持软件包，提供基本配置文件和相关支持工具。默认已经安装，位于第 1 张光盘）。

● samba-client（Samba 客户端，让其作为客户端访问 Windows 服务器或其他 Samba 服务器。默认已安装，位于第 1 张光盘）。

● samba-swat（基于 Web 界面的 Samba 服务器管理工具。默认未安装，位于第 3 张光盘）。

● system-config-samba（基于图形界面的 Samba 服务器管理工具。默认未安装，位于第 2 张光盘）。

在准备配置 Samba 服务器之前，首先检查当前 Linux 系统是否安装相应软件包或已安装的具体版本，执行以下命令进行查询：

```
[root@Linuxsrv1 ~]# rpm -qa |grep samba
samba-client-3.0.23c-2
samba-common-3.0.23c-2
```

如果查询结果表明默认已经安装客户端软件和支持软件包，对于 Samba 服务器来说，还应安装 SMB 服务器软件包。将 Red Hat Enterprise Linux 5 第 2 张安装光盘插入光驱，加载光驱后，切换到光驱加载点目录，执行以下命令进行安装：

```
# rpm -ivh Server/samba-3.0.23c-2.i386.rpm
```

6.3.3　Samba 服务器部署流程

部署 Samba 服务器的基本流程如下，其中关键是定制 Samba 配置文件。

（1）安装 Samba 服务器软件。

（2）规划 Samba 共享资源和设置权限。

（3）编辑主配置文件/etc/samba/smb.conf，指定需要共享的目录或打印机，并为它们设置共享权限。

　　用户最终访问共享资源的权限是由两类权限共同决定的，一类是在配置文件中设置的共享权限，另一类是 **Linux** 系统设置的文件权限，且以两类中最严格的为准。

　　（4）设置 Samba 共享用户。

　　（5）重新加载配置文件或重新启动 SMB 服务，使配置生效。

　　（6）测试 Samba 服务器。

　　（7）SMB 客户端实际测试。

　　接下来的 6.3.4 小节至 6.3.10 小节结合一个实例来详细讲解 Samba 服务器部署的全过程，具体要求如下。

- Samba 以独立服务器的形式部署。
- 作为文件服务器，为 Linux 客户端和 Windows 客户端提供文件共享服务。
- 将一个共享目录作为一个公共数据存储区，只有经过认证的用户才能读写文件，其中一个用户对该共享的所有文件具有所有权。
- 让用户通过网络访问自己的主目录（Home Directories）。
- 采用简单的用户安全模式。

6.3.4　Samba 服务器目录及其文件权限设置

　　Linux 是一个多用户操作系统，Samba 服务器的组建与用户、组和权限密切相关，除了编辑配置文件之外，还要考虑本身文件权限的设置，而这一点往往被忽视。为此需要完成以下工作。

1. 共享文件权限规划

　　确定将哪些目录共享出来，哪些用户和组对于共享的目录有哪些权限。针对实例要求，共享文件系统权限规划如下。

- 将目录/home/testsmb 作为一个公共存储区，只有经过认证的用户才能在其中存储文件。
- 经过认证的用户都可以访问自己的主目录，但是自己的主目录不能让其他用户访问。
- 指定用户 zhongxp 作为公共存储区的所有者。

2. 创建相应的 Linux 用户或组

　　需要共享 Samba 服务器资源的用户必须拥有相应的 Linux 用户账户，考虑到文件权限，还要涉及组。如果没有相应账户，需要添加。本例涉及的用户归到组 testsmb，创建用户的命令如下：

```
# useradd -c "zhongxp" -m -g testsmb -p zxp169 zhongxp
```

3. 配置要共享的目录

　　如果目录不存在，就需要创建目录：

```
# mkdir /home/testsmb
```

修改该目录的属主和属组：

```
# chown zhongxp:testsmb /home/testsmb
```

修改该目录的文件权限（例中属主、属组和其他用户都具有读、写、执行权限）：

```
# chmod u=rwx,g=rwx,o=rwx /home/testsmb
```

6.3.5　编辑 Samba 主配置文件

Samba 主配置文件 smb.conf 默认存放在/etc/samba 目录中。Samba 服务器在启动时会读取这个配置文件，以决定如何启动和提供哪些服务，提供哪些共享资源。该文件为纯文本文件，可以使用任何文本编辑器编辑。如果要直接编辑样本文件，最好在编辑之前将其备份。

1.　Samba 主配置文件示例

针对实例要求，Samba 主配置文件详细代码如下。

```
#============ Global Settings（全局设置）==============================
[global]
workgroup = WORKGROUP
server string = Samba Server
security = user
log file = /var/log/samba/%m.log
username map=/etc/samba/smbusers
#===============Share Definitions（共享定义）==========================
[homes]
comment = Home Directories
validusers = %S
read only = no
browseable = no
writable = yes
[public]
comment = DataShare
path = home/testsmb
force user = zhongxp
force group = testsmb
read only= no
```

2.　smb.conf 文件格式

smb.conf 文件的语法结构与 Windows 系统中的.ini 文件类似，分成若干段（节）。每一段由一个用方括号括起来的段名开始，包含若干参数设置，直到下一段开始。参数采用以下格式定义：

参数名称 = 参数值

段名和参数名称不区分大小写。参数值主要有两种类型，一种是字符串（不需加引号），另一种是逻辑值（可以是 yes/no、0/1 或 true/false），个别情况下也可以是数字类型。

每行定义一个参数，如果需要续行，可在行尾加上"\"符号。

以"#"和";"开头的行是注释行。

该文件包括两大部分：全局设置（Global Settings）和共享定义（Share Definitions）。**全局设置部分定义与 Samba 服务整体运行环境有关的参数；共享定义部分设置要共享的资源（包括目录共享和打印机共享），分为多个段，每段定义一个共享项目。**

3. Samba 服务器全局设置

全局设置部分以[global]开头，包括一系列的参数，用于定义整个 Samba 服务器的运行规则，对所有共享资源有效。所涉及的参数非常多，常用的参数见表 6-1。

表 6-1 常用的全局设置参数

参 数	说 明	举 例
workgroup	设置 Samba 服务器所属的域或工作组	workgroup = WORKGROUP
server string	设置 Samba 服务器的描述信息	server string = Samba Server
security	设置 Samba 服务器的安全模式	security = user
netbios name	设置 Samba 服务器的 NetBIOS 名称，便于 Windows 计算机通过网络邻居访问。如果不指定，Linux 将会使用它自己的网络名作为 NetBIOS 名称	netbios name = SMBSRV
hosts allow	设置允许访问 Samba 服务器的主机或网络（如果要列出多个主机或网络，使用空格或逗号隔开）	hosts allow = 192.168.0. 192.168.1. 127.
guest account	设置匿名账户（默认匿名账户为 nobody。如果设置其他特定账户，还应创建相应的用户账户）	guest account=pcguest
log file	设置日志文件路径	log file = /var/log/samba/%m.log
max log size	设置日志文件最大尺寸（单位 KB，如果取值为 0，则不限制日志文件大小）	max log size = 50
interfaces	设置 Samba 侦听多个网络接口（可以用接口名称或 IP 地址表示，多个使用空格或逗号隔开）	interfaces = 192.168.0.2/24 192.168.2.2/24

4. Samba 服务器共享定义

smb.conf 文件的共享定义部分分为多个段，每段以[共享名]开头，定义一个共享项目。其中的参数设置针对的是该共享资源的设置，只对当前的共享资源起作用。除了共享文件系统外，还可设置共享打印机（6.4 节将单独介绍）。共享定义的参数非常多，常用的见表 6-2。

表 6-2 常用的共享定义参数

参 数	说 明	举 例
comment	设置共享资源描述信息，便于用户识别	comment = Home Directories
path	设置要发布的共享资源的实际路径，必须是完整的绝对路径	path = /usr/local/samba/profiles
browseable	设置该共享资源是否允许用户浏览（net view 或浏览器列表）	browseable = yes（默认）
valid users	设置允许访问的用户或组列表	valid users = 用户名 valid users = @组名
invalid users	设置不允许访问的用户或组列表	invalid users = 用户名 invalid users = @组名
read only	设置共享目录是否只读	read only = yes（默认）
writable	设置共享目录是否可写	writable = no
write list	设置对共享目录具有写入权限的用户列表（只有 writeable=no 时才能生效）	write list = 用户名 write list = @组名

续表

参　　数	说　　明	举　　例
guest ok	设置是否允许匿名访问	guest ok = no（默认）
force user	为所有访问该共享资源的用户指定一个默认用户，所有用户拥有该用户权限	force user = auser
force group	为所有访问该共享资源的用户指定一个默认组，所有用户拥有该组权限	f force group = agroup
create mask	与 create mode 相同，设置在该共享目录下创建文件时的权限掩码	create mask = 0744（默认）
directory mask	与 directory mode 相同，设置在该共享目录下创建目录时的权限掩码	directory mask = 0755（默认）

5．Samba 变量

smb.conf 文件中可以使用变量（相当于宏）来简化参数定义。常用的变量见表 6-3。

表 6-3　　　　　　　　　常用的 Samba 变量

参　数	说　　明	参　数	说　　明
%U	当前会话的用户名	%T	当前日期和时间
%G	当前会话的用户的主组	%D	当前用户的域或工作组名称
%h	正在运行的 Samba 服务器的 Internet 主机名	%S	当前服务的名称（共享名）
%m	客户端的 NetBIOS 名称	%P	当前服务的根目录
%L	Samba 服务器的 NetBIOS 名称	%u	当前服务的用户名
%M	客户端的 Internet 主机名	%g	当前服务的用户所属主要组名
%I	客户端的 IP 地址	%H	当前服务的用户的主目录
%i	客户端要连接的 IP 地址	%u	当前服务的用户名

6．设置用户主目录共享

每个 Linux 用户有一个独立的主目录，默认存放在 home 目录下。可以为每一个 Samba 用户提供一个主目录，只有用户自身可以使用，这需要在 smb.conf 文件中定义特殊的共享目录[homes]，代码如下：

```
[homes]
    comment = Home Directories
    browseable = no              #不允许用户浏览目录
    writable = yes               #允许用户写入目录
```

7．使用命令 testparm 检测配置文件

编辑 smb.conf 配置文件之后，在启用 Samba 服务之前，可使用 testparm 程序校验 smb.conf 文件内容，例如执行以下命令并显示检测结果。

```
[root@Linuxsrv1 ~]# testparm /etc/samba/smb.conf
Load smb config files from /etc/samba/smb.conf
Processing section "[homes]"
Processing section "[public]"
Loaded services file OK.
Server role: ROLE_STANDALONE
Press enter to see a dump of your service definitions
```

如果检验正确，将列出已加载的服务，否则给出错误信息提示，报告不正确的参数和语法，便于管理员更正。**最好每次修改 smb.conf 文件之后都用 testparm 命令进行检查。**

6.3.6　配置 Samba 用户

由于共享级别缺乏必要的安全性，一般不采用共享安全模式，这就需要添加 Samba 用户账户。

Samba 使用 Linux 系统的本地用户账户，但是需要将系统账户添加到 Samba 的用户账户数据文件/etc/samba/smbpasswd。客户端访问时，将提交的用户信息与 smbpasswd 中的信息进行比对，如果相符，并且也符合 Samba 服务器其他安全设置，客户端与 Samba 服务器才能成功建立连接。

1. 添加 Samba 用户账户

基于安全的考虑，smbpasswd 文件中存储的是加密信息，无法使用普通的文本编辑工具（如 vi）进行编辑。

Samba 用户账户并不能直接建立，需要先建立同名的 Linux 系统账户，然后使用 smbpasswd 命令将 Linux 用户账户添加到 smbpasswd 文件中。smbpasswd 命令用的基本用法为

```
smbpasswd [-a] [-x] [-d] [-e] 用户名
```

各选项的含义如下。

- -a：向/etc/samba/smbpasswd 中添加用户。
- -x：从/etc/samba/smbpasswd 中删除用户。
- -d：禁用某个 Samba 用户。
- -e：启用某个 Samba 用户。

例如要把用户账户 zhongxp 添加到 smbpasswd 文件中，可以执行以下命令：

```
[root@Linuxsrv1 ~]# smbpasswd -a zhongxp
New SMB password:
Retype new SMB password:
Added user zhongxp.
```

smbpasswd 命令所操作的账户必须是 Linux 系统中已有的系统用户。

2. 设置用户名映射

Samba 支持从客户端到服务器的用户名映射。这种映射有多种用途，最常见的是将 DOS/Windows 用户映射到 Linux 用户，还有一种应用是将多个用户映射到同一个用户，便于他们共享文件。

Samba 默认并不支持用户名映射。这需要在 Samba 主配置文件中添加以下全局参数设置，指定一个用户映射文件：

```
username map=/etc/samba/smbusers
```

映射文件（默认为/etc/samba/smbusers）每行包含一个等式，左边为一个 Linux 用户名，右边则是被映射的用户名列表，可以是组（如@group），也可以包括通配符"*"。另外以"#"或";"符号开头的行是注释行。下面的例子示范了映射文件的内容。

```
root = administrator admin
sys = @system
nobody = guest pcguest smbguest
zhongxp = laozhong
```

第 1 行表示管理员 administrator 或 admin 映射到 Linux 用户名 root，第 2 行表示将 Linux 组 system 所有成员映射到 Linux 用户名 sys。

一些 Windows 用户名可能包括空格，此时应使用双引号，例如 tridge = "Andrew Tridgell"。

　　对于用户安全模式或共享安全模式，用户名映射优先于用户凭证验证。域成员服务器（domain 或 ads）在由域控制器成功验证用户之后才应用用户名映射，因而在映射文件中应使用全称（如 biddle = DOMAIN\foo）。

6.3.7　管理 Samba 服务

可对 Linux 的 Samba 服务进行管理。

1．使用 Samba 服务管理命令

Samba 服务的守护进程名称为 smb，执行以下命令来管理该服务：

/etc/init.d/smb {start|stop|restart|reload|status|condrestart}

或　service smb {start|stop|restart|status|condrestart}

其中参数 start、stop、restart 分别表示启动、停止和重启 Samba 服务；status 表示查看 Samba 服务状态；condrestart 表示只有在 Samba 运行状态下才重新启动 Samba。

2．设置 Samba 服务自动加载

Linux 的 Samba 服务默认情况下不会自动启动，如果要让它随系统启动而自动加载，可以执行"ntsysv"命令启动服务配置程序，找到"smb"服务，在其前面分别加上星号"*"，然后选择"确定"即可。

也可直接使用 chkconfig 命令设置，具体命令如下：

```
#chkconfig -level 235 smb on
```

3．管理 Samba 日志文件

日志文件对于 Samba 非常重要，它存储着客户端访问 Samba 服务器的信息，以及 Samba 服务的错误提示信息等，可以通过日志文件查看用户的访问情况和服务器的运行情况，分析日志来辅助解决客户端访问和服务器维护等问题。

Samba 服务的日志文件默认存放在/var/log/samba 目录中，Samba 自动为每个连接到 Samba 服

务器的计算机分别建立日志文件，可使用 ls-a 命令来列出的所有 Samba 日志文件。其中 nmbd.log 记录 nmbd 进程的解析信息；smbd.log 记录用户访问 Samba 服务器的问题，以及服务器本身的错误信息，可以通过该文件获得大部分 Samba 维护信息。

4. 使用 smbstatus 命令监视 Samba 连接

smbstatus 用于检查服务器当前有哪些 Samba 连接，执行该命令即可显示连接的用户名、组名和计算机名。

```
[root@Linuxsrv1 ~]# smbstatus
Samba version 3.0.23c-2
PID     Username      Group         Machine
-------------------------------------------------------------------
 3372   zhongxp       testsmb       winxp01     (192.168.0.20)
Service     pid    machine     Connected at
-------------------------------------------------------------------
IPC$        3372   winxp01     Fri Oct  9 16:30:29 2009
No locked files
```

6.3.8　测试 Samba 服务器

完成 Samba 服务器配置并启动 Samba 服务之后，即可对其进行测试。

1. 查看 Samba 及其相关服务状态

执行以下命令查看 Samba 及其相关服务的当前状态：

```
[root@Linuxsrv1 ~]# /etc/init.d/smb status
smbd (pid 13263 13046 13008 13007) 正在运行...
nmbd (pid 13011) 正在运行..
```

2. 使用 smbclient 命令检查 Samba 是否正常运行

smbclient 是 Samba 的 Linux 客户端软件，可用它列出服务器上的共享目录列表，检查 Samba 是否正常运行，一般执行以下命令：

```
[root@Linuxsrv1 ~]# smbclient -L localhost -U%
Domain=[WORKGROUP] OS=[UNIX] Server=[Samba 3.0.23c-2]
      Sharename       Type        Comment
      ---------       ----        -------
      IPC$            IPC         IPC Service (Samba Server)
      public          Disk        Data
      VMware_Virtual_Printer Printer   VMware_Virtual_Printer
Domain=[WORKGROUP] OS=[UNIX] Server=[Samba 3.0.23c-2]
      Server                  Comment
      ---------               -------
      LINUXSRV1               Samba Server
      Workgroup               Master
      ---------               -------
      WORKGROUP               PCTEST
```

6.3.9　Linux 客户端访问 Samba 服务器

Linux 提供 smbclient 命令行工具来访问 Samba 服务器的共享资源，也可使用文件系统加载命令来将共享资源加载到本地。

1.　使用 smbclient 工具访问共享资源

smbclient 用于在 Linux 计算机上访问服务器上的共享资源（包括网络中 Windows 计算机上的共享文件夹）。默认情况下，Red Hat Enterprise Linux 安装有 smbclient。

一般先使用 smbclient 查看服务器上有哪些共享资源，基本用法为

```
smbclient -L //服务器主机名或 IP 地址  [-U 用户名]
```

然后使用 smbclient 访问服务器上指定的共享资源，基本用法为

```
smbclient //服务器主机名或 IP 地址/共享文件夹名  [-U 用户名]
```

登录到 Samba 服务器上，就可以用 smbclient 的一些指令，可以像用 FTP 指令一样上传和下载文件，put 表示上传，get 表示下载。下面给出一个例子：

```
[root@Linuxsrv2 ~]# ]# smbclient //192.168.0.2/public -U zhongxp
Password:
Domain=[LINUXSRV1] OS=[UNIX] Server=[Samba 3.0.23c-2]
smb: \> ls                          #列目录
  .                          D        0  Mon Sep  7 17:36:46 2009
  ..                         D        0  Mon Sep  7 17:36:46 2009
            55052 blocks of size 262144. 39531 blocks available
smb: \> put /test                   #上传文件
putting file /test as \/test (0.0 kb/s) (average 0.0 kb/s)
smb: \> ls                          #列目录
  .                          D        0  Thu Sep 10 18:27:12 2009
  ..                         D        0  Mon Sep  7 17:36:46 2009
  test                       A        0  Thu Sep 10 18:27:12 2009
            55052 blocks of size 262144. 39531 blocks available
```

2.　使用 mount 命令将 Samba 共享资源挂载到本机

Samba 共享资源是一种 CIFS 格式的网络文件系统，也能用 mount 命令直接挂载。与挂载其他文件系统的用法相同，基本用法如下：

```
mount -o username=用户名,password=密码  //服务器/共享文件夹名  挂载点
```

可以加上选项 "-t cifs" 来指定文件系统格式。服务器采用共享安全模式，则无需用户名和密码就能挂载。

这里给出一个例子：

```
# mount -o username=zhongxp,password=zxp //192.168.0.2/public /mnt/testsmb
```

卸载该文件系统更为简单，使用 umount 命令像卸载普通文件系统一样进行卸载。

3.　使用 Linux 图形界面访问共享资源

在 Linux 图形界面中从"位置"主菜单中选择"网络服务器"命令，打开相应的窗口，逐步定位到需要访问的共享资源，如图 6-16 所示。

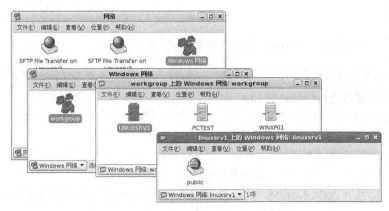

图 6-16　在 Linux 图形界面中访问共享资源

6.3.10　Windows 客户端访问 Samba 服务器

在 Windows 计算机上访问 Samba 服务器上的共享资源，最简单的方法是使用"网上邻居"，查看工作组就能看到 Samba 服务器，逐步展开，即可访问到共享资源。对于非共享安全模式的 Samba 服务器，如果当前 Windows 用户没有映射到 Linux 用户，需要提供 Samba 用户名和密码才能访问。

可以直接使用 UNC 路径（格式为\\服务器名或 IP\共享名）进行访问，如图 6-17 所示。

当然也可通过映射网络驱动器来访问 Samba 共享资源，如图 6-18 所示。

图 6-17　使用 UNC 路径

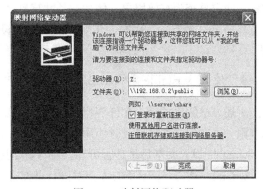

图 6-18　映射网络驱动器

6.3.11　Samba 客户端访问控制

Samba 服务器能够对客户端进行严密控制，以保证服务器的安全性。这里简单总结一下主要的客户端控制措施。

1．通过安全模式对用户进行身份验证

Samba 服务器支持 5 种安全模式，除共享安全模式之外，其他安全模式都需要对访问的用户

进行身份验证。

2. 使用 hosts allow 和 hosts deny 参数限制客户端

hosts allow 参数设置允许访问的客户端，hosts deny 参数设置禁止访问的客户端。可以针对客户端的 IP 地址或域名进行限制，例如：

```
hosts deny = 192.168.0.
```

表示禁止所有来自 192.168.0.0/24 网段的客户端访问。

```
hosts allow = 192.168.0.24
```

表示允许 IP 地址为 192.168.0.24 的客户端访问。

IP 地址或域名中可以使用通配符"*"、"?"，还可以使用"All"（表示所有客户端）和"LOCAL"（表示本机）。

使用 EXCEPT 则可以指定排除范围，例如：

```
hosts allow = 192.168.0. EXCEPT 192.168.0.55 192.168.0.78
```

表示允许来自 192.168.0.0/24 网段的客户端访问，但是要排除 192.168.0.100 和 192.168.0.78 两个客户端。

当 hosts allow 和 hosts deny 定义有冲突时，hosts deny 优先。

一定要弄清 hosts allow 和 hosts deny 的作用范围，在全局设置中定义对整个 Samba 服务器生效，如果在共享定义部分设置，则仅对指定的共享目录有用。

3. 使用 valid users 参数实现用户审核

如果共享资源存在重要数据，则可以设置 valid users 参数需要对访问该共享资源的用户进行审核，确定是否为有效用户。例如，某共享目录存放了公司财务部数据，只允许经理和财务部人员（经理用户名为 lz，财务部组为 cwb），可在设置共享目录时加入以下参数定义：

```
valid users = lz, @cwb
```

4. 使用 writable 和 write list 控制用户写入权限

上述方法解决了是否允许客户端访问的问题，如果还要进一步控制用户访问某共享资源的具体权限，可在定义共享目录时使用参数 writable 和 write list。

writable 设置共享目录是否可写。可写就是拥有完全控制权限。

writable = Yes　表示所有人都对该目录拥有写入权限。

writable = No　表示所有人都对该目录都没有写入权限，仅有只读权限。这种情况下可使用 write list 参数来设置对共享目录具有写入权限的用户或组列表。例如：

```
writable = No
write list = lz, @cwb
```

这表示只有用户 lz 和 cwb 组成员对共享目录有写入权限，其他用户或组只有只读权限。

5. 使用 Linux 文件权限实现用户访问的最终控制

Samba 服务器在 Linux 系统上运行，所提供的共享目录的访问最终要受系统本身的文件权限限制。如果 Linux 系统设置某共享目录除管理员之外，其他用户仅具有只读权限，无论在 Samba 中配置哪种权限，他们充其量只能拥有只读权限。

为了简化 Samba 有关的文件权限设置，通常将某用户和组指定为共享目录本身的属主和属组，为他们授予访问该目录所需的文件权限；然后使用 force user 和 force group 参数将该用户和组指定为访问该共享目录的默认用户和组，这样所有访问该共享目录的用户都拥有与该默认用户和组相同的权限。

6.3.12　共享安全模式的 Samba 服务器配置

对于共享安全模式来说，启动 Samba 服务器之后，就可以通过客户端进行访问了。这种模式对于有些场合很合适，这里给出两个实例。

1. 匿名只读文件服务器

此类服务器可供任何用户访问共享资源。共享资源可以是一个光驱、光驱映像，或者是文件存储区。例中将目录/export 共享出来。具体配置步骤如下。

（1）创建 Linux 用户账户，同时创建用户主目录。

（2）创建目录，设置其权限和属主。

```
#mkdir /export
#chown zhongxp:users /export
#chmod u=rwx,g=rwx,o=rwx /export
```

（3）将要共享的文件复制到共享目录。

（4）编辑 Samba 主配置文件（/etc/samba/smb.conf），内容如下。

```
#============== Global Settings（全局设置）==================
[global]
workgroup = WORKGROUP
server string = Samba Server
security = share
log file = /var/log/samba/%m.log
#===============Share Definitions（共享定义）==============
[data]
comment = Data
path = /export
read only = Yes
guest ok = Yes
```

（5）执行命令 testparm 测试配置文件。

（6）启动 Samba 服务。

（7）配置 Windows 客户端，将工作组设置为 WORKGROUP，访问网上邻居，不用输入任何用户名和密码，就可以访问该服务器。

2. 匿名读写文件服务器

用户访问上例文件服务器只具有只读权限，如果允许匿名写入，可以在此基础上进一步改进。为所有用户指定一个默认用户（本例为 zhongxp）和一个默认组（本例为 users），使他们的权限等同于该默认用户和组。修改后的 smb.conf 文件的共享定义部分如下。

```
[data]
comment = Data
path = /export
```

```
force user = zhongxp
force group = users
read only = No
guest ok = Yes
```

另外，还应当执行以下命令将用户 zhongxp 添加到 smbpasswd 文件，使其成为 Samba
用户。

```
# smbpasswd -a  zhongxp
```

这样就允许属于 zhongxp 而不是未知用户的所有文件都在资源管理器中显示。

6.4　Linux 打印服务器

随着办公自动化的发展，打印需求并没有明显减少，反而对于打印的效率和管理则提出了更
高的要求。打印机也是一种广为使用的网络共享资源。早期的 Linux 使用传统的 UNIX 打印系统
LPD，以及在此基础上改进的 LPRng，打印功能较弱，目前的 Linux 则主要使用通用 UNIX 打印
系统（CUPS）。**CUPS 本身就支持 IPP（因特网打印协议），是一套功能强大的打印服务器软件。
可直接向联网计算机提供打印服务。**前面介绍的 Samba 服务器本身也支持打印机共享，便于为安
装 Windows 操作系统的计算机提供打印服务。**安装 Windows 操作系统的计算机也可通过 SMB 协
议使用 Linux 打印服务器。**

6.4.1　CUPS 打印系统

CUPS 是用于从应用程序打印的软件，它将由应用程序产生的页面描述语言转换为打印机可
识别的信息，并将信息发送给打印机打印。

CUPS 以 IPP 作为管理打印的基础。IPP 支持网络打印，主要功能有：①帮助用户搜寻网上可
用的打印机；②传送打印作业；③传送打印机状态信息；④取消打印作业。由于 IPP 是基于 HTTP
开发的协议，CUPS 也支持 HTTP。CUPS 还支持精简的 LPD、SMB、JetDirect 等协议。CUPS 可
以通过 SMB 协议使用 Windows 打印服务器。

CUPS 打印流程如图 6-19 所示，用户提交打印请求之后就会产生一个打印作业，打印作业进
入打印队列排队等待，等待打印服务来进行输出。打印队列一般以打印机的名称来命名，打印服
务将队列内的打印作业的数据（包含要发送打印的队列、要打印的文档名称和页面描述）转换成
打印机识别的格式后，直接交给打印机来输出。

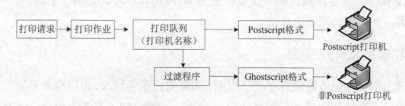

图 6-19　CUPS 打印流程

打印服务通过打印机驱动程序来与打印机进行通信。打印机驱动程序将打印作业的数据转换
成打印机格式。Postscript 是打印格式的事实标准，CUPS 本身就支持这种打印格式。Postscript 的

优点是简化设计，不用像 Windows 系统一样安装各种打印机驱动程序。如果打印机本身支持 Postscript，则部署非常方便。许多打印机（尤其是低端打印机）不支持 Postscript，Linux 提供 Ghostscript 软件包来解决这个问题。

与传统 UNIX 打印方案相比，CUPS 支持更多的打印机类型和配置选项，特别易于设置和使用。CUPS 的打印队列可以指向本地直接连接的打印机（并口或 USB 接口），也可以指向联网的打印机（独立的网络打印机或通过打印服务器共享的打印机）。不管打印队列指向哪里，对于用户和应用程序来说就是打印机。

6.4.2   CUPS 配置工具

从版本 9 开始，Red Hat Linux 默认使用 CUPS 打印系统.默认情况下，Red Hat Enterprise Linux 5 安装 CUPS 软件包，并作为 cups 服务自动启动。可使用命令 rpm –q cups 来查询是否安装，使用命令/etc/init.d/cups status 来查看 cups 服务的运行状态。

CUPS 的配置管理有多种方式，如直接编辑 CUPS 配置文件（位于/etc/cups 目录，有多个配置文件）、使用命令工具 lpadmin、使用图形化配置界面、通过 Web 界面进行配置，最常用的是后两种方式，下面简单介绍这两种工具。

1. 图形化 CUPS 配置工具

如果使用 Red Hat Enterprise Linux 5 的桌面环境，可直接使用图形化配置界面。在主菜单上选择"系统" > "管理" > "正在打印"命令，打开如图 6-20 所示的 CUPS 配置工具窗口。也可以运行命令"system-config-printer"来启动 CUPS 配置工具。

图 6-20   图形化 CUPS 配置工具

2. Web 界面 CUPS 管理工具

CUPS 服务启动之后，默认会在 TCP 631 端口提供一个 Web 管理程序，管理员可使用浏览器访问网址 http://主机名:631 来打开该管理界面，如图 6-21 所示。

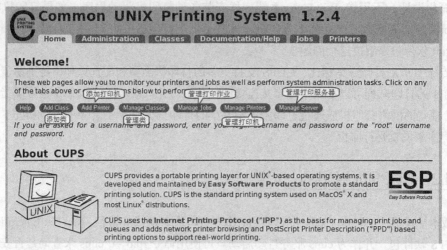

图 6-21　CUPS 打印流程

6.4.3　配置和管理本地打印机

Linux 作为打印服务器，首先要安装并配置好所连接的本地打印机。

1.　安装本地打印机

在安装打印机之前，首先应到网站 http://www.openprinting.org/printer_list.cgi 查询 Linux 是否支持该型号打印机，如图 6-22 所示。查询结果会指出支持程度，如图 6-23 所示，企鹅图标数量达到 3 只，那就说明完全支持，2 只表示可基本接受，1 只表示支持很差。

图 6-22　查询打印机型号

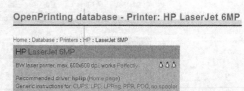

图 6-23　Linux 对该型打印机的支持程度

初学者最好在 Linux 桌面环境中使用 CUPS 配置工具进行安装。有些打印机 Linux 能依靠硬件自动识别，弹出相应的窗口（如图 6-24 所示），根据提示选择制造商和型号，以指定驱动程序。对于这种情况，Linux 会自动添加本地打印机，如图 6-25 所示。

如果要自己添加打印机，可以使用新增打印机向导，具体步骤如下。

（1）在 CUPS 打印机配置窗口中单击"新打印机"按钮启动相应的向导，如图 6-26 所示，首先指定打印机名、描述和位置。

（2）单击"前进"按钮，出现如图 6-27 所示的界面，选择打印机连接方式，这里选择已经探测到的打印设备。

图 6-24　Linux 自动识别打印机

图 6-25　Linux 自动添加本地打印机

图 6-26　指定打印机名、描述和位置

图 6-27　选择打印机连接方式

（3）单击"前进"按钮，出现如图 6-28 所示的界面，选择打印机厂商。

对于 PostScript 打印机，可以选择"提供 PPD 文件"单选钮，直接提交由厂商提供的 PPD（PostScript 打印机描述）文件。单击"前进"按钮，将跳过下一步骤。

（4）单击"前进"按钮，出现如图 6-29 所示的界面，选择打印机具体型号。

图 6-28　选择打印机厂商

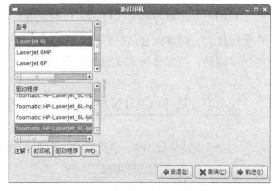

图 6-29　选择打印机型号

（5）单击"前进"按钮，出现如图 6-30 所示的界面，让管理员确认该打印机的配置信息，单击"应用"按钮将添加新的打印机。如果没有提供相应型号，厂商提供有 CUPS 驱动程序，也可单击"驱动程序"按钮，加载驱动。

回到打印机配置窗口，将显示新增打印机的信息和当前状态，如图 6-31 所示。

图 6-30　确认该打印机的配置信息

图 6-31　新增的打印机

2．管理打印作业

在打印过程中经常要跟踪和管理打印作业。在 Linux 桌面环境中单击右上角图标，打开打印通知程序（如图 6-32 所示）来查看和管理打印作业。

也可通过 Web 管理工具来跟踪和管理打印作业，如图 6-33 所示。

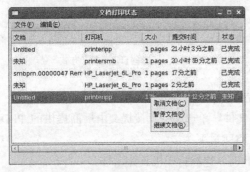

图 6-32　查看文件打印状态

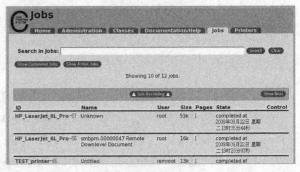

图 6-33　查看打印作业

打印作业按顺序编号，管理可以监控正在打印的作业，或者发现错误时取消打印作业。打印作业完成后，CUPS 会从队列中删除作业，继续处理提交的其他作业。作业完成，或者打印过程中出了问题，会以多种方式通知用户。

6.4.4　基于 CUPS 配置打印服务器

CUPS 支持协议 IPP，本身就是一种打印服务器软件。可通过简单的 CUPS 配置将 Linux 所连接的打印机配置成网络打印机。

1．将 Linux 本地打印机配置为网络打印机

下面示范 Linux 打印服务器将本地打印机共享出来的操作步骤，当然也可将 Linux 所连接的

非本地（网络）打印机配置为共享打印机。

（1）首先要将待共享的打印机发布出来。在打印机配置窗口中选择某台要共享的打印机，在右侧窗格"设置"选项卡"状态"区域选中"共享"（此处中文版翻译不够准确，应为"发布"）复选框，将该打印机发布出来，如图 6-31 所示。

也可通过 Web 界面来设置要发布的 Linux 打印机，如图 6-34 所示。

（2）单击"服务器设定"节点，在右侧窗格中设置共享选项，如图 6-35 所示。只要选中"共享连接到这个系统上的公共打印机"复选框，就能将已经发布的打印机共享出来。

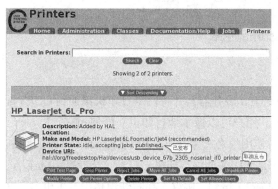
图 6-34　发布打印机

图 6-35　共享打印机

也可通过 Web 界面来设置要 Linux 打印机的共享，如图 6-36 所示。

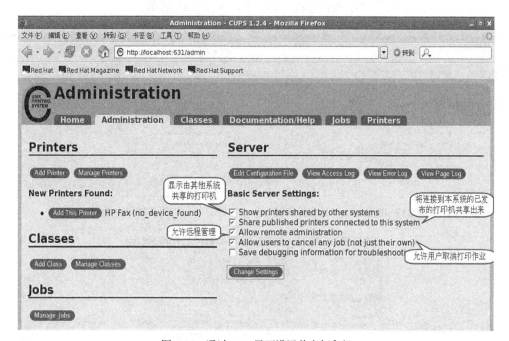
图 6-36　通过 Web 界面设置共享打印机

（3）允许网络上的所有系统都能够打印到队列中可能会产生危险，可选中要控制的打印机，通过"访问控制"选项卡来限制可以使用该打印机的用户，如图 6-37 所示。

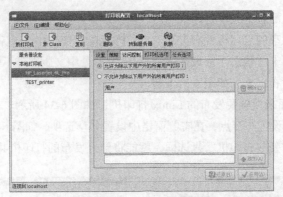

图 6-37　打印机的访问控制

2. 配置 Linux 打印服务器客户端

支持 CUPS 的 Linux 打印客户端能自动识别 CUPS 服务器，并将网络打印机添加到 CUPS 配置界面的"远程打印机"类目下，如图 6-38 所示。用户可以像本地打印机一样使用它。

Linux 实际上是基于协议 IPP 来访问该服务器，使用的格式为：ipp://主机名/printers/打印机名称。

也可使用 CUPS 配置工具的新增打印机向导添加 CUPS 网络打印机。打开"选择打印机连接"界面，如图 6-39 所示，选中"internet printing protocol（Ipp）"协议，在右侧窗格中"主机名"文本框中输入 CUPS 打印服务器的计算机名或 IP 地址，在"打印机名"文本框中输入 CUPS 服务器下打印机的共享名，单击"前进"按钮，根据提示，参见安装本地打印机的步骤继续操作即可。这种方式添加的打印机位于"本地打印机"类目下，如图 6-40 所示。

图 6-38　CUPS 网络打印机添加为"远程打印机"

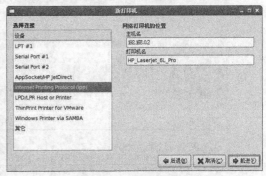

图 6-39　设置 IPP 格式

图 6-40　CUPS 网络打印机添加为"本地打印机"

对于 CUPS 网络打印机，可以向本地打印机一样使用。可以进行实际测试，提交一个打印请求，选择使用 CUPS 网络打印机（如图 6-41 所示），执行打印，可以查看相应的打印作业，如图 6-42 所示，该打印机正常处理打印作业。

图 6-41　选择 CUPS 网络打印机

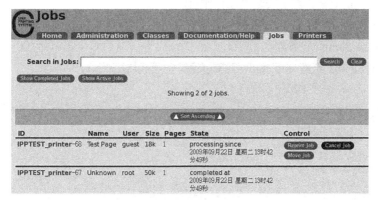

图 6-42　CUPS 网络打印机作业

Windows 计算机也可作为 CUPS 服务器的客户端，通过 HTTP 来访问，格式为 http://主机名：631/printers/打印机名称。

可通过添加打印机向导，定义基于 HTTP 的网络打印机，如图 6-43 所示。

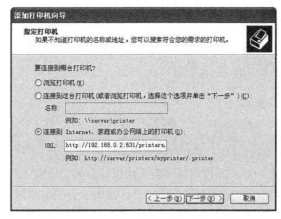

图 6-43　Windows 计算机访问 CUPS 系统

6.4.5　部署 Samba 打印服务器

Samba 支持打印共享，在提供文件服务的同时，也可提供打印服务，共享给 Windows 用户使用。但是要求 Windows 客户端安装正确的打印驱动程序。打印服务器仅仅将打印作业传递到假脱机程序（spooler），假脱机程序将未经处理的信息直接传送给打印机，也就是对传送给打印机的数据流不做任何过滤或处理。

1.　匿名共享打印服务器

最简单的配置就是让用户匿名共享打印机，这主要用于以下两种场合。

● 允许从一个位置打印到所有打印机。

● 减少因许多用户访问有限数量的打印机造成的网络流量拥塞。

这里共享 Linux 的 CUPS 打印机系统为例，具体配置步骤如下。

（1）首先在 Linux 服务器上安装本地打印机。

注意 Linux 要提供给 Samba 的 CUPS 打印机系统，并不要求发布和共享。

（2）确认安装 Samba 服务器。

（3）配置主 Samba 配置 smb.conf，这是关键。本例设置如下：

```
[global]              #全局配置
security = share
load printers = yes
printing = cups
printcap name = cups
[printers]            #以下为共享定义
comment = All Printers
path = /var/spool/samba
browseable = no
public = yes
guest ok = yes
use client driver=Yes
printable = yes
```

当然还可以参照 6.3 节的有关内容，加入文件共享配置。

（4）启动 Samba 服务。

（5）在服务器端使用 smbclient 命令检查 Samba 是否正常运行，结果如下，说明打印机共享正常提供。

```
[root@Linuxsrv1 ~]# smbclient -L localhost -U%
Domain=[WORKGROUP] OS=[UNIX] Server=[Samba 3.0.23c-2]
        Sharename         Type        Comment
        ---------         ----        -------
        IPC$              IPC         IPC Service (Samba 3.0.23c-2)
        TEST_printer      Printer     TEST_printer
        HP_LaserJet_6L_Pro Printer    Added by HAL
```

（6）配置 Windows 客户端。通过网络邻居工作组计算机，逐步找到共享的 Linux 打印机，单击（或者直接使用 UNC 路径）链接到该打印机，首次访问会弹出如图 6-44 所示的对话框，根据提示安装相应的 Windows 打印机驱动程序。

图 6-44　连接 Samba 共享打印机

（7）打印机实际测试。在 Windows 客户端选择远程打印机如图 6-45 所示，尝试打印。查看 Linux 服务器上的 CUPS 打印机作业，如图 6-46 所示，表明使用 Samba 共享打印机成功。

图 6-45　选择网络打印机打印

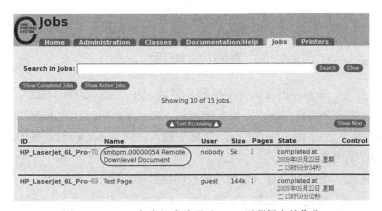

图 6-46　CUPS 打印机完成通过 SMB 远程提交的作业

2. 要求用户验证的打印服务器

这要求对访问打印机的用户进行验证。在上述配置基础上稍作修改即可。一是修改主配置 smb.conf，这是关键，具体设置如下。

```
[global]
security = users
load printers = yes
printing = cups
printcap name = cups
[printers]
comment = All Printers
path = /var/spool/samba
browseable = no
use client driver=Yes
printable = yes
```

二是要将 Windows 用户映射到 Samba 用户，具体方法前面已经介绍过。

6.4.6 Linux 主机通过 SMB 协议访问 Windows 打印服务器

Linux 主机也可通过 SMB 协议直接访问 Windows 打印机，前提是 Windows 打印机提供共享服务。这里来看一个例子。

（1）在 Linux 计算机上打开 CUPS 图形化配置工具，启动添加打印机向导，如图 6-47 所示，设置打印机名等。

图 6-47 设置打印机名

（2）单击“前进”按钮，出现如图 6-48 所示界面，从“选择连接”栏选中“Windows Printer via SAMBA”项；在右侧窗格“smb://”文本框中输入 Windows 网络打印机的路径，其格式为：smb:// 计算机名/打印机共享名；）在 “身份验证”区域中输入访问 Windows 计算机的用户名与密码（该用户需具有添加打印机权限）。

（3）单击“验证”按钮测试是否可以访问打印机共享。

（4）单击“前进”按钮，根据提示，像添加 CUPS 打印机一样进行其他操作。

完成向导后，最后添加的网络打印机如图 6-49 所示。

可在 Linux 主机上尝试使用 Windows 网络打印机进行实际打印，可在 Window 打印服务器端查看共享打印机作业，如图 6-50 所示，这表明通过 SMB 协议提交打印作业成功。

图 6-48　选择 SMB 协议

图 6-49　添加的 Windows 共享打印机

图 6-50　查看 Window 打印作业

总的来说，**Linux 的 CUPS 打印系统本身就支持打印服务，可以为 Linux 计算机和 Windows 计算机提供打印服务。只有在 Linux 与 Windows 混合的网络环境中，同时需要文件共享时，才有必要启用 Samba 打印共享。**

习题

1. **简答题**

（1）什么是文件服务器？什么是打印服务器？

（2）Linux 文件服务器主要有哪两种解决方案，分别适合哪种场合？

（3）Linux 打印服务器主要有哪两种解决方案，分别适合哪种场合？

（4）简述 NFS 工作原理。

（5）NFS 有哪几种安全模式？

（6）简述 Samba 工作原理。

（7）简述 Samab 服务器部署流程。

（8）Samba 客户端访问控制主要有哪些措施？

（9）简述 CUPS 打印系统的特点和功能。

2. **实验题**

（1）在 Linux 服务器上安装 NFS 服务器，设置共享目录，在客户端尝试访问该共享目录。

（2）在 Linux 服务器上安装 Samba 服务器，基于用户安全模式配置 Samba 服务，并在客户端进行测试。

（3）在 Linux 服务器上基于共享安全模式配置 Samba 服务，并在客户端进行测试。

（4）在 Linux 服务器上基于 CUPS 配置打印服务器，并在客户端进行测试。

第7章

Web 服务器

【学习目标】

本章将向读者介绍 Web 服务器的基础知识，让读者掌握 Apache 服务器的部署与管理、网站目录管理、Web 应用程序配置、Web 服务器安全管理、虚拟主机配置、网站内容更新维护的方法和技能。

【学习导航】

前一章介绍了如何配置文件与打印服务器实现网络资源共享，本章介绍最重要的 Internet 服务 Web，各类网站都是通过 Web 服务实现的。在介绍 Web 服务背景知识的基础上，以 Apache 为例重点讲解 Web 服务器的部署、配置和管理。

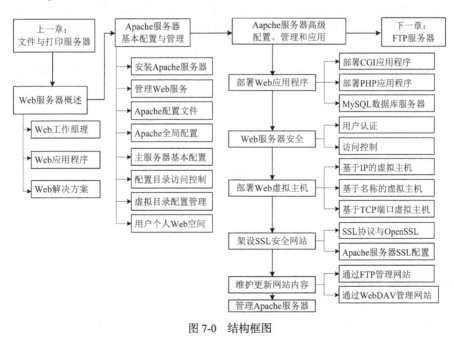

图 7-0　结构框图

7.1　Web 服务器概述

WWW 服务也称为 Web 服务或 HTTP 服务，是由 Web 服务器来实现的。随着 Internet 技术的发展，B/S 结构日益受到用户青睐，其他形式的 Internet 服务，如电子邮件、远程管理等都广泛采用 Web 技术。Web 应用具有广泛性，在网络信息系统中占据重要位置。Web 是最重要的 Internet 服务，Web 服务器是实现信息发布的基本平台，更是网络服务与应用的基石。

7.1.1　Web 工作原理

Web 服务基于客户机/服务器模型。客户端运行 Web 浏览器程序，提供统一、友好的用户界面，解释并显示 Web 页面，将请求发送到 Web 服务器。**服务器端运行 Web 服务程序，侦听并响应客户端请求，将请求处理结果（页面或文档）传送给 Web 浏览器，浏览器获得 Web 页面。**Web 浏览器与 Web 服务器交互的过程如图 7-1 所示。可以说 Web 浏览就是一个从服务器下载页面的过程。

Web 浏览器和服务器通过 HTTP 来建立连接、传输信息和终止连接，Web 服务器也称为 HTTP 服务器。HTTP 即超文本传输协议，是一种通用的、无状态的、与传输数据无关的应用层协议。

Web 服务器以网站的形式提供服务，网站是一组网页或应用的有机集合。在 Web 服务器上建立网站，以集

图 7-1　Web 浏览器与 Web 服务器交互过程

中的方式来存储和管理要发布的信息，Web 浏览器通过 HTTP 以 URL 地址（格式为 http://主机名:端口号/文件路径，当采用默认端口 80 时可省略）向服务器发出请求，来获取相应的信息。

传统的网站主要提供静态内容，目前主流的网站都是动态网站，服务器和浏览器之间能够进行数据交互，这需要部署用于数据处理的 Web 应用程序。Web 应用程序工作原理如图 7-2 所示。

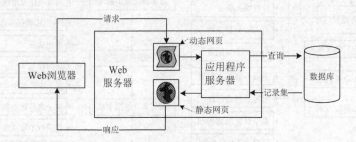

图 7-2　Web 应用程序工作原理

7.1.2　Web 应用程序

传统的网站主要提供静态内容，而目前网站大都是动态网站，服务器和浏览器之间能够进行

数据交互，这需要部署用于数据处理的 Web 应用程序。这种应用程序要借助 Web 浏览器来运行，具有数据交互处理功能，如聊天室、留言版、论坛、电子商务等软件。

Web 应用程序是一组静态网页和动态网页的集合，其工作原理如图 7-2 所示。静态网页是指当 Web 服务器接到用户请求时内容不会发生更改的网页，Web 服务器直接将该网页文档发送到 Web 浏览器，而不对其做任何处理。当 Web 服务器接收到对动态网页的请求时，将该网页传递给一个负责处理网页的特殊软件——应用程序服务器，由应用程序服务器读取网页上的代码，并解释执行这些代码，将处理结果重新生成一个静态网页，再传回 Web 服务器，最后 Web 服务器将该网页发送到请求浏览器。Web 应用程序大多涉及数据库访问，动态网页可以指示应用程序服务器从数据库中提取数据并将其插入网页中。

目前最新的 Web 应用程序基于 Web 服务平台，服务器端不再是解释程序，而是编译程序，如微软的.NET 和 SUN、IBM 等支持的 J2EE。Web 服务器与 Web 应用程序服务器之间的界限越来越模糊，现在往往集成在一起。

7.1.3　Web 服务器解决方案

Web 服务是最主要的网络应用，除了考虑服务器硬件和网络环境外，重点是选择合适的 Web 服务器软件。

1. Web 服务器软件选择原则

- 考虑网站规模和用途。大型公共网站，访问量大，需要强大的多线程支持；企业网站对安全功能要求高；小型网站则要求资源开销少，用轻量级的 Web 服务器软件即可。
- 是否选择商业软件。商业的 Web 服务器软件的安装和管理比较方便，能提供比较可靠、增强的安全机制，有良好的用户支持，可节省维护成本。有的免费软件功能很强大，某些方面甚至优于商业软件，但是用户友好性要差一些。
- 考虑操作系统平台。UNIX 家族相互之间兼容性差，需要考虑 Web 服务器是否支持所使用的版本。原来运行于 UNIX 系统的 Web 服务器移植到 Windows 平台后，性能可能会受影响。
- 考虑对 Web 应用程序的支持。许多 Web 服务器都提供对 Web 应用程序的支持。选择 Web 服务器时，要考虑其对所需应用程序的支持能力。

对于 Linux 平台来说，使用最多的 Web 服务器软件是 Apache，另外 nginx 作为后起之秀，也非常受欢迎。

2. Apache 简介

Apache（http://httpd.apache.org）是目前最为流行的 Web 服务器，在 Web 服务器领域占有超过 50%的市场占有率。Apache 由美国伊利诺斯大学国家超级计算机应用中心（NCSA）的 httpd 服务器发展而来，作为 Web 服务器，具有以下优点。

- 源代码完全开放，具有无限扩展功能的优点，得到全世界许多程序员的支持，用户也可以根据自己的需要自行开发相关模块的功能。
- Apache 具有跨平台特性，可以在 UNIX、Linux、Windows 等多种平台上运行。建议最好在 Linux 平台上架设 Apache 服务器。

- Apache 工作性能和稳定性远远领先于其他 Web 服务器产品，完全胜任每天有数百万人次访问的大型网站。

本章以 Apache 为例来讲解 Web 服务器的配置与管理。

7.2 Apache 服务器基本配置

在部署 Web 服务器之前应做好相关的准备工作，如进行网站规划，确定是采用自建服务器，还是租用虚拟主机，在 Internet 上建立 Web 服务器还需申请注册的 DNS 域名和 IP 地址。

7.2.1 安装 Apache 服务器

目前几乎所有 Linux 发行版本都捆绑了 Apache，Red Hat Enterprise Linux 5 也不例外，只是默认没有安装该软件包。

Apache 服务器软件在 Linux 中的守护进程名称为 httpd，首先执行以下命令，检查当前 Linux 系统是否安装有该软件包，或者查看已安装的具体版本。

```
rpm -qa | grep httpd
```

如果查询结果表明没有安装，将 Red Hat Enterprise Linux 5 第 2 张安装光盘插入光驱，加载光驱后，切换到光驱加载点目录，执行以下命令进行安装。

```
rpm -ivh Server/ httpd-2.2.3-6.el5.i386.rpm
```

安装完毕即可进行测试。默认没有启动该服务，执行以下命令启动该服务：

```
etc/init.d/httpd  start
```

在服务器上或另一台计算机上打开浏览器，输入 Apache 服务器的 IP 地址进行实际测试。如果出现 Apache 的测试页面，则表示 Web 服务器安装正确并且运行正常。

默认的网站主目录为/var/www/html，只需将要发布的网页文档复制到该目录，即可建立一个简单的 Web 网站。为网站注册域名，即可通过域名来访问网站。例中默认网站的域名为 www.abc.com，IP 地址为 192.168.0.2。

7.2.2 管理 Web 服务

Apache 服务器的 Web 服务是通过 httpd 守护进程来实现的，默认情况下，该服务不会自动启动，另外在应用中，可能要停止该服务。使用启动脚本/etc/init.d/httpd 可实现 Web 服务的基本管理，用法如下。

```
/etc/init.d/httpd {start|stop|restart|condrestart|reload|status|configtest}
```

或者

```
service httpd {start|stop|restart|condrestart|reload|status|configtest}
```

其中参数 start、stop、restart 分别表示启动、停止和重启 Web 服务；condrestart 表示只有在 Web 运行状态下才重启该服务；reload 表示不用重启服务就可更新配置文件；status 表示查看 Web 服务状态；configtest 用于检查配置文件。

如果需要让 Web 服务随系统启动而自动加载，可以执行"ntsysv"命令启动服务配置程序，找到"httpd"顶，在其前面加上星号"*"，然后选择"确定"即可。也可直接使用 chkconfig 命令设置，具体命令如下。

```
chkconfig - level 235 httpd on
```

7.2.3　Apache 服务器配置文件

配置 Apache 服务器的关键是对**主配置文件/etc/httpd/conf/httpd.conf** 进行设置。httpd.conf 是包含若干指令的纯文本文件，Apache 服务器启动时自动读取其内容，根据配置指令决定 Apache 服务器的运行。可以直接使用文本编辑器修改该配置文件。配置文件改变后，只有下次启动或重新启动才能生效。

默认的 httpd.conf 文件中每个配置语句和参数都有详细的解释，建议初学者先备份该文件，然后以此为模板进行修改即可。

1. 配置文件组成部分

- 全局环境（Section 1: Global Environment）：配置控制 Apache 服务器整体运行的环境变量，如处理的并发请求数或者配置文件的存储位置。
- 主服务器配置（Section 2: 'Main' server configuration)：配置主服务器或默认服务器的设置。主服务器是相对虚拟主机而言的，凡是虚拟主机不能处理的请求都由它处理。如果使用虚拟主机，虚拟主机的设置会覆盖主服务器的设置，而虚拟主机未定义的参数，则使用此处的设置。
- 虚拟主机（Section 3: Virtual Hosts）：设置虚拟主机，让同一 Apache 服务器进程能够运行多个 Web 网站。

可对 Apache 服务器进行分层管理，自上而下依次为：服务器（全局）→网站（虚拟主机）→目录（虚拟目录）→文件。下级层次的设置继承上级层次，如果上下级层次的设置出现冲突，就以下级层次为准。

2. 基本格式

httpd.conf 配置文件每行一个指令，格式如下。

```
指令名称　参数
```

指令名称不区分大小写，但参数通常区分大小写。如果要续行，可在行尾加上"\"符号。以"#"符号开头的行是注释行。

参数中的文件名需要用"/"代替"\"。以"/"打头的文件名，服务器将视为绝对路径。**如果文件名不以"/"打头，将使用相对路径，位于由 ServerRoot 指令定义的 Apache 根目录**。例如服务器根目录为/etc/httpd，文件名 logs/foo.log 的实际路径为/etc/httpd/logs/foo.log。文件路径可以加上引号作为字符串，也可以不加引号。

3. 容器

httpd.conf 配置文件中也使用容器来封装一组指令，用于限制指令的条件或指令的作用域。容器语句成对出现，格式为

```
<容器名　参数>
　一组指令
<容器名>
```

<IfModule>容器用于判断指定的模块是否存在。如果存在，包含其中的指令将被执行，否则被忽略。

<Directory>、<Files>和<Location>分别用于限定作用域为目录、文件和 URL 地址，通过一组封装指令对它们实现控制。

<VirtualHost>用于定义虚拟主机。

4. 检查配置文件

修改配置文件后，先使用命令 apachectl configtest 或 httpd –t 来检查配置文件的语法错误，然后再启动 Apache 服务器。这里给出一个使用命令 apachectl configtest 来检查错误的例子。

```
[root@Linuxsrv1 ~]# apachectl configtest
[Thu Dec 10 10:02:46 2009] [error] VirtualHost dev.abc.com:0 -- mixing * ports and non-*
ports with a NameVirtualHost address is not supported, proceeding with undefined results
Syntax OK
```

7.2.4　Apache 服务器全局配置

Apache 服务器全局配置主要包括以下项目。通常在配置文件的 "Section 1: Global Environment" 部分进行设置。

1. 设置服务器根目录

服务器根目录是 Apache 配置文件和日志文件的基础目录，是所有 Apache 服务器相关文件的根目录。使用指令 ServerRoot 设置服务器根目录，默认设置如下。

```
ServerRoot "/etc/httpd"
```

一般不需更改，除非 Apache 安装位置发生变化。

2. 设置运行 Apache 所使用的 PidFile 的路径

PidFile 记录 httpd 守护进程的进程号。由于 httpd 默认使用子进程为客户提供服务，因此系统中通常会有多个 httpd 进程。PidFile 指定的文件记录了所有 httpd 子进程的父进程的进程号。默认设置如下。

```
PidFile run/httpd.pid
```

这里使用的是相对路径，实际路径为/var/run/httpd.pid。

3. 设置连接参数

一般情况下，每个 HTTP 请求和响应都使用一个单独的 TCP 连接，服务器每次接受一个请求时，都会打开一个 TCP 连接并在请求结束后关闭该连接。若能对多个处理重复使用同一个连接，即持久连接（允许同一个连接上传输多个请求），则可减小打开 TCP 连接和关闭 TCP 连接的负担，从而提高服务器的效率。设置持久连接的指令如下。

● TimeOut：设置连接请求超时的时间，单位为秒。默认设置值为 300，超过该时间，连接将断开。若网速较慢，可适当调大该值。

● KeepAlive：设置是否启用持久连接功能。默认设置为 Off。设置为 On 可以改进客户端访问的性能，尤其是包含有很多图像文件的网页。

● MaxKeepAliveRequests：设置在一个持久连接期间所允许的最大 HTTP 请求数目。默认设置为 100，可以将该值适当加大，以提高服务器的性能。设置为 0 则表示没有限制。

● KeepAliveTimeout：设置一个持久连接期间所允许的最长时间。在某个已建立的连接上，服务器在完成一次请求后，如果超过这个时间还没有收到客户机的下一次请求，服务器将断开连接。默认设置为 15（秒）。对于高负荷的服务器，该值设置过大会引起性能问题。

4. 配置 MPM（多处理模块）

Apache 是模块化的，通过 MPM 实现模块化功能。MPM 必须静态编译，每次只能有一个 MPM 是活动的。目前主要使用两种模块，一种是传统的 "prework"，每个请求使用一个进程；另一种是较新的线程化模块 "worker"，使用多个进程，每个进程又有多个线程，以较低的开销获得更好的性能。执行 httpd -l 命令可以获知当前使用的 MPM 模块类型。不论使用哪种 MPM 模块，都必须进行适当的配置。

"prework" 模块为每个请求创建一个新的进程，多余的进程保持空闲以处理新的请求，默认配置如下。

```
<IfModule prefork.c>
StartServers         8          ## 设置 Apache 启动时的服务器进程数
MinSpareServers      5          ## 设置最小的空闲子进程数
MaxSpareServers      20         ## 设置最大的空闲子进程数（多余的子进程会被系统关闭）
ServerLimit          256        ## 设置服务器所允许的 MaxClients 最大值
MaxClients           256        ## 设置服务器所允许的最大并发连接数
MaxRequestsPerChild  4000       ## 设置每个子进程可以处理的最大请求数
</IfModule>
```

与 "prework" 模块不同，"worker" 模块主要设置线程，默认配置如下：

```
<IfModule worker.c>
StartServers         2          ## 设置 Apache 启动时初始的服务器进程数
MaxClients           150        ## 设置服务器所允许的最大并发连接数
MinSpareThreads      25         ## 设置最小的空闲 worker 线程数
MaxSpareThreads      75         ## 设置最大的空闲 worker 线程数
ThreadsPerChild      25         ## 设置服务器进程所允许的并发线程数
MaxRequestsPerChild  0          ## 0 值表示每个子进程可以处理请求不受限制
</IfModule>
```

5. 设置 Apache 服务器侦听的 IP 地址和端口号

Apache 默认会在本机所有可用 IP 地址上的 TCP 80 端口侦听客户端的请求。可以使用多个 Listen 指令，以便在多个地址和端口上侦听请求。其语法格式为

```
Listen [IP 地址] 端口
```

例如，要对当前主机所有 IP 地址的 80 端口进行侦听，使用以下指令：

```
Listen 80
```

例如，要对某一 IP 地址 192.168.0.2 的 80 端口和 8080 端口进行侦听，使用以下指令：

```
Listen 192.168.0.2 80
Listen 192.168.0.2 8080
```

6．设置动态加载模块

Apache 是一个高度模块化的服务器，通过各种模块可以实现更多的功能。我们可以在编译 Apache 源代码时将模块功能加入到 Apache 中，也可以在启动 httpd 守护进程时动态加载。动态加载模块对性能有一定的影响，因此可以重新编译 Apache 源代码，只将自己需要的功能编译到 Apache 里。对于动态加载方式，只需要设置 httpd.conf 文件中的 LoadModule 参数即可。

模块文件默认放在/usr/lib/httpd/modules 目录中，每个模块对应 Apache 的一个功能或特性。下面是加载模块的例子：

```
LoadModule auth_basic_module modules/mod_auth_basic.so
```

加载该模块可以提供基于文本文件的基本身份验证功能。

模块载入的顺序很重要，建议不要轻易修改默认设置。

7．设置包含文件

使用 Include 指令将其他配置文件的内容加入到 httpd.conf 文件中。例如，在/etc/httpd/conf.d 目录中可能还有其他配置文件，如 php、conf、perl 等，采用以下默认设置，可以将这些配置文件加入 httpd.conf 文件中。

```
Include conf.d/*.conf
```

8．设置运行 Apache 服务器的用户或群组

Apache 服务器在启动之后，生成子进程为客户机提供服务。出于安全考虑，使用以下两个指令将子进程设置为指定的用户和组的身份（不要设置为 root）运行，从而降低服务器的安全风险。

```
User apache                          ## 专用的系统用户
Group apache                         ## 专用的系统组
```

httpd 父进程通过执行 setuid()改变子进程身份，所以必须以 root 权限启动 Apache 服务器。

7.2.5　Apache 主服务器基本配置

主服务器配置用来设置 Apache 如何提供 Web 服务。通常在配置文件的"Section 2: 'Main' server configuration"部分进行设置，这里介绍基本配置。

1．设置服务器管理员电子邮件地址

使用指令 ServerAdmin 设置 Web 服务器管理员的电子邮件地址，默认设置如下。

```
ServerAdmin root@localhost
```

当客户端无法正确访问服务器时，这个地址会被包含在错误消息中提供给客户端，便于网站浏览者与服务器管理员联系。

2．设置服务器主机名和端口

使用指令 ServerName 设置服务器用于识别自己的主机名和端口。这主要用于重定向和虚拟主机的识别。如果使用虚拟主机，虚拟主机中设置的名称会取代这里的设置。

默认没有启用此设置。为避免 Apache 启动时出现不能确定全称域名的错误提示，应按实际情况设置该主机名和端口。如果服务器注册有域名，则参数使用服务器的域名；如果没有域名，则使用服务器的 IP 地址。例如：

```
ServerName www.abc.com:80
```

3. 设置服务器如何构造 URL

使用指令 UseCanonicalName 设置 Apache 服务器如何构造自引用的 URL 地址，以及服务器名称和端口变量。默认设置为 off，服务器使用由客户端提供的服务器名称和端口号；如果设置为 on，服务器使用 httpd.conf 文件中的 ServerName 设置。

4. 设置主目录的路径

每个网站必须有一个主目录。主目录位于发布的网页的中央位置，包含主页或索引文件以及到所在网站其他网页的链接。主目录是网站的"根"目录，映射为网站的域名或服务器名。用户使用不带文件名的 URL 访问 Web 网站时，请求将指向主目录。

默认状态下，所有的请求都以这个目录为基础。但是直接符号连接和别名可用于指向其他位置。也可以将主目录的路径修改为其他目录，以方便管理和使用。默认设置为

```
DocumentRoot "/var/www/html"
```

注意目录路径名最后不能加"/"，否则会发生错误。

5. 设置网站默认文档

在浏览器的地址栏中输入网站名称或目录，而不用输入具体的网页文件名时，也可访问网页，这就要用到默认文档（默认网页），此时 Web 服务器将默认文档返回给浏览器。默认文档可以是目录的主页，也可以是包含网站文档目录列表的索引页。在默认情况下，Apache 的默认文档名为 index.html。默认文档名由 DirectoryIndex 参数进行定义，如果有多个文件名，各个文件名之间要用空格分隔，Apache 根据文件名的先后顺序查找默认文档。默认设置为

```
DirectoryIndex index.html index.html.var
```

6. 设置日志文件

日志文件对 Web 网站很重要，记录着服务器处理的所有请求、运行状态和一些错误或警告信息。通过分析日志文件可以监控 Apache 的运行情况、出错原因和安全等问题。

（1）错误日志。配置错误日志相对简单，只要说明日志文件的存放路径和日志记录等级即可。使用 ErrorLog 指令设置错误日志文件的路径名；LogLevel 指令用于设置错误等级，只有高于指定级别的错误才会被记录。默认设置为

```
ErrorLog logs/error_log          ## 此路径相对于 ServerRoot 目录
LogLevel warn
```

日志记录包括如下 8 个级别。最高 1 级为 emerg，表示出现紧急情况使得该系统不可用；2 级为 alert，表示需要立即引起注意的情况；3 级为 crit，表示危险情况的警告；4 级为 error，表示 1～3 级之外的其他错误；5 级为 warn，表示警告信息；6 级为 notice，指需要引起注意的情况；7 级为 info，指值得报告的一般消息；最低 8 级为 debug，指 debug 模式所产生的消息。

（2）访问日志。访问日志记录了客户端所有的访问信息。使用 CustomLog 指令设置访问日志

的路径和格式。默认设置为：

```
CustomLog logs/access_log combined                    ## 此路径相对于 ServerRoot 目录
```

其中 logs/access_log 是指访问日志文件路径名，combined 表示一种特定的日志文件格式。

日志格式表示要记录的信息以及顺序，使用 LogFormat 指令来定义的，默认预定义 4 种格式：

```
LogFormat "%h %l %u %t \"%r\" %>s %b \"%{Referer}i\" \"%{User-Agent}i\"" combined
LogFormat "%h %l %u %t \"%r\" %>s %b" common
LogFormat "%{Referer}i -> %U" referer
LogFormat "%{User-agent}i" agent
```

采用以 "%" 开头的变量来表示，每个变量表示特定的内容，如%a 表示远程主机地址。其中 common 是指使用 Web 服务器普遍采用的 "普通标准" 格式；combined 是指使用 "组合记录" 格式。其实 combined 与 common 格式基本相同，只是多了 "引用页" 和 "浏览器识别" 信息而已。

7. 设置默认字符集

使用指令 AddDefaultCharset 定义服务器返回给客户端的默认字符集。

7.2.6 配置目录访问控制

<Directory>容器用于封装一组指令，使其对指定的目录及其子目录有效。该指令不能嵌套使用，其命令用法如下：

```
<Directory  目录名>
    一组指令
</Directory>
```

目录名可以采用文件系统的绝对路径，也可以是包含通配符的表达式。

目录访问控制可以通过两种方式进行设置。

● 在 httpd.conf 文件中使用</Directory>容器对每个目录进行设置。

● 在每个目录下建立一个访问控制文件.htaccess，将访问控制参数写在该文件中。下层目录自动继承上层目录的访问控制设置。

访问控制指令由 Apache 的内建模块 mod_access 提供，它能实现基于 Internet 主机名的访问控制，其主机名可以是域名，也可以是一个 IP 地址，建议尽量使用 IP 地址，以减少 DNS 域名解析。相关的指令主要有 Allow、Deny 和 Order。Apache 提供访问控制指令来限制对目录、文件或 URL 地址的访问。

Apache 服务器可以对每个目录设置访问控制，下面是对 "/"（文件系统根目录）的默认设置。

```
<Directory />
    Options FollowSymLinks      ## 允许使用符号链接
    AllowOverride None          ## #禁止使用 htaccess 文件
</Directory>
```

对网站主目录/var/www/html 的默认设置如下。

```
<Directory "/var/www/html">
    Options Indexes FollowSymLinks
    AllowOverride None
    Order allow,deny
    Allow from all
</Directory>
```

1. 使用 Options 指令控制特定目录的特性

该指令用在 Directory 容器中，用于控制特定目录的服务器特性，具体用法见表 7-1。

表 7-1　　　　　　　　　　　　　　　Options 指令选项

选　项	说　明
All	包含除 MultiViews 选项之外的所有特性。如果没有显示定义 Options 指令，则视作此设置
None	不启用任何额外特性
Index	允许目录浏览，如果请求的某个路径中没有默认文档，将显示目录列表
MultiViews	允许内容协商的多重视图，作为 Apache 的一个特性
ExeCGI	允许执行 CGI 脚本
FollowSymlinks	允许使用符号链接
Includes	允许服务器端包含（SSI）功能
IncludesNoExec	允许服务器端包含（SSI），但禁用 CGI 脚本

2. 使用 AllowOverride 指令控制.htaccess 文件使用

.htaccess 文件可用于配置目录访问权限，基于安全和效率考虑，通常避免使用该文件来设置权限，而直接在 Directory 容器中定义权限。AllowOverride 指令用于用于设置目录权限是否被.htaccess 文件中的权限所覆盖。一般将 AllowOverride 设置为 "None"，即禁止使用 htaccess 文件。

3. 使用 Allow 指令

用于指定允许访问的主机，用法为

```
Allow from 主机列表
```

主机列表可以是某 IP 地址、IP 地址范围，若要允许所有主机访问，则使用以下指令：

```
Allow from all
```

4. 使用 Deny 指令

与 Allow 相反，用于指定禁止访问的主机，用法为

```
Deny from 主机列表
```

5. 使用 Order 指令

用于指定 Allow 与 Deny 指令的处理顺序，即哪个指令先执行。Order 就是先判断和优先级的问题，后者的优先级高，可以否定前者。

● Order allow,deny：表示 Allow 指令比 Deny 指令优先处理，如果没有定义允许访问的主机，则禁止所有主机的访问。

● Order deny,allow：表示 Deny 指令比 Allow 指令优先处理，如果没有定义拒绝访问的主机，则允许所有主机的访问。

● Order mutual-failure：表示只有使用 Allow 指令明确指定，且没有使用 Deny 指令明确指定

的主机才允许访问。两条指令中都未设置的主机将被拒绝访问。

7.2.7 配置和管理虚拟目录

虚拟目录既是一种网站目录管理方式，又是一种发布子网站的方法。

1. 虚拟目录与物理目录

虚拟目录是相对于物理目录的概念。物理目录是指实际的文件夹，网站中的物理目录是指网站主目录中的实际子目录。

要从网站主目录以外的其他目录中发布内容，就必须创建虚拟目录。虚拟目录并不包含在主目录中，但在显示给浏览器时就像位于主目录中一样。虚拟目录有一个"别名"，供浏览器访问此目录。可将主目录看成网站的"根"虚拟目录，将其别名视为"/"。使用虚拟目录具有以下优点。

- 虚拟目录的别名通常比目录的路径名短，使用起来更方便。
- 更安全，一方面，用户不知道文件是否真的存在于服务器上，无法使用这些信息来修改文件；另一方面，可以为虚拟目录设置不同的访问权限。
- 可以更方便地移动和修改网站中的目录结构。一旦要更改目录，只需更改别名与目录实际位置的映射即可。
- 虚拟目录便于调整或扩大网站磁盘空间。

对于浏览器，虚拟目录显示为主目录（"根"）的子目录。必须为浏览器提供虚拟目录的别名（定义该目录的名称）。**如果 Web 网站中的主目录中的物理子目录名与虚拟目录别名相同，那么使用该目录名称访问 Web 网站时，虚拟目录名优先响应。**

2. 虚拟目录的应用场合

简单的网站一般不需要添加虚拟目录，可以将所有文件放置在网站的主目录中。如果网站内容比较繁杂，为使其他目录、其他驱动器甚至其他计算机中的内容和信息也能够通过同一个网站发布，应考虑创建虚拟目录。虚拟目录作为网站的一个组成部分，相当于其子网站。

虚拟目录为网站的不同部分指定不同的 URL。与虚拟主机一样，利用虚拟目录也可为多个部门或用户提供主页发布，分别建立各自的虚拟目录，共享同一网站，只是不能拥有自己独立的域名。用户只需在网站域名后加上虚拟目录名即可区分不同用户的发布内容。当然，用户就不能拥有自己独立的域名了。有些 ISP 就使用虚拟目录来提供免费个人主页服务。企业内部往往也建立虚拟目录作为各部门的子网站。

3. 创建虚拟目录

使用 Alias 指令可以创建虚拟目录。
```
Alias fakename realname
```
在主配置文件中，Apache 默认已经创建了两个虚拟目录。
```
Alias /icons/ "/var/www/icons/"
Alias /error/ "/var/www/error/"
```

这两条语句分别建立了 "/icons/" 和 "/error/" 两个虚拟目录，它们对应的物理路径分别是
"/var/www/icons/" 和 "/var/www/error/"。

根据需要可对相应的物理目录设置访问控制。

7.2.8 为用户配置个人 Web 空间

可以通过配置用户目录，为在 Apache 服务器上拥有用户账户的每个用户都可以建立自己单
独的 Web 空间（子网站）。假设用户 zhang 在自己的主目录/home/zhang/public_html/中存放网页文
件，他就可以从浏览器中用类似 http://www.abc.com/~zhang 这样的 URL 地址来访问自己的个人
网页。默认禁用此功能，好在 httpd.conf 文件中提供相关的配置信息，只是被注释掉。下面示范
如何启用该功能，并设置 Web 站点目录配置访问控制。

（1）修改 httpd.conf 配置文件的<IfModule mod_userdir.c>部分，启用用户目录功能。

```
<IfModule mod_userdir.c>
    UserDir disable root        ##  基于安全考虑，禁止 root 用户使用自己的个人空间
    UserDir public_html         ##  设置用户 Web 站点目录
</IfModule>
```

（2）修改 httpd.conf 配置文件，为用户 Web 站点目录配置访问控制。

```
<Directory /home/*/public_html>
    AllowOverride FileInfo AuthConfig Limit
    Options MultiViews Indexes SymLinksIfOwnerMatch IncludesNoExec
    <Limit GET POST OPTIONS>
        Order allow,deny
        Allow from all
    </Limit>
    <LimitExcept GET POST OPTIONS>
        Order deny,allow
        Deny from all
    </LimitExcept>
</Directory>
```

（3）在用户主目录下创建 public_html 子目录并修改权限，将/home/zhang 权限设置为 711，将
/home/zhang/public_html 权限设置为 755。执行以下命令改变权限。

```
chmod 711 ~zhang               ## 这里符号~表示主目录，~zhang 相当于/home/zhang
chmod 755 ~zhang/public_html
```

（4）在用户主目录下 public_html 子目录中创建 index.html 文件，编写简单的内容。该子目录
下的文件对于任何用户必须是可读的。

（5）重新启动 httpd 守护进程，或者重新加载配置文件。

（6）测试。例中使用 http://www.abc.com/~zhang 地址访问，结果如图 7-3 所示，表明成功。

图 7-3 测试个人 Web 空间

7.3　配置 Web 应用程序

由于静态网页无法存取后台数据库，功能上很受限制，现在的网站大都采用动态网页技术，运行 Web 应诉程序。Apache 支持多种 Web 应用程序，如 CGI、PHP、JSP 等。

7.3.1　配置 CGI 应用程序

CGI 是最简单、最通用的动态网站技术。CGI 是在 Web 服务器上运行的一个可执行程序，可以用任何一种语言编写，如 Perl、C、C++、Java 等，其中 Perl 最为常用。作为一种跨平台的高级语言开始，Perl 特别适合系统管理和 Web 编程。Perl 已经成为 Linux/UNIX 的标准部件，默认情况下，Red Hat Enterprise Linux 已安装有 Perl 语言解释器，用户可以使用命令 rpm -q perl 来查看已经安装的 Perl 解释器版本。

要让 CGI 程序正常运行，还需要对 Apache 配置文件进行设置，以允许 CGI 程序运行。在 Apache 平台上配置 CGI 主要有以下两种方式。

1.　使用 ScriptAlias 指令映射 CGI 程序路径

可以通过 ScriptAlias 指令设置一个 CGI 程序专用的目录，Apache 将该目录中的每个文件视为 CGI 程序，当有客户请求时就执行它。默认设置如下。

```
ScriptAlias /cgi-bin/ "/var/www/cgi-bin/"
```

这表明/var/www/cgi-bin/目录用于发布 CGI 程序，任何以/cgi-bin/开头的 Web 请求都将转到/var/www/cgi-bin/目录，并且将其中的文件作为 CGI 程序运行。

可以编写 Perl 程序进行测试。CGI 程序与一般编程的区别主要有以下两点。

● CGI 程序的所有输出必须前置一个 MIME 类型标头。这个标头指示客户端接收的内容类型，一般采用 "Content-type: text/html"。

● CGI 输出要采用 HTML 格式或浏览器可显示的其他格式（如 gif 图像）。

这里使用文本编辑器在/var/www/cgi-bin/目录中创建一个简单的 Perl 文件，内容如下。

```
#!/usr/bin/perl
print "Content-type: text/html\n\n";
print "Hello, World.";
```

将其命名为 hello.cgi（也可命名为 hello.cgi）。

还应为该文件设置只读和运行权限。例如，执行下列命令：

```
chmod 775 /var/www/cgi-bin/hello.cgi
```

打开浏览器，访问 http://www.abc.com/cgi-bin/hello.cgi，运行结果如图 7-4 所示。

图 7-4　测试 CGI 程序（专用目录）

2. 在其他目录中定制 CGI 程序

ScriptAlias 目录便于集中部署 CGI 程序。出于安全考虑，CGI 程序经常位于 ScriptAlias 目录之外，这样可以严格控制使用 CGI 程序的用户。例如，让用户在其主目录发布 Web 内容（使用 UserDir 指令）。要允许 CGI 在 ScriptAlias 目录之外的其他目录运行，首先必须使用 AddHandler 或 SetHandler 指令设置 CGI 文件类型（扩展名），然后使用 Options 指令为目录授予 CGI 脚本执行权限（ExecCGI）。

关于 CGI 脚本类型的默认设置为

```
#AddHandler cgi-script .cgi
```

默认将该语句注释掉，删除注释符号"#"，然后根据需要添加扩展名.pl，修改如下。

```
AddHandler cgi-script .cgi .pl
```

这样就可运行扩展名为.cgi 或.pl 的 CGI 脚本文件。

显式使用 Options 指令设置，以允许某个特定目录中的 CGI 脚本文件执行，这里以网站主目录为例：

```
<Directory "/var/www/html">
    Options Indexes FollowSymLinks ExecCGI
    AllowOverride None
    Order allow,deny
    Allow from all
</Directory>
```

Options 指令使用参数 ExecCGI 表示允许目录中的 CGI 文件运行。

参照上例，在网站主目录中创建一个简单的 Perl 脚本文件进行测试，为便于测试，将其命名 hello.pl，并赋予相应的只读和执行权限，测试结果如图 7-5 所示（与上例路径不同）。

图 7-5　测试 CGI 程序（其他目录定制）

7.3.2　配置 PHP 应用程序

PHP 全称 PHP Hypertext Preprocessor，是一种跨平台的服务器端嵌入式脚本语言。它借用了 C、Java 和 Perl 的语法，同时创建了一套自己的语法，便于编程人员快速开发 Web 应用程序。PHP 程序执行效率非常高，支持大多数数据库，并且是完全免费的，我们可到官方站点（http://www.php.net）自由下载。

1. 安装 PHP 解释器

PHP 程序需要 PHP 解释器来运行。Red Hat Enterprise Linux 5.0 捆绑的 PHP 版本为 5.1.6。首先使用以下命令检查当前 Linux 系统是否安装有 PHP 解释器，或者查看已安装的具体版本。

```
rpm -qa |grep php
```

如果没有安装，将 Red Hat Enterprise Linux 5 第 2 张安装光盘插入光驱，加载光驱后，切换到光驱加载点目录，执行以下命令进行安装（其中包括相关支持程序）。

```
rpm -ivh Server/php-common-5.1.6-5.el5.i386.rpm
rpm -ivh Server/php-cli-5.1.6-5.el5.i386.rpm
rpm -ivh Server/php-5.1.6-5.el5.i386.rpm
```

2. 配置 Apache 以支持 PHP

安装 PHP 解释器时会自动在目录/etc/httpd/conf.d/中建立一个名为 php.conf 的配置文件。而 Apache 主配置文件 httpd.conf 中默认设置有以下语句：

```
Include conf.d/*.conf
```

这条语句表示将目录/etc/httpd/conf.d 中的所有扩展名为 conf 的文件嵌入到 httpd.conf 中，当然也包括 php.conf 文件。配置 Apache 使其运行 PHP 程序的关键是编辑 php.conf 文件，说明如下。

使用 AddHandler 指令设置 PHP 文件类型，默认设置为

```
AddHandler php5-script .php
```

使用 AddType 指令指定 PHP 文件 MIME 类型，默认设置为

```
AddType text/html .php
```

为兼顾原来基于 PHP3 的程序文件（扩展名为.php3），可将上述两条语句修改为

```
AddHandler php5-script .php .php3
AddType text/html .php .php3
```

使用 DirectoryIndex 指令设置 PHP 默认文件类型。默认设置为

```
DirectoryIndex index.php
```

可根据需要改为以下设置，以支持更多的 PHP 文件类型。

```
DirectoryIndex index.php index.php3 index.html
```

至于 PHP 本身的配置则需要编辑/etc/php.ini 文件，该文件提供了许多选项。

3. 测试 PHP

这里在 Apache 主目录 var/www/html 中建立一个名为 test.php 的文件，该文件的内容如下。

```
<? phpinfo();?>
```

打开浏览器，访问 http://www.abc.com/test.php，运行结果如图 7-6 所示。这实际上显示了 PHP 的基本信息（包括选项配置）。

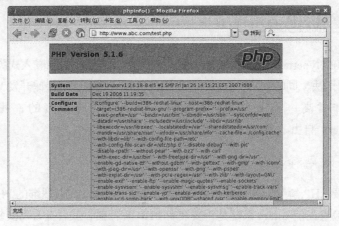

图 7-6　测试 PHP 程序

7.3.3　配置和管理 MySQL 数据库服务器

Web 应用程序通常需要后台数据库支持。在 Linux 平台上架设动态网站最常用的方案是 Apache+MySQL+PHP，即以 Apache 作为 Web 服务器，以 MySQL 作为后台数据库服务器，用 PHP 开发 Web 应用程序。这种组合方案简称为 LAMP，具有免费、高效、稳定的优点。MySQL 是一款高性能、多线程、多用户、支持 SQL、基于客户/服务器结构的关系数据库管理系统，是目前最受欢迎的开源数据库软件。

1．安装 MySQL 及相关程序

大多数 Linux 发行版本都捆绑了 MySQL，Red Hat Enterprise Linux 5 提供的 MySQL 版本为 5.0.22-2.1。使用以下命令检查当前 Linux 系统是否安装有该软件，或者查看已安装的具体版本。

```
rpm -qa |grep mysql
```

如果没有安装，将 Red Hat Enterprise Linux 5 第 2 张安装光盘插入光驱，加载光驱后，切换到光驱加载点目录，执行以下命令进行安装（其中包括相关支持程序）。

```
rpm -ivh Server/perl-DBI-1.52-1.fc6.i386.rpm
rpm -ivh Server/perl-DBD-MySQL-3.0007-1.fc6.i386.rpm
rpm -ivh Server/mysql-5.0.22-2.1.i386.rpm
rpm -ivh Server/mysql-server-5.0.22-2.1.i386.rpm
```

安装完毕，执行以下命令启动该服务。

```
/etc/init.d/mysql start
```

MySQL 管理员账户为 root，默认密码为空，在服务器上直接执行 MySQL 客户端的 mysql 命令，即可登录到 MySQL 服务器。登录成功后，显示相应的提示信息，可输入 MySQL 命令或 SQL 语句，结束符使用分号或 "\g"。例如，执行 show databases 命令显示已有的数据库。

```
[root@Linuxsrv1 ~][root@Linuxsrv1]# mysql
Welcome to the MySQL monitor.  Commands end with ; or \g.
Your MySQL connection id is 27 to server version: 5.0.22
Type 'help;' or '\h' for help. Type '\c' to clear the buffer.
mysql> show databases;
+--------------------+
| Database           |
+--------------------+
| information_schema |
| mysql              |
| test               |
+--------------------+
3 rows in set (0.00 sec)
```

当然，如果需要指定登录用户名、密码和服务器主机，应使用以下格式：

```
mysql -u 用户名 -h 主机 -p 密码
```

可在系统中使用命令行工具 mysqladmin 来完成 MySQl 服务器的管理任务。如需更改用户密码，可使用以下命令：

```
mysqladmin -u 用户名 password 密码
```

2. 使用 phpMyAdmin 管理 MySQL

除了可通过命令行访问 MySQL 服务器，实际应用中更倾向于基于图形界面的管理工具。phpMyAdmin 是用 PHP 语言编写的 MySQL 管理工具，可实现数据库、表、字段及其数据的管理，功能非常强大。该软件属于开源软件，可以从网站 http://sourceforge.net/projiects/phpadmin/ 下载最新的 phpMyAdmin 版本。具体部署和使用步骤如下。

（1）安装 php-mysql 支持包。该包提供了 PHP 访问 MySQL 数据库的相关接口，使用以下命令检查该包的安装情况。

```
rpm -q php-mysql
```

如果没有安装，将 Red Hat Enterprise Linux 5 第 3 张安装光盘插入光驱，加载光驱后，切换到光驱加载点目录，执行以下命令进行安装。

```
rpm -ivh Server/php-mysql-5.1.6-5.el5.i386.rpm
```

（2）将 phpMyAdmin 软件包解压缩，将整个目录复制到网站主目录/var/www/html 下，并将该目录更名为 phpMyAdmin（便于访问）。

（3）确认已经配置 Apache 对 PHP 的支持（参见上一节）。

（4）确认已经启动 MySQL 服务，如果 MySQL 服务器安装之后没有更改，可直接运行 phpMyAdmin 程序进行测试，例中访问 http://www.abc.com/phpMyAdmin，结果如图 7-7 所示。

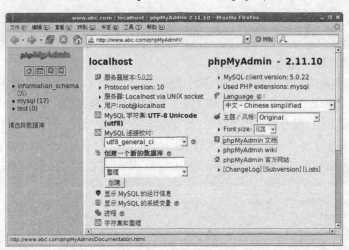

图 7-7　使用 phpMyAdmin 管理 MySQL

可根据需要进行各种管理操作。

（5）如果 MySQL 服务器安装之后更改过，或者需要进一步定制 phpMyAdmin，应修改 phpMyAdmin 配置文件。

phpMyAdmin 默认提供了一个名为 config.sample.inc.php（位于 phpMyAdmin 目录）的配置文件样本，可以该文件为基础创建一个名为 config..inc.php 的 phpMyAdmin 配置文件。

例如，以下语句定义 MySQL 服务器的 IP 地址或域名：

```
$cfg['Servers'][$i]['host'] = 'localhost';
```

以下语句定义连接 MySQL 数据库的用户名和密码：

```
$cfg['Servers'][$i]['user'] = 'root';
$cfg['Servers'][$i]['password'] = 1234sd';
```

7.4　配置 Web 服务器安全

Web 服务器本身和基于 Web 的应用程序已成为攻击者的重要目标。Web 服务所使用的 HTTP 其本身是一种小型简单且又安全可靠的通信协议，它本身遭受非法入侵的可能性不大。Web 安全问题往往与 Web 服务器的整体环境有关，如系统配置不当、应用程序出现漏洞等。Web 服务器的功能越多，采用的技术越复杂，其潜在的危险性就越大。Web 安全涉及的因素多，必须从整体安全的角度来解决 Web 安全问题，实现物理级、系统级、网络级和应用级的安全。这里主要从 Web 服务器软件本身角度来讨论安全问题，解决访问控制问题，即哪些用户能够访问哪些资源管理。

7.4.1　用户认证

多数网站都是匿名访问，并不要求验证用户身份。但对于一些重要的 Web 应用来说，出于安全考虑，需要对访问用户进行限制。用户认证是 Web 服务器安全的第一道防线，它检查用户身份的合法性，目的是让合法用户访问特定的资源（网站、目录、文件）。Apache 服务器的实现方法是，**将特定的资源限制为仅允许认证密码文件中的用户所访问**。

1. 认证指令

认证指令可以出现在主配置文件中的 <Directory> 容器中，也可以置于 .htaccess 文件中。

● 使用 AuthType 指令设置认证类型。有两种认证类型，一种是基本认证（Basic），另一种是摘要认证（Digest）。摘要认证更安全，但并非所有浏览器都支持，因此通常使用基本认证，定义如下：

```
AuthType Basic
```

● 使用 AuthName 指令设置认证领域。主要定义 Web 浏览器显示输入用户/密码对话框时的提示内容，例如：

```
AuthName "This is a private directory, Please Login: "
```

● 使用 AuthUserFile 指令设置密码文件的路径。AuthUserFile 定义密码文件的路径，即使用 htpasswd 命令建立的口令文件，例如：

```
AuthUserFile /etc/httpd/testpwd
```

● 使用 AuthGroupFile 指令设置密码组文件的路径。

2. 授权命令

配置认证之后，需要使用 Require 指令为指定的用户或组群授权访问资源。

● Require user：为特定的一个或多个用户授权，对于多个用户，用空格隔开。
● Require gpoup：为特定的一个或多个组授权，对于多个组，用空格隔开。
● Require valid-user：为认证密码文件中的所有用户授权。

3. 管理密码文件

要实现用户认证，首先要建立一个密码文件。该文件是存储用户名和密码的文本文件，每一行包含一个用户的用户名和加密的密码，格式如下。

```
用户名:加密的密码
```

使用 Apache 自带的 htpasswd 工具建立和更新密码文件，基本用法为

```
htpasswd [-c] [-m] [-D] 密码文件名 用户名
```

选项-c 表示创建密码文件，如果该文件已经存在，那么将被清空并改写；选项-m 表示使用 MD5 加密密码；选项-D 表示如果用户名存在于密码文件中，则删除该用户。

可以使用如下命令添加一个认证用户，同时创建密码文件：

```
htpasswd -c 密码文件名 用户名
```

可以使用如下命令在现有的密码文件中添加用户，或者修改已存在的用户密码：

```
htpasswd 密码文件名 用户名
```

需要注意的是，密码文件必须存储在不能被网络用户访问的位置，以避免被下载。

4. 实例：使用基本认证方法实现 Web 用户认证

（1）执行以下命令为用户 zhong 创建一个密码文件。

```
htpasswd -c /etc/httpd/passwd/passwords zhong
```

（2）配置 Web 服务器，要求用户经过认证之后才能访问某网站或网站目录。这里在 httpd.conf 文件中为目录/var/www/html/dev 增加认证限制，只允许用户 zhong 访问，不允许匿名访问。

```
<Directory "/var/www/html/dev">
AuthType Basic
AuthName "Restricted Files:"
AuthUserFile /etc/httpd/passwd/passwords
Require user zhong                    ## 授权用户访问该目录
</Directory>
```

（3）保存 httpd.conf 文件，重新启动 Apache 服务器。

（4）访问该网站目录测试用户认证，结果如图 7-8 所示，表明用户认证配置成功。

图 7-8　使用 phpMyAdmin 管理 MySQL

7.4.2　访问控制

通过使用访问控制指令，可实现对网站目录、文件或 URL 地址的访问控制。

1. 限制目录访问

<Directory>容器用于封装一组指令，使其对指定的目录及其子目录有效。目录名可以采用文件系统的绝对路径，也可以是包含通配符的表达式。具体见 7.2.6 小节。

2. 限制文件访问

<Files>容器作用于指定的文件，而不管该文件实际存在于哪个目录，用法为

```
<Files 文件名>
    一组指令
</Files>
```

文件名可以是一个具体的文件名，也可以使用"*"和"?"通配符。另外，还可使用正则表达式来表达多个文件，此时要在正则表达式前多加一个"~"符号。

例如，在主配置文件中定义以下内容，将拒绝所有主机访问位于任何目录下的以.ht 开头的文件，如.htaccess 和.htpasswd 等系统重要文件。

```
< Files ~"~\.ht">
Order allow, deny
Deny from all
<Files>
```

该容器通常嵌套在<Directory>容器中使用，以限制其所作用的文件系统范围。

3. 限制 URL 地址访问

<Location>容器是针对 URL 地址进行访问限制的，而不是 Linux 的文件系统，用法为

```
<Location URL 地址>
    一组指令
</Location>
```

比如，要拒绝除 192.168.0.2 以外的主机对 URL 以/assistant 开头的访问，则配置命令为

```
<Location /assistant>
Order deny,allow
Deny from all
Allow from 192.168.0.2
</Location>
```

4. 通过文件权限控制访问

除了编辑 Apache 主配置文件实现访问控制之外，还要考虑 Linux 系统本身文件权限的设置，这一点往往被忽视。例如，可将 Web 服务器上的某个文件配置为允许某用户查看和执行，而禁止其他用户访问该文件。如果主配置文件中的配置允许访问某目录，而系统禁止用户访问目录，最终 Web 用户也无法访问该目录。对于 Linux 目录来说，需要 x（执行）权限才能进入目录访问。

7.5　配置和管理虚拟主机

多数情况下，需要在一台服务器上建立多个 Web 网站，这就要用到虚拟主机技术。使用这种技术将一台服务器主机划分成若干台"虚拟"的主机，运行多个不同的 Web 网站，每个网站都具有独立的域名（有的还有独立的 IP 地址）。对用户来说，虚拟主机是透明的，好像每个网站都在单独的主机上运行一样。虚拟主机之间完全独立，并可由用户自行管理。这种技术可节约硬件资源、节省空间、降低成本。

Apache 支持两种虚拟主机技术，一种是基于 IP 地址的虚拟主机，每个 Web 网站拥有不同的

IP 地址；另一种是基于名称的虚拟主机，每个 IP 地址支持多个网站，每个网站拥有不同的域名。由于传统的 IP 虚拟主机浪费 IP 地址，实际应用中更倾向于采用基于名称的虚拟主机技术，无论是作为 ISP 提供虚拟主机服务，还是要在企业内网中发布多个网站，都可通过 Apache 来实现。

7.5.1　基于 IP 的虚拟主机

这是传统的虚拟主机方案，又称为 IP 虚拟主机技术，使用多 IP 地址来实现，将每个网站绑定到不同的 IP 地址，如果使用域名，则每个网站域名对应于独立的 IP 地址，如图 7-9 所示。用户只需在浏览器地址栏中键入相应的域名或 IP 地址即可访问 Web 网站。这就要求服务器必须同时绑定多个 IP 地址，可通过在服务器上安装多块网卡，或通过虚拟网络接口（网卡别名）来实现，即在一块网卡上绑定多个 IP 地址。

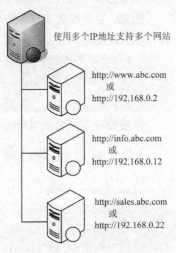

图 7-9　基于 IP 的虚拟主机

这种技术的优点是可在同一台服务器上支持多个 HTTPS（安全网站）服务，而且配置简单。每个网站都要有一个 IP 地址，这对于 Internet 网站来说造成 IP 地址浪费。在实际部署中，**这种方案主要用于部署多个要求 SSL 服务的安全网站**。

要实现这种虚拟主机，首先必须用 Listen 指令设置服务器需要侦听的地址和端口，然后使用<VirtualHost>容器针对特定的地址和端口配置虚拟主机。

下面用一个实例示范配置步骤。假设服务器有两个 IP 地址 192.168.0.12 和 192.168.0.22，对应的域名分别为 info.abc.com 和 sales.abc.com，需要建立两个 Web 网站。

（1）为服务器安装多块网卡，分别指派不同的 IP 地址。或者采用虚拟网卡方式为现有网卡绑定多个 IP 地址。例中为当前服务器指派 192.168.0.12 和 192.168.0.22 两个 IP 地址。

（2）为虚拟主机注册所要使用的域名。例中分别为 192.168.0.12 和 192.168.0.22 两个地址注册域名为 info.abc.com 和 sales.abc.com 。

如果仅仅用于测试或实验，除了使用 DNS 服务器之外，最简单的方法是直接使用/etc/hosts文件来配置简单的域名解析。

（3）为两个网站分别创建网站根目录。

```
mkdir -p /var/www/info
mkdir -p /var/www/sales
```

（4）在两个网站根目录中分别创建主页文件 index.html。

（5）编辑 httpd.conf 配置文件，确认配置有以下 Listen 指令。

```
Listen 80
```

（6）编辑 httpd.conf 配置文件，定义虚拟主机，本例添加以下内容：

```
<VirtualHost 192.168.0.12>
ServerName info.abc.com
DocumentRoot /var/www/info
</VirtualHost>
<VirtualHost 192.168.0.22>
ServerName sales.abc.com
DocumentRoot /var/www/sales
</VirtualHost>
```

（7）保存以上设置，重新启动 Apache 服务器，使用浏览器分别访问两个不同的站点，进行实际测试。基于 IP 地址的虚拟主机可以使用对应的域名访问，也可直接使用 IP 地址访问。

对于基于 IP 地址的虚拟主机配置来说，在<VirtualHost>容器中，DocumentRoot 指令是必需的，常见的可选指令有 ServerName 和 ServerAdmin、ErrorLog、TransferLog 和 CustomLog 等。几乎任何 Apache 指令都可以包括在<VirtualHost>容器中。

对<VirtualHost>容器中未定义 IP 地址的请求（如 localhost），都将指向主服务器。

7.5.2　基于名称的虚拟主机

1．概述

这种技术将多个域名绑定到同一 IP 地址。**多个虚拟主机共享同一个 IP 地址，各虚拟主机之间通过域名进行区分**，如图 7-10 所示。一旦来自客户端的 Web 访问请求到达服务器，服务器将使用在 HTTP 头中传递的主机名（域名）来确定客户请求的是哪个网站。

这是首选的虚拟主机技术，经济实用，可以充分利用有限的 IP 地址资源来为更多的用户提供网站业务，适用于多数情况。这种方案唯一的不足是不能支持 SSL 安全服务，因为使用 SSL 的 HTTP 请求有加密保护，主机头是加密请求的一部分，不能被解释和路由到正确的网站。

实现这种虚拟主机有一个前提条件，就是要在域名服务器上将多个域名映射到同一 IP 地址。最关键的是在 httpd.conf 配置文件中使用 NameVirtualHost 指令设置服务器上负责响应 Web 请求的 IP 地址（必要时加上端口）。如果将服务器上的任何 IP 地址都用于虚拟主机，可以使用参数"*"。如果使用多个端口，应当明确指定端口（如 NameVirtualHost *:80），否则会被视为有语法错误。如果对**多个 IP 地址使用了多个基于主机名的虚拟主机，则要对每个地址均要使用 NameVirtualHost 指令定义。**

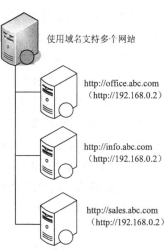

使用域名支持多个网站

http://office.abc.com
（http://192.168.0.2）

http://info.abc.com
（http://192.168.0.2）

http://sales.abc.com
（http://192.168.0.2）

图 7-10　基于名称的虚拟主机

还要为每个虚拟主机创建一个<VirtualHost>块。<VirtualHost>指令的参数必须与 NameVirtualHost 指令的参数保持一致。在每个<VirtualHost>块中，至少需要使用 ServerName 指令设置响应请求的主机，使用 DocumentRoot 指令定义网站根目录。主服务器的配置指令集（位于<VirtualHost>容器之外）只有没有被虚拟主机设置所覆盖时，才能生效。

提示

如果要在现有的 Web 服务器上增加虚拟主机，还必须为主服务器创建一个<VirtualHost>块。在该虚拟主机中的定义中，ServerName 和 DocumentRoot 指令的设置应该与全局 ServerName 和 DocumentRoot 指令保持一致，而且还要把这个虚拟主机放在所有<VirtualHost>的最前面，让其成为默认主机。

2. 虚拟主机匹配顺序

当一个请求到达时，服务器首先检查它是否使用了一个与 NameVirtualHost 匹配的 IP 地址。如果是，就会逐一查找使用该 IP 地址的<VirtualHost>段，并尝试找出一个与 ServerName 或 ServerAlias 指令所设置参数与所请求的主机名（域名）相同的<VirtualHost>段，如果找到，则使用该虚拟主机的配置，并响应其访问请求，否则将使用符合这个 IP 地址的第一个列出的虚拟主机。这就意味着，排在最前面的虚拟主机成为默认虚拟主机。当请求的 IP 地址与 NameVirtualHost 指令中的地址相匹配时，主服务器中的 DocumentRoot 将永远不会被用到。

3. 实例：在单一 IP 地址上运行多个基于名称的 Web 网站

这里以一个公司的不同部门（信息中心、销售部）分别建立独立网站为例，各部门所用的独立域名分别为 info.abc.com 和 sales.abc.com。服务器只有一个 IP 地址，多个 DNS 别名指向该 IP 地址。

（1）在 DNS 服务器中为每个网站注册所使用的域名，让这些域名能够解析到服务器上的 IP 地址（例中为 192.168.0.2）。对于测试或实验，可直接使用/etc/hosts 文件来配置简单的域名解析。

（2）为每个网站创建 Web 网站根目录。例中分别为/var/www/info 和/var/www/sales。

（3）为每个网站准备网页文件。这里在根目录中分别创建主页文件 index.html 用于测试（可输入不同的正文内容以便于区分）。

（4）编辑 httpd.conf 配置文件，使用 Listen 指令设置指定要侦听的地址和端口。例中使用标准的 80 端口，直接配置为"Listen 80"，让其侦听当前服务器的所有地址上的 80 端口。

（5）使用 NameVirtualHost 指令为基于域名的虚拟主机指定要使用的 IP 地址和端口，以接受来自客户端的请求。例中设置的语句为

```
NameVirtualHost *:80
```

这表示侦听所有 IP 地址的虚拟主机请求。

（6）使用<VirtualHost>容器指令为每一个虚拟主机进行配置。

```
<VirtualHost *:80>
    DocumentRoot /var/www/info
    ServerName info.abc.com
</VirtualHost>
<VirtualHost *:80>
    DocumentRoot /var/www/sales
    ServerName sales.abc.com
</VirtualHost>
```

（7）保存以上设置，重新启动 Apache 服务器，使用浏览器分别访问不同的站点（使用域名），进行实际测试。

这里的"*"匹配所有的 IP 地址，所以主服务器不会响应请求。例中 info.example.com 在配置文件中排在前面，具有最高的优先级，被视为默认或主服务器。这就意味着，请求不能匹配 ServerName 指令的定义，将被该虚拟主机响应。

当然例中可以使用指定的 IP 地址，如

```
NameVirtualHost 192.168.0.2
<VirtualHost 192.168.0.2:80>
```

4. 实例：在多个 IP 地址上运行基于名称的 Web 网站

这里服务器有两个 IP 地址，一个（192.168.0.2）用于运行主服务器（www.abc.com），另一个（192.168.0.12）用于运行两个虚拟主机（info.abc.com 和 sales.abc.com）。这种方案适用于任意数量的 IP 地址。

除了配置相应的域名外，主要的配置如下。

```
## 全局配置
Listen 80
## 主服务器配置
ServerName www.abc.com
DocumentRoot "/var/www/html"
## 虚拟主机配置
NameVirtualHost 192.168.0.12
<VirtualHost 192.168.0.12>
    DocumentRoot /var/www/info
    ServerName info.abc.com
</VirtualHost>
<virtualHost 192.168.0.12>
    DocumentRoot /var/www/sales
    ServerName sales.abc.com
</VirtualHost>
```

这样，对服务器上 192.168.0.12 之外的任何地址的 Web 请求，都将由主服务器响应。使用不能识别的主机名或没有主机名的，访问 192.168.0.12 时，都将由 info.abc.com 响应。

5. 实例：在不同 IP 地址上（内外网）运行相同的 Web 网站

服务器有两个 IP 地址（192.168.0.1 和 172.16.16.1），位于内外网边界，域名 www.abc.com 对外网来说解析到外部地址 172.16.16.1，对内网来说解析到内部地址 192.168.0.1。Web 网站可以响应来自内外部的 Web 请求。与虚拟主机相关的配置如下。

```
NameVirtualHost 192.168.0.1
NameVirtualHost 172.16.16.1
<VirtualHost 192.168.0.1 172.16.16.1>
DocumentRoot "/var/www/html"
ServerName www.abc.com
ServerAlias webserver
</VirtualHost>
```

由于定义 ServerAlias（别名），内网用户可使用 webserver 名称，而不用 www.abc.com 来访问该网站。

7.5.3　基于 TCP 端口架设多个 Web 网站

读者可能遇到过使用格式为 "http://域名:端口号" 的网址来访问网站的情况。这实际上是利用 TCP 端口号在同一服务器上架设不同的 Web 网站。通过附加端口号，服务器只需一个 IP 地址即可维护多个网站。除了使用默认 TCP 端口号 80 的网站之外，用户访问网站时需在 IP 地址（或域名）后面附加端口号，如 "http://192.168.0.2:8080"。

这种技术的优点是无需分配多个 IP 地址，只需一个 IP 就可创建多个网站，其不足之处有两点，一是输入非标准端口号才能访问网站，二是开放非标准端口容易导致被攻击。因此一般不推荐将这种技术用于正式的产品服务器，而主要用于网站开发和测试目的，以及网站管理。

这里给出一个简单的例子，一个地址使用两个不同端口支持两个网站，在 httpd.conf 文件主要设置以下内容。

```
## 全局配置
Listen 80
Listen 8080
## 虚拟主机配置
<VirtualHost 192.168.0.2:80>
ServerName www.abc.com
DocumentRoot /var/www/info
</VirtualHost>
<VirtualHost 192.168.0.2:8080>
ServerName www.abc.com
DocumentRoot /var/www/sales
</VirtualHost>
```

使用浏览器分别访问两个不同的站点，一个站点的网址是 www.abc.com，另一个站点的网址为 www.abc.com:8080。

采用这种方式构建的多网站，其域名或 IP 地址部分完全相同，仅端口号不同。严格地说，这不是真正意义上的虚拟主机技术，因为一般意义上的虚拟主机应具备独立的域名。这种方式更多地用于同一个网站上的不同服务。

7.6 基于 SSL 协议部署安全网站

SSL 是一种以 PKI（公钥基础结构）为基础的网络安全解决方案，广泛运用于电子商务和电子政务等领域。在 Web 服务器上使用 SSL 安全协议，可以提高 Web 网站的安全性，为服务器与客户端（浏览器）提供身份验证，并在它们之间建立安全连接通道以保护数据传输。在 Linux 平台上，通常将 Apache 服务器与 OpenSSL 结合起来实现基于 SSL 的安全连接。

7.6.1 理解 SSL 协议

SSL 全称 Security Socket Layer（安全套接层），是一种建立在网络传输层 TCP 之上的安全协议标准，用来在客户端和服务器之间建立安全的 TCP 连接，向基于 TCP/IP 的客户/服务器应用程序提供客户端和服务器的验证、数据完整性及信息保密性等安全措施。

SSL 目前主要有两个版本 2.0 和 3.0。TLS 是 IETF 推出的传输层安全协议标准，目前版本为1.0。TLS 1.0 是 SSL 3.0 的标准化版本，与 SSL 3.0 兼容，具体实现上一般都做到了两者兼容，因而又统称为 SSL/TLS。

SSL 采用公钥和私钥两种加密体制对服务器和客户端的通信提供保密性、数据完整性和身份验证。在建立连接过程中采用公钥，在会话过程中使用私钥。

在 SSL 中使用的证书有两种类型，每一种都有自己的格式和用途。客户证书包含关于请求访问站点的客户的个人信息，可在允许其访问站点之前由服务器加以识别。服务器证书包含关于服务器的信息，服务器允许客户在共享敏感信息之前对其加以识别。

SSL 协议主要解决以下 3 个关键问题。

● 客户端对服务器的身份确认。

● 服务器对客户的身份确认。

● 在服务器和客户端之间建立安全的数据通道。

目前，SSL 已在浏览器和服务器的验证、信息的完整性和保密性中广泛使用，成为一种事实上的工业标准。除了 Web 应用外，SSL 还被用于 Telnet、FTP、SMTP、POP3、NNTP 等网络服务。

　　对于 SSL 安全来说，客户端认证是可选的，即不强制进行客户端验证。这样虽然背离了安全原则，但是有利于 SSL 的广泛使用。如果要强制客户端验证，就要求每个客户端都有自己的公钥，并且服务器要对每个客户端进行认证，仅为每个用户分发公钥和数字证书，对于客户基数比较大的应用来说负担就很重。在实际应用中，服务器的认证更为重要，因为确保用户知道自己正在和哪个商家进行连接，比商家知道自己在和哪个用户进行连接更重要。而且服务器比客户数量要少得多，为服务器配备公钥和站点证书易于实现。

7.6.2　OpenSSL 简介

OpenSSL 是一个健壮的、商业等级的、完整的开放源代码的工具包，用强大的加密算法来实现 SSL 2.0/3.0 和 TLS 1.0，支持了其中绝大部分算法协议，其官方网站为 http://www.openssl.org。OpenSSL 支持 Linux、Windows、BSD、Mac、VMS 等平台，具有广泛的适用性。OpenSSL 软件包提供有密码算法库、SSL 协议库以及应用程序，功能相当强大和全面，包括主要的密码算法、常用的密钥和证书封装管理功能以及 SSL 协议，并提供了丰富的应用程序供测试或其他目的的使用。

在 Linux 平台上可直接使用 openssl 程序，作为一个命令行密码学工具，其主要功能如下。

● 创建 RSA（一种非对称加密算法）、DH（Diffie-Hellman，也是一种非对称加密算法）和 DSA（数字签名算法）密钥参数。

● 创建 X.509 证书、CSR（证书签名请求）和证书吊销列表（CRL）。

● 计算消息摘要。

● 加密和解密密文。

● 测试 SSL/TLS 客户端和服务器。

● 基于 S/MIME 签名或加密电子邮件。

Openssl 程序提供的命令非常丰富，每个命令有大量的选项和参数，基本语法格式为

```
openssl 命令 [ 选项 ] [ 参数 ]
```

例如，执行以下命令可生成一个普通的私钥：

```
openssl genrsa -out privatekey.key 1024
```

7.6.3　基于 SSL 的安全网站解决方案

服务器端采用支持 SSL 的 Web 服务器，客户端采用支持 SSL 的浏览器实现安全通信。基于

SSL 的 Web 网站可以实现以下安全目标。

● 用户（浏览器端）确认 Web 服务器（网站）的身份，防止假冒网站。

● 在 Web 服务器和用户（浏览器端）之间建立安全的数据通道，确保安全地传输敏感数据，防止数据被第三方非法获取。

● 如有必要，可以让 Web 服务器（网站）确认用户的身份，防止假冒用户。

基于 SSL 的 Web 安全涉及 Web 服务器和浏览器对 SSL 的支持，而关键是服务器端。目前大多数 Web 服务器都支持 SSL，如 IIS、Apache、Sambar 等；大多数 Web 浏览器也都支持 SSL。

架设 SSL 安全网站，关键要具备以下几个条件。

● 需要从可信的或权威的证书颁发机构（CA）获取 Web 服务器证书。当然也可以创建自签名的证书（**X509 结构**）。另外还要保证证书不能过期。

● 必须在 Web 服务器上安装服务器证书并启用 SSL 功能。

● 如果要求对客户端（浏览器端）进行身份验证，客户端需要申请和安装用户证书。如果不要求对客户端进行身份验证，客户端必须与 Web 服务器信任同一证书认证机构，需要安装 CA 证书。

7.6.4　为 Apache 服务器配置 SSL

在 Apache 服务器上可针对主服务器或虚拟主机配置 SSL，使其成为安全网站。这里以 Red Hat Enterprise Linux 5 平台为例讲解详细配置步骤。该平台集成有 openssl 工具包，直接支持 SSL 加密应用，这里主要用来产生 SSL 证书。

1. 安装必要的软件包

执行以下命令检查确认安装有 openssl 软件包。

```
[root@Linuxsrv1 ~]# rpm -qa | grep openssl
openssl-0.9.8b-8.3.el5
openssl-devel-0.9.8b-8.3.el5
```

执行以下命令检查确认安装有 Apache 服务器的 SSL、TLS 模块。

```
[root@Linuxsrv1 ~]# rpm -qa | grep mod_ssl
mod_ssl-2.2.3-6.el5
```

2. 为 Apache 服务器准备 SSL 证书

默认情况下，Red Hat Enterprise Linux 5 将证书保存在/etc/pki/tls/certs 目录，将私钥保存在/etc/pki/tls/private 目录。

（1）执行命令 cd　/etc/pki/tls/private 切换到/etc/pki/tls/private 目录。

（2）执行以下命令为服务器产生一个私钥。

```
[root@Linuxsrv1 private]# openssl genrsa -out abcsrv.key 1024
Generating RSA private key, 1024 bit long modulus
.....++++++
...............++++++
e is 65537 (0x10001)
```

（3）执行以下命令基于上述服务器私钥创建一个证书签名请求文件。

```
[root@Linuxsrv1 private]# openssl genrsa -out abcsrv.key 1024
Generating RSA private key, 1024 bit long modulus
.....++++++
...............++++++
e is 65537 (0x10001)
[root@Linuxsrv1 private]# openssl req -new -key abcsrv.key -out abcsrv.csr
You are about to be asked to enter information that will be incorporated
into your certificate request.
What you are about to enter is what is called a Distinguished Name or a DN.
There are quite a few fields but you can leave some blank
For some fields there will be a default value,
If you enter '.', the field will be left blank.
-----
Country Name (2 letter code) [GB]:CN
State or Province Name (full name) [Berkshire]:SD
Locality Name (eg, city) [Newbury]:QD
Organization Name (eg, company) [My Company Ltd]:ABC GROUP
Organizational Unit Name (eg, section) []:INFO
Common Name (eg, your name or your server's hostname) []:www.abc.com
Email Address []:admin@abc.com
Please enter the following 'extra' attributes
to be sent with your certificate request
A challenge password []:abc123
An optional company name []:abc
```

提示　　Common Name（通用名称）最为关键，可选用服务器的 DNS 域名（多用于 Internet）、主机名（用于内网）或 IP 地址，客户端与服务器建立 SSL 连接时，需要使用该名称来识别服务器。例如，将该名称设置为域名 www.abc.com，在浏览器端使用 IP 地址来连接基于 SSL 的安全网站时，将出现安全证书与网站名称不符的警告。而且一个证书只能与一个通用名称绑定。

（4）在/etc/pki/tls 目录中创建一个子目录 csr 用于存放证书签名请求文件，然后将 abcsrv.csr 文件移动到该目录。

```
[root@Linuxsrv1 private]# mkdir /etc/pki/tls/csr
[root@Linuxsrv1 private]# mv abcsrv.csr /etc/pki/tls/csr
```

至此已经拥有服务器的两个文件：/etc/pki/tls/private/abcsrv.key（私钥）和/etc/pki/tls/csr/abcsrv.csr（证书请求）。应及时备份私钥。接下来应向证书颁发机构提交服务器证书请求文件（一般通过 Web 方式或邮件方式），申请服务器证书，获取服务器证书文件后，将其保存到相应的目录中，同时做好备份。

这里主要用于测试，直接使用 openssl 命令为服务器创建一个自签名证书。

（5）执行以下命令基于服务器私钥为服务器创建一个自签名证书（相当于服务器公钥）。

```
[root@Linuxsrv1 ~]# cd /etc/pki/tls/certs
[root@Linuxsrv1 certs]# openssl x509 -req -days 365 -in /etc/pki/tls/csr/abcsrv.csr
-signkey /etc/pki/tls/private/abcsrv.key -out abcsrv.crt
Signature ok
subject=/C=CN/ST=SD/L=QD/O=ABC
GROUP/OU=INFO/CN=www.abc.com/emailAddress=admin@abc.com
Getting Private key
```

3. 为 Apache 服务器启用 SSL 功能

在 Red Hat Enterprise Linux 5 上安装 Apache 时会自动在目录/etc/httpd/conf.d/中建立一个名为 ssl.conf 的配置文件，默认该文件嵌入到 httpd.conf 文件。通过编辑该文件来配置 SSL 功能，下面举例示意。

（1）检查 SSL 模块是否加载，确认应有以下语句。

```
LoadModule ssl_module modules/mod_ssl.so
```

（2）要支持 SSL 就必须指定要侦听的 HTTPS 端口（默认端口为 443）。

```
Listen 443
```

（3）由于使用不同端口，需要配置相应的虚拟主机，设置 SSL 选项。

```
<VirtualHost _default_:443>
SSLEngine on              ##  开启 SSL 引擎以启用 SSL 功能
SSLCertificateFile /etc/pki/tls/certs/abcsrv.crt    ##  设置服务器证书路径
SSLCertificateKeyFile /etc/pki/tls/private/abcsrv.key   ##  设置服务器私钥路径
</VirtualHost>
```

（4）保存该配置文件，重新启动 Apache 服务器。

接下来进行实际测试。

4. Linux 客户端基于 SSL 连接到 Apache 服务器

进行 SSL 连接之前，客户端必须能够信任颁发服务器证书的证书颁发机构。只有服务器和浏览器两端都信任同一 CA，彼此之间才能协商建立 SSL 连接。

（1）打开浏览器，以"https://"打头的 URL 访问 SSL 安全网站，出现如图 7-11 所示的界面，提示是否接受证书。

（2）在接受证书之前需要检查证书。单击"检查证书"按钮弹出如图 7-12 所示的窗口，显示证书的基本信息，也可切换到"细节"选项卡进一步查看。查看完毕关闭该窗口。

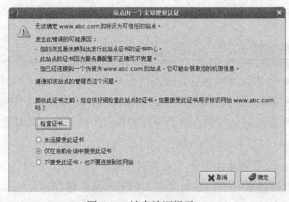

图 7-11 站点认证提示

图 7-12 查验证书

（3）这里选中"仅在当前会话中接受此证书"单选钮，表示在本次会话中临时认可该证书。

如果选中"永远接受此证书"单选钮，将安装该证书，以后访问时将没有相应的提示。

（4）单击"确定"按钮，弹出安全警告窗口，提示访问加密页面。

（5）单击"确定"按钮，出现如图 7-13 所示的界面，可以正常访问该网站，右下方将出现一个小锁图标，表示连接已加密。

在 Mozilla Firefox 浏览器中选择"编辑">"首选项"菜单打开"Firefox 首选项"窗口，单击"高级"按钮，再切换到"安全"选项卡，可设置要支持的的 SSL 协议。单击"查看证书"按钮，切换到"Web 站点"选项卡，如果安装有 Web 服务器证书，将显示出来，如图 7-14 所示。可根据需要进一步管理证书。

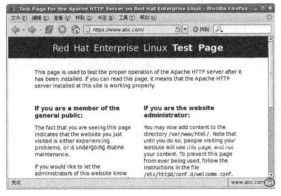

图 7-13　通过安全通道访问

图 7-14　证书管理器

5. Windows 客户端基于 SSL 连接到 Apache 服务器

大多数比较有名的证书颁发机构都已经被加到 IE 浏览器的"受信任的根证书颁发机构"列表中。对于自签名的证书，浏览器一开始当然不会信任，还应在客户端将该证书安装到受信任的根证书颁发机构存储区域，具体操作步骤如下。

（1）打开浏览器，以"https://"打头的 URL 访问 SSL 安全网站，出现安全警报对话框，提示客户端不信任当前为服务器颁发证书的证书颁发机构。

（2）单击"查看证书"按钮弹出如图 7-15 所示的对话框，提示 CA 根证书不受信任。

（3）单击"安装证书"按钮启动证书导入向导。

（4）单击"下一步"按钮，出现如图 7-16 所示的对话框，选择证书存储区域，这里保持默认设置。如果选中"将所有的证书放入下列存储区"单选钮，单击"浏览"按钮从列表中选择"受信任的根证书颁发机构"区域。

（5）单击"下一步"按钮，根据提示完成证书的导入。

（6）依次关闭"证书"对话框和"安全警报"对话框，重新访问该 SSL 安全网站。

6. 强制客户端使用 SSL 连接

按照上述配置，HTTP 和 HTTPS 两种通信连接都支持，也就是说 SSL 安全通信是可选的。如果使用 HTTP 访问，将不建立 SSL 安全连接。如果要强制客户端使用 HTTPS，以"https://"打头的 URL 与 Web 网站建立 SSL 连接，只要屏蔽非 SSL 网站即可。例如，不允许侦听 80 端口，或者不要配置 80 端口的虚拟主机。

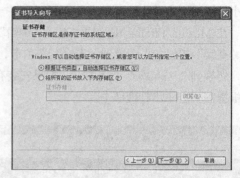

图 7-15　提示 CA 根证书不受信任　　　　　　　　图 7-16　证书导入

7. 为 Apache 虚拟主机启用 SSL 功能

以上实例主要针对主服务器来启用 SSL。下面介绍如何为虚拟主机启用 SSL。注意基于名称的虚拟主机不支持 SSL。

（1）基于 IP 的虚拟主机。由于采用多个 IP 地址，可针对多个域名（或 IP）申请服务器证书，然后为每个虚拟主机开放 443 端口，主要配置方法如下。

```
Listen 443
<VirtualHost a.b.c.d:443>
## 使用指令 SSLEngine 开启 SSL 引擎
## 使用指令 SSLCertificateFile 设置服务器证书路径
## 使用指令 SSLCertificateKeyFile 设置服务器私钥路径
</VirtualHost>
<VirtualHost w.x.y.z:443>
## 使用指令 SSLEngine 开启 SSL 引擎
## 使用指令 SSLCertificateFile 设置服务器证书路径
## 使用指令 SSLCertificateKeyFile 设置服务器私钥路径
</VirtualHost>
```

（2）基于 TCP 端口的虚拟主机。只需为一个域名（或 IP）申请服务器证书，然后为每个虚拟主机开放多个 HTTPS 端口，主要配置方法如下。

```
Listen 443
Listen 8443
<VirtualHost a.b.c.d:443>
##　使用指令 SSLEngine 开启 SSL 引擎
##　使用指令 SSLCertificateFile 设置服务器证书路径
##　使用指令 SSLCertificateKeyFile 设置服务器私钥路径
</VirtualHost>
<VirtualHost a.b.c.d:8443>
##　使用指令 SSLEngine 开启 SSL 引擎
##　使用指令 SSLCertificateFile 设置服务器证书路径
##　使用指令 SSLCertificateKeyFile 设置服务器私钥路径
</VirtualHost>
```

7.7　维护和更新 Web 网站资源

维护和更新 Web 网站资源（目录和文件）最简单的方法是直接在 Web 服务器上进行操作，只是这种方式比较受局限，因为多数情况下需要远程维护网站。目前网站远程维护方式主要有文件共享、FTP、WebDAV、远程管理软件、网站开发工具等，有的网站直接提供网站管理程序。这里主要介绍两种较为通用的方式——FTP 和 WebDAV。

7.7.1　通过 FTP 管理 Web 网站

FTP 非常适合管理 Internet 上的 Web 网站，文件传输效率高，但安全性较差。ISP 提供的虚拟主机或个人主页空间，大都是让用户通过 FTP 来管理的。

充分利用 FTP 的目录配置管理功能，只需一个 FTP 站点就可以让用户通过 FTP 来管理 Web 虚拟主机。服务器端的实现方案如下。

（1）将不同用户的虚拟主机站点内容放在不同的目录中，每个站点使用一个独立的目录，将其设置为相应的 Web 站点主目录。

（2）针对每个虚拟主机主目录，在 FTP 站点上以虚拟目录的形式建立相应的用户主目录。

（3）为用户主目录分配适当的写入或上载权限。

（4）启用磁盘配额功能，并设置各个虚拟主机的磁盘容量限额。

当然也可以为每个虚拟主机配置一个 FTP 站点。另外，对于以虚拟目录方式提供的主页空间，主要是对各虚拟目录对应的物理目录设置 FTP 用户主目录。

这样，管理员和开发人员只要使用 FTP 客户端软件或支持 FTP 功能的网站工具就可以对远程网站进行内容维护和更新了。至于 FTP 的具体用法，请参见下一章。

7.7.2　通过 WebDAV 管理 Web 网站

WebDAV 全称 Web-based Distributed Authoring and Versioning，可译为 Web 分布式创作和版本控制。WebDAV 的推出主要是为了简化网站更新方式。它对现有的 HTTP 进行扩展，使用户能够管理和修改远程系统中的文件，允许客户端直接查看、打开、编辑和保存远程网站中的文件。

1．WebDAV 的特性

WebDAV 具有强大的文件管理功能，作为传统文件管理（如 FTP）的一种替代方案，其主要特性如下。

● WebDAV 让用户通过 HTTP 连接（而不是 FTP 连接）来管理服务器上的文件，包括对文件和目录的建立、删改、属性设置等操作，就像在本地资源管理器中操作一样简单。

● WebDAV 可使用 SSL 安全连接（HTTPS）进一步提高安全性。

● 用户编辑存储在 WebDAV 服务器中的文档时，可以锁定该文档以保证自己的修订不会被其他用户所覆盖。

● 使用 WebDAV 版本控制，可以让用户获知文档的最新版本。

2．WebDAV 服务器与客户端

WebDAV 采用客户/服务器架构。支持 WebDAV 的 Web 服务器都能提供安全创作的环境。微软从 IIS 5.0 开始集成 WebDAV 服务；Apache 从 1.x 版本开始支持 WebDAV 服务，从 2.0 版本开始进一步完善了 WebDAV 功能。

支持工业标准 WebDAV 协议的客户端软件都可访问 WebDAV 发布目录。Windows 平台的网上邻居、IE 浏览器和 Office 应用程序都支持 WebDAV 协议，可作为 WebDAV 客户端。Linux 平台的文件浏览器也可作为 WebDAV 客户端，另外还有专门的 WebDAV 客户端软件。Web 开发工具软件如 Dreamweaver 支持 WebDAV 协议，可以将 Web 网站设置为 WebDAV 发布目录，直接进行网站维护管理。

3．在 Apache 服务器上配置 WebDAV

在 Apache 服务器上配置 WebDAV 主要包括两项内容。

- 安装 WebDAV 模块以支持 WebDAV 服务。
- 修改 Apache 配置文件以设置要启用 WebDAV 服务的目录（发布目录）。

可以将 Apache 服务器上的虚拟目录或物理目录设置为 WebDAV 发布目录，便于用户从客户端远程管理和操作其中的文件。这里以 Red Hat Enterprise Linux 5 为例讲解详细步骤。

（1）检查相关的 WebDAV 模块是否加载，Red Hat Enterprise Linux 5 捆绑的 Apache 2.2.3 默认已经加载，从 httpd.conf 配置文件中可查到以下两条语句。

```
LoadModule dav_module modules/mod_dav.so
LoadModule dav_fs_module modules/mod_dav_fs.so
```

（2）在 httpd.conf 文件中全局配置部分使用 DavLockDB 指令定义 WebDAV 锁定数据库的目录。默认已经配置，语句如下。

```
<IfModule mod_dav_fs.c>
    DAVLockDB /var/lib/dav/lockdb         ## WebDAV 锁定数据库的目录
</IfModule>
```

运行 Apache 的用户和群组（默认均为 apache）必须对存放锁定数据库的目录具有写入权限。默认配置的目录/var/lib/dav/lockdb 符合这个要求。

（3）在 httpd.conf 文件中设置 WebDAV 发布目录。为安全起见，通常对该目录的访问设置用户认证。这里以一个虚拟目录为例，相应的配置语句如下。

```
alias /testdav /var/www/testdav           ## 定义虚拟目录
<Location /testdav>                        ## 将/testdav 目录设置为 WebDAV 发布目录
Order Allow,Deny
Allow from all
Dav On                                     ## 使用 Dav 指令启用 WebDAV 功能
## 以下设置对访问 WebDAV 目录的用户进行认证
AuthType Basic
AuthName "WebDAV Restricted"
AuthUserFile /etc/httpd/passwd/passwords
<LimitExcept GET OPTIONS>                   ## 除了只读访问之外都需要对用户进行认证
      Require user zhong
</LimitExcept>
</Location>
```

也可使用<Directory>指令对物理目录进行设置。

（4）根据需要使用 DavMinTimeout 指令设置 WebDAV 资源持续锁定的最短时间（单位为秒），超过这个时间锁定自动解除。可以全局设置，也可对具体的目录进行设置。默认值为 0，表示不受限制，通常将该值设为 600（10 分钟），语句如下。

```
DavMinTimeout 600
```

（5）如果没有提供用户认证密码文件，则需要使用 htpasswd 命令创建。

（6）确认运行 Apache 的用户和群组（默认均为 apache）对要发布的目录具有读写权限。例中执行以下命令修改权限。

```
chown apache:apache /var/www/testdav
chmod 750 /var/www/testdav
```

（7）重新启动 Apache 服务器，进行测试。通常在 Apache 服务器上直接使用 Cadaver 命令来测试 WebDAV，下面具体介绍。

4. 使用 Cadaver 测试 WebDAV 服务器

在 Linux 平台上可直接使用命令行工具 Cadaver 访问 WebDAV 资源，进行实际测试。Cadaver 是一个简单的 WebDAV 访问工具，可以执行文件上传与下载（支持压缩方式）、复制、移动、锁定、解锁、属性检查等基本操作，非常适合 WebDAV 调试。下面给出本例的测试过程。

```
[root@Linuxsrv1 ~]# cadaver http://www.abc.com/testdav    ## 访问 WebDAV 服务器
Authentication required for WebDAV Restricted on server `www.abc.com': ## 要求认证
Username: zhong
Password:
dav:/testdav/> ls                                         ## 查看文件目录
Listing collection `/testdav/': succeeded.
      apache9.pdf                    463499  12 月 22 10:59
dav:/testdav/> put /TCPIP.doc                             ## 上传文件
Uploading /TCPIP.doc to `/testdav/TCPIP.doc':
Progress: [==============================>] 100.0% of 269 bytes succeeded.
dav:/testdav/>                                            ## 子命令提示符, 可使用exit命令退出
```

5. 在 Linux 客户端中通过图形界面访问 WebDAV 资源

在 Linux 平台上可使用比命令行工具更为方便的基于图形界面的文件浏览器程序。这里以 Red Hat Enterprise Linux 5 的 GNOME 桌面为例，具体步骤如下。

（1）从桌面的"位置"（或文件管理器的"文件"）主菜单中选择"连接到服务器"命令，打开相应窗口，可从"服务器类型"下拉列表中选择要访问的服务器类型，与 WebDAV 有关的有两种类型，如图 7-17 所示。

（2）选中"WebDAV（HTTP）"，然后分别在"服务器"和"文件夹"文本框中设置要访问的 WebDAV 服务器及其发布目录，如图 7-18 所示。

（3）单击"连接"按钮，出现如图 7-19 所示的对话框，设置用于用户认证的用户名和密码。

（4）在新的对话框中单击"连接"按钮，出现如图 7-20 所示的对话框，即可管理和操作发布目录中的文件。

图 7-17　选择要连接的服务器的类型

图 7-18　设置 WebDAV 服务器及其发布目录

图 7-19　设置用户验证信息

图 7-20　通过 WebDAV 管理和操作文件

6. 在 Windows 客户端中访问 WebDAV 资源

Windows 客户端一般通过"网上邻居"来创建一个指向 WebDAV 发布目录的 Web 文件夹，然后再进行访问。Windows XP 对 WebDAV 支持得比较好，下面以它为例进行示范。注意不同的 Windows 平台的 WebDAV 驱动版本不同，操作过程和界面有所不同。

（1）登录到客户端计算机，通过 Windows 资源管理器打开"网上邻居"窗口，双击"添加网上邻居"图标，启动添加网上邻居向导。

（2）单击"下一步"按钮，出现相应界面，提示"要在哪儿创建这个网上邻居"，单击"选择另一个网络位置"项。

（3）单击"下一步"按钮，出现相应界面，在"Internet 或网站地址"文本框中键入要连接的 WebDAV 目录的 URL 地址。这里使用 http，将 WebDAV 目录的地址设置为 http://www.abc.com/tetsweb。为安全起见也可使用 https 安全链接。

（4）单击"下一步"按钮，如果要求验证用户，输入用于认证的用户名和密码。

（5）再单击"下一步"按钮，出现相应界面，在"请输入该网上邻居的名称"文本框中设置该网上邻居的名称。

（6）单击"下一步"按钮，出现相应对话框，提示成功创建网上邻居，单击"完成"按钮。

（7）出现如图 7-21 所示的界面，打开该 WebDAV 目录，可以像管理本地文件夹一样进行各种文件和目录的操作。

这样将在网络邻居窗口中创建一个是指向该 WebDAV 发布目录的连接快捷方式，以后要访问该 WebDAV 发布目录，直接双击该链接即可。

可在 IE 浏览器中以 Web 文件夹方式打开 WebDAV 发布目录，具体方法是从"文件"菜单中选择"打开"命令，弹出如图 7-22 所示的对话框，输入 WebDAV 发布目录的 URL 地址，选中"以 Web 文件夹方式打开"复选框，单击"确定"按钮，根据提示输入相应的用户认证信息即可。

使用应用程序（如 FrontPage 2003）可以在 WebDAV 目录下创建、发布或保存文档。前提是创建一个指向 WebDAV 目录的 Web 文件夹。

图 7-21　访问 WebDAV 目录

图 7-22　以 Web 文件夹方式打开

7. 通过 WebDAV 管理 Apache 网站

要通过 WebDAV 管理 Apache 网站，只需要将主服务器或虚拟主机的根目录设置为 WebDAV 发布目录即可。要管理以虚拟目录方式提供的主页空间，可将其对应的物理目录设置为 WebDAV 发布目录。WebDAV 配置基本方法前面已经讲过，这里强调实际应用中几个注意事项。

出于安全考虑，用户认证要使用 HTTP 摘要验证模式。如果使用基本验证模式，应建立 SSL 安全连接（HTTPS）。

还有一种较为复杂的情况是，使用 WebDAV 来管理动态文件（如 PHP 脚本、CGI 脚本等）。因为 GET 请求总是执行脚本，而不是下载内容。为解决这个问题，通常将两个不同的 URL 地址映射到同一内容，一个用于运行脚本，另一个用于 WebDAV 方式下载和管理。

```
Alias /phparea /var/www/php_files       ## 用于运行脚本
Alias /php-source /var/www/php_files     ## 用于管理文件
<Location /php-source>
    DAV On
    ForceType text/plain                 ## 强制 MIME 内容类型使用文本
</Location>
```

采用这样的设置，当使用地址 http://服务器/phparea 访问时，能够运行 PHP 脚本；使用地址 http://服务器/php-source 访问时，WebDAV 客户端用来管理。

7.8　管理 Apache 服务器

最后介绍 Apache 服务器的日常管理。

7.8.1　监控 Apache 服务器状态

默认情况下 Apache 服务器加载有 mod_status 模块，可以通过访问网址 http://服务器

/server-status 来查看服务器的当前状态，前提是修改主配置文件 httpd.conf，对<Location /server-status>块进行修改，删除配置行前的注释符号，并将 Allow 指令的参数改为允许执行服务器监控任务的计算机地址。请看下面的例子。

```
<Location /server-status>
    SetHandler server-status
    Order deny,allow
    Deny from all
    Allow from 192.168.0.2
</Location>
```

例中访问 http://www.abc.com/server-status 可查看 Apache 当前状态信息。如图 7-23 所示，包括服务器当前时间、最近一次重启时间、启动后运行时间、访问总数、传输字节总数、服务请求的子进程数、空闲子进程数、每个进程状态、子进程服务的请求数等。

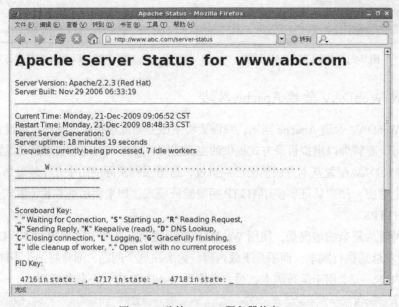

图 7-23 监控 Apache 服务器状态

7.8.2 查看 Apache 服务器配置信息

默认情况下 Apache 服务器加载有 mod_info 模块，可以通过访问网址 http://服务器/server-info 来查看服务器的配置信息，前提是修改主配置文件 httpd.conf，对<Location /server-info>块进行修改，删除配置行前的注释符号，并将 Allow 指令的参数改为允许查看服务器配置的计算机地址。这里给出一个例子。

```
<Location /server-info>
    SetHandler server-info
    Order deny,allow
    Deny from all
    Allow from 192.168.0.2
</Location>
```

例中访问 http://www.abc.com/server-info 可查看 Apache 服务器配置信息，如图 7-24 所示，主

要包括配置文件（Configuration Files）、服务器设置（Server Settings）、模块列表（Module List）和激活的钩子函数（Active Hooks）。

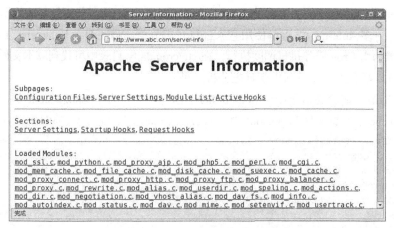

图 7-24　查看 Apache 服务器配置信息

7.8.3　查看和分析 Apache 服务器日志

日志文件是工作的记录，默认情况下，Apache 使用通用日志格式 CLF 规范。对于管理员来说，查看和分析错误日志和访问日志非常重要。

1. 检查错误日志

错误日志是最重要的日志文件，存放诊断信息和处理请求中出现的错误。如果服务器启动或运行中有问题，首先就应该查看错误日志，这样可快速找出问题并加以解决。其文件路径取决于主配置文件中的 ErrorLog 指令，默认为/var/log/httpd/error_log。可使用文本编辑器来查看，每行一条记录。下面给出一条典型的错误日志记录：

```
[Sun Dec 20 14:06:20 2009] [error] [client 192.168.0.2] (13)Permission denied: access to /~zhang/ denied
```

每项用[]括起来，例中第 1 项表示错误发生的时间；第 2 项表示错误等级；第 3 项是提交请求的客户端地址，最后文本内容表示具体错误内容，例中表示服务器不允许访问。

可以使用以下命令实时监视最新的错误日志，以实时了解服务器上发生的问题。

```
tail -f 错误日志文件
```

当然还可以使用 grep 命令对日志文件进行查询。

2. 使用 Webalizer 分析访问日志

访问日志记录服务器处理的所有请求，其文件路径和记录格式取决于主配置文件中的 CustomLog 指令，默认设置的日志文件为/var/log/httpd/access_log。与错误日志一样，可以使用文本编辑器、tail 命令、grep 命令来查看和查询。默认采用标准的 Web 日志格式，下面给出一条典型的访问日志记录：

```
192.168.0.31 - - [21/Dec/2009:13:20:21 +0800] "GET / HTTP/1.1" 403 3985 "-" "Mozilla/4.0 (compatible; MSIE 6.0; Windows NT 5.1; SV1; .NET CLR 2.0.50727)"
```

除了上述简单方法外，还可以使用专业的日志分析工具来对日志进行统计、分析和处理，如 Webalizer，Red Hat Enterprise Linux 5 内置该工具。

Webalizer 是一款高效的、免费的 Web 服务器日志分析工具，分析结果为网页格式，可以图表方式显示，许多 Internet 站点都使用它来进行日志分析。Red Hat Enterprise Linux 5 默认将 Webalizer 配置为由 Cron 服务每日调度执行，在/etc/cron.daily 目录中可找到脚本文件 OOwebalizer，该脚本文件每日都会运行以不断更新日志分析结果。

安装 Webalizer 时会在目录/etc/httpd/conf.d/中创建一个名为 webalizer.conf 的配置文件，该文件嵌入到 Apache 主配置文件 httpd.conf 中。webalizer.conf 用于配置 Webalizer 工具，默认设置为

```
Alias /usage /var/www/usage
<Location /usage>
    Order deny,allow
    Deny from all
    Allow from 127.0.0.1
    Allow from ::1
</Location>
```

上述语句表明设置一个虚拟目录/usage（用于访问日志分析网页），其物理目录为/var/www/usage（Webalizer 的日志分析结果存放路径），仅允许从本机访问。例中访问 http://www.abc.com/usage 查看 Apache 访问日志分析结果，如图 7-25 所示。单击相应月份的链接，可以查看更为详细的日志分析信息，如每日统计、每小时统计、访问量最大的网页等。

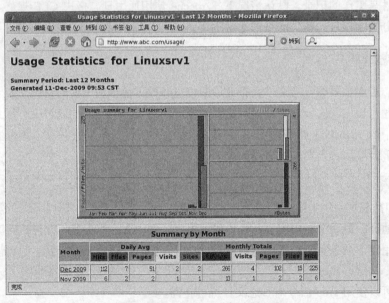

图 7-25 使用 Webalizer 分析访问日志

如果要从其他计算机查看日志分析结果，修改 Allow 指令的参数，重启 Apache 服务或重新加载 Apache 配置文件即可。

除了 Webalizer 之外，还有一些免费日志分析工具，如 AccessWatch（http://accesswatch.com）、phpMyVisites（http://www.phpmyvisites.net）等。PhpMyVisites 是基于 PHP/MySQL 技术开发的，与 Webalizer 相比，功能更为强大，运行效率更高，界面更为友好，可以根据浏览器直接调用相应的语言界面（有简体中文版）。

习题

1. **简答题**

（1）简述 Web 浏览器与 Web 服务器交互的过程。

（2）什么是 Web 应用程序？

（3）什么是网站主目录？

（4）什么是虚拟目录？它有什么优点？

（5）Apache 服务器主要有哪些访问控制技术？

（6）Apache 虚拟主机有哪几种实现技术？

（7）简述基于名称的虚拟主机匹配顺序。

（8）SSL 协议主要解决哪几个关键问题？

（9）架设 SSL 安全网站需要具备哪几个条件？

（10）目前网站远程维护方式主要有哪几种？WebDAV 有哪些特点？

2. **实验题**

（1）在 Linux 服务器上安装 Apache，并配置一个基本的网站。

（2）在 Apache 服务器上为一个特定目录配置访问控制。

（3）在 Apache 服务器上配置采用基本认证的 Web 用户认证。

（4）在 Apache 服务器上为一个特定目录配置 CGI 程序。

（5）在 Apache 服务器上配置 PHP 程序。

（6）在 Apache 服务器上基于不同 IP 地址架设两个 Web 网站。

（7）在 Apache 服务器上基于不同域名架设两个 Web 网站。

（8）在 Apache 服务器上建立 SSL 安全网站，并通过浏览器访问该网站测试 SSL 安全连接。

第8章

FTP 服务器

【学习目标】

本章将向读者介绍 FTP 服务的基础知识，让读者掌握 FTP 服务器部署、FTP 服务器配置、FTP 服务器管理、FTP 用户配置管理（匿名访问、本地用户与虚拟用户）、FTP 安全连接配置、FTP 客户端配置使用等方法和技能。

【学习导航】

前一章介绍了 Web 服务器，本章介绍另一种重要的网络服务——FTP，FTP 文件传输是最基本的网络服务之一，最适合在不同类型的计算机之间传输文件。在介绍相关背景知识的基础上，以 Red Hat Enterprise Linux 5 集成的 FTP 服务器软件 vsftpd 为例讲解 FTP 服务器的部署、管理和应用。

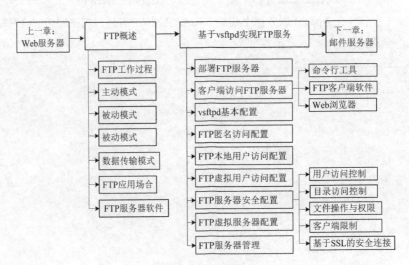

图 8-0　结构框图

8.1 FTP 概述

FTP 就是文件传输控制协议，可将文件从网络上的计算机传送到另一台计算机，其突出的优点就是可在不同类型的计算机之间传输和交换文件。Internet 最重要的功能之一就是能让用户共享资源，包括各种软件和文档资料，在这方面 FTP 最为擅长。

8.1.1 FTP 原理

FTP 服务器以站点（Site）的形式提供服务，一台 FTP 服务器可支持多个站点。FTP 管理简单，且具备双向传输功能，在服务器端许可的前提下，可非常方便地将文件从本地传送到远程系统。

1. FTP 工作过程

FTP 采用客户/服务器模式运行。FTP 工作的过程就是一个建立 FTP 会话并传输文件的过程，如图 8-1 所示。与一般的网络应用不同，**一个 FTP 会话中需要两个独立的网络连接，FTP 服务器需要监听两个端口。一个端口作为控制端口（默认 TCP 21），用来发送和接收 FTP 的控制信息，一旦建立 FTP 会话，该端口在整个会话期间始终保持打开状态；另一个端口作为数据端口（默认 TCP 20），用来发送和接收 FTP 数据，只有在传输数据时才打开，一旦传输结束就断开。**FTP 客户端动态分配自己的端口。

FTP 控制连接建立之后，再通过数据连接传输文件。FTP 服务器所使用的数据端口取决于 FTP 连接模式。FTP 数据连接可分为主动模式（Active Mode）和被动模式（Passive Mode）。FTP 服务器端或 FTP 客户端都可设置这两种模式。究竟采用何种模式，最终取决于客户端的设置。

2. 主动模式（PORT 模式）

主动模式又称标准模式，一般情况下都使用这种模式，如图 8-1 所示。

（1）FTP 客户端打开一个动态选择的端口（1 024 以上）向 FTP 服务器的控制端口（默认 TCP 21）发起连接，经过 TCP 的 3 次握手之后，建立控制连接。

（2）客户端接着在控制连接上发出 PORT 指令向服务器通知自己所使用的临时数据端口。

（3）服务器接到该指令后，使用固定的数据端口（默认 TCP 20）与客户端的数据端口建立数据连接，并开始传输数据。在这个过程中，**由 FTP 服务器发起到 FTP 客户端的数据连接，所以称其为主动模式。由于客户端使用 PORT 指令联系服务器，又称为 PORT 模式。**

3. 被动模式（PASV 模式）

被动模式的工作过程如图 8-2 所示。

（1）采用与主动模式相同的方式建立控制连接。

（2）FTP 客户端在控制连接上向 FTP 服务器发出 PASV 指令请求进入被动模式。

（3）服务器接到该指令后，打开一个空闲的端口（1 024 以上）监听数据连接，并进行应答，将该端口通知给客户端，然后等待客户端与其建立连接。

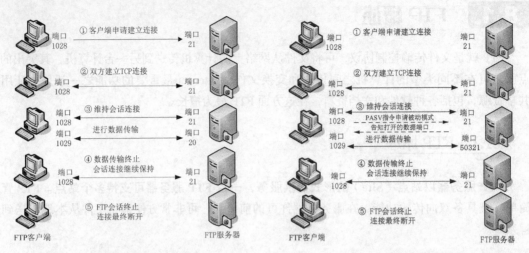

图 8-1　FTP 工作过程（主动模式）　　　　图 8-2　FTP 连接被动模式

（4）当客户端发出数据连接命令后，FTP 服务器立即使用该端口连接客户端并传输数据。在这个过程中，**由 FTP 客户端发起到 FTP 服务器的数据连接，所以称其为被动模式。由于客户端使用 PASV 指令联系服务器，又称为 PASV 模式。**

　　采用被动模式，FTP 服务器每次用于数据连接的端口都不同，是动态分配的。采用主动模式，FTP 服务器每次用于数据连接的端口相同，是固定的。如果在 FTP 客户端与服务器之间部署有防火墙，采用不同的 FTP 连接模式，防火墙的配置也不一样。客户端从外网访问内网 FTP 服务器时，一般采用被动模式。

8.1.2　数据传输模式

FTP 数据传输方式有两种：ASCII 方式和二进制（Binary）方式。ASCII 方式又称文本方式。客户端连接 FTP 服务器时，可以指定使用哪种传输方式。二进制方式的传输效率高，为提高效率，服务器通常会禁用 ASCII 方式，这样即使客户端选用 ASCII 方式，数据传输仍然使用二进制方式。

8.1.3　匿名 FTP 和用户 FTP

用户对 FTP 服务的访问有两种形式：匿名 FTP 和用户 FTP。

匿名 FTP 允许任何用户访问 FTP 服务器。匿名 FTP 登录的用户账户通常是 anonymous 或 ftp，一般不需要密码，有的则是以电子邮件地址作为密码。在许多 FTP 站点上，都可以自动匿名登录，从而查看或下载文件。匿名用户的权限很小，这种 FTP 服务比较安全。Internet 上的一些 FTP 站点，通常只允许匿名访问。

用户 FTP 为已在 FTP 服务器上建立了特定账号的用户使用，必须以用户名和密码来登录。这种 FTP 应用存在一定的安全风险。当用户与 FTP 服务连接时，如果所使用的密码是以明文形式传输的，接触系统的任何人都可以使用相应的程序获取该用户的账户和口令。通常使用 SSL 等安全连接来解决这个安全问题。客户端要上传或删除文件，应当使用用户 FTP。

8.1.4　FTP 的应用

FTP 可在不同类型计算机之间传输文件，用户连接到 FTP 服务器，可以进行文件或目录的复制、移动、创建和删除等操作。FTP 使用不同的端口进行上传和下载，传输效率非常高。传统的 FTP 服务器可能带来一些安全问题，但是经过不断改进，现在的 FTP 服务器具有非常好的安全性，能够满足用户安全要求，甚至发展成为一种功能全面的文件服务器解决方案。

FTP 主要用于在网上提供共享存储空间，让用户从该服务器上下载文件，也可以将自己的文件上传到该服务器中。具体应用包括以下几个方面。

- 提供高速下载站点。
- 网站维护和更新。
- 在不同类型计算机之间传输文件。
- 组建文件服务器。

很多 Internet 站点都提供匿名 FTP 服务，允许任何用户访问该站点，并可从该站点免费下载文件。一些允许用户上载文件的站点都提供 FTP 服务，如个人主页、公司网站内容往往都是通过 FTP 上传至 Internet 服务器的，虚拟主机有的也是通过 FTP 来管理的。不管怎样，应当在降低安全风险的前提下建立和维护 FTP 站点。

8.1.5　FTP 服务器软件

目前有许多 FTP 服务器软件可供选择。FTP 服务器软件都比较小巧，共享软件和免费软件居多。就 UNIX/Linux 平台来说，FTP 服务器软件主要有 wu-ftpd、vsftpd 和 proftpd；Windows 平台上最著名的 FTP 服务器软件则是 Serv-U。

1.　vsftpd

vsftpd 是一款开放源码软件，其中 "vs" 是 "very secure"（非常安全）的缩写。除了安全性以外，vsftpd 还拥有完善的功能和突出的性能。许多 Linux 发行版本都集成有该软件。其特性列举如下。

- 支持带宽限制和单个用户连接数的限制。
- 支持基于 IP 的虚拟 FTP 服务器。
- 匿名 FTP 服务器设置简单。
- 支持虚拟用户，可以为每个虚拟用户进行单独配置。
- 支持 PAM 或 xinetd/tcp_wrappers 的认证方式。
- 不执行任何外部程序，从而减少安全隐患。
- 运行稳定，单机系统即可支持 4000 个以上的并发连接。

2.　wu-ftpd

wu-ftpd 全称 Washington University FTP，作为老牌 FTP 服务器软件，功能十分强大，可以构

建多种类型的 FTP 服务器。wu-ftpd 提供的菜单可以帮助用户轻松地实现对 FTP 服务器的配置。它支持构造安全方式的匿名 FTP 的访问，控制同时访问的用户的数量，限制允许访问的 IP 网段，在一台主机上设置多个虚拟目录等。wu-ftpd 支持 3 种登录方式，即匿名 FTP、实际用户 FTP 和 guest FTP（虚拟用户）。其突出的优点是稳定性好，缺点是安全性差。不过最新版本已经对系统安全性进行了完善的修正。

3．proftpd

proftpd 全称 Professional FTP Daemon，是针对 wu-ftpd 的不足而开发的，在安全性和可伸缩性方面有很大改进，而且还具备许多新特性。它可以 stand-alone（独立）和 xinetd 模式运行，有 MySQL 和 Quota（配额）模块可供选择，便于实现非系统账户的管理和用户磁盘的限制。许多网站选择用该软件来构建安全高效的 FTP 站点。

8.2　基于 vsftpd 建立 FTP 服务器

在部署 FTP 服务器之前，根据需要为 FTP 服务器注册域名，本章所用实例的域名为 ftp.abc.com，IP 地址为 192.168.0.2。vsftpd 凭借其稳定性和对大规模并发连接的支持，成为 Red Hat Enterprise Linux 5 集成的 FTP 服务器软件，本章主要以该软件为例讲解 FTP 服务器。

8.2.1　安装 vsftpd 服务器

默认情况下，Red Hat Enterprise Linux 5 没有安装 vsftpd 服务。在准备配置 vsftpd 服务器之前，首先执行以下命令，检查当前系统是否安装有该软件包，或者查看已安装的具体版本。

```
rpm -qa | grep vsftpd
```

如果查询结果表明没有安装，将 Red Hat Enterprise Linux 5 第 2 张安装光盘插入光驱，加载光驱后，切换到光驱加载点目录，执行以下命令进行安装。

```
rpm -ivh Server/vsftpd-2.2.3-6.el5.i386.rpm
```

8.2.2　测试 vsftpd 服务器

安装完毕即可进行测试。默认没有启动该服务，执行以下命令启动该服务：

```
/etc/init.d/vsftpd start
```

使用 Linux 自带的命令行工具 ftp 登录到本地服务器进行实际测试。这里以匿名身份登录，用户名可以是 anonymous 或 ftp，密码为空，登录过程如下。

```
[root@Linuxsrv1 ~]# ftp 127.0.0.1
Connected to 127.0.0.1.
220 (vsFTPd 2.0.5)
530 Please login with USER and PASS.
530 Please login with USER and PASS.
KERBEROS_V4 rejected as an authentication type
Name (127.0.0.1:root): ftp
331 Please specify the password.
Password:
230 Login successful.
```

```
Remote system type is UNIX.
Using binary mode to transfer files.
ftp>
```

登录成功后，在 FTP 提示符下根据需要执行 FTP 命令即可。

也可在服务器上或另一台计算机上打开 Web 浏览器，输入 FTP 服务器的 IP 地址进行实际测试，测试结果如图 8-3 所示（这里在 Linux 计算机上使用 Firefox 浏览器）。

图 8-3　使用浏览器测试 FTP 服务器

将内容文件复制或移动到 FTP 发布目录中即可进行发布。匿名访问的 FTP 站点主目录默认为/var/ftp，通常将要提供下载的文件直接复制到该目录下面的 pub 目录，用户即可使用 FTP 客户软件从中下载文件。当然，要提供正式的 FTP 服务，还要对该 FTP 站点进一步配置和管理。

8.3　客户端连接和访问 FTP 服务器

FTP 服务需要 FTP 客户软件来访问。用户可以使用任何 FTP 客户软件连接 FTP 服务器。FTP 客户软件非常容易得到，有很多免费的 FTP 客户软件。早期的 FTP 客户软件是以字符为基础的命令行工具，现在广泛使用的是基于图形用户界面的 FTP 客户软件，如 CuteFTP、gFTP、Flah FXP 等。另外，Web 浏览器也具有 FTP 客户功能。

8.3.1　使用命令行工具访问 FTP 服务器

FTP 命令行工具是连接 FTP 服务器最直接、简便的方法。大部分操作系统都带有 ftp 命令行工具，使用该工具连接到一个 FTP 服务器上之后，可以通过一系列的子命令完成文件传输操作。不同的 FTP 命令行版本不同，提供的命令集也不尽相同，不过相差不大，下面列出常用 FTP 的命令。

- ls：列出文件清单。
- pwd：显示服务器端的工作目录。
- cd：改变服务器端的工作目录。
- get：从服务器端下载单个文件。
- put：向服务器端上传单个文件。
- mget：从服务器端下载多个文件（支持通配符）。
- mput：向服务器端上传多个文件（支持通配符）。

- mkdir：建立目录。
- rm：删除文件。
- exit：退出当前 FTP 会话。

另外，Red Hat Enterprise Linux 5 提供有 sftp 命令行工具，该工具可以用来打开一次安全互动的 FTP 会话。它与 FTP 相似，只不过使用安全且加密的连接，需要与 SSH 服务器配合使用。

FTP 命令行工具主要来测试 FTP 站点，实际应用中一般使用浏览器或专门的 FTP 客户软件来访问 FTP 站点。

8.3.2 使用专门的 FTP 客户软件访问 FTP 服务器

专用 FTP 客户软件功能更为强大。这里以 Windows 平台上经典的 FTP 客户软件 CuteFTP 为例进行介绍，其增强版本 CuteFTP Pro 是一款全新的商业级 FTP 客户端程序，除了支持多站点同时连接外，还改进了数据传输安全措施，支持 SSL 或 SSH2 安全认证的客户机/服务器系统进行传输。

（1）安装并运行 CuteFTP 程序（例中版本为 CuteFTP 8 Professional），进入其主界面。

（2）选择菜单"File" > "FTP Sites"打开相应的对话框，设置要访问的 FTP 站点的属性。

（3）如图 8-4 所示，在"General"选项卡中设置要登录站点的基本信息，其中登录方法选择"Normal"单选钮表示以用户账户登录，需要设置用户名和密码；默认选择"Anonymous"单选钮，以匿名方式登录；选择"Double"单选钮表示两种方式均可。

（4）根据需要切换到其他选项卡设置其他选项。

（5）确认 FTP 站点设置正确，单击"Connect"按钮，开始与所设站点建立连接。

（6）连接成功后，将显示出现如图 8-5 所示的界面，中部有两个窗格，左侧显示的是本地磁盘的目录文件列表，右侧显示的是 FTP 站点主目录下的文件列表。

图 8-4　设置要访问的 FTP 站点

图 8-5　CuteFTP 站点访问界面

（7）根据需要执行文件传输等操作。要下载文件，只需将右侧窗格的文件或目录拖曳到左侧窗格相应的目录下即可；要上传文件，应将左侧窗格的文件或目录拖曳到右侧窗格相应的目录下。

（8）完成操作后，选择菜单"File">"Disconnect"，断开与 FTP 站点的连接。新增的要访问的 FTP 站点保存在左侧窗格的"Site Manager"（站点管理器）中，可根据需要进一步修改或删除。

8.3.3　使用 Web 浏览器访问 FTP 服务器

使用浏览器可访问 FTP 站点，不过 FTP 服务在 URL 地址中的协议名为"ftp"，例如在浏览器地址栏中输入"ftp://ftp.abc.com"，如果允许匿名连接，就自动登录到 FTP 服务器，显示 FTP 站点主目录的文件，如图 8-6 所示。浏览、上传和下载方法与文件管理器类似，只需在本地目录和 FTP 站点目录之间进行复制粘贴操作即可。

在浏览器中使用用户账户访问 FTP 站点，一般在 URL 中包括用户名和密码，URL 格式为"ftp://用户名:密码@站点及其目录"，例如 ftp://zhongxp:123xp45@ftp.abc.com，结果如图 8-7 所示。如果 URL 地址不提供密码，将弹出相应的对话框提示用户输入相应的密码。如果 FTP 服务器禁止匿名访问，像匿名用户一样输入 URL 地址，也将弹出登录窗口，供用户输入用户名和密码。

图 8-6　匿名访问 FTP 站点

图 8-7　FTP 用户访问站点

8.4　配置 vsftpd 服务器

配置基本的 vsftpd 服务器非常简单，只要正确安装了 vsftpd 软件包，直接启动 vsftpd 服务就可以了。但是，要想建立一个高性能的、安全的 vsftpd 服务器，就需要对 vsftpd 进行定制，这是通过编辑配置文件来实现的。

8.4.1　vsftpd 主配置文件

vsftpd 服务器的主配置文件为/etc/vsftpd/vsftpd.conf。该文件是文本文件，可以使用任何文本编辑器编辑，格式非常简单，每行一个注释或指令，注释行以#打头。指令行格式如下。

选项=选项值

注意"="号两边不能留有空格或其他任何空白字符，左边所有的字符都被视作选项，右边所有字符都被视作选项值，如果不小心，很容易出错。注释行"#"之前也不能有空白字符。vsftpd 的配置选项比较多，但安装 vsftpd 时提供的默认配置文件仅列出了最基本的选项设置，很多选项都没有列出来。vsftpd.conf 手册（使用命令 man vsftpd.conf 打开）可查阅所有的选项，每个选项都有默认值。

除了主配置文件外，还可以为特定用户设定个人配置文件。另外，还可以通过命令行参数指定特定的配置文件路径名，来覆盖主配置文件的选项设置。

> vsftpd 软件包还提供了一些示例文件，位于 usr/share/doc/vsftpd-2.0.5/EXAMPLE 目录中，示范 Internet 站点、以 xinetd 方式运行、虚拟主机、虚拟用户的配置。

8.4.2　vsftpd 基本配置

vsftpd 配置选项较多，这里先介绍一些通用的配置，至于用户访问后面将专门讲解。

1. 设置 vsftpd 服务器运行方式

vsftpd 服务器可以独立运行，也可以使用 xinetd 方式启动。

使用选项 listen 来设置 vsftpd 是否以独立方式运行。如果设置为 YES，vsftpd 作为独立的服务程序启动并监听和处理网络连接。默认设置为 NO，但默认配置文件（这是指安装 vsftpd 时提供的/etc/vsftpd/vsftpd.conf，下同）却设置为 YES。

如果将选项 listen 设置为 NO，vsftpd 以 xinetd 方式启动，由 xinetd 服务监听网络，收到客户端连接 FTP 服务器的请求时再启动相应的服务程序。xinetd 是 Linux 的超级网络服务，用于管理很多常用的 Internet 服务。

还有一个选项 listen_ipv6 用来设置是否支持 IPv6，默认设置为 NO。与 listen_ipv6 相对应，选项 listen 也表示支持 IPv4。注意不能同时将 listen_ipv6 和 listen 设置为 YES。

2. 设置 vsftpd 服务监听地址与控制端口

- listen_address：如果 vsftpd 采用独立方式运行，设置监听 FTP 请求的 IP 地址。默认没有设置此项，表示监听所有网卡的所有 IP 地址。
- listen_port：如果 vsftpd 采用独立模式运行，指定 FTP 服务器监听的控制端口，默认值为 21。

3. 设置 PORT 模式

默认情况下，vsftpd 服务器对 PORT 模式（主动模式）和 PASV 模式（被动模式）都支持。这里介绍与 PORT 模式相关的主要选项。

- port_enable：设置是否允许采用 PORT 模式，默认设置为 YES。
- connect_from_port_20：设置 PORT 模式数据连接是否使用 20 端口。默认设置为 NO，但默认配置文件将其设置为 YES。
- ftp_data_port：设置 PORT 模式连接发起的端口，默认为 20。
- port_promiscuous：设置是否禁用 PORT 安全检查（确保外出数据只能连接到客户端）。如果设置为 YES，将禁用该检查。应慎用此设置，默认设置为 NO，启用该检查。

4. 设置 PASV 模式

- pasv_enable：设置是否允许采用 PASV 模式。默认设置为 YES。

● pasv_min_port 与 pasv_max_port：分别设置 PASV 模式数据连接所使用端口的最小值和最大值，即确定端口范围。默认值都为 0，表示可使用任意端口。将端口设置在比较高的范围内，有助于安全性的提高。

● pasv_promiscuous：设置是否禁用 PASV 模式安全检查（确保数据连接和控制连接来自同一个 IP 地址）。如果设置为 YES，将禁用该检查。应慎用此设置，只有在安全通道中才启用该选项。默认设置为 NO。

5. 设置数据传输模式

默认情况下 vsftpd 禁止使用 ASCII 传输模式。即使 FTP 客户端使用 asc 命令指明要使用 ASCII 模式，vsftpd 在实际传输文件时还是使用二进制方式。下面的选项决定 vsftpd 是否使用 ASCII 传输模式。

● ascii_uploadwe enable：设置是否允许使用 ASCII 模式上传文件，默认为 NO，不允许。

● ascii_download enable：控制是否允许使用 ASCII 模式下载文件，默认为 NO，不允许。

6. 设置性能选项

下面一些选项直接影响 vsftpd 服务器的性能。

● idle_session_out：设置会话空闲多长时间之后被强制断开，默认值为 300，单位是秒。

● data_connection_timeout：设置数据连接超时时间，默认值为 300，单位是秒。

● accept_timeout：设置客户端以 PASV 模式建立连接的超时时间，默认值为 60，单位是秒。

● connect_timeout：设置客户端响应 PORT 模式连接的超时时间，默认值为 60，单位是秒。

● max_clients：如果 vsftpd 采用独立方式运行，设置最大并发连接数。超过此连接数时，服务器拒绝客户端连接。默认设置为 0，表示不受限制。

● max_per_ip：如果 vsftpd 采用独立方式运行，设置每个 IP 地址最大的并发连接数目，以限制主机占用过多的系统资源。超过这个数目，将会拒绝连接。这将影响到一些多进程下载软件，默认值为 0，表示不限制。

● anon_max_rate：设置匿名用户的最大数据传输速度，单位为字节/秒，默认为 0，表示不限制。

● local_max_rate：设定本地用户的最大数据传输速率，以字节/秒为单位，默认为 0，表示不限制。此选项对所有的本地用户都有效。

7. 设置 FTP 欢迎信息

当用户登录到 FTP 站点时，服务器可以发送向用户提供关于此站点的提示信息。主要有以下选项用于设置 FTP 信息。

● ftpd_banner：设置 FTP 登录时显示给用户的欢迎信息，默认没有设置。

● banner_file：设置 FTP 登录时的欢迎信息文件（以文本文件形式提供欢迎信息）。默认没有设置。此项设置会覆盖 ftpd_banner 设置。

● dirmessage_enable：设置是否启用目录提示信息功能，默认设置为 YES，启用此功能，当用户进入某一个目录时，会检查该目录下是否存在由 message_file 选项所指定的目录提示信息文件，如果存在该文件，将显示其内容（通常是欢迎话语或是对该目录的说明）。

● message_file：设置目录提示信息文件，默认为隐藏文件.message。

8. 设置日志

● xferlog_enable：设置是否启用日志文件，详细记录上传和下载事件。该日志文件由 xferlog_file 选项指定。默认设置为 NO，但是默认配置文件中却启用此选项。

● xferlog_file：设置记录传输日志的文件名，默认值为/var/log/vsftpd.log。

● xferlog_std_format：设置日志文件是否使用 xferlog 的标准格式。默认设置为 NO（不启用），但是默认配置文件中却启用此选项。如果启用，传输日志文件采用标准的 xferlog 格式（wu-ftpd 也采用）。这种格式的日志文件默认位置为/var/log/xferlog，当然可以使用 xferlog_file 选项来修改。

● log_ftp_protocol：设置是否将所有的 FTP 请求和响应都被记录到日志中。如果没有启用 xferlog_std_format 选项，这对调试很有用。默认设置为 NO。

8.4.3 配置匿名访问

vsftpd 的用户分为 3 种类型，分别是匿名用户、本地用户和虚拟用户。匿名访问在 FTP 站点中应用非常普遍，有的站点只提供匿名访问服务（公共下载），有的站点提供匿名下载服务，但上传服务只对指定的用户开放。

1. 设置匿名访问选项

vsftpd 提供的匿名访问选项比较多，下面列出一些常用的选项。

● anonymous_enable：设置是否允许匿名登录，YES 表示允许（默认设置）；NO 表示不允许。

● ftp_username：设置匿名登录所使用的系统用户名，默认值为 ftp。

● no_anon_password：设置匿名用户登入时是否需要提供密码，YES 表示不需要；NO 表示需要（默认设置）。

● deny_email_enable：如果设置为 YES，将拒绝匿名用户使用由 banned_email_file 选项指定的文件所提供的邮件地址作为密码进行登录。这对于阻击某些 DoS 攻击很有效。默认设置为 NO。

● banned_email_file：配合 deny_email_enable 选项指定禁用邮件地址文件（默认为/etc/vsftpd.banned_emails），该文件提供禁止用作匿名登录密码的邮件地址的列表。

● anon_root：设置匿名用户的主目录，匿名登录后将定位到此目录。默认值为/var/ftp。

● anon_world_readable_only：设置是否只允许匿名用户下载可阅读文档，默认设置为 YES，只允许匿名用户下载可阅读的文件；如果设置为 NO，则允许匿名用户浏览整个服务器的文件系统。

● anon_uploades_enable：设置是否允许匿名用户上传文件，默认值设置为 NO。

● anon_mkdir_write_enable：设置是否允许匿名用户创建新目录，默认设置为 NO。

● anon_other_write_enable：设置匿名用户是否拥有除上传和新建目录之外的其他权限，如删除及更名等。默认设置为 NO。

● chown_uploads：设置是否修改匿名用户上传文件的所有权。如果设置为 YES，所有匿名上传文件的所有者将改为 chown_username 选项所指定的用户。默认设置为 NO。

● chown_username：与 chown_uploads 选项配合使用，设置拥有匿名用户上传文件所有权的用户。不推荐使用 root 用户。

2. 配置面向 Internet 的匿名 FTP 站点

对于 Internet 站点来说，安全和性能最重要。这里给出一个简单的配置文件示例，以独立方式运行，只允许匿名访问。

```
# 独立模式
listen=YES
max_clients=200
max_per_ip=4
# 访问控制
anonymous_enable=YES
#    禁止本地用户登录
local_enable=NO
#    禁止修改文件系统
write_enable=NO
anon_upload_enable=NO
anon_mkdir_write_enable=NO
anon_other_write_enable=NO
# 安全设置
anon_world_readable_only=YES
connect_from_port_20=YES
#    隐藏文件所有者和组群信息
hide_ids=YES
pasv_min_port=50000
pasv_max_port=60000
# 特性设置
xferlog_enable=YES
ascii_download_enable=NO
async_abor_enable=YES
# 性能设置
#    允许每个连接一个进程以提高性能
one_process_model=YES
idle_session_timeout=120
data_connection_timeout=300
accept_timeout=60
connect_timeout=60
#    设置匿名用户最大传输率为 50kB/s
anon_max_rate=50000
```

8.4.4　配置 FTP 本地用户访问

除了匿名用户外，还有一类是在 FTP 服务器主机上拥有用户账户的用户，vsftpd 将此类用户称为“本地用户”（local users），相当于有些 FTP 服务器中的实际（real）用户。

1. 启用本地用户登录

使用 local_enable 选项设置是否允许本地用户登录。如果允许，/etc/passwd 中的普通用户账户都可以登录 FTP 服务器。这对任何非匿名用户，包括虚拟用户都适用。默认设置为 NO，不允许用户登录。但默认配置文件将该选项设置为 YES。

2. 配置用户主目录

用户的主目录（根目录）是用户登录到服务器后所处的位置，非常重要。vsftpd 使用选项 local_root 来设置本地用户主目录，当本地用户登入时将进入此目录。默认没有配置该选项，本地用户登录 FTP 服务器后将进入该用户在 Linux 系统中的主目录，如用户 zhong 的 FTP 主目录为/home/zhong，子目录名与用户名相同。

利用不同用户登录 FTP 服务器后 FTP 根目录不同的特点，可将用户的 Web 网站根目录与该用户的 FTP 站点目录设置为同一目录，便于用户利用 FTP 访问远程 Web 网站的目录和文件。

3. 设置用户配置文件

可以基于每用户定义配置选项，这是通过用户配置文件来实现的。在主配置文件中使用选项 user_config_dir 定义用户配置文件所在的目录，某用户的用户配置文件为该目录下的同名文件，其选项设置与 vsftpd.conf 相同。默认没有设置该选项。如果设置该选项，当用户登录 FTP 服务器时，系统就会到指定的用户配置目录下读取与当前用户名相同的配置文件，并根据文件中的配置选项，对当前用户进行更进一步的配置。这里介绍一个实例，限制用户 zhong 可使用的带宽为 100kB/s。

（1）在 vsftpd.conf 配置文件中设置用户配置文件所在的目录。

```
user_config_dir=/etc/vsftpd_user_conf
```

（2）在 vsftpd 服务器上创建该目录。

```
mkdir /etc/vsftpd_user_conf
```

（3）在/etc/vsftpd_user_conf 目录创建一个名为 zhong 的文本文件。

（4）在该文本文件中加入以下选项设置，并保存该文件。

```
local_max_rate=100000
```

经过以上设置，当用户 zhong 登录 FTP 服务器时，系统就会读取/etc/vsftpd_user_conf/zhong 用户配置文件，来限定 zhong 的带宽使用。

注意并不是所有的选项设置都影响到每个用户。例如，许多选项仅作用于启动的用户会话，而 listen_address、banner_file、max_per_ip、max_clients、xferlog_file 等选项就不会影响具体的用户。

8.4.5 配置 FTP 用户磁盘限额

为进一步控制用户主目录，需要限制相应的磁盘空间，尤其是在用户主目录允许用户上传文件的情况下。**vsftpd 本身并不支持磁盘空间管理，可借助于 Linux 系统的磁盘配额管理功能来实现，即使用 quota 为用户设置磁盘限额**。可以为具体的用户指定配额，也可为组群指定配额。关于 quota 的使用方法请参见本书第 2 章的有关内容。

设置配额限制后，以用户名登录到 FTP 站点，将本地一些文件上传至 FTP 站点的用户主目录，当超出容量限制时，发出警告，提示超出磁盘配额。

8.4.6　vsftpd 安全设置

使用 FTP 的一个基本原则，就是要在保证系统安全的情况下，使用 FTP 服务。**FTP 的明文传输（未加密的用户名和密码）和上传功能是其重要的安全隐患，应该引起足够的重视。**同其他网络服务一样，FTP 的安全主要也是解决访问控制问题，即让特定用户能够访问特定资源，禁止不必要的访问。

1．用户访问控制

除了通过用户登录密码验证之外，还可以直接禁止特定的用户访问。

● userlist_enable：设置是否启用用户列表。设置为 YES 时，vsftpd 将从 userlist_file 选项指定的用户列表文件中加载用户名列表，如果以该文件所列的用户名登录，在提示输入密码之前就被系统拒绝。这对防止明文密码传输很有用。默认设置为 NO，没有启用用户列表。

● userlist_file：配置 userlist_enable 选项，设置用户列表文件，默认设置为/etc/vsftpd/user_list。

● userlist_deny：只有启用 userlist_enable 选项，才需设置此选项。默认设置为 YES，禁止用户列表文件中的用户名登录，同时也不向这些用户给出输入口令的提示。如果设置为 NO，则仅允许用户列表文件中的用户名登录。

例如，要拒绝一部分用户的访问，可以进行如下设置：

```
userlist_enable=YES
userlist_file=/etc/vsftpd/user_list
userlist_deny=YES
```

然后将要拒绝访问的用户账户加入到/etc/vsftpd/user_list 文件中即可。这样出现在该文件中的用户账户将无法访问 vsftpd 服务器，而文件中没有列出的用户可以访问 vsftpd 服务器。

反之，要允许一部分用户的访问而拒绝其他用户访问，可以进行如下设置：

```
userlist_enable=YES
userlist_file=/etc/vsftpd/user_list
userlist_deny=NO
```

这样出现在/etc/vsftpd/user_list 文件中的用户账户将被允许访问 vsftpd 服务器，而文件中没有列出的用户将被拒绝访问 vsftpd 服务器。

也可以使用 vsftpd.ftpusers 文件控制用户对 FTP 服务器的访问，出现在该文件中的用户都被 FTP 服务器拒绝访问，一律被列入"黑名单"。这种方式显然不如使用用户列表文件（vsftpd.user_list）灵活方便。

2．目录访问控制

默认情况下，匿名用户会被锁定在默认的 FTP 目录中，而本地用户却可以访问到自己的 FTP 目录以外的内容。出于安全的考虑，建议将本地用户也锁定在 FTP 目录中。

● chroot_list_enable：设置是否将指定的用户锁定在其主目录中，即当这些用户登录后不可以切换到到系统其他目录，只能在自己的主目录（及其子目录）下工作。默认设置为 NO，表示不锁定。如果要锁定，应设置为 YES。

- chroot_list_file：与 chroot_list_enable 配合使用，设置要锁定的用户列表文件，默认设置为/etc/vsftpd/chroot_list，文件格式为一行一个用户。

- chroot_local_users：设置是否将本地用户锁定在自己的主目录中。默认设置为 NO，不锁定。一旦设置为 YES，本地所有用户登录之后都将被锁定在其主目录。本选项可能带来安全上的冲突，特别是当用户拥有上传及 shell 访问等权限时。

- passwd_chroot_enable：与 chroot_local_user 选项配合使用，设置是否基于每用户定义锁定位置。每个用户的锁定位置来源于/etc/passwd 中每个用户的主目录。在主目录中出现/./表示要锁定在指定的位置。

具体情况有以下几种。

- 当 chroot_list_enable=YES 和 chroot_local_user=YES 时，不锁定/etc/vsftpd/chroot_list 文件中列出的用户；锁定未在该文件中列出的用户。

- 当 chroot_list_enable=YES 和 chroot_local_user=NO 时，只锁定在/etc/vsftpd/chroot_list 文件中列出的用户。

- 当 chroot_list_enable=NO 和 chroot_local_user=YES 时，所有用户都被锁定。

- 当 chroot_list_enable=NO 和 chroot_local_user=NO 时，所有用户都不锁定。

3. 文件系统操作控制

- hide_ids：设置是否隐藏文件的所有者和组群信息。默认值为 NO，表示不隐藏。如果设置为 YES，当用户使用 "ls -al" 指令时，在目录列表中所有文件的拥有者和组信息都显示为 ftp。

- ls_recurse_enable：设置列目录时是否允许递归。默认设置为 NO，不允许。如果为 YES，允许使用 "ls -R" 指令，这在一个大型 F 站点的根目录下会消耗大量系统资源。

- write_enable：设置是否允许使用任何修改文件系统的 FTP 指令，比如 STOR、DELE、RNFR、RNTC、MKD、RMD、APPE 和 SITE。默认值为 NO，不过默认配置文件中打开了该选项，未锁定。

- secure_chroot_dir：设置空目录的名称，默认设置为 usr/share/empty，ftp 用户对此空目录无写权限。当 vsftpd 不需要访问文件系统时，该目录将被作为一个安全的锁定位置。

4. 新增文件的权限控制

- anon_umask：设置匿名用户新增文件的默认权限掩码，默认值为 077。

- local_umask：设置本地用户新增文件的默认权限掩码，默认值为 077。不过，其他大多数的 FTP 服务器都是使用 022。默认配置文件中也将此项设置为 022。

- file_open_mode：设置上传文件的权限。如果希望上传的文件可以执行，可以改为 0777。默认值为 0666。

5. 客户端主机限制

vsftpd 也具备控制特定 IP 地址或主机名的客户端访问的功能，这需要借助 tcp_wrappers 来实现。tcp_wrappers 又称为 TCP 包装器，可通过读取/etc/hosts.allow 和/etc/hosts.deny 文件中的规则来控制客户端对特定服务的访问。tcp_wrappers 按照以下顺序来检查和应用访问规则。

（1）读取/etc/hosts.allow，如果明确允许访问，则允许访问且不再检查 hosts.deny。

（2）读取/etc/hosts.deny，如果明确拒绝访问，则拒绝指定的客户端访问。

（3）如果这两个文件中都没有列出客户端的 IP 地址或主机名，则允许客户端访问。

（4）如果不存在这两个文件，或者没有任何定义，则不应用 tcp_wrappers 访问控制。

这两个文件的语法格式为：

```
服务器程序列表:客户端列表:shell 命令
```

以#打头的为注释行。对这两个文件的修改立即生效，不必重新启动相关服务。

在配置文件中使用选项 tcp_wrappers 来设置是否支持 tcp_wrappers 访问控制。默认设置为 NO，不支持。但是默认配置文件中将该选项设置为 YES，这样就可以编辑/etc/hosts.allow 或/etc/hosts.deny 文件，基于 IP 地址或主机名对客户端进行限制。

例如，要禁止 IP 地址为 192.168.0.21 的客户端访问，可在/etc/hosts.deny 文件中添加以下语句：

```
vsftpd:192.168.0.21:deny
```

如果只允许 192.168.0 网段的客户端访问 vsftpd，禁止其他客户端访问 vsftpd，可在/etc/hosts.allow 文件中添加以下语句：

```
vsftpd:192.168.0.:allow
vsftpd:all:deny
```

8.4.7 配置 FTP 虚拟用户访问

直接使用本地用户（Linux 系统的用户账户）来访问 vsftpd 服务器可能带来安全问题，变通的方法是使用虚拟用户（virtual users）来作为专门的 FTP 账户。FTP 虚拟用户并不是操作系统的用户账户，不能登入系统，只能访问 FTP 服务器，对操作系统的影响更小。虚拟用户主要用来访问提供给非信任用户，但又不适合公开的内容。

PAM（Pluggable Authentication Modules）是一套身份验证共享库，用于限定特定应用程序的访问。使用 PAM 身份验证机制可以实现 vsftpd 的虚拟用户功能。实现的关键是创建 vsftpd 的 PAM 用户数据库文件和修改相应的 PAM 配置文件，具体步骤如下。

1. 创建虚拟用户数据库

需要使用 PAM 用户数据库来验证虚拟用户，为此要建立一个采用通用数据库格式（db）的文件来存储用户名和密码。

（1）建立包含虚拟用户名和密码的文本文件。文件中奇数行为用户名，偶数行为对应的密码。例中创建/etc/vsftpd/login.txt，并在其中输入如下内容：

```
laozhong
abc123
xiaoli
123abc
```

上面的文本文件包含两个用户 laozhong 和 xiaoli，密码分别为 abc123 和 123abc。

（2）执行以下命令将包含虚拟用户的文本文件转换成数据库文件。

```
# db_load -T -t hash -f /etc/vsftpd/login.txt /etc/vsftpd/login.db
```

 　　如果找不到 db-load 命令，则需要安装 db4-utils 软件包，该软件包是用于管理 Berkeley DB（版本 4）数据库的命令行工具。在 Red Hat Enterprise Linux 5 中可从第 2 张光盘中安装，软件包名为 db4-utils-4.3.29-9.fc6.i386.rpm。

（3）执行以下命令以限制该数据库文件的访问权限。

```
# chmod 600 /etc/vsftpd/login.db
```

2. 修改 vsftpd 的 PAM 配置文件

安装 vsftpd 时创建了一个相应的 PAM 配置文件/etc/pam.d/vsftpd，对该文件进行修改，将所有的行加上#使其成为注释行，或者直接删除，然后添加以下两行内容。

```
auth required /lib/security/pam_userdb.so db=/etc/vsftpd/login
account required /lib/security/pam_userdb.so db=/etc/vsftpd/login
```

db=/etc/vsftpd_login 和上一步建立的数据库文件相对应，只是在 PAM 文件里不能写后缀名.db。这两行内容告知 PAM 使用新的数据库（/etc/vsftpd_login.db）来验证用户。

PAM 的目的是对客户端进行验证，也可另外创建一个 PAM 文件用于 vsftpd 虚拟用户验证。

3. 为虚拟用户创建一个系统用户和主目录

虚拟用户实际上还要使用一个系统用户来访问 FTP 服务器。执行以下命令创建一个用户，并提供一个主目录。

```
# useradd -d /home/ftpsite -s /sbin/nologin virtual
```

这样就创建了一个名为"virtual"的普通用户，同时为其创建一个名为"/home/ftpsite"的主目录。

可以将要下载的内容复制到该目录。

4. 创建或修改 vsftpd.conf 配置文件

可以修改现有的 vsftpd.conf 配置文件，启用虚拟用户功能。这里为了示范，创建一个新的 vsftpd.conf 配置文件，具体配置如下。

```
anonymous_enable=NO
# 启用非匿名访问（包括虚拟用户）
local_enable=YES
write_enable=NO
anon_upload_enable=NO
anon_mkdir_write_enable=NO
anon_other_write_enable=NO
# 启用用户目录锁定（将虚拟用户锁定在其主目录中）
chroot_local_user=YES
# 启用虚拟用户功能
guest_enable=YES
# 设置所有虚拟用户要映射的真实用户
guest_username=virtual
# 设置 vsftpd 进行 PAM 认证时所用的 PAM 配置文件名
pam_service_name=vsftpd
listen=YES
# 设置 vsftpd 监听非标准端口 8021 的 FTP 请求
listen_port=8021
# 将被动模式端口设置为高端范围
pasv_min_port=30000
pasv_max_port=30999
```

其中与虚拟用户功能最相关的选项有 3 个。

● guest_enable：设置是否启用 vsftpd 的虚拟用户功能，默认设置为 NO。将其设置为 YES，所有非匿名用户的访问都会被认为 "虚拟用户" 登录。将虚拟用户登录重新映射到由 guest_username 选项指定的用户。

● guest_username：指定虚拟用户在系统中的用户名，即虚拟用户被映射为哪一个本地系统用户，默认设为 ftp（等同于匿名用户）。

● pam_service_name：设置 vsftpd 进行 PAM 认证时所用的 PAM 配置文件名，告诉 vsftpd 读取哪个文件实现 PAM 身份验证。默认值为 ftp。但是默认配置文件中将该选项设置为 vsftpd，表示 PAM 配置文件为/etc/pam.d/vsftpd。

5. 测试虚拟用户访问

启动 vsftpd 服务，直接在服务器上使用 ftp 命令行工具进行测试，以虚拟用户名访问，测试结果如下。

```
[root@Linuxsrv1 ~]# ftp 127.0.0.1 8021
Connected to 127.0.0.1.
220 (vsFTPd 2.0.5)
530 Please login with USER and PASS.
530 Please login with USER and PASS.
KERBEROS_V4 rejected as an authentication type
Name (127.0.0.1:root): xiaoli
331 Please specify the password.
Password:
230 Login successful.
Remote system type is UNIX.
Using binary mode to transfer files.
ftp> pwd
257 "/"
ftp>
```

经过上述配置，匿名用户或本地用户都无法访问。

通过对实际用户进行限制，可以适当修改虚拟用户的权限。

6. 为不同的虚拟用户进行个别配置

与本地用户一样，也可以为不同的虚拟用户建立独立的配置文件，以实现不同的虚拟用户具有不同的操作权限。 例如有两种类型的虚拟用户，一类仅能浏览和下载，另一类既能上传也能下载。这可以使用 vsftpd 的用户配置文件来实现。下面进行示范，在上例的基础上，为虚拟用户 laozhong 和 xiaoli 赋予不同的访问权限。

（1）编辑 vsftpd.conf 文件，增加以下语句，设置用户配置目录。

```
user_config_dir=/etc/vsftpd/vsftpd_user_conf
```

（2）执行以下命令创建该用户配置目录。

```
mkdir /etc/vsftpd_user_conf
```

（3）执行以下命令在用户配置目录下为虚拟用户创建一个同名的用户配置文件。

```
touch /etc/vsftpd_user_con/laozhong
touch /etc/vsftpd_user_con/xiaoli
```

touch 命令可用来创建一个空文件。

（4）编辑/etc/vsftpd_user_con/laozhong 文件，添加以下语句，允许 laozhong 浏览所有目录和文件。

```
anon_world_readable_only=NO
```

这样就可覆盖/etc/vsftpd.conf 中的 anon_world_readable_only 选项的默认设置 YES。

（5）编辑/etc/vsftpd_user_con/xiaoli 文件，添加以下语句，让 xiaoli 可以浏览所有目录和文件，可以创建新的文件，但不能处理现有的文件。

```
anon_world_readable_only=NO
write_enable=YES
anon_upload_enable=YES
```

（6）分别以这两个用户登录 FTP 服务器，进行实际测试。

8.4.8　配置 vsftpd 虚拟服务器

vsftpd 支持基于 IP 地址的虚拟主机，但是不支持基于主机名的虚拟主机。对于基于 IP 的虚拟主机，可以安装多块物理网卡，也可为一块物理网卡增加多个 IP 地址。

1.　基于 IP 地址的 vsftpd 虚拟主机

下面以基于两个 IP 地址 192.168.0.2 和 192.168.0.12 架设虚拟 FTP 主机为例进行示范。

（1）该网卡有一个 IP 地址 192.168.0.2，执行以下命令为该网卡创建一个子接口（逻辑网卡）。

```
ifconfig eth0:1 192.168.0.12 netmask 255.255.255.0 up
```

（2）为新的虚拟站点创建一个匿名用户对应的本地账号并创建相关目录及设置适当权限，执行如下命令：

```
useradd -d /var/ftp2 -s /sbin/nologin ftp2
chown root.root /var/ftp2
chmod a+rx /var/ftp2
umask 022
mkdir /var/ftp2/pub
```

（3）修改原站点的 vsftpd 配置文件/etc/vsftpd/vsftpd.conf，增加以下语句，使其专门监听 IP 地址 192.168.0.2 上的 FTP 请求。

```
listen_address=192.168.0.2
```

（4）创建一个新站点以响应虚拟 IP 地址。在/etc/vsftpd 目录下，创建虚拟 FTP 服务器的配置文件/etc/vsftpd/vsftpd2.conf，并加入以下语句。

```
ftp_username=ftp2
ftpd_banner=Welcome to a virtual ftp server
listen=YES
listen_address=192.168.0.12
```

（5）保存以上配置文件，测试虚拟主机。

执行以下命令重新启动 vsftpd 服务，将发现以不同的配置文件启动了两个 vsftpd 服务。

```
[root@Linuxsrv1 ~]# service vsftpd restart
shutting down vsftpd :                    [ok]
starting vsftpd for vsftpd:               [ok]
starting vsftpd for vsftpd2:              [ok]
```

分别访问不同的站点进行测试。

```
[root@Linuxsrv1 ~]# ftp 192.168.0.12
Connected to 192.168.0.12.
```

```
220 Welcome to a virtual ftp server
530 Please login with USER and PASS.
530 Please login with USER and PASS.
KERBEROS_V4 rejected as an authentication type
Name (192.168.0.12:root):
[root@Linuxsrv1 ~]# ftp 192.168.0.2
Connected to 192.168.0.2.
220 (vsFTPd 2.0.5)
530 Please login with USER and PASS.
530 Please login with USER and PASS.
KERBEROS_V4 rejected as an authentication type
Name (192.168.0.2:root):
```

2. 基于 TCP 端口的 vsftpd 虚拟主机

也可基于同一 IP 地址的不同端口来架设虚拟 FTP 主机，基本方法同上，只需将 listen_address 选项改成 listen_port 选项，并指定不同端口。例如，在两个配置文件中将第两个站点的监听端口分别设置为

```
listen_port=21
listen_port=8021
```

测试如下。

```
[root@Linuxsrv1 ~]# ftp 192.168.0.2 8021
Connected to 192.168.0.2.
220 Welcome to a virtual ftp server
530 Please login with USER and PASS.
530 Please login with USER and PASS.
KERBEROS_V4 rejected as an authentication type
Name (192.168.0.2:root):
```

当然也可以组合不同的 IP 地址和端口来架设更多的虚拟主机。

8.4.9　基于 SSL 协议安全访问 vsftpd 服务器

传统的 FTP 服务的所有凭据和数据都是以明文的形式通过网络进行发送的，所有的 FTP 数据都可以被 FTP 客户端和 FTP 服务器之间的任何计算机截取和分析。利用通道加密功能则可解决这个问题，最大程度上保证文件和数据传输安全。**基于 SSL 建立安全连接之后，FTP 客户端和 FTP 服务器之间的所有通信都将受到加密保护，包括用户登录账户、密码和所传输的数据。**

vsftpd 支持使用 OpenSSL 的 SSL/TLS 加密，配置比较简单。SSL 加密当然需要证书，因为不需要进行身份验证，而只是要加密连接通道，所以就不需要申请第三方证书，直接利用 openssl 制作一个自签名的证书即可。下面示范基于 SSL 安全连接的 FTP 服务器实现步骤。

1. vsftpd 服务器端配置 SSL 连接

（1）执行以下命令生成 vsftpd 所需的 pem 文件（私钥和证书）。

```
[root@Linuxsrv1 ~]# openssl req -x509 -nodes -days 365 -newkey rsa:1024 -keyout /etc/
vsftpd/vsftpd.pem -out /etc/vsftpd/vsftpd.pem
Generating a 1024 bit RSA private key
..............++++++
.....++++++
```

```
writing new private key to '/etc/vsftpd/vsftpd.pem'
-----
You are about to be asked to enter information that will be incorporated
into your certificate request.
What you are about to enter is what is called a Distinguished Name or a DN.
There are quite a few fields but you can leave some blank
For some fields there will be a default value,
If you enter '.', the field will be left blank.
-----
Country Name (2 letter code) [GB]:CN
State or Province Name (full name) [Berkshire]:SD
Locality Name (eg, city) [Newbury]:QD
Organization Name (eg, company) [My Company Ltd]:ABC GROUP
Organizational Unit Name (eg, section) []:INFO
Common Name (eg, your name or your server's hostname) []:ftp.abc.com
Email Address []:admin@abc.com
```

（2）修改 vsftpd 配置文件/etc/vsftpd/vsftpd.conf，增加以下语句，启用 SSL 功能。

```
ssl_enable=YES
ssl_sslv3=YES
rsa_cert_file=/etc/vsftpd/vsftpd.pem
```

（3）保存配置文件，重启 vsftpd 服务。

（4）测试 SSL 连接。

启用 SSL 之后，默认强制本地用户使用 SSL 登录，并不强制匿名用户使用 SSL 登录。内置 FTP 命令并不支持 SSL 连接建立，可以用它来简单测试 FTP 服务器是否启用 SSL 连接。例如：

```
[root@Linuxsrv1 ~]# ftp 192.168.0.2
Connected to 192.168.0.2.
220 (vsFTPd 2.0.5)
504 Unknown AUTH type.
504 Unknown AUTH type.
KERBEROS_V4 rejected as an authentication type
Name (192.168.0.2:root): zhongxp
530 Non-anonymous sessions must use encryption.
Login failed.
ftp>
```

此例表明要求非匿名用户使用加密方式登录，表明服务器端启用 SSL 连接。要建立 SSL 连接，需要支持此功能的 FTP 客户端，专门的 FTP 客户端都可以。

2. FTP 客户端与 vsftpd 服务器建立 SSL 安全连接

这里以 Windows 下的 CuteFTP 程序为例进行介绍。

（1）运行 CuteFTP 程序，选择菜单"File"＞"FTP Sites"打开相应的对话框，在"General"选项卡中设置要登录站点的基本信息。

（2）切换到"Type"选项卡，如图 8-8 所示，从"Portocol type"下拉列表中选中"FTP with SSL(AUTH SSL –Explicit，"协议，这表示使用"AUTH SSL"命令建立安全连接。

（3）单击"Connect"按钮，开始与所设站点建立连接。首次使用 SSL 连接将弹出如图 8-9 所示的对话框，提示接受 SSL 证书，单击"Accept"按钮。

（4）连接成功后，将显示出现如图 8-10 所示的界面，底部状态栏中有一小锁图标，表示建立的是安全连接。

图 8-8 选择 SSL 协议

图 8-9 接受 SSL 证书

图 8-10 成功建立 SSL 连接

3. vsftpd 的 SSL/TLS 选项

vsftpd 配置文件提供与 SSL/TLS 有关的选项较多，这里介绍常用的选项。

- ssl_enable：设置是否启用 SSL 安全连接。默认设置为 NO，没有启用。
- ssl_sslv2：设置是否允许 SSL 2.0 协议连接。TLS 1.0 连接优先。默认设置为 NO。
- ssl_sslv3：设置是否允许 SSL 3.0 协议连接。TLS 1.0 连接优先。默认设置为 NO。
- ssl_tlsv1：设置是否允许 TLS 1.0 协议连接。TLS 1.0 连接优先。默认设置为 YES。
- rsa_cert_file：指定用于 SSL 加密连接的 RSA 证书文件路径。
- rsa_private_key_file：指定用于 SSL 加密连接的 RSA 私钥文件路径。默认没有设置，表示 RSA 私钥文件与 RSA 证书文件为同一文件。
- force_anon_logins_ssl：设置是否强制所有匿名登录用户使用 SSL 连接发送密码。默认设置为 NO。
- force_anon_data_ssl：设置是否强制所有匿名登录用户使用 SSL 连接发送和接收数据。默认设置为 NO。
- force_local_logins_ssl：设置是否强制所有非匿名登录用户使用 SSL 连接发送密码。默认设置为 YES。
- force_local_data_ssl：设置是否强制所有非匿名登录用户使用 SSL 连接发送和接收数据。默认设置为 YES。

8.5 管理 vsftpd 服务器

vsftpd 服务器的日常管理比较简单。

8.5.1 管理 vsftpd 服务

1. 使用 vsftpd 服务管理命令

vsftpd 服务的进程名称为 vsftpd，执行以下命令来管理该服务。

/etc/init.d/vsftpd {start|stop|restart|condrestart|status}

或   service vsftpd {start|stop|restart|condrestart|status}

其中参数 start、stop、restart 分别表示启动、停止和重启 vsftpd 服务；status 表示查看 vsftpd 服务状态；condrestart 表示只有在 vsftpd 运行状态下才重新启动 vsftpd。

2. 设置 vsftpd 服务自动加载

如果需要让 FTP 服务随系统启动而自动加载，可以执行"ntsysv"命令启动服务配置程序，找到"vsftpd"服务，在其前面分别加上星号"*"，然后选择"确定"即可。

也可直接使用 chkconfig 命令设置，具体命令如下。

```
chkconfig - level 235 vsftpd on
```

8.5.2 查看和分析日志

日志文件是工作的记录，对于管理员来说，查看和分析日志文件非常重要。

根据默认配置文件有关日志的设置，日志记录在/var/log/xferlog 文件中。可使用文本编辑器来查看，每行一条记录，下面给出一个典型的例子：

```
Wed Jan  6 05:28:15 2010 1 192.168.0.21 1687167 /home/zhongxp/gftp-2.0.19.tar.bz2 b _ o r zhongxp ftp 0 * c
         1          2        3       4              5                              6 7 8 9   10     11 12 13 14
```

- 第 1 项：服务器上当前时间。
- 第 2 项：传输文件时间，单位为秒。
- 第 3 项：客户端地址。
- 第 4 项：传输文件大小，单位为字节。
- 第 5 项：传输文件名及路径。
- 第 6 项：传输类型，a 表示 ASCII 传输，b 表示二进制传输。
- 第 7 项：特殊处理标志，-表示没有处理。
- 第 8 项：传输方向，o 表示从服务器到客户端，i 表示从客户端到服务器。
- 第 9 项：访问模式，a 表示匿名访问，g 表示来宾账户，r 表示本地用户。
- 第 10 项：用户名称。
- 第 11 项：服务类型。

- 第 12 项：认证方式，0 表示没有进行认证。
- 第 13 项：认证用户的标识。
- 第 14 项：完成状态，c 表示完成传输，i 表示没有完成传输。

可以使用命令"tail -f 日志文件"实时监视最新的日志，以实时了解服务器上发生的问题。

```
tail -f /var/log/xferlog
```

习题

1. 简答题

（1）简述建立 FTP 会话和传输文件的过程。

（2）FTP 服务器端口 21 和 20 的作用有什么不同？

（3）主动模式与被动模式有什么不同？

（4）FTP 主要有哪些应用场合？

（5）编辑 vsftpd 主配置文件有哪些注意事项？

（6）vsftpd 支持哪 3 种用户访问？

（7）简述实现 vsftpd 虚拟用户访问的基本步骤。

（8）基于 SSL 建立安全连接之后，FTP 客户端和 FTP 服务器之间的所有通信（登录账户、密码和所传输的数据）是否都受到加密保护？

2. 实验题

（1）在 Linux 服务器上基于 vsftpd 架设一个匿名 FTP 站点，并在客户端通过浏览器进行访问测试。

（2）在 vsftpd 服务器上配置本地用户访问。

（3）在 vsftpd 服务器上配置虚拟用户访问。

第9章

邮件服务器

【学习目标】

本章将向读者介绍电子邮件服务的基本知识，让读者掌握邮件服务器部署、邮件中继配置、SMTP 认证、邮箱（邮件用户、收件人）管理、邮件别名设置邮件群发等方法和技能。

【学习导航】

前一章介绍了 FTP 服务，本章介绍另一种重要的 Internet 服务——电子邮件服务，在介绍邮件服务背景知识的基础上，以 Sendmail 与 Dovecot 组合讲解主流 Linux 邮件服务器的部署、管理和应用。

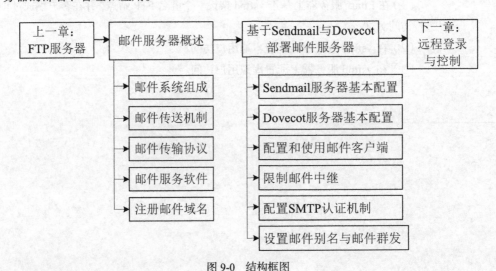

图 9-0　结构框图

9.1　邮件服务器概述

电子邮件用于网上信息传递和交流，是最重要的 Internet 服务之一。对企业来说，电子邮件系统是内外信息交流的必备工具。

9.1.1　邮件系统的组成

电子邮件服务通过电子邮件系统来实现。与传统邮政的邮件服务类似，电子邮件系统由电子邮局系统和电子邮件发送与接收系统组成。电子邮件发送与接收系统就像遍及千家万户的传统邮箱，发送者和接收者通过它发送和接收邮件，实际上是运行在计算机上的邮件客户端程序。电子邮局与传统邮局类似，在发送者和接收者之间起着一个桥梁作用，实际是运行在服务器上的邮件服务器程序。电子邮件的一般处理流程与传统邮件有相似之处，如图 9-1 所示。

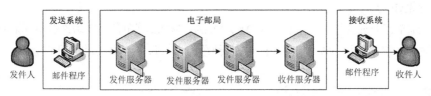

图 9-1　电子邮件系统示意图

从逻辑结构上看，完整的电子邮件系统至少包括以下几个组件，它们各自担任不同的角色。

1．MUA（邮件用户代理）

MUA（Mail User Agent）是邮件客户端程序，用户通过它与邮件服务器打交道。MUA 为用户提供收发邮件接口，负责从邮件服务器接收邮件，并提供用户浏览与编写邮件的功能，还负责将邮件发往邮件服务器。典型的 MUA 有 Windows 邮件客户端 Outlook Express、Foxmail，Linux 命令行工具 mail 和图形界面客户端 Kmail 等。

更多的用户直接使用浏览器来收发邮件，这就需要用到基于 **Web 服务器的 MUA 程序**。这种程序提供 Web 邮件服务，用户不需使用专门的邮件客户端软件，可随时随地跨平台收发邮件。例如，Linux 下的 OpenWebmail、Squirrelmail，Windows 下的 MDaemon WorldClient 等都是此类程序。

2．MTA（邮件传输代理）

MTA（Mail Transfer Agent）是负责接收、发送邮件的服务器端程序。它为用户提供邮件发送服务，接收其他邮件服务器转来的邮件。MTA 决定邮件的递送路径，如果目的地是本地主机，它将邮件直接发送到本地邮箱或者委托给本地的 MDA（邮件投递代理）投递；如果目的地是远程邮件主机，它将与远程主机建立连接，并将邮件传递给目的主机。Linux 系统中使用最为广泛的 MTA 程序有 Sendmail、Postfix、Qmail。

3．MDA（邮件投递代理）

MDA（Mail Delivery Agent）是负责邮件本地投递的程序。MDA 从 MTA 接收邮件并进行适当的本地投递，可以投递给一个本地用户（邮箱）、一个邮件列表、一个文件，甚至是一个程序。有些 MDA 程序还提供邮件过滤功能、自动分类和处理功能等。Linux 系统中常用的 MDA 有

Bindmail、Procmail、Maildrop。MDA 的主要作用就是将邮件保存到本地磁盘，有些 MDA 也可以完成其他功能，比如邮件过滤或将邮件直接投递到子文件夹。**将邮件存放在服务器上的任务是由 MDA 完成的。**

MDA 通常与 MTA 一同运行，一些邮件服务器将 MTA 和 MDA 集成在一起。如果将 MTA 与 MDA 分别实现，则可以降低 MTA 程序的复杂性。

4. MAA（邮件访问代理）

许多用户邮箱并不是时时在线的，因而邮件投递程序不可能将邮件直接投递给用户主机，这就需要 MAA（Mail Access Agent）来代理收取用户邮件。**MAA 也就是收件服务器（POP/IMAP 服务器），让用户连接到系统邮件库以收取邮件。**Linux 常用的 MAA 有 Doveco、Cyrus IMAP、COURIER IMAP 等。

邮件系统采用开放式标准，MTA、MDA、MAA、MUA 等角色可以由许多不同的软件来实现，分布在不同的主机、不同的系统上运行。每一种角色也有许多不同的软件可供选择。

9.1.2 电子邮件传输协议

邮件系统中各种角色之间要实现通信，必须采用相应的协议。目前主要有以下 3 种邮件协议。

1. SMTP（简单邮件传输协议）

SMTP（Simple Mail Transfer Protoco）是用于传递邮件的标准协议。MUA 将邮件发送到 MTA，MTA 将邮件转送到另一个 MTA，都要使用 SMTP。

SMTP 采用客户/服务器（即 C/S）模式，负责发送邮件的 SMTP 进程就是 SMTP 客户端，而负责接收邮件的 SMTP 进程就是 SMTP 服务器。完整的 SMTP 通信过程主要包括以下 3 个阶段。

（1）建立连接。发件人将要发送的邮件送到邮件缓存，SMTP 客户端定期扫描邮件缓存，一旦发现有邮件，就与 SMTP 服务器建立 TCP 连接，然后发送 HELLO 命令并附上发送方的主机名。

（2）传送邮件。SMTP 客户端使用 MAIL 命令开始传送邮件，该命令提供发件人地址；然后执行 RCPT 命令，并提供收件人地址；最后执行 DATA 命令传送邮件内容。

（3）释放连接。邮件传送完毕，SMTP 客户端发送 QUIT 命令请求关闭 TCP 连接。

当一个 MTA 将邮件发送到另一个 MTA 时，发送邮件的为客户端，接收邮件的为服务器。

SMTP 默认端口为 25，是一个"单向"的协议，不能用来从其他邮件服务器收取邮件。

2. POP（邮局协议）

POP（Post Office Protocol）是用于用户收取邮件的一种标准协议。MUA 经由 POP 连接到 MTA 的用户收件箱，以读取或下载收件箱中的邮件。POP 默认端口为 110，目前常用版本为 POP3。

POP 采用客户/服务器模式，完整的 POP 通信过程如下。

（1）客户端建立到服务器的 TCP 连接。

（2）客户端使用 USER 和 PASS 命令向服务器提交用户身份验证信息。

（3）验证通过后，客户端使用 LIST 命令获取邮件列表信息，并使用 RETR 命令从邮箱接收邮件到客户端。每接收一封邮件，可使用 DELE 命令将服务器上的该邮件设置为删除状态。

（4）客户端发送 QUIT 命令，服务器将删除状态的邮件删除并关闭 TCP 连接。

3. IMAP（Internet 信息访问协议）

IMAP（Internet Message Access Protocol）是用于用户收取邮件的另一种标准协议。其默认 TCP 端口为 143，目前常用版本为 IMAP4。

与 POP 一样，IMAP 也采用客户/服务器模式，客户端都需要先经过身份验证，才能访问邮件服务器上的邮件。

两者最主要的区别就是它们检索邮件的方式不同。使用 POP 时，邮件驻留在服务器中，一旦接收邮件，邮件都从服务器上下载到用户计算机上。如果通过多个客户端收取邮件，邮件会分散存放，不便于统一管理。用户可以离线阅读邮件，这种方式适合不能总是保持网络连接的用户。

IMAP 让所有邮件都留在服务器上，用户在读取邮件之前必须先联机，联机之后可在远程进行任何控制管理动作，就像所有邮件都在客户端一样。由于邮件集中存放在服务器上，用户无论在那里都可看到同样的邮件内容，这样便于实现邮件归档和共享。这种方式要求用户必须与服务器间保持网络连接才可读取邮件内容。

与 POP 相比，IMAP 功能更强、更有灵活性。使用 IMAP 也可以离线阅读（与 POP 一样），而且可以拥有多个邮箱，甚至可以只下载邮件的标题。

通常一台提供收发邮件服务的邮件服务器至少需要两个邮件协议，一个是 SMTP，用于发送邮件；另一个是 POP 或 IMAP，用于接收邮件。相应地，将邮件服务器分为发件服务器（SMTP 服务器）和收件服务器，收件服务器又可分为 POP 服务器和 IMAP 服务器。

9.1.3 电子邮件格式

最早定义 Internet 邮件信息格式的标准是 RFC 822，最新的标准是 RFC 2822。RFC 2822 不仅定义邮件信息本身的格式，也规范邮件地址在邮件标头中的格式。

1. 邮件地址格式

一个简单的邮件地址大致可分成 3 部分：本地部分、分隔符 "@" 和域部分，典型的格式为 "邮箱名@邮件服务器域名"。"@" 左边的本地部分通常是用户的账户名称，也可以是代表另一个地址的别名。@右边的域部分通常是邮件服务器的网络域名。域（邮件域）是邮件服务器的基本管理单位，**邮件服务以域为基础，每个邮箱对应一个用户，用户是邮件域的成员。**

2. 邮件信息格式

一封信可分成两大部分：标头（Header）与正文（Body）。下面是一个简单的例子。

```
## 标头部分
from:zxp@abc.com
to:zjs@abc.com
```

```
subject:TEST MAIL
## 正文部分
This is a test mail
```

标头又称邮件头，用于提供邮件的传递信息。它含有许多特定名称的字段，其中最重要的关键字是 "To:"，它指定一个或多个收件人的邮件地址。还包括一些比较重要的关键字，如 "Subject:" 指定邮件主题，"Cc:" 指定抄送的邮件地址，"From:" 指定发件人邮件地址等。这些字段有一个共同特点，那就是名称之后都有一个冒号，后跟字段的具体内容。一个标头字段的内容可以跨越多行，开头为空格符的文本行，逻辑上都属于前一行的延伸。

正文又称邮件体，用于提供邮件具体内容。标头与正文之间以一个空白行为分界。原则上，邮件正文的格式是没有限制的。不过邮件正文只能包含 ASCII 字符，像图像、中文字符之类的二进制数据，必须事先以特殊编码法转换成 ASCII 字符，才可以编出符合标准的邮件。如果要夹带文件，必须以 MIME 或其他编码标准，将文件转换成可传输的字符。

3. MIME 规范

MIME 英文全称 Multipurpose Internet Mail Extensions，通常译为多用途 Internet 邮件扩展，是目前广泛应用的一种电子邮件技术规范，基本内容由 RFC 2045-2049 定义。在 MIME 推出之前，使用 RFC 822 只能发送基本的 ASCII 码文本信息，邮件内容如果要包括二进制文件、声音和动画等，都非常困难。MIME 提供了一种可以在邮件中附加多种不同编码文件的方法。

MIME 邮件由邮件头和邮件体两大部分组成。邮件头包含了发件人、收件人、主题、时间、MIME 版本、邮件内容类型等重要信息。邮件体包含邮件的内容，其类型由邮件头 "Content-Type"（内容类型）字段指明。邮件体可分为多个段，每个段又包含段头和段体两部分，这两部分之间也以空行分隔。

9.1.4　电子邮件与 DNS

邮件服务以域（邮件域）为基础，邮件系统与 DNS 域名联系紧密。发送邮件时，MTA 要依靠 DNS 服务器来查找邮件主机名称、查询邮件路由信息；接收邮件时，要依靠 DNS 服务器找到邮件服务器。

1. MX 决定邮件路由

首先介绍一下 MX（邮件交换器）记录的由来。假设 abc.com 域有一位名为 zhang 的用户，其工作站主机名称为 office，他可以直接使用 zhang@office.abc.com 这个邮件地址来收邮件，MTA 可以直接查出 office.abc.com 的 IP 地址，将邮件送给该工作站的用户 zhang，前提是该工作站必须永远保持开机，而且还要运行一个 MTA 以随时接收来自 Internet 的 MTA 送来的邮件。如果 abc.com 域中每一工作站都采用这种方法，则该域的邮件管理负担会非常繁重。为此，设置一台专门的邮件交换主机来统管整个域的所有邮件，代替域内的所有主机接收、发送邮件。**MTA 要知道特定域的邮件交换主机是哪一台，就需要使用 DNS 系统的 MX 资源记录。**

MX 记录为邮件服务专用，提供邮件路由信息。当 MTA 要将邮件送到某个域时，会先将邮件交给该域的 MX 主机。MX 主机对于收到的邮件，根据情况直接投递，或者转送到另一个邮件系统。

为保险起见，同一个域可能同时设置多台 MX 系统，对于这样的域，其 DNS 数据库也必须要提供同样多的 MX 记录。在一个设置多台 MX 服务器的域中，一个 MX 会被当成主要的邮件服务器，而其他 MX 服务器当成备用系统。MTA 依据 MX 记录的优先值，选择适当的 MX 服务器来递交邮件。优先值小的主机优先递交，如果不成功，邮件会转往下一台 MX 邮件主机传送。

2. 使用 MX 的注意事项

● 所有 MX 主机在 DNS 数据库中都必须要有合法的 A 资源记录。MX 记录所指的主机名称，必须要有一条有效的 A 记录。
● MX 记录不可以指向别名。
● MX 记录应该指向主机名称，而非 IP 地址。
● 应指定明确的优先值。

9.1.5　电子邮件传送机制

如图 9-2 所示，MUA、MTA、MDA 与 MAA 模块贯穿电子邮件传送的全过程，即一封邮件从发件人到收件人所经历的处理流程。具体说明如下。

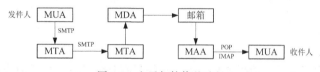

图 9-2　电子邮件传送过程

（1）发件人利用 MUA 将邮件通过 SMTP 提交到 MTA。
（2）MTA 收到 MUA 的发信请求，决定是否受理。如果受理，继续下面的操作。
（3）MTA 判断收件人是不是本地账户（内部账户）。如果是本地账户，交由 MDA 投送到该账户的邮箱中，完成发送过程，跳转到第 5 步。如果不是本地账户，执行下一步骤。
（4）如果收件人是远程用户，MTA 根据其邮件中继（Relay）设置来决定如何转送邮件。有以下两种处理方式。
● 如果该邮件符合中继传递条件，就将邮件传递到下一个 MTA，这个 MTA 还可将邮件继续往下传递，直到该邮件不需要中继为止。
● 如果该邮件无需中继传递，MTA 将根据 DNS 设置，查找收件人邮件地址中域名对应的 MX（邮件交换器）记录，从中找出目的 MTA，将该邮件直接传送到该 MTA。
MTA 之间的邮件传递也使用 SMTP。
（5）终点站 MTA 将收到的邮件交给其 MDA 处理，由 MDA 将邮件投递到收件人的邮箱中。
邮箱用于保存邮件，可能是文件夹的的形式，也可能是专门存储电子邮件的特殊数据库。邮件被存入邮箱后，等待收件人收取。
（6）收件人利用 MUA（客户端）通过 POP/IMAP 连接到邮箱所在的服务器（MAA），经过身份验证后，可以收取和阅读邮箱中的邮件。
许多用户常误以为发送邮件与收取邮件是同一套软件在工作，让用户能从邮箱取走邮件的是

POP 或 IMAP 服务器软件，并非当初收下邮件的 SMTP 服务器，它们的角色是分离的。

9.1.6　邮件服务器软件

Linux 是一个开放的平台，支持多种主流的邮件服务器软件，下面根据它们的角色分类介绍。

1．MTA 软件

具备 SMTP 服务器功能，现有的 MTA 软件都相当成熟，而且也都是开放源代码的软件。

（1）Sendmail。Sendmail 是一款经典的 MTA 软件，使用非常广泛，几乎所有 Linux 版本都内置该软件。它的很多标准特性成为邮件系统的标配，如虚拟域、转发、用户别名、邮件列表等。不过，Sendmail 的设计对安全性考虑很少，在大多数系统中都是以 root 权限运行，而且程序设计本身存在一些安全漏洞。另外，Sendmail 的系统结构不适合较大的负载。

（2）Qmail。Qmail 专门设计用来替换现有安全性和性能都不太令人满意的 Sendmail。其主要特点是安全、可靠和高效，并且设置简单，速度很快。

（3）Postfix。Postfix 是 MTA 程序后起之秀，吸众家之长，如 Sendmail 的丰富功能、Qmail 的快速队列机制、Maildir 存储结构等。其突出的特点是快速、安全、易于配置管理，同时尽量保持与 Sendmail 良好的兼容性。Postfix 采用模块化结构，每个 Postfix 进程的权限都被限制到最低限度。

2．MDA 软件

现在的 MDA 程序除了本地投递功能外，往往具有邮件过滤、自动分类和处理功能。这里介绍两款主流的 MDA 程序。

（1）Procmail。Procmail 具备基本的邮件的自动过滤和分拣功能。Procmail 使用了类似于"处方"的用户配置文件，通过定制正则表达式实现邮件的分发。其缺点是不支持 Maildir 邮箱格式，并且编程语法太复杂，不易掌握和使用。Linux 的 Sendmail 使用 Procmail 作为 MDA 程序。

（2）Maildrop。MailDrop 是包含了一种邮件过滤语言的邮件分发代理程序。Maildrop 除了支持传统邮箱格式，它还支持 Qmail 的 Maildir 邮件存储格式，其编程语言简单易懂，容易上手。本地管理员往往用 MailDrop 来替代现有邮件系统的邮件分发代理。

3．POP/IMAP 软件

使用 POP 或 IMAP 协议收取邮件。这里介绍两款主流的 POP/IMAP 软件。

（1）Dovecot。Dovecot 是著名的 IMAP 和 POP3 服务器。它为使用 IMAP 协议的连接做了很多优化，这样 IMAP 客户端在连接 Dovecot 服务器时会表现出更好的性能。

（2）Cyrus IMAP。与其他 POP/IMAP 服务器不同，Cyrus IMAPCyrus 使用自己的方法存储用户邮件，每个邮件存储在自己的文件中。使用独立的文件可增强可靠性，即使出现文件系统错误也只丢失邮件。而且邮件被索引以增强性能，尤其是对于大量用户或大量大邮件，速度非常快。还有一个重要特性是，不必为每个账户使用系统账户。所有用户由 IMAP 服务器验证，非常适合大量邮件用户的应用。

9.1.7 组建邮件服务器的基础工作

在组建邮件服务器之前，应做好相关的基础工作。

1. 准备硬件设备和网络环境

邮件服务器硬件对 CPU、内存、硬盘要求较高。例如，对于拥有 100 个用户账户，日处理 4000 个邮件的邮件系统，CPU 应当采用双核，内存 2GB，硬盘 20GB 以上。企业通常将自建邮件服务器部署于 DMZ（非军事区）网络或者内网，使用端口映射对外发布邮件服务。

如果面向 Internet 服务，需要提供 Internet 连接线路，尽量不要选择拨号连接。

2. 注册邮件域名和 IP 地址

每个邮件服务器都应提供一个唯一 IP 地址，应尽选用静态 IP 地址。对于 Internet 邮件服务器，可以联系 ISP 来注册域名和获取 IP 地址。

在本章邮件系统实验环境中，邮件域为 abc.com，邮件服务器为 mail.abc.com，IP 地址为 192.168.0.2/24。规范的做法是为 abc.com 创建一个指向 mail.abc.com 的 MX 记录：

```
mail            IN  A    192.168.0.2
abc.com.        IN  MX   10  mail.abc.com.
```

这样发送到 someone@abc.com 的邮件将被路由到 mail.abc.com 主机，用户连接到该服务器检索电子邮件。

9.2 基于 Sendmail 与 Dovecot 部署邮件服务器

Sendmail 是一种流行的 MTA 软件，负责邮件的接收、投递和存储，而 Dovecot 软件实现收件收取功能。两者结合起来可以组建一台功能完整的邮件服务器。

9.2.1 Sendmail 服务器基本配置

1. 安装 Sendmail

Red Hat Enterprise Linux 5 提供了 Sendmail 邮件服务器软件，执行命令 rpm -q sendmail 检查 Sendmail 是否安装或已安装的版本。运行和配置 Sendmail 服务器至少需要安装以下软件包。

- sendmail：Sendmail 服务的主程序包。
- m4：宏处理过虑软件包，sendmail 使用该程序转换宏文件。
- sendmail-cf：宏文件包，提供与 Sendmail 服务器相关的一系列配置文件和程序。

Red Hat Enterprise Linux 5 默认已安装 sendmail-9.13.8-2.el5 和 m4-1.4.5-3.el5.1 两个软件包。由于要使用宏文件来简化配置文件的编辑，还需要安装 sendmail-cf-9.13.8-2.el5 宏文件包，将 Red Hat Enterprise Linux 5 第 2 张安装光盘插入光驱，加载光驱后，切换到光驱加载点目录，执行以下命令进行安装。

```
rpm -ivh Server/sendmail-cf-9.13.8-2.el5.i386.rpm
```

2. 管理 Sendmail 服务

Sendmail 服务是通过 sendmail 守护进程来实现的，可以使用启动脚本/etc/init.d/sendmail 实现该服务的基本管理，用法如下。

```
/etc/init.d/sendmail {start|stop|restart|condrestart|status}
```

或者

```
service sendmail {start|stop|restart|condrestart|status}
```

其中参数 start、stop、restart 分别表示启动、停止和重启 Sendmail 服务；condrestart 表示只有在 Sendmail 运行状态下才重启；status 表示查看 Sendmail 服务状态。

默认安装的 Sendmail 已经随系统自动启动。如果是新安装的 Sendmail，需要每次开机自动启动，可以使用 chkconfig 命令修改：

```
chkconfig –level 235 sendmail on
```

3. Sendmail 配置文件

Sendmail 服务器使用的配置文件都在/etc/mail 目录中，主要有如下几个文件。

- sendmail.cf：Sendmail 主配置文件。
- sendmail.mc：为 Sendmail 提供 Sendmail 文件模板。
- local-host-name：定义本地邮件服务器的域名和主机别名。
- access.db：设置 Sendmail 服务器邮件中继。
- virtusertable.db：设置虚拟账户。
- trusted-users：设置可信任用户（可以代表其他用户发邮件的用户）。
- /etc/aliases.db：定义邮箱别名。

4. 编辑 Sendmail 主配置文件

主配置文件 sendmail.cf 文件使用了大量的宏代码进行配置，直接修改这个文件的难度较大。为降低配置难度，Sendmail 系统提供了一个更容易理解和配置的宏文件 sendmail.mc。这样，管理员可以直接对 sendmail.mc 文件进行编辑修改，然后使用 m4 命令生成所需的 sendmail.cf 文件：

```
m4 /etc/mail/sendmail.mc > /etc/mail/sendmail.cf
```

在编辑修改主配置文件之前一定要备份原有的 sendmail.mc 文件和 sendmail.cf 文件。

sendmail.mc 文件主要的模块如下。

- divert(n)：为 m4 定义一个缓冲动作，当 $n = -1$ 时缓冲被删除，$n = 0$ 时开始一个新缓冲。
- define：定义配置文件中的一个特定的选项值。
- OSTYPE：定义宏所使用的操作系统。
- Domain：定义 MTA 将使用哪些域来传输邮件。
- Feature 定义配置文件中使用的一个特定的功能集。
- MASQUERADE_AS：定义 Sendmail 应答邮件的其他主机名。
- MAILER：定义 Sendmail 使用的邮件传输方法。

dnl 为行注释符，通过去除行首的 dnl 字符串可以启用相应的配置行。dnl 字符串同时也作为每个定义语句的结束符。正反引号很特别，由一个反引号和一个正引号将内容括起来。另外要注意不能随便加入空格。

Sendmail 服务器在运行时只读取 sendmail.cf 文件中的设置，因此每次对 sendmail.mc 文件进行修改后都需要使用 m4 命令生成新的 sendmail.cf 文件，再执行以下命令重新启动 Sendmail 服务器以便使新的修改生效。

```
service sendmail restart
```

　　　　主配置文件对于标准的邮件服务器来说很少需要改动。Sendmail 服务器使用默认的配置文件即可，不过只侦听 localhost（127.0.0.1），只能在邮件服务器上发送收件，无法为网络中的计算机提供邮件服务。在对 sendmail.mc 文件修改后，需要使用 m4 命令生成新的 sendmail.cf 配置文件，任何配置文件修改，都需要重启 Sendmail 服务才能使新的配置生效。

5. 编辑数据库型的配置文件

除了 sendmail.cf 主配置文件以外，Sendmail 还使用了许多数据库类型的辅助配置文件（扩展名为.db）。此类配置文件无法直接编辑，好在同一目录下都提供一个对应有的同名无扩展名文本文件，例如/etc/mail/access.db 对应一个 /etc/mail/access。要修改数据库文件，需要先使用文本编辑器修改对应的文本文件，然后使用 makemap 命令将其转换成对应的数据库文件。例如：

```
makemap hash access.db < access
```

当然还要重启 Sendmail 服务让修改的配置生效。

6. 设置一个简单的 Sendmail 服务器

这里设置一个可以在局域网内使用的 Sendmail 服务器。

（1）设置 Sendmail 服务器侦听的网络接口。Sendmail 服务器默认只侦听 localhost，应该将其更改为服务器上特定的 IP 地址或者 0.0.0.0。0.0.0.0 表示所有的网络接口地址。编辑 sendmail.mc 文件，将其中的语句：

```
DAEMON_OPTIONS('Port=smtp,Addr=127.0.0.1, Name=MTA')dnl
```

改为

```
DAEMON_OPTIONS('Port=smtp,Addr=0.0.0.0, Name=MTA')dnl
```

这样 Sendmail 服务器将侦听主机所有网络接口的 25 端口。

（2）保存 sendmail.mc 文件，执行以下命令将该文件编译为 sendmail.cf 文件：

```
m4 /etc/mail/sendmail.mc > /etc/mail/sendmail.cf
```

（3）定义本地邮件服务器别名。在/etc/mail/local-host-name 文件设置邮件服务器提供邮件服务的域名（含别名）。例如，要使用 abc.com 作为域名，添加以下域名：

```
mail.abc.com
abc.com
```

只有这样，邮件服务器才能接收发往该地域的邮件。

（4）重新启动 Sendmail 服务。经过上述设置，Sendmail 服务器就可以发送邮件了，接下来介绍邮件账户的添加。

7. 添加邮件账户

像多数 Linux 邮件服务器一样，Sendmail 服务器使用 Linux 系统中的用户账户作为邮件账户，

因此为用户添加邮件账户只需要添加 Linux 用户账户即可。

为了便于对邮件用户进行管理，最好先建立一个邮件组，如执行以下命令添加 mailuser 组，让新建立的邮件用户账户加入该该组。

```
groupadd mailuser
```

由于邮件账户通常不需要登录 Linux 系统，因此在 adduser 命令中可以使用"–s"选项指定该用户不允许登录 Linux 系统（只能收发邮件而不能登录到服务器运行其他程序），例如：

```
adduser -g mailuser -s /sbin/nologin zxp
adduser -g mailuser -s /sbin/nologin zjs
```

在建立邮件用户账户之后，需要使用 passwd 命令为用户设置口令，以便用户发送和收取邮件时进行身份认证。

```
passwd zxp
passwd zjs
```

8. 测试 Sendmail 服务器

可以使用 netstat 命令测试是否开启 SMTP 的 25 端口。

```
[root@Linuxsrv1 ~]# netstat -ntpl | grep 25
tcp 0    0 0.0.0.0:25        0.0.0.0:*        LISTEN      11048/sendmail: acc
```

管理员还可以使用 telnet 工具连接到 Sendmail，使用 SMTP 命令发送邮件，下面进行示范。

```
[root@Linuxsrv1 ~]# telnet mail.abc.com 25 ##与服务器25端口建立TCP连接，成功返回220应答码
Trying 192.168.0.2...
Connected to mail.abc.com (192.168.0.2).
Escape character is '^]'.
220 localhost.localdomain ESMTP Sendmail 9.13.8/9.13.8; Mon, 11 Jan 2010 14:24:02 +0800
HELO mail.abc.com  ## 发送HELO命令向服务器标识发件人的身份，成功会返回250应答码
250 localhost.localdomain Hello linuxsrv1.abc.com [192.168.0.2], pleased to meet you
MAIL FROM:zxp@abc.com  ##使用MAIL FROM:命令给服务器传送发件人地址，成功后收到250应答码
250 2.1.0 zxp@abc.com... Sender ok
RCPT TO:zjs@abc.com  ## 使用RCPT TO:命令传送收件人地址，成功将返回250应答码
250 2.1.5 zjs@abc.com... Recipient ok
DATA  ## 发送DATA命令准备邮件内容，返回354应答码表示准备接收，可在下一行开始输入邮件内容
354 Enter mail, end with "." on a line by itself
from:zxp@abc.com
to:zjs@abc.com
subject:TEST MAIL
This is a test mail
.          ## 在新行中键入圆点字符，然后回车，结束邮件内容的输入
250 2.0.0 o0B6O2hU007961 Message accepted for delivery ##返回250应答码，开始传送邮件
QUIT  ## 使用QUIT命令退出通信过程，相应的用户将会收到该邮件
221 2.0.0 localhost.localdomain closing connection
Connection closed by foreign host.
```

9.2.2 Dovecot 服务器基本配置

Sendmail 只能充当 MTA，提供发送邮件的功能，为使用户在客户端收到邮件，还需要一个 POP/IMAP 服务器。这里讲解如何使用 Dovecot 服务器实现收件收取功能，它可以同时提供 POP3、POP3S、IMAP 和 IMAPS 服务，配置简单。

1. 安装 Dovecot

Dovecot 必须根据 MTA 的配置来进行相应的配置，在安装 Dovecot 之前，必须保证 MTA 正常工作。Red Hat Enterprise Linux 5 提供了 Dovecot 邮件服务器软件。执行命令 rpm -q dovecot 检查 Dovecot 是否安装或已安装的版本。默认没有安装该软件包。注意安装 Dovecot 软件包还要解决其依赖性，安装 per-DBI 和 mysql 软件包。

可将 Red Hat Enterprise Linux 5 第 2 张安装光盘插入光驱，加载光驱后切换到光驱加载点目录，执行以下命令进行安装。

```
rpm -ivh Server/per-DBI-1.52-1.fc6.i386.rpm
rpm -ivh Server/mysql-5.0.22-2.1.0.1.i386.rpm
rpm -ivh Server/dovecot-1.0-1.2.rc15.el5.i386.rpm
```

2. 管理 Dovecot 服务

Dovecot 服务是通过 dovecot 守护进程来实现的，可以使用启动脚本/etc/init.d/dovecot 实现该服务的基本管理，用法如下。

```
/etc/init.d/dovecot {condrestart|start|stop|restart|reload|status}
```

或者

```
service dovecot {condrestart|start|stop|restart|reload|status}
```

其中参数 start、stop、restart 分别表示启动、停止和重启 Dovecot 服务；condrestart 表示只有在 Dovecot 运行时才重启；reload 表示不用重启就可更新配置文件；status 表示查看该服务状态。

如果需要每次开机自动启动，可以使用 chkconfig 命令修改：

```
chkconfig -level 235 dovecot on
```

3. 设置 Dovecot 服务器

Dovecot 提供 POP3、IMAP、POP3S 和 IMAPS 服务，对应的默认端口分别为 110、143、995 和 993，其中 POP3S 和 IMAPS 使用 SSL 来加密服务器连接。不用进行任何设置，Dovecot 服务器就可以收取邮件。

可以通过编辑配置文件/etc/dovecot.conf 来对 Dovecot 进行定制。默认在所有网络接口支持 POP3、IMAP、POP3S 和 IMAPS 服务。使用参数 protocols 进行定制要提供的协议（服务）类型，例如以下定义表示只允许 POP3 服务。

```
protocols = pop3
```

使用参数 listen 定义要侦听连接的 IP 或主机地址，不能定义多个地址。"*"表示侦听所有的 IPv4 接口；"[::]"表示侦听所有的 IPv6 接口。

修改该配置文件之后需要重新启动 Dovecot 服务，以便新的设置生效。

4. 测试 Dovecot 服务器

可以使用 netstat -ntpl 命令来测试 Dovecot 服务器是否开启相应的端口，如 110、143。

管理员还可以使用 telnet 工具连接到 Dovecot 服务器，使用 POP 命令收取邮件进行实际测试。

```
[root@Linuxsrv1 ~]# telnet mail.abc.com 110   ## 与服务器 110 端口建立一个 TCP 连接
Trying 192.168.0.2...
Connected to mail.abc.com (192.168.0.2).
Escape character is '^]'.
+OK Dovecot ready.              ## 连接成功
USER zjs                        ##发送 USER 命令向服务器传送收件人账户
+OK
PASS ABC123                     ## 使用 PASS 命令给服务器传送发件人账户的密码
+OK Logged in.                  ## 登录成功
LIST             ##使用 LIST 命令请求服务器返回邮件数量和每份邮件的大小。一个圆点的行表示结束
+OK 1 messages:
1 406
.
RETR 1              ## 发送 RETR 命令请求服务器返回指定邮件的内容，后面的参数表示邮件序号
+OK 406 octets
##邮件内容省略
##执行 QUIT 命令退出通信过程
```

9.2.3　配置和使用邮件客户端

配置好 POP3/SMTP 服务之后，就可通过邮件客户端来使用邮件服务器收发邮件了。这里以 Outlook Express 为例来讲解客户端配置和使用。注意内置邮件服务器不支持 Web 方式收发邮件。

1．配置 Outlook Express 的电子邮件服务

为便于测试，分别在两台计算机上使用不同的邮箱设置 Outlook Express 邮件账户。

（1）启动 Outlook Express。

（2）从"工具"菜单中选择"账户"命令打开"Internet 账户"对话框。

（3）单击"添加"按钮，然后选择"邮件"命令启动"Internet 连接向导"。

（4）根据向导提示进行设置，当出现如图 9-3 所示的对话框时，选择 POP3 服务器，分别设置接收服务器和发送服务器的域名（IP 地址或计算机名）。

（5）单击"下一步"按钮，出现如图 9-4 所示的对话框，在"账户名"框中输入 POP3 服务用户名；在"密码"框中设置与该账户对应的密码。

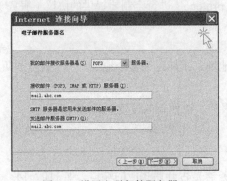

图 9-3　设置电子邮件服务器

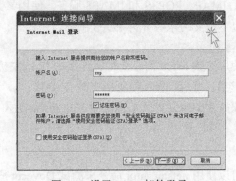

图 9-4　设置 POP3 邮件登录

（6）单击"下一步"按钮，再单击"完成"按钮完成向导。

2. 使用 Outlook Express 收发邮件

发件人在 Outlook Express 中撰写并发送邮件，如图 9-5 所示；收件人尝试通过 Outlook Express 接收邮件，如图 9-6 所示。

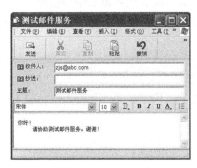

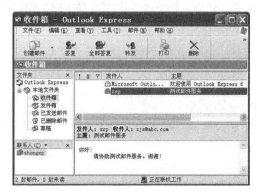

图 9-5 撰写并发送邮件   图 9-6 接收邮件

9.2.4 限制邮件中继

SMTP 本身是不需要身份验证的，任何人都可以连接到 SMTP 服务器发送邮件。对于一个连接在 Internet 上的邮件服务器，如果允许任何用户都通过它来中继邮件，则可能引发安全问题，如邮件服务器被用来有组织地发送垃圾邮件，致使网络带宽耗尽，用户无法正常收发邮件服务；更严重的是，由于发送大量的垃圾邮件，邮件服务器可能会被列入 Internet 邮件服务器黑名单，或者被 ISP 封锁，无法提供邮件服务。为了避免这些问题，**Sendmail 邮件服务器默认禁止其他不明身份的主机利用本地服务器投递邮件，只允许发件地址或收件地址为本地地址的邮件，禁用任何邮件中继。**

要启用邮件中继功能，并进行必要的限制，**Sendmail 提供了两种方案，一种是使用/etc/mail/access.db 文件对指定的域启用邮件中继；另一种是使用 SMTP 验证机制对指定的用户进行邮件中继。**这里主要介绍前一种方案，下一节介绍第二种方案。

/etc/mail/access.db 是一个非明文文本的散列数据库文件，用户无法直接编辑。要修改这个数据库文件，需要先修改/etc/access 文件，然后使用 makemap 命令转换成对应的数据库文件。默认的/etc/access 文件内容如下：

```
Connect:localhost.localdomain  RELAY
Connect:localhost  RELAY
Connect:127.0.0.1  RELAY
```

这里的设置作用于邮件源地址和目的地址。默认设置表明仅允许为来自于 localhost（IP 地址 127.0.0.1）的用户中继邮件。可以添加新的条目，对指定的域进行邮件中继限制，格式如下：

```
Connect:地址    操作符
```

地址与操作符用空格键分隔。地址部分可以使用以下形式。

- 域名或者主机名：如 xyz.com；hosta
- 发件人的邮件地址或者其中的用户名部分：如 user1@abc.com；user2@

- 主机 IP 地址或者子网地址：如 192.168.0.20；192.169.5

操作符部分可以是以下内容。

- OK：正常接受邮件，允许远程主机向邮件服务器发送邮件。
- RELAY：允许 SMTP 代理投递，通过该邮件服务器进行邮件中继。
- REJECT：拒绝邮件中继并显示内部错误提示消息。
- DISCARD：拒绝邮件中继并将发来的邮件丢弃，也不向发送者返回错误信息。

例如，要为子网 192.168.2.0/24 和本地域 abc.com 中继邮件，可以向/etc/mail/access 文件中添加以下条目：

```
Connect:192.168.2  RELAY
Connect:abc.com  RELAY
```

使用 makemap 命令将 access 文件转换为 access.db 文件，不需要重新启动 Sendmail 即可允许对指定网络或主机的邮件中继。

```
[root@Linuxsrv1 ~]# cd /etc/mail
[root@Linuxsrv1 mail]# makemap  hash  access.db  <  access
```

9.2.5 配置 SMTP 认证机制

为了判断客户端是否有权使用中继服务，服务器端必须确认客户端（发件人）的真实身份。大多数邮件系统只允许内网客户端使用中继服务，这往往依靠 IP 地址来识别客户端身份。然而，并非所有合法用户都具有固定 IP 地址，例如对于那些通过拨号方式连接，或者使用 DHCP 动态获取地址的客户端，使用 SMTP 认证机制就能较好地解决这个问题。这需要依靠 **SASL（Simple Authentication and Security Layer）**协议为 **SMTP** 提供可靠的身份认证。

目前主要通过 Cyrus SASL 认证函数库来实现 SMTP 认证机制。通过验证发件人的账户和密码，能够有效拒绝非法用户使用邮件服务器的中继功能。下面介绍使用 Cyrus SASL 包为 Sendmail 提供 SMTP 认证的具体方法。

1. 安装 Cyrus SASL

默认情况下，Red Hat Enterprise Linux 5 自动安装 Cyrus SASL 认证包。可执行以下命令检查系统是否已经安装了 Cyrus-SASL 包或查看已经安装的具体版本。

```
[root@Linuxsrv1 ~]# rpm -qa | grep sasl
cyrus-sasl-lib-2.1.22-4
cyrus-sasl-plain-2.1.22-4
cyrus-sasl-devel-2.1.22-4
cyrus-sasl-2.1.22-4
```

默认仅安装了基本功能模块，如果要支持更多的认证方式。请选择相应的安装包进行安装，Red Hat Enterprise Linux 5 第 3 张光盘提供了 cyrus-sasl-ldap-2.1.22-4.i386.rpm、cyrus-sasl-md5-2.1.22-4.i386.rpm、cyrus-sasl-ntlm-2.1.22-4.i386.rpm、cyrus-sasl-sql-2.1.22-4.i386.rpm 等安装包。

2. 选择 SASL 认证机制

Cyrus SASL 支持多种认证机制，至于要使用哪一种验证机制，需要客户端与服务器端双方事先取得共识。默认情况下，Cyrus-SASL V2 版使用 saslauthd 这个守护进程进行密码认证，而密码认证机制有多种，使用以下命令可查看当前系统中所支持的密码验证机制。

```
[root@Linuxsrv1 ~]# saslauthd -v
saslauthd 2.1.22
authentication mechanisms: getpwent kerberos5 pam rimap shadow ldap
```

显然，当前可用的认证机制由 getpwent、kerberos5、pam、rimap、shadow 和 ldap。这里使用最简单的 shadow 验证机制，直接使用/etc/shadow 文件中的账户和密码进行认证。认证机制在/etc/sysconfig/saslauthd 配置文件中设置，打开该文件，加入以下语句，然后保存该文件即可。

```
MECH=shadow
```

3. 启用 SASL 认证机制并进行测试

执行以下命令启动 saslauthd 守护进程。

```
service saslauthd start
```

如果需要每次开机启动改守护进程，可以使用 chkconfig 命令修改。

```
chkconfig - level 235 saslauthd on
```

可以执行以下命令来测试认证功能。

```
testsaslauthd -u 用户账户 -p 密码
```

例如，例中执行以下命令：

```
[root@Linuxsrv1 ~]# testsaslauthd -u zxp -p 'ABC123'
0: OK "Success."          ## 结果说明 saslauthd 正常运行了，表示认证功能有效
```

4. 设置 Sendmail 启用 SASL 认证机制

Red Hat Enterprise Linux 5 系统中提供的 Sendmail 服务器提供了 SMTP 的用户认证功能，但是默认没有启用此功能，因此需要在 sendmail.mc 文件中进行相应的配置，找到下列两条语句：

```
dnl TRUST_AUTH_MECH('EXTERNAL DIGEST-MD5 CRAM-MD5 LOGIN PLAIN')dnl
dnl  define('confAUTH_MECHANISMS', 'EXTERNAL GSSAPI DIGEST-MD5 CRAM-MD5 LOGIN
PLAIN')dnl
```

将打头的 dnl 字符串删去，改为

```
TRUST_AUTH_MECH('EXTERNAL DIGEST-MD5 CRAM-MD5 LOGIN PLAIN PAM')dnl
define('confAUTH_MECHANISMS', 'EXTERNAL GSSAPI DIGEST-MD5 CRAM-MD5 LOGIN PLAIN PAM')dnl
```

注意语句前面一定不能留有空格。

使用 M4 命令编译该文件，重启 Sendmail 服务。

5. 为 Sendmail 选择密码验证方法

当 Sendmail 要使用 SMTP 认证时，要让 SASL 知道 Sendmail 将通过 saslauthd 守护进程来访问认证数据库，必须在/usr/lib/sasl2/sendmail.conf 文件中设置以下语句（默认已设置）：

```
pwcheck_method: saslauthd
```

6. 测试 Sendmail 的 SMTP 认证功能

经过以上设置，Sendmail 服务器应该已具备了 SMTP 认证功能。可采用 Telnet 命令连接到服务器端口 25 来进行测试，测试过程如下。

```
[root@Linuxsrv1 ~]# telnet mail.abc.com 25
Trying 192.168.0.2...
```

```
Connected to mail.abc.com (192.168.0.2).
Escape character is '^]'.
220 mai.abc.com ESMTP Sendmail 9.13.8/9.13.8; Wed, 13 Jan 2010 14:06:10 +0800
EHLO mail.abc.com      ## 发送 EHLO 命令测试 SMTP 扩展
250-mai.abc.com Hello linuxsrv1.abc.com [192.168.0.2], pleased to meet you
250-ENHANCEDSTATUSCODES
250-PIPELINING
250-8BITMIME
250-SIZE
250-DSN
250-ETRN
250-AUTH DIGEST-MD5 CRAM-MD5 LOGIN PLAIN      ## 表明已经启用 SMTP 认证
250-DELIVERBY
250 HELP
```

7. 通过 SMTP 认证发送邮件

只有向非本地域发送邮件时，才会用到 SMTP 认证。这里以邮件客户端 Outlook Express 为例介绍如何设置 SMTP 认证功能。该软件使用 LOGIN 认证。可以在局域网内做实验，再架设一台简易的邮件服务器，其邮件域为 xyz.com，在 DNS 服务器添加该区域 xyz.com 定义，并设置相应的 MX 记录。

```
mail        IN   A    192.168.0.31
xyz.com.    IN   MX 10 mail.xyz.com.
```

（1）在 Outlook Express 中打开某账户（本例中为 zxp@abc.com）的属性设置对话框。

（2）切换到"服务器"选项卡，在"发送邮件服务器"区域中选中"我的服务器要求身份验证"复选框，如图 9-7 所示。

（3）单击"设置"按钮弹出相应的对话框，可选中"使用于接收邮件服务器相同的设置"单选钮，或者选中"登录方式"单选钮，在"账户名"框中输入 POP3 邮箱名（可不包括域名）及其密码，如图 9-8 所示。

图 9-7　发送邮件要求验证

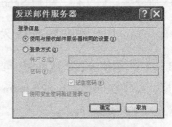

图 9-8　设置登录信息

（4）单击"确定"按钮直至退出账户属性设置对话框。

（5）给其他域用户（例中为 tom@xyz.com）发送一封测试邮件。

发送成功说明 SMTP 认证通过，可查验邮件日志/etc/log/mail，内容如下。

```
 Jul 23 15:05:29 mai sendmail[20234]: AUTH=server, relay=mail.xyz.com [192.168.0.31],
authid=zxp, mech=LOGIN, bits=0
```

```
     Jul 23 15:05:29 mai sendmail[20234]: o6N75THX020234: from=<zxp@abc.com>, size=7537,
class=0,   nrcpts=1,   msgid=<4085DA4C9C7147D09FA76FFBB6C7FEE7@WINXP01>,   proto=ESMTP,
daemon=MTA, relay=mail.xyz.com [192.168.0.31]
     Jul 23 15:05:29 mai sendmail[20236]: o6N75THX020234: to=<tom@xyz.com>, ctladdr=
<zxp@abc.com> (506/506),  delay=00:00:00,  xdelay=00:00:00,  mailer=esmtp,  pri=127537,
relay=mail.xyz.com. [192.168.0.31], dsn=2.0.0, stat=Sent ()
```

9.2.6　设置邮件别名与邮件群发

在 Sendmail 服务器中使用 aliases 机制实现邮件别名和邮件群发功能，在/etc 目录下同时存在名为 aliases 和 aliases.db 两个文件。aliases 文件是文本文件，其内容是可阅读和可编辑的，aliases.db 是数据库文件，是由 aliases 文件生成而来的。

aliases 文件中每行作为一个别名设置记录，记录的格式如下。

```
别名: 账户 1,账户 2, ...,账户 N
```

其中，"别名"是并不存在的账户，而"账户 1，…，账户 N"分别表示真实的邮件账户名。对该文件的内容进行修改后，需要执行 newaliases 命令重新生成 aliases.db 文件。只有对 aliases.db 文件进行了更新，aliases 文件中新的别名设置在系统中才会生效。

Red Hat Enterprise Linux 5 系统的/etc/aliases 文件已经默认设置了一些别名记录，其中大部分都是为 root 用户设置的别名。

例如，要为邮件用户 lisi 设置别名 jingli，设置如下。

```
jingli:lisi
```

Sendmail 服务器会根据设置的别名记录将发往 jingli 用户的所有邮件转发到 lisi 用户的邮箱中。

为多个账户设置一个别名，可将将发往该别名的所有邮件都转发到其中每一个账户，从而实现邮件的群发功能，例如：

```
testgroup: name1, name2
```

习题

1. **简答题**

　　（1）电子邮件系统由哪几部分组成？

　　（2）简述电子邮件邮递过程。

　　（3）电子邮件协议主要有哪几种？

　　（4）MX 如何决定邮件路由？

　　（5）组建邮件服务器的前期准备工作有哪些？

　　（6）编辑 Sendmail 主配置文件应注意哪些事项？

　　（7）为什么要使用 SMTP 认证？

2. **实验题**

　　在 Linux 服务器上安装 Sendmail 与 Dovecot 邮件服务器，使用 Outlook Express 访问该服务器进行邮件收发测试。

第10章
远程登录与控制

【学习目标】

本章将向读者介绍 Linux 远程登录与控制的基础知识，让读者掌握 Telnet、SSH 和 VNC 服务器配置管理及其客户端配置使用的方法和技能。

【学习导航】

远程登录指将用户计算机连接到服务器，作为其仿真终端远程控制和操作该服务器，与直接在服务器上操作一样。除了传统的服务器计算资源使用外，远程登录主要用于远程控制和管理维护服务器，以及远程协助等。Linux 远程登录与控制有多种解决方案。Rlogin 最简单，但考虑到安全问题和兼容性，现已很少采用。Telnet 是历史最悠久的 Internet 协议之一，但它以明文方式传送所有数据，应用不多。SSH 功能与 Telnet 相似，但采用加密方式传输数据，可实现安全的远程连接，是 Telnet 的安全替代产品。这几种方式都基于字符界面，要远程登录 Linux 图形界面，可使用 VNC 远程桌面系统，它类似于 Windows 终端（远程桌面）。SSH 与 VNC 服务器的部署、管理和应用是本章的重点。

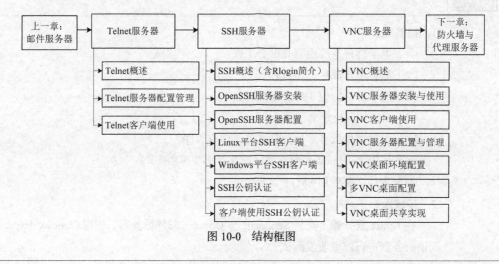

图 10-0　结构框图

10.1　Telnet 服务器

Telnet 是一种著名的、历史较长的 Internet 服务，让用户能够登录到一台远程主机并建立远程会话，执行各种操作，就像直接在远程计算机上工作一样。

10.1.1　Telnet 概述

Internet 发展初期，许多用户采用 Telnet 方式来访问 Internet，将自己的计算机连接到高性能的大型计算机上，作为大型计算机上的一个远程仿真终端，使其具有与大型计算机本地终端相同的计算能力。一般将 Telnet 译为远程登录。

Telnet 基于客户/服务器模式，用户登录到 Telnet 服务器上执行应用程序时，该应用程序将在服务器上执行。它只支持字母数字终端，不支持鼠标和其他指针设备，也不支持图形用户界面，只能使用命令行界面。Telnet 服务默认的 TCP 端口为 23。

使用 Telnet 服务，用户可以通过　台远程登录客户机从任何地方访问运行 Telnet 服务的主机。目前，Telnet 已经不再流行了，主要是因为个人计算机的性能越来越高，而且 Telnet 服务安全性差。但是 Telnet 能够实现远程登录和远程交互式计算，在许多场合还能派上用场，如**网络设备配置与测试、服务器远程控制与管理、网络服务测试**等。

目前 Telnet 在 UNIX/Linux 系统中使用较多，操作系统本身就提供 Telnet，Windows 本身也集成 Telnet 服务器和客户端。除此之外，还有许多小巧实用的第三方软件。下面以 Red Hat Enterprise Linux 5 自带的 Telnet 服务为例介绍 Telnet 服务器的部署和使用。

10.1.2　配置和管理 Telnet 服务器

与 HTTP、FTP 等网络服务不同，**在 Linux 系统中 Telnet 服务不能作为独立的守护进程运行，需要使用 xinetd 程序进行管理**。在 Linux 系统中安装 Telnet 服务器之前应安装有 xinetd。

1．部署超级网络服务 xinetd

xinetd 是 Linux 系统的超级网络服务，用于管理很多常用的网络服务，其旧版本为 inetd。xinetd 提供了访问控制、重定向、日志记录、优先级和连接数等安全和管理机制，在提高系统的安全性的同时，便于服务管理。

将某项服务交由 xinetd 管理后，该服务就不需要在后台作为守护进程运行，所有对该服务的请求都将由 xinetd 处理。xinetd 首先会检查其配置文件中的访问控制规则，以判断该连接是否允许访问。如果允许，xinetd 就会将该请求交由相应的服务进程来处理。

使用 xinetd 程序进行管理的服务主要有 Telnet、finger、ipop3、imap、rlogin、rsh、swat、vsftpd 等。

Red Hat Enterprise Linux 5 默认没有安装 xinetd 软件包，可执行以下命令，检查当前系统是否安装有该软件包，或者查看已安装的具体版本。

```
# rpm -qa | grep xinetd
```

如果查询结果表明没有安装，将 Red Hat Enterprise Linux 5 第 2 张安装光盘插入光驱，加载光驱后,切换到光驱加载点目录，执行以下命令进行安装。

```
# rpm -ivh Server/xinetd-2.3.14-10.el5.i386.rpm
```

xinetd 的主配置文件为/etc/xinetd.conf。该配置文件中通过 includedir /etc/xinetd.d 语句载入/etc/xinetd.d 目录中的所有配置文件，因而在实际工作中**只需要修改/etc/xinetd.d 目录中特定服务的配置文件**就可以了。也就是说，由 xinetd 管理的每项服务的配置可以在/etc/xinetd.d 目录中相应配置文件中设置。Telnet 服务的配置文件为/etc/xinetd.d/telnet。

执行以下命令来管理 xinetd 服务：

```
/etc/init.d/xinetd {start|stop|status|restart|condrestart|reload}
或 service xinetd {start|stop|status|restart|condrestart|reload}
```

安装 xinetd 后 xinetd 没有启动，可执行命令/etc/init.d/xinetd start 启动该服务。不过默认情况下，xinetd 服务已设置为自动启动。修改 xinetd 的配置文件之后，只要重新启动计算机，新的配置文件就会生效。但是对于正在运行的服务器来说，最好执行以下命令让 xinetd 重新读取配置文件。

```
# /etc/init.d/xinetd reload
```

2. 安装 Telnet 软件包

Red Hat Enterprise Linux 5 默认安装有 Telnet 客户端软件包，但是没有安装 Telnet 服务器软件包，可执行以下命令，检查当前系统是否安装有该软件包，或者查看已安装的具体版本。

```
# rpm -qa | grep telnet-server
```

如果查询结果表明没有安装，将 Red Hat Enterprise Linux 5 第 3 张安装光盘插入光驱，加载光驱后,切换到光驱加载点目录，执行以下命令进行安装。

```
# rpm -ivh Server/ telnet-server-0.17-38.el5.i386.rpm
```

3. 配置 Telnet 服务器

主要是修改 Telnet 服务器在 xinetd 中的配置文件。只要安装了 telnet-server 软件，/etc/xinetd.d 目录中应该已经有一个 telnet 文件,只不过该文件中 disabled 属性默认取值为 yes，即禁用该服务。最简单的 telnet 服务配置，只需要将 disabled 属性值改为 no 即可。实际应用中如果要提供更多的访问控制功能，就需要增加更多的属性设置。这里给出/etc/xinetd.d/telnet 配置的一个实例：

```
service telnet
{
flags         = REUSE
socket_type   = stream
wait          = no
user          = root
server        = /usr/sbin/in.telnetd
log_on_failure   += USERID
disable       = no
instances     = 3
only_from     = 192.168.0.
}
```

其中 user 参数用于指定服务进程的 UID（用户账户）；instances 参数指定服务器可以接受的客户连接数；only_from 指定允许访问的客户列表，客户列表为空格分隔的主机名、IP 地址、子网等标识符,设置该项后，列表之外的客户将被拒绝访问该项服务。还可以用 no_access 指定拒绝访问服务的客户列表，用 access_times 指定服务的可用时间。可以运行 man xinetd.conf 命令查看 xinetd 配置的详细说明。

修改/etc/xinetd.d/telnet 配置文件后，重新启动 xinetd 服务，或者重新加载配置文件，使 Telnet 服务器开始服务，这样就可以从客户端连接到服务器。

10.1.3 使用 Telnet 客户端

1. 使用命令行工具

大多数操作系统都安装了命令行界面的 Telnet 客户端程序，基本的命令格式为

```
telnet 服务器名称或 IP 地址 端口
```

Telnet 服务默认使用 23 号端口，只要没有特别更改这个端口，客户端在连接服务器时可以省略端口号。Linux 和 Windows 系统都内置有 Telnet 客户端命令行工具，使用方法一样。以 Windows XP 客户端为例，要连接到服务器 192.168.0.2 上，在 DOS 命令行中执行以下命令：

```
telnet 192.168.0.2
```

如图 10-1 所示，如果 Telnet 成功地连接到远程服务器，就会显示登录信息并提示用户输入用户名和口令；如果用户名和口令输入正确，就能成功登录；用户登录进入后就出现 SHELL 界面，可以执行各种命令和访问系统的资源，与直接在服务器上操作一样。要退出 Telnet，需要执行系统命令 exit。

> 为了安全，Linux 系统不允许管理员账户 root 通过 Telnet 登录。解决方法是首先使用一个普通账户登录 Telnet 服务器，然后使用命令"su -"切换成 root 用户，如图 10-2 所示。

图 10-1　Telnet 客户端连接到远程服务器

图 10-2　切换成管理员账户

2. 使用超级终端

在 Windows 客户端中还可以使用超级终端来连接 Telnet 服务器。从程序菜单中选择"附件">"通讯">"超级终端"命令可打开超级终端，首次打开将提示确认是否将超级终端设为默认的 Telnet 客户端。建立新连接时，将连接使用的通信手段设置为"TCP/IP（WinSock）"，设置好要呼叫的 Telnet 主机，如图 10-3 所示，这样该连接将指向 Telnet 服务器。根据提示进行设置，在超级终端

上登录到 Telnet 服务器执行远程操作，如图 10-4 所示。

图 10-3　新建连接　　　　　图 10-4　通过超级终端访问 Telnet 服务器

> 　　Telnet 本身存在许多安全问题，其中最突出的就是 Telnet 协议以明文的方式传送
> 所有数据（包括用户账户和密码），数据在传输过程中很容易被入侵者窃听或篡改。因
> 此，它适合在对安全要求不高的环境下使用，或者在建立安全通道的前提下使用。建
> 议直接使用安全性更高的 SSH 来进行远程登录。

10.2　SSH 服务器

SSH 功能与 Telnet 相似，但采用了加密方式传输数据，可以实现安全的远程访问和连接，是 Telnet 的安全替代产品，也是 Red Hat Enterprise Linux 默认使用的远程登录方式。

10.2.1　SSH 概述

在介绍 SSH 之前有必要了解一下 UNIX/Linux 平台的远程登录协议 Rlogin。

1. Rlogin

Rlogin 是一种比 Telnet 更为简单的远程登录方案，允许授权用户登录网络中的其他主机并且就像用户在本机操作一样。每一台远程主机都有配置文件（/etc/hosts.equiv），提供一个信任主机名列表，使用相同用户名的用户，不管是在本地主机上还是远程主机上，不需要密码就可以登录/etc/hosts.equiv 文件中列出的主机。

个人用户可以在主目录下配置相似的个人文件（.rhosts）。此文件中的每一行都包含了主机名和用户名（两者用空格分开），允许登录到该主机的相应用户无需密码就可以登录到远程主机。如果远程主机的/etc/hosts.equiv 文件中找不到本地主机名，并且在远程用户的.rhosts 文件中找不到本地用户名和主机名时，远程主机就会要求输入密码。

列在/etc/hosts.equiv 和.rhosts 文件中的主机名必须是列在主机数据库中的正式主机名，不允许使用昵称。为安全起见，.rhosts 文件必须为远程用户或 root 所有。Rlogin 也提供有安全版本 Slogin。尽管如此，从安全性和兼容性考虑，还是使用 SSH 来替代 Rlogin。

2. SSH

SSH 是 Secure Shell 的缩写，是一种在应用程序中提供安全通信的协议，通过 SSH 可以安全地访问服务器，因为 SSH **基于成熟的公钥加密体系，将所有传输的数据进行加密**，保证数据在传输时不被恶意破坏、泄露和篡改。SSH 还使用了多种加密和认证方式，解决了传输中数据加密和身份认证的问题，能有效防止网络嗅探和 IP 欺骗等攻击。

SSH 协议有 SSH1 和 SSH2 两个版本，它们使用了不同的协议来实现，因而互不兼容。SSH2 不管在安全、功能上还是在性能上都比 SSH1 有优势，所以目前广泛使用的是 SSH2。

10.2.2　安装 OpenSSH

OpenSSH 是免费的 SSH 协议版本，是一种可信赖的安全连接工具。在 Linux 平台中广泛使用 OpenSSH 程序来实现 SSH 协议，目前几乎所有的 Linux 发行版都捆绑了 OpensSSH。OpenSSH 由 OpenBSD project 维护，其官方网站为 http://www.openssh.org/。

默认情况下，Red Hat Enterprise Linux 5 已经安装有 OpenSSH 软件包。OpenSSH 服务涉及以下 4 个软件包。

- openssh-4.3p2-24.el5.i386.rpm：包含 OpenSSH 服务器及客户端需要的核心文件。
- openssh-askpass-4.3p2-24.el5.i386.rpm：基于 X 系统的密码诊断工具。
- openssh-clients-4.3p2-24.el5.i386.rpm：OpenSSH 客户端软件包。
- openssh-server-4.3p2-24.el5.i386.rpm：OpenSSH 服务器软件包。

例中执行以下命令以检查系统是否已经安装了 OpensSSH，或者查看已经安装了何种版本。

```
[root@Linuxsrv1 ~]# rpm -qa | grep openssh
openssh-4.3p2-16.el5
openssh-askpass-4.3p2-16.el5
openssh-clients-4.3p2-16.el5
openssh-server-4.3p2-16.el5
```

由此可见，OpenSSH 已经安装好了。OpenSSH 服务的进程名称为 sshd，执行以下命令来管理 OpenSSH 服务。

/etc/init.d/sshd {start|stop|restart|reload|condrestart|status}

或 service sshd {start|stop|restart|reload|condrestart|status}

另外，系统默认将 OpenSSH 服务设置为自动启动，即随系统启动而自动加载。如果手工设置，可执行以下命令：

```
# chkconfig -level 235 sshd on
```

可执行以下命令来实际测试 OpenSSH 服务是否正常运行。

```
ssh -l 用户名 远程服务器名称或 IP 地址
```

这里直接在服务器上测试，过程如下。

```
[root@Linuxsrv1 ~]# ssh -l zhongxp localhost
zhongxp@localhost's password:
Last login: Fri May  7 11:59:58 2010 from dns.abc.com
[zhongxp@Linuxsrv1 ~]$
```

10.2.3 配置 OpenSSH 服务器

OpenSSH 服务器使用的配置文件是/etc/ssh/sshd_config。该文件的配置选项较多，但多数配置选项都使用"#"符号注释掉了，一般使用默认配置 OpenSSH 服务器就能正常运行。这里介绍一些常用的选项及其默认设置。

- Port：设置 sshd 监听端口，默认为 22。
- Protocol：设置使用 SSH 协议版本的顺序，默认为 2，表示优先使用 SSH2。
- ListenAddress：设置 sshd 服务器绑定的 IP 地址，0.0.0.0 表示侦听所有地址。
- HostKey：设置包含计算机私钥的文件，默认为/etc/ssh/ssh_host_key。
- ServerKeyBits：定义服务器密钥长度，默认为 768。
- LoginGraceTime：设置用户不能成功登录，在切断连接之前服务器需要等待的时间，默认为 2m（2 分钟）。
- KeyRegenerationInterval：设置自动重新生成服务器密钥的时间间隔，默认为 1h（1 小时）。重新生成密钥是为了防止用盗用的密钥解密被截获的信息。
- PermitRootLogin：设置 root 是否能够使用 SSH 登录，为保证服务器安全，默认设置为 no。
- StrictModes：设置 SSH 在接收登录请求之前是否检查主目录和 rhosts 文件的权限和所有权，默认设置为 yes。
- RhostsAuthentication：设置只用 rhosts 或/etc/hosts.equiv 进行安全验证是否满足需要，默认设置为 no。
- RhostsRSAAuthentication：设置是否允许用 rhosts 或/etc/hosts.equiv 加上 RSA 进行安全验证，默认设置为 no。
- RSAAuthentication：设置是否允许只有 RSA 安全验证。默认设置为 yes。
- IgnoreRhosts：设置验证时是否忽略 rhosts 和 shosts 文件。默认设置为 yes。
- PasswordAuthentication：设置是否允许密码验证。默认设置为 yes。
- PermitEmptyPasswords：设置是否允许用密码为空的账户登录。默认设置为 no。
- PrintMotd：设置 sshd 是否在用户登录的时候显示/etc/motd 中的信息。默认为 yes。

每次修改该配置文件后，都需重新启动 OpenSSH 服务，或者重新加载配置文件才能使新的配置生效（执行命令/etc/init.d/sshd reload）。

10.2.4 在 Linux 平台中使用 SSH 客户端

对于 Linux 客户端，使用 OpenSSH 的客户端程序 openssh-clients 即可连接和访问 SSH 服务器。Red Hat Enterprise Linux 已经安装有 OpenSSH 软件包，其中包括 SSH 客户端程序。

1. SSH 客户端工具

OpenSSH 客户端程序包提供有丰富的命令行工具，列举如下。

- ssh：SSH 客户端程序，用于登录远程主机并在远程主机上执行命令。

- scp：远程文件复制程序，用于本地主机与远程主机之间安全地复制文件。
- sftp：与 FTP 功能类似的文件传输程序。
- sftp-server：sftp 的服务器端程序。
- ssh-add：为认证代理添加 RSA 或 DSA 识别。
- ssh-agent：认证代理程序，用于保存公钥（RSA/DSA）认证的私钥。
- ssh-keygen：用于生成、管理和转换 SSH 认证密钥。
- ssh-keysign：基于主机认证的辅助程序，用于生成 SSH2 主机认证所要求的数字签名。
- ssh-keyscan：用于收集公共 SSH 主机密钥。

这里介绍最常用的 ssh、scp 和 sftp 工具，利用 ssh 登录到远程主机直接进行操作，使用 scp、sftp 命令在本地主机与远程主机之间进行文件的复制以及上传或下载等操作。

2. 远程登录服务器

SSH 客户端配置文件为/etc/ssh/ssh_config，通常不需要修改，使用默认配置即可正常工作。直接使用 ssh 命令登录到 OpenSSH 服务器。该命令的参数比较多，最常见的用法为

```
ssh -l [远程主机用户账户] [远程服务器主机名或 IP 地址]
```

例中登录远程主机的过程如下。

```
[root@Linuxsrv2 ~]# ssh -l zhongxp linuxsrv1.abc.com
The authenticity of host 'linuxsrv1.abc.com (192.168.0.2)' can't be established.
RSA key fingerprint is 4e:50:86:9c:26:29:e6:4a:66:f3:32:cd:fc:e2:2c:83.
Are you sure you want to continue connecting (yes/no)? yes
Warning: Permanently added 'linuxsrv1.abc.com,192.168.0.2' (RSA) to the list of known hosts.
zhongxp@linuxsrv1.abc.com's password:
Last login: Fri May 7 12:01:07 2010 from mail.abc.com
[zhongxp@Linuxsrv1 ~]$
```

SSH 客户端程序在第一次连接到某台服务器时，由于没有将服务器公钥缓存起来，会出现警告信息并显示服务器的指纹信息。此时应输入"yes"确认，程序会将服务器公钥缓存在当前用户主目录下.ssh 子目录中的 known hosts 文件里(如/root/.ssh/known hosts)，下次连接时就不会出现提示了。如果成功地连接到 SSH 服务器，就会显示登录信息并提示用户输入用户名和密码。如果用户名和密码输入正确，就能成功登录并在远程系统上工作了。

出现 Linux 的命令行提示符后，则登录成功，此时客户机就相当于服务器的一个终端，在该命令行上进行的操作，实际上是在操作远端的 Linux 服务器。操作方法与操作本地计算机一样。使用命令 exit 退出该会话（断开连接）。

3. 在本地主机与远程主机之间复制文件

scp 使用 SSH 协议进行数据传输，可将一台主机上的文件复制到另一台主机。scp 命令可以有很多选项和参数，基本用法为：

```
scp 源文件 目标文件
```

必须指定用户名、主机名、目录和文件，其中源文件或目标文件的表达格式为：用户名@主机地址:文件全路径名。下面显示将远程主机上的文件复制到本地主机的过程。

```
[root@Linuxsrv2 ~]# scp root@192.168.0.2:/TCPIP.doc /root
The authenticity of host '192.168.0.2 (192.168.0.2)' can't be established.
RSA key fingerprint is 4e:50:86:9c:26:29:e6:4a:66:f3:32:cd:fc:e2:2c:83.
```

```
Are you sure you want to continue connecting (yes/no)? yes
Warning: Permanently added '192.168.0.2' (RSA) to the list of known hosts.
root@192.168.0.2's password:
TCPIP.doc
```

完成复制后自动断开连接。

4. 在本地主机与远程主机之间传输文件

使用 sftp 命令基于 SSH 协议上传或下载文件。sftp 的功能与 ftp 类似，是一种安全的上传/下载程序，可用于登录连接安装有 SSH 并启动了 sftp-server 服务的服务器，并实现对服务器数据的上传和下载。sftp 的服务器程序是 sftp-server，它作为 OpenSSH 服务器的一个子进程运行。在配置文件中，通过以下配置语句来启动 sftp 服务子进程，这是默认设置。

```
Subsystem    sftp /usr/libexec/openssh/sftp-server
```

sftp 命令可以有很多选项和参数，基本用法为

```
sftp  用户名@服务器名称或地址
```

下面给出一个操作实例。

```
[root@Linuxsrv2 ~]# sftp root@192.168.0.2
Connecting to 192.168.0.2...
root@192.168.0.2's password:
sftp> pwd
Remote working directory: /root
sftp>
```

登录成功后出现 sftp>命令提示符，可执行相关命令来实现文件传输操作，如 put 用于上传文件，get 用于下载文件，mkdir 用于创建目录，rm 用于删除目录，chmod 用于修改文件权限。使用 exit 或 quit 命令退出会话。

10.2.5　在 Windows 平台中使用 SSH 客户端（PuTTY）

Windows 平台上可使用免费的 PuTTY 软件作为 SSH 客户端。该软件很小，无需安装可直接运行，从网址 http://www.chiark.greenend.org.uk/~sgtatham/putty/download.html 可下载整个软件包，也可下载单个实用程序。

这里以 0.60 版本（putty-0.60-installer.exe）为例，解压缩后，整个软件包包括下列组件。

- PuTTY：PuTTY 主程序，即 Telnet 和 SSH 客户端（图形界面）。
- PSCP：SCP 客户端，文件复制命令行工具。
- PSFTP：SFTP 客户端，用于类似 FTP 的文件传输。
- PuTTYtel：PuTTY 的简化版本，仅用于 Telnet 的客户端。
- Plink：PuTTY 命令行界面。
- Pageant：PuTTY、PSCP 和 Plink 的认证代理。
- PuTTYgen：RSA 和 DSA 密钥生成工具。

这里讲解 PUTTY 主程序的基本用法。

（1）运行 putty.exe 打开如图 10-5 所示的 PuTTY 程序主界面，在 "Host Name" 文本框输入 SSH 服务器的 IP 地址或域名，在 "Connection type" 区域选中 "SSH" 单选钮。

（2）单击"Open"按钮尝试连接到远程主机。

如果是第一次连接到该服务器，由于服务器公钥还没有在注册表中缓存，将弹出如图 10-6 所示的警告，并显示服务器的指纹信息，这主要是核对公钥是否与需要连接的服务器一致，以保证安全。单击"是"按钮，PuTTY 将服务器公钥缓存在注册表中，下次连接时不再出现这样的警告。

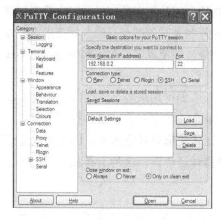

图 10-5　PuTTY 程序主界面

图 10-6　PuTTY 安全警告

（3）PuTTY 成功地连接到 SSH 服务器，将显示登录信息并提示用户输入用户名和密码。

（4）如果用户名和口令输入正确，则成功登录远程主机。

这样就可在远程主机上进行各种操作了，如图 10-7 所示。

如果在 PuTTY 程序中提供登录信息（如图 10-8 所示，展开"Connection"＞"Data"节点，设置登录用户名），在登录过程中就不用输入用户名。

当然也可将连接信息保存为会话，供下次直接调用。在 PuTTY 程序中单击"Sessions"节点（参见图 10-5），在"Saved Sessions"文本框中输入连接会话名，单击"Save"按钮将服务器连接信息保存起来，下次使用时只要双击需连接的会话名，即可连接到服务器。

图 10-7　登录到远程主机

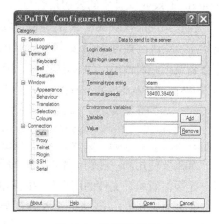

图 10-8　设置登录用户名

10.2.6　SSH 公钥认证

除了使用用户名和密码认证外，还可以直接使用密钥认证，即让客户端直接使用密钥进行身份认证，以连接到远程服务器。这种方法更安全，更灵活，只是配置起来复杂一些。

1. SSH 公钥认证概述

传统密码认证需要提交密码，可能被偷窥或截获。公钥认证产生一个包括公钥和私钥的密钥对，私钥用于签名，使用私钥创建的签名不能被他人伪造，但是持有公钥的任何人都能够证实该签名的真实性。在客户端计算机上产生密钥对，将公钥复制到服务器；当服务器要求客户端身份时，可使用私钥创建签名；服务器验证签名之后允许登录。即使攻击者攻陷服务器，也不能获取私钥或密码，只能获得签名，而签名是不能被重用的。

如果私钥保存在不安全的计算机上，一旦被他人获取即可用来签名。为安全起见，**本地存储的私钥通常使用密码短语加密（passphrase）**。这样在创建签名时，还必须提供密码短语来解密密钥。这又带来了一个新的问题，即**公钥认证并不比传统密码认证方便，因为每次登录服务器，还需要输入更长的密码短语**。解决这个问题可使用认证代理，这种工具根据需要来保存私钥和签名。

 公钥认证允许使用空密码短语，以省去每次登录都需要输入密码的麻烦。但是这非常危险，任何人只要拿到该私钥，即可不用密码就登录服务器。

因为公钥文件可以公开给所有用户，传输公钥文件时不必考虑安全问题，可以使用 FTP、电子邮件或软盘拷贝的方法。

2. OpenSSH 公钥认证解决方案

OpenSSH 提供 RSA/DSA 密钥认证系统，用于代替传统的安全密码认证系统。首先为用户生成一对密钥，然后将公钥保存在 SSH 服务器用户主目录下.ssh 子目录中的 authorized_keys 文件($HOME/.ssh/authorized_keys)中，将私钥保存在本地计算机中。当用户登录时，服务器检查 authorized_keys 文件中的公钥是否与用户的私钥匹配。如果相符则允许用户登录。

授权文件的权限设置不当会降低系统的安全性，为此 OpenSSH 提供 StrictModes 选项加强安全检查，默认设置为 yes，要求对 sshd 的重要文件和目录的权限和属主进行检查，如果检查失败，服务器就拒绝对该用户的 SSH 连接。用户必须是将要进行认证的用户，其$HOME、$HOME/.ssh 目录和$HOME/.ssh/authorized_keys 文件的属主应为该用户，禁止其他用户写入。

```
$ chmod go-w $HOME $HOME/.ssh
$ chmod 600 $HOME/.ssh/authorized_keys
$ chown `whoami` $HOME/.ssh/authorized_keys
```

如果要使用同一私钥，不同用户登录，应保证公钥信息已经写入每个用户的验证文件中。并且一定要注意验证文件的用户和权限不能搞错哦。

Red Hat Enterprise Linux 5 默认使用 SSH2 协议和 RSA 密钥，当然也可以定制使用 DSA 密钥。

3. 在 OpenSSH 服务器端启用密钥认证

编辑主配置文件/etc/ssh/sshd_conf，最好将选项 PasswordAuthentication 的值设置为 no，以禁止传统的密码认证；将选项 ChallengeResponseAuthentication 的值设置为 no，以禁用挑战应答方式；保持 PubkeyAuthentication、AuthorizedKeysFile 的默认设置。相应代码如下。

```
PasswordAuthentication no
ChallengeResponseAuthentication no
PubkeyAuthentication yes
AuthorizedKeysFile      .ssh/authorized_keys
```

保存该配置文件，重新启动 SSH 服务使新的配置生效。

10.2.7　Linux 客户端使用 SSH 公钥认证

Linux 客户端可使用 openssh 软件包自带的工具来进行公钥认证，通过 ssh-keygen 程序产生密钥，通过 ssh-agent 实现认证代理。

1. 客户端生成密钥

执行命令 ssh-keygen 生成用于 SSH2 的 RSA 密钥对，过程如下。

```
[root@Linuxsrv2 ~]# ssh-keygen -t rsa
Generating public/private rsa key pair.
Enter file in which to save the key (/root/.ssh/id_rsa):
Enter passphrase (empty for no passphrase):
Enter same passphrase again:
Your identification has been saved in /root/.ssh/id_rsa.
Your public key has been saved in /root/.ssh/id_rsa.pub.
The key fingerprint is:
a1:ae:3b:4f:a8:ab:95:36:75:97:4b:48:d4:49:0b:32 root@Linuxsrv2
```

密钥生成过程中会提示输入保存密钥的路径和保护私钥的口令短语，默认密钥保存在当前用户的主目录下的.ssh 子目录中，私钥文件名为 id_rsa，公钥文件名为 id_rsa.pub。

2. 将公钥复制到服务器

Linux 系统里默认都包含一个名为 ssh-copy-id 的命令行工具，可直接用来将客户端生成的公钥发布到远程服务器，语法格式为

```
ssh-copy-id [-i [公钥文件路径]] [用户名@]远程主机
```

注意执行该命令的前提是 SSH 服务器端要允许传统的密码认证（在配置文件/etc/ssh/sshd_conf 设置 PasswordAuthentication yes）。 例中发布过程如下。

```
[root@Linuxsrv2 ~]# ssh-copy-id -i /root/.ssh/id_rsa.pub zhongxp@192.168.0.2
21
zhongxp@192.168.0.2's password:
Now try logging into the machine, with "ssh 'zhongxp@192.168.0.2'", and check in:
  .ssh/authorized_keys
to make sure we haven't added extra keys that you weren't expecting.
```

也可以手工将公钥复制到服务器，具体方法参见下一节的 Windows 公钥认证的有关方法。

3. 连接远程服务器

以特定的用户名登录到 SSH 服务器，过程如下。

```
[root@Linuxsrv2 ~]# ssh -l zhongxp 192.168.0.2
Enter passphrase for key '/root/.ssh/id_rsa':
Last login: Mon May 10 10:58:25 2010 from 192.168.0.21
[zhongxp@Linuxsrv1 ~]$
```

4. 使用 ssh-agent 保存密码短语以简化 SSH 远程登录

每次登录 SSH 服务器都要输入密码短语很麻烦，不使用又不安全，可以借助 openssh 软件包自带的 ssh-agent 工具解决这个问题。ssh-agent 可以用来保存密码短语，每次使用 ssh 或 scp 连接时就不必总是要输入密码短语。具体使用方法如下。

（1）在 shell 提示符下，执行以下命令：

```
exec /usr/bin/ssh-agent $SHELL
```

（2）执行以下命令：

```
ssh-add
```

根据提示输入密码短语。如果配置有多个密钥对，将会提示输入每个密码短语。

每次登录到虚拟控制台或打开终端窗口时都必须执行这两条命令。

（3）连接到 SSH 服务器，此时就不必再输入密码短语了。

上述整个过程如下。

```
[root@Linuxsrv2 ~]# exec /usr/bin/ssh-agent $SHELL
[root@Linuxsrv2 ~]# ssh-add
Enter passphrase for /root/.ssh/id_rsa:
Identity added: /root/.ssh/id_rsa (/root/.ssh/id_rsa)
[root@Linuxsrv2 ~]# ssh -l zhongxp 192.168.0.2
Last login: Tue May 11 10:57:07 2010 from linuxsrv2.abc.com
[zhongxp@Linuxsrv1 ~]$
```

ssh-agent 保存的密码是临时性的，只能在运行它的虚拟控制台或终端窗口中保存，不是全局设置。一旦注销，密码短语就会消失了。

10.2.8　在 Windows 客户端使用 SSH 公钥认证

Windows 计算机使用 PuTTY 访问 SSH 服务器，完整的 PuTTY 软件包提供 PuTTYgen 来生成密钥对，提供 Pageant 来支持认证代理，以免每次都要输入密码短语。基本步骤与 Linux 客户端一样。

1. 客户端使用 PuTYYGen 生成密钥

PuTTYgen 可生成 RSA 以及 DSA 的密钥，产生的公钥和私钥可以用于 PUTTY、PSCP、Plink 和 Pageant。

（1）运行 PuTTYgen 程序，出现如图 10-9 所示的主界面，选择兼容 OpenSSH 的加密算法，这里选择默认的 "SSH2 RSA" 单选钮；密钥长度采用默认的 1024。

（2）单击 "Generate" 按钮开始生成密钥。为生成一些随机数据，密钥生成过程中应在空白区域随意移动鼠标。密钥生成后会提示输入保护私钥的密码短语（Key passphrase），如图 10-10 所示。

（3）单击"Save private key"按钮，根据提示将私钥保存在一个.ppk 文件中。

当然也可单击"Save public key"按钮保存公钥，不过这种方式保存的公钥文件格式与 OpenSSH 的格式并不相同，显然这一操作就没有必要。

2. 将公钥复制到服务器

为了让 SSH 服务器能读取公钥文件，还要将公钥文件传输到 SSH 服务器上。与 ssh-keygen 不同，PuTTYgen 提供直接用于复制的公钥文本，直接将"Public key for pasting into OpenSSH authorized_keys file"（参见图 10-10）文本框中的文本内容复制到 SSH 服务器的授权文件中。

图 10-9　PuTTYgen 主界面　　　　　　　　　　图 10-10　密钥生成

在 SSH 服务器上为要使用密钥登录的用户在其用户主目录中创建.ssh 子目录和.ssh/authroized_keys 文件，确保属主为该用户，其他用户不具有写入权限。例如：

```
mkdir $HOME/.ssh
vi $HOME /.ssh/authorized_keys
chmod go-w $HOME $HOME/.ssh $HOME/.ssh/authorized_keys
```

3. 连接远程服务器

要使用公钥认证，还要对 PuTTY 进行一些基本配置。

（1）运行 PuTTY 程序，在"Host Name(or IP address)"文本框中输入要登录的 SSH 服务器的 IP 地址或域名，如果采用非标准端口，还要改变端口，如图 10-11 所示。

（2）依次展开"Connection" > "SSH" > "Auth"节点，在"Private key file for authentication"文本框中输入私钥文件路径（可打开文件对话框选择），如图 10-12 所示。

（3）单击"Open"按钮尝试连接到服务器。连接到 SSH 服务器后，提示输入登录用户名，提示使用公钥认证（Authenticating with public key）和用于保护私钥的密码短语，如图 10-13 所示。

由于采用公钥认证，在登录过程中不需要输入用户密码。

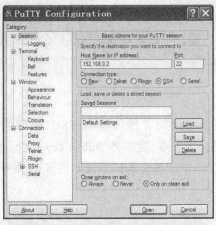

图 10-11　设置要登录的 SSH 服务器　　　　图 10-12　提供私钥文件

4．使用 Pageant 保存密码短语以简化 SSH 远程登录

Pageant 与 ssh-agent 一样可以用来保存密码短语，避免每次使用 PuTTY 等开始服务器时输入密码短语，达到一次认证，多次使用的目的。具体使用方法如下。

（1）运行 Pageant 程序，在 Windows 桌面右下角任务栏中出现该程序图标 。

（2）右键单击该图标，弹出如图 10-14 所示的菜单，单击"View Keys"命令。

图 10-13　使用公钥认证登录 SSH 服务器　　　　图 10-14　Pageant 菜单

（3）出现如图 10-15 所示的窗口，单击"Add Key"按钮弹出文件对话框，选择要使用的私钥文件（.ppk），确认后弹出相应对话框，输入该私钥的密码短语。

（4）单击"OK"按钮，添加的私钥密码短语出现在列表中，如图 10-16 所示。

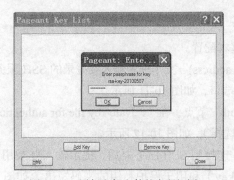

图 10-15　添加私钥文件的密码短语　　　　图 10-16　Pageant 密钥列表

（5）如果要使用多个密钥对，重复这一步骤。对于不需要的私钥，可选择密钥，单击"Remove

Key"按钮。

这样使用 PuTTY 再次登录服务器，就不需要再输入密码短语了，如图 10-17 所示。

如果在 PuTTY 程序中设置有用户名，连用户名也不用输入了，如图 10-18 所示。

图 10-17   无需密码短语登录   图 10-18   无需用户名和密码短语登录

10.3   VNC 服务器

Telnet 和 SSH 只能实现基于字符界面的远程登录和控制，而 VNC（Virtual Network Computing，虚拟网络计算）是图形界面的远程登录和控制软件。VNC 是一个允许用户访问桌面环境的跨平台远程显示系统。

10.3.1   VNC 概述

VNC 是一套由 AT&T 实验室所开发的可远程操控计算机的软件，采用了 GPL 授权条款，任何人都可免费取得该软件。VNC 软件基于客户/服务器模型，服务器端 VNC Server 部署在被控端计算机上，客户端 VNC Viewer 部署在主控端计算机。VNC 支持 UNIX、Linux、Windows 和 MacOS 等多种操作系统，便于基于网络实现跨平台的远程登录和控制。

VNC 的运行原理与一些 Windows 下的远程控制软件相似，类似 Windows 终端服务。服务器端内置 Java Web 接口，没有安装 VNC Viewer 的客户端也可通过浏览器登录服务器。VNC 服务器在 Linux 系统中适应性很强，便于客户端远程控制 X-Window 桌面。VNC 运行过程如下。

（1）客户端通过浏览器或 VNC Viewer 连接至 VNC 服务器。

（2）VNC 服务器向客户端发送会话窗口，要求输入登录密码和要访问的 VNC 服务器桌面号。

（3）客户端提交登录密码后，VNC 服务器验证客户端是否具有访问权限。

（4）如果客户端通过 VNC 服务器验证，就请求 VNC 服务器显示桌面环境。

（5）VNC 服务器通过 X 协议要求 X Server 将画面显示控制权交由 VNC 服务器负责。

（6）VNC 服务器将来自 X Server 的桌面环境利用 VNC 通信协议送至客户端，并允许客户端控制 VNC 服务器的桌面环境及输入设备。

10.3.2   VNC 服务器的安装与基本使用

1. 安装 VNC 服务器软件

默认情况下，Red Hat Enterprise Linux 5 安装程序已将 VNC 服务安装在系统上。可执行 rpm

命令检查当前系统是否安装有该软件包，或者查看已安装的具体版本，例中查询结果如下。

```
[root@Linuxsrv1 ~]# rpm -qa |grep vnc
vnc-server-4.1.2-9.el5
vnc-4.1.2-9.el5
```

可见 VNC 服务器和客户端软件都已安装。如果查询结果表明没有安装，将 Red Hat Enterprise Linux 5 第 2 张安装光盘插入光驱，加载光驱后,切换到光驱加载点目录，执行以下命令进行安装。

```
# rpm -ivh Server/vnc-server-4.1.2-9.el5.i386.rpm
```

2. 启动 VNC 服务

最简单的方法是在服务器端运行 vncserver 命令来启动 VNC 服务，例如：

```
[root@Linuxsrv1 ~]# vncserver
You will require a password to access your desktops.
Password:
Verify:
New 'Linuxsrv1:1 (root)' desktop is Linuxsrv1:1
Creating default startup script /root/.vnc/xstartup
Starting applications specified in /root/.vnc/xstartup
Log file is /root/.vnc/Linuxsrv1:1.log
```

第一次运行 vncserver 命令，会提示用户输入一个用于访问远程桌面的密码（VNC 密码，登录认证密码），该密码会被加密保存在用户主目录下的.vnc 子目录中的 passwd 文件（例中为/root/.vnc/passwd)中，注意该密码不同于系统用户密码。同时自动建立该用户的 xstartup 配置文件（例中为/root/.vnc/xstartup)和相应的日志文件（例中为/root/.vnc/Linuxsrv1:1.log)。

例中提示 New'Linuxsrv1:1 (root)'desktop is Linuxsrv1:1 表示为主机 Linuxsrv1 上的当前登录用户 root 启用了 1 号远程桌面。**VNC 同时支持多个服务实例，每个服务实例就以一个远程桌面，使用桌面号（display number）:n 来标识远程桌面。**桌面号范围为 1~99。例如，执行以下命令产生另一个远程桌面服务：

```
# vncserver :2
```

如果不明确指定桌面号，则自动选择一个未用的最小编号。

> 该用户主目录下还生成一个进程文件（例中为/root/.vnc/ Linuxsrv1:1.pid），记录启动 VNC 后对应操作系统的进程号，用于停止 VNC 服务时准确定位进程号。要停止该 VNC 服务，可执行命令 VNCserver -kill :1。停止该 VNC 服务之后，该文件自动删除。

3. VNC 桌面与系统用户的关系

每个系统用户都可以启动自己的 VNC 远程桌面，并且可以同时启动多个 VNC 远程桌面。出于安全考虑，最好不要直接以 root 运行 vncserver 程序。如果需要 root 环境，可以一般用户账户登录后再使用 su 命令切换到到 root 账户。

执行 vncserver 命令启动的 VNC 桌面总是属于当前登录用户，相关的 VNC 文件保存在用户主目录下的.vnc 子目录（$HOME/.vnc），主要有以下 4 个。

● $HOME/.vnc/xstartup：启动脚本文件，采用 shell 脚本定义启动 VNC 桌面时要运行的 X 应用程序。如果不存在该文件，运行 vncserver 时将自动创建。

- $HOME/.vnc/passwd：VNC 认证密码文件。

- $HOME/.vnc/host:display#.log：Xvnc 和应用程序启动的日志文件。

- $HOME/.vnc/host:display#.pid：标识 Xvnc 进程 ID，主要用于停止相关桌面。

提示

  VNC 远程桌面与系统用户关联，每个系统用户有专门的 VNC 登录认证密码，每个 VNC 桌面有自己的桌面号。客户端登录 VNC 服务器上要以特定的系统用户身份登录到由桌面号指定的远程桌面。

4. 使用 Web 浏览器测试 VNC 服务器

客户端使用 Web 浏览器（如 Firefox、IE）登录 VNC 服务器非常简单，这里使用的实际上是 VNC viewer for Java 程序，前提是要求客户端安装有 Java 运行环境 JRE，可到网址 http://java.sun.com/javase/downloads/index_jdk5.jsp 下载最新的 JRE 包进行安装。

注意基于 Java 的 VNC 客户程序所访问的 Web 服务端口与桌面号相关，从 5800 开始。桌面号 1 对应的端口为 5801，桌面号 2 对应的端口为 5802，依此类推。如果有防火墙，应开放这些端口。

例中操作步骤如下。

（1）打开浏览器访问网页 http://192.168.0.2:5801，弹出相应的对话框，如图 10-19 所示，在 "Server" 文本框中输入远程服务器和桌面号（192.168.0.2:1）。

（2）单击 "OK" 按钮，弹出相应的对话框，在 "Password" 文本框中输入 VNC 认证密码，如图 10-20 所示。

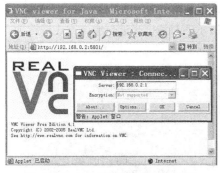

图 10-19　输入远程服务器和桌面号　　　　　　图 10-20　输入认证密码

（3）按回车键，连接成功后登录到 X-Window 图形桌面环境，如图 10-21 所示。

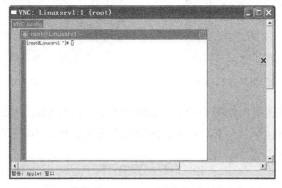

图 10-21　登录到 X-Window 图形桌面（测试成功）

10.3.3　VNC 客户端的使用

Web 界面的 VNC 客户端虽然使用方便，不受操作系统限制，但其功能不如专门的 VNC 客户端软件。在 Linux 系统中使用的 VNC 客户端是 VNC Viewer，在 Windows 系统中通常使用 TightVNC 客户端程序。

在使用专门客户端软件之前，需要了解 VNC 服务使用的端口号与桌面号的关系。**VNC 服务使用的端口与桌面号相关，从 5900 开始。桌面号 1 对应的端口为 5901，桌面号 2 对应的端口为 5902，依此类推。如果有防火墙，应开放这些端口。**

1. Linux 客户端使用 VNC Viewer

默认情况下，Red Hat Enterprise Linux 5 安装程序已将 VNC Viewer 安装在系统上。可执行 rpm 命令检查当前系统是否安装有该软件包，或者查看已安装的具体版本。如果查询结果表明没有安装，将 Red Hat Enterprise Linux 5 第 3 张安装光盘插入光驱，加载光驱后，切换到光驱加载点目录，执行以下命令进行安装。

```
# rpm -ivh Server/vnc-4.1.2-9.e15.i386.rpm
```

VNC Viewer 登录 VNC 服务器具体操作步骤如下。

（1）在 Linux 图形界面中从"应用程序"主菜单中选择"附件" > "VNC Viewer"命令启动 VNC Viewer 软件。

（2）弹出如图 10-22 所示的对话框，输入远程服务器和桌面号。

根据需要单击"Options"按钮打开如图 10-23 所示的对话框来进一步设置连接选项，设置完毕单击"OK"按钮。

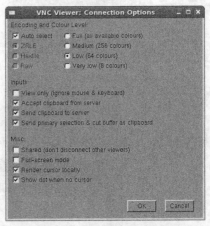

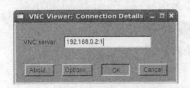

图 10-22　输入远程服务器和桌面号　　　　图 10-23　设置 VNC 连接选项

（3）单击"OK"按钮弹出如图 10-24 所示的对话框，输入 VNC 认证密码。

（4）单击"OK"按钮登录到 X-Window 图形桌面环境，如图 10-25 所示。

2. Windows 客户端使用 TightVNC Viewer

基于 Windows 平台的 TightVNC 程序可以到网址 http://www.tightvnc.com/download.html 下

载。该软件包包括服务器 TightVNC Server 和客户端 TightVNC Viewer，这里只需要安装 TightVNC Viewer。安装完毕后，从程序菜单中启动 TightVNC Viewer 程序，根据提示输入远程服务器和桌面号、登录认证密码即可登录到服务器的图形界面。

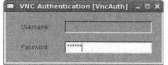

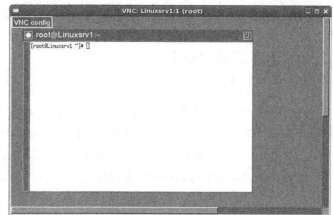

图 10-24　输入认证密码　　　　　　图 10-25　登录到 X-Window 图形桌面

10.3.4　VNC 服务器的配置与管理

前面介绍的 vncserver 命令用于启动一个 VNC 桌面，默认配置太过简单，实际应用中还需对 VNC 服务器进行进一步配置和管理。

1. 了解 Xvnc

Xvnc 是 X VNC 服务器，它基于标准的 X 服务器，有一个"虚拟"屏幕。Xvnc 相当于二合一服务器，对于应用程序来说，它是 X 服务器；对于远程 VNC 用户来说，它又是 VNC 服务器。最好通过 vncserver 脚本来启动 Xvnc，一般不需要直接运行 Xvnc。按照惯例，VNC 服务器桌面号与 X 服务器桌面号（display number）一致。

2. vncserver 脚本

vncserver 是用于启动 VNC 桌面的 Perl 脚本，简化启动 Xvnc 服务器的过程。它使用相应的选项运行 Xvnc，启动一些要在 VNC 桌面显示的 X 应用程序。Vncserver 启动桌面的语法格式为

```
vncserver [:display#] [-name ] [-geometry x] [-depth ] [-pixelformat format]
```

主要选项含义如下。

- :display#：设置 VNC 服务的桌面号。
- -name：设置 VNC 服务桌面名称。
- -geometry x：指定显示桌面的分辨率，默认为 1024x768。
- -depth：指定显示颜色深度，范围为 8～32，默认为-depth 16。
- -pixelformat：指定色素格式，与-depth 基本相同，表示方法不同而已。

vncserver 能不带选项运行，在这种情形下自动选择可得到的桌面号（通常为:1）。

vncserver 也可用于关闭相应的桌面，语法格式为

```
vncserver -kill :display#
```

这样以相应桌面号启动的 VNC 服务就停止了。

3. 配置桌面环境

按照默认的配置，VNC Viewer 登录到 VNC 服务器之后，只能看到 VNC Server 的命令行。如果要直接使用图形界面，只需对$HOME/.vnc/xstartup 配置文件（例如/root/.vnc/xstartup）稍作修改，取消下面两行的注释即可。

```
unset SESSION_MANAGER
exec /etc/X11/xinit/xinitrc
```

另外，就图形界面来说，默认使用最基本的 twm（TabWindow Manager for the X WindowSystem）界面，这是一个最基本的窗口管理器。要使用更完善的 GNOME 桌面环境，应在$HOME/.vnc/xstartup 配置文件中将语句 "twm" 修改为 "gnome-session"。如图 10-26 所示就是登录 VNC 服务器之后显示的 GNOME 桌面环境。

```
#twm &
gnome-session&
```

图 10-26 登录到 GNOME 桌面环境

4. 配置文件/etc/sysconfig/vncservers

使用 vncserver 脚本启用的桌面号会在服务器重启后失效，为让系统自动管理这些桌面号，就要使用配置文件/etc/sysconfig/vncserver。该文件配置 VNC 服务器启动的方式。

其中变量 VNCSERVERS 用于设置需要启动的桌面号及对应的系统用户名，格式如下。

```
VNCSERVER="桌面号:用户名"
```

可以同时启动多个桌面，每对桌面号和用户名用空格分隔，如

```
VNCSERVERS="1:fred 15:tom"
```

也可以为同一用户设置多个桌面，例如：

```
VNCSERVERS="1:fred 2:fred"
```

使用 VNCSERVERARGS[桌面号]变量针对每个桌面设置登录参数，例如，使用参数-nolisten tcp 阻止通过 TCP 连接到 VNC 服务器；使用参数-nohttpd 阻止基于 Web 的 VNC 客户端连接；使用参数-localhost 阻止非本机客户端连接，使用-geometry 设置桌面分辨率。下面给出一个例子：

```
VNCSERVERARGS[1]="-geometry 1024x768 -localhost"
VNCSERVERARGS[15]="-geometry 1024x768"
```

5. 为用户设置 VNC 密码

系统用户在连接远程 VNC 服务器之前必须设置有 VNC 认证密码。对于/etc/sysconfig/vncservers 文件配置的远程桌面，如果没有为用户提供相应 VNC 密码，则 VNC 服务将不能正常启动。

对于当前登录 Linux 的系统用户来说，初次运行 vncserver 脚本时会提示输入 VNC 密码。如果不运行该脚本，可以直接运行 vncpasswd 命令来为当前用户设置 VNC 密码，或者修改现有密码。执行该命令，会将密码保存在当前用户的主目录下的.vnc/passwd 文件中。密码长度至少 6 位。

要使用 vncpasswd 命令为特定的用户设置密码，最省事的方法是以该用户身份登录到 Linux 服务器，直接执行该命令即可，例如：

```
[zhang@Linuxsrv1 ~]$ vncpasswd
Password:
Verify:
```

当前登录用户要为其他用户设置 VNC 密码就麻烦一些。例如，以 root 身份登录系统后，首先在相应用户的主目录下创建.vnc 子目录，使用 vncpasswd 命令在其中建立 passwd 文件，例如：

```
[root@Linuxsrv1 ~]# vncpasswd /home/zhang/.vnc/passwd
```

最后应让相应用户对.vnc 子目录及其中的 passwd 文件具有读写权限，最好设置为它们的属主，这可用 chmod 和 chown 命令来实现。

6. 管理 VNC 服务

使用 vncserver 脚本可启动和停止个别 VNC 服务实例（远程桌面）。如果配置有/etc/sysconfig/vncservers 文件，并配置好相应用户的 VNC 密码，可直接使用服务管理命令来启动、停止、重启该文件所设置的所有远程桌面，或者查看状态。基本用法如下：

/etc/init.d/vncserver {start|stop|restart|condrestart|status}

或 service vncserver {start|stop|restart|condrestart|status}

例如，执行 service vncserver start 将启动/etc/sysconfig/vncservers 配置的所有服务。如果没有为相应用户配置启动脚本文件/.vnc/xstartup，将自动创建默认启动脚本文件。以后可根据需要再修改。

执行 service vncserver status 命令可查看 VNC 服务状态以及正在运行的 Xvnc 进程（一个桌面一个进程），例如：

```
[root@Linuxsrv1 ~]# service vncserver status
Xvnc (pid 23797 23726) 正在运行...
```

如果要将 VNC 服务设置为自动启动，即随系统启动而自动加载，可执行以下命令：

```
# chkconfig -level 235 vncserver on
```

> vcserver 脚本只能为当前登录用户启动 VNC 服务，运行一次启动一个 VNC 桌面，由它启动的桌面不能用 service vncserver stop 命令停止，而只能用 vcserver kill 命令终止。VNC 服务管理命令 service vncserver {start|stop|restart} 基于配置文件/etc/sysconfig/vncservers 的设置来启动、停止或重启 VNC 服务，一次可为多个用户启动或停止多个 VNC 桌面。不过由它启动的多个桌面可以分别用 vcserver kill 命令停止。总之 vcserver 脚本适合临时使用 VNC 服务，VNC 服务管理更适合自动管理或批量管理 VNC 服务。

10.3.5　配置多 VNC 桌面

如果多个用户需要同时连接到不同的 VNC 桌面，可以以不同用户身份登录到 VNC 服务器，再执行 vncserver 命令，但这种方法是临时性的，重新启动服务器后桌面号会丢失。比较好的方案是使用配置文件/etc/sysconfig/vncservers 来配置用户和桌面号。这里给出完整的配置步骤。

（1）为不同的用户生成相应的 VNC 文件。可以不同用户身份登录到 VNC 服务器，再执行 vncserver 命令来生成相应的 VNC 文件，然后停止这些远程桌面。根据需要修改$HOME/.vnc/xstartup，要修改密码就执行 vncpasswd 命令。例中为 3 个用户 root、zhongxp 和 wang 启用不同的桌面号。

也可以在服务器上手工建立这些 VNC 文件。首先在相应用户的主目录下创建.vnc 子目录，在该子目录下创建 xstartup 文件（最好是将其他用户的 xstartup 文件复制过来），使用 vncpasswd 命令建立 passwd 文件（vncpasswd $HOME/.vnc/passwd），最后要确认相应用户对这些目录和文件具有读写权限，最好是它们的属主，这可用 chmod 和 chown 命令来实现。

（2）修改配置文件/etc/sysconfig/vncserver，设置桌面号和对应的用户名，例中设置为：

```
VNCSERVERS="1:root 2:zhongxp 3:wang"
```

必要时可以为不同的桌面号设置不同的参数，例如：

```
VNCSERVERARGS[2]="-geometry 800x600 -nolisten tcp -nohttpd -localhost"
```

（3）启动 VNC 服务，过程如下。

```
# service vncserver start
启动 VNC 服务器: 1:root
New 'Linuxsrv1:1 (root)' desktop is Linuxsrv1:1
Starting applications specified in /root/.vnc/xstartup
Log file is /root/.vnc/Linuxsrv1:1.log
2:zhongxp
New 'Linuxsrv1:2 (zhongxp)' desktop is Linuxsrv1:2
Starting applications specified in /home/zhongxp/.vnc/xstartup
Log file is /home/zhongxp/.vnc/Linuxsrv1:2.log
3:wang
New 'Linuxsrv1:3 (wang)' desktop is Linuxsrv1:3
Starting applications specified in /home/wang/.vnc/xstartup
Log file is /home/wang/.vnc/Linuxsrv1:3.log
                                          [确定]
```

（4）测试多个 VNC 桌面配置是否正确。这里以 Windows 客户端 TightVNC Viewer 登录为例，该软件可同时打开多个远程桌面，单击 按钮即可建立新的连接。测试结果如图 10-27 所示。

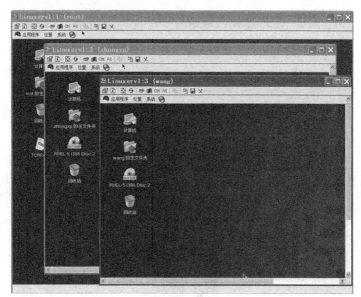

图 10-27　登录到多个远程桌面

10.3.6　通过 VNC 实现共享桌面

所谓远程协助，是双方共享同一桌面，一端的操作界面在另一端同步显示，可用于远程演示、远程指导。对于 VNC 来说，共享桌面分为两种情况。

1. 多客户端共享同一远程桌面

一种情况是每个客户端访问服务器端同一桌面，即连接到同一服务器的同一桌面号，就可共享该桌面，进行远程协助。

要注意的是，Linux 多个 VNC Viewer 不能共享同一桌面，如果一个用户通过 VNC Viewer 登录到一个远程桌面，另一用户再使用 VNC Viewer 登录到该桌面（桌面号相同），则前一用户将自动退出。

而 Windows 计算机的多个 TightVNC Viewer 可以共享同一桌面。

如果一个用户通过 VNC Viewer 登录到一个远程桌面，其他用户使用 TightVNC Viewer 仍然可以登录到该桌面。反之，则不行。

2. 客户端共享服务器桌面

这种情况要复杂一些，即客户端要与服务器上运行的 X-windows 共享桌面。具体方法是在 VNC 服务器上打开一个终端，然后执行以下命令：

```
x0vncserver -PasswordFile=/root/.vnc/passwd
```

选项 PasswordFile 用于设置服务器当前用户主目录下的/.vnc/passwd 文件。执行该命令显示如图 10-28 所示的结果，指示该服务在 5900 端口侦听。

因为远程用户需要 x0vncserver 程序支持，所以不能关闭这个程序（不要关闭终端窗口）。

当 VNC 客户端连接到 0 号桌面（服务端口为 5900）时，即与服务器本地用户共享桌面，从而实现远程协助。如图 10-29 和图 10-30 所示分别显示共享桌面的服务器端和客户端界面。

289

图 10-28　运行 x0vncserver 命令

图 10-29　服务器端

图 10-30　客户端

习题

1. 简答题

（1）Linux 服务器远程登录主要有哪几种解决方案？

（2）什么是 Telnet？它有什么特点？

（3）什么是 SSH？它有什么特点？

（4）简述 SSH 公钥认证。

（5）SSH 公钥认证代理有什么作用？

（6）什么是 VNC？它有什么特点？

（7）简述 VNC 桌面与系统用户的关系。

（8）使用 vncserver 脚本与使用 VNC 服务管理命令启动或停止 VNC 服务有什么不同？

2. 实验题

（1）配置 Telnet 服务器并使用客户端访问。

（2）配置一个使用密码认证的 SSH 服务器并使用客户端访问。

（3）在 SSH 服务器启用公钥认证并进行测试。

（4）使用 vncserver 脚本启动一个 VNC 桌面。

（5）配置 VNC 服务器使用 GNOME 桌面环境。

（6）配置 VNC 服务器同时启用两个远程桌面。

第11章
防火墙与代理服务器

【学习目标】

本章将向读者介绍内网接入 Internet 的基础知识，让读者掌握防火墙设置、代理服务器设置、共享上网部署、内网服务器发布的方法和技能。

【学习导航】

本章是全书的最后一章，主要介绍通过防火墙或代理服务器将内网接入 Internet 的实现方案，分别对 Linux 平台上的 iptables 防火墙和 Squid 代理服务器进行了详细讲解和示范。

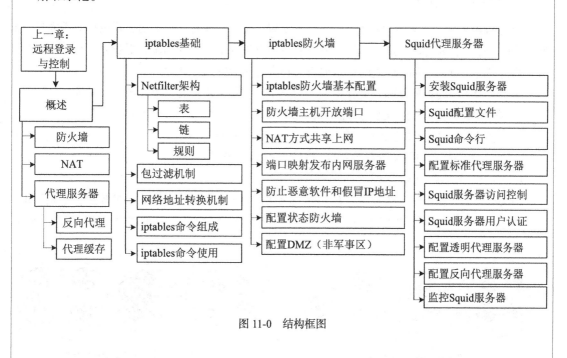

图 11-0　结构框图

11.1 概述

为充分利用 Internet 资源，企业一般都将内网（Intranet）接入外网（Internet），一方面让内网用户方便地访问外部 Internet，另一方面要控制从 Internet 访问内网。这就需要在内外网之间部署安全网关或网络防火墙，这就用到防火墙或代理服务器技术。

11.1.1 将内网接入 Internet

将内网接入 Internet，不外乎以下 5 种方式。

- 通过网络路由器将内网接入 Internet。
- 通过网络防火墙将内网接入 Internet。
- 通过代理服务器将内网接入 Internet。
- 通过 NAT 网关将接入 Internet。
- 通过 VPN（虚拟专用网）在 Internet 上建立自己的专网，让内网通过 Internet 进行互联。

在实际应用中，很少有使用单一方式的，往往是组合或集成多种方式，以实现安全、快速的网络通信。例如，将防火墙、代理服务器和 NAT 进行集成。

11.1.2 防火墙技术

防火墙技术用于可信网络（内网）和不可信网络（外网）之间建立安全屏障。

1. 防火墙的作用

如图 11-1 所示，通常在内外网之间安装防火墙，形成一个保护层，对进出的所有数据进行监测、分析、限制，并对用户进行认证，防止有害信息进入受保护的网络，保护其安全。内网和外网之间传输的所有信息都要经过防火墙检查，只有合法数据才能通过。

防火墙最主要的目的是确保受保护网络的安全，具体说来，有以下几项主要功能。

- 提高内网的安全性，通过过滤不安全的服务和非法用户来降低风险。
- 实施以防火墙为中心的集中安全方案，强化网络安全策略。
- 对网络存取和访问进行监控审计控制，提供安全预警。
- 防止内部信息的泄露。

防火墙只是一种网络安全技术，存在其局限性，如不能防范绕过防火墙的攻击；不能防止受到病毒感染的软件或文件的传输，以及木马攻击等；难以避免来自内部的攻击，如图 11-2 所示。

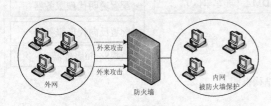

图 11-1　网络防火墙

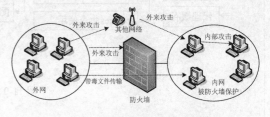

图 11-2　网络防火墙的局限性

2. 防火墙的类型

目前网络防火墙按照防护原理可以分为以下几种类型。

（1）包过滤（Packet Filtering）路由器。这是网络级防火墙，通常就是一个具备包过滤功能的路由器。如图 11-3 所示，包过滤路由器在网络层对数据包进行选择，选择的依据是设置的过滤逻辑或规则，通过检查数据流中每个数据包的源地址、目的地址、所用的端口号、协议状态等因素，确定是否允许该数据包通过。包过滤又可分为静态包过滤和动态包过滤两种方式。

（2）应用网关。工作在网络体系结构的最高层——应用层，又称代理服务器，是应用级防火墙。如图 11-4 所示，内外网通过代理服务器连接，应用网关采用代理技术提交请求和应答，不给内外网计算机任何直接会话的机会，从而避免入侵者采用数据驱动的攻击方式入侵内网。应用网关最突出的优点就是安全，其缺点是速度相对较慢。

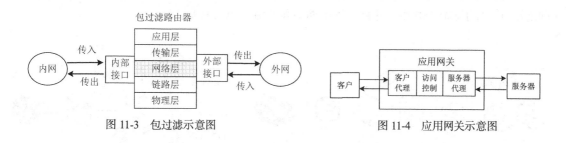

图 11-3　包过滤示意图　　　　　　　　　图 11-4　应用网关示意图

（3）状态检测防火墙。在检查数据包的基础上，也检查连接状态和应用状态信息，利用数据包之间的关联信息来避免不必要的包检查。更高级的状态检测还能基于应用状态来过滤通信。这种防火墙的智能化程度高，执行效率高、安全性好。

3. 防火墙配置方案

一般说来，只有在内网与 Internet 连接时才需要防火墙。当然，在内部不同部门之间的网络有时也需要防火墙。最简单的防火墙配置，就是直接在内网和外网之间加装一个包过滤路由器或者应用网关。目前主要有以下 3 类防火墙配置方案。

（1）双宿主机网关（Dual Homed Gateway）。如图 11-5 所示，这种配置是用一台配有两个网络接口的双宿主机做防火墙，其中一个网络接口连接内网（被保护网络），另一个连接 Internet。双宿主机又称堡垒主机，用于运行防火墙软件。这种配置存在致命弱点，一旦入侵者侵入堡垒主机并使该主机只具有路由功能，则任何网上用户均可访问内网。

（2）屏蔽主机网关（Screened Host Gateway）。屏蔽主机网关易于实现，安全性好，应用广泛。它又可分为单宿型和双宿型两种类型。通常采用双宿型，如图 11-6 所示，堡垒主机有两块网卡，一块连接内网，一块连接包过滤路由器，双宿堡垒主机在应用层提供代理服务。这种方案组合应用网关（代理服务）和包过滤技术，安全性较高。

（3）屏蔽子网（Screened Subnet）。这是最为复杂的防火墙体系，在内网和 Internet 之间建立一个被隔离的子网，该子网与内网隔离，形成一个网络防御带，在其中安装应用服务器以发布公共服务。屏蔽子网又称周边网络（Perimeter network）或非军事区（简称 DMZ）。

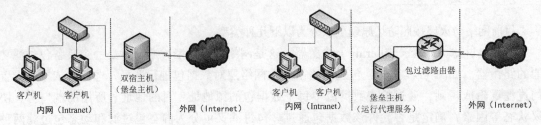

图 11-5 双宿主机网关　　　　　　　　图 11-6 屏蔽主机网关（双宿堡垒主机）

　　屏蔽子网又可分为两种模式。一种是多防火墙屏蔽子网，最典型的是用两个包过滤路由器将屏蔽子网分别与内网和 Internet 隔开，构成一个"缓冲地带"，如图 11-7 所示，内外网均可访问屏蔽子网，但禁止它们穿过屏蔽子网进行通信，具有很强的抗攻击能力，但需要设备多，造价高。另一种是更为经济实用的三宿主机屏蔽子网，基本结构如图 11-8 所示，一台防火墙主机共有 3 个网络接口，分别连接到内部专用网、屏蔽网络和外网（Internet）。

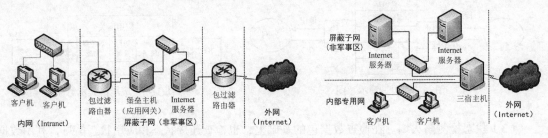

图 11-7 多防火墙模式　　　　　　　　图 11-8 三宿主机网关

4．防火墙解决方案

　　目前防火墙产品种类很多，既有软件产品，也有硬件产品，还有许多软硬件结合产品。根据网络规模、业务量和特定的安全需求选用合适的防火墙产品。例如，Cisco、Nokia 和 Sonicwall 等厂商提供防火墙硬件产品，Checkpoint、McAfee 和 Symantec 等厂商提供防火墙软件产品。Microsoft ISA Server 是运行于 Windows 服务器的企业级防火墙软件。

　　Linux 提供优秀的防火墙软件 Netfilter/iptables，可以在一台低配置的计算机上运行，以替代昂贵的硬件防火墙产品。该软件功能强大，使用灵活，并且可以对流入和流出的数据包进行精细化控制，可以实现包过滤、包重定向和 NAT（网络地址转换）。

　　就功能特性来说，还可以将防火墙分为以下 3 种类型。

　　（1）NAT：让内网通过一个或多个公网 IP 地址访问公网，作为一种防火墙技术，将内网 IP 地址隐藏起来使公网用户无法直接访问内网。

　　（2）包过滤：依据过滤规则读取和处理网关的所有数据包，允许或阻止数据包通过网关，是一种最基本的防火墙技术。

　　（3）代理服务器：代表内网主机与外部主机通信，通常是应用级网关。作为防火墙技术，隔离内外网，并提供访问控制和网络监控功能。

5. 主机防火墙

上述网络防火墙主要用来保护内网计算机免受来自网络外部的入侵，但并不能保护内网计算机免受来自其本身和内网其他计算机的攻击。还有一些恶意软件会采用"内部攻击"的方式，将发自外面的链接伪装成来自内部某台计算机，从而骗过大多数网络防火墙，这就需要通过主机防火墙（又称个人防火墙或桌面防火墙）来解决。主机防火墙主要用于主机免受攻击，对于在不安全网络中运行的主机，也可部署主机防火墙。Netfilter/iptables 也支持主机防火墙。

11.1.3　NAT 技术

NAT 是一个 IETF 标准，允许一个机构以一个公用地址出现在 Internet 上，是一种将内部私有网络地址转换成合法 IP 地址的技术。**NAT 工作在网络层和传输层，既能实现内网安全，又能提供共享上网服务，还可将内网资源向外部用户开放**（即将内网服务器发布到 Internet）。

1. NAT 工作原理

NAT 实际上是在网络之间，对经过的数据包进行地址转换后再进行转发的特殊路由器，工作原理如图 11-9 所示。要实现 NAT，可将内网中的一台计算机设置为具有 NAT 功能的路由器，该路由器至少安装两个网络接口，其中一个网络接口使用合法的 Internet 地址接入 Internet，另一个网络接口与内网其他计算机相连接，它们都使用合法的私有 IP 地址。

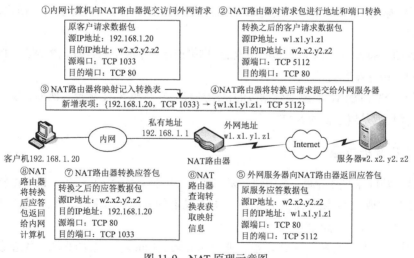

图 11-9　NAT 原理示意图

2. 端口映射技术

NAT 的网络地址转换是双向的，可实现内网和外网双向通信。NAT 系统可为内网中的服务器建立地址和端口映射，让外网用户访问，这是通过端口映射来实现的。如图 11-10 所示，**端口映射将 NAT 路由器的公网 IP 地址和端口号映射到内网服务器的私有 IP 地址和端口号**，来自外网的请求数据包到达 NAT 路由器，由 NAT 路由器将其转换后转发给内网服务器，内网服务器返回的应答包经 NAT 路由器再次转换，然后传回给外网客户机。

端口映射又称端口转换或目的地址转换，如果公网端口与内网服务器端口相同，则又称为端口转发。可将它们统称为 **NAPT**（**Network Address Port Translation**，网络地址端口转换）。

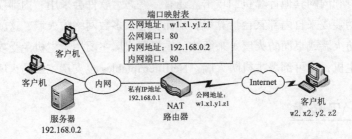

图 11-10　端口映射示意图

3．NAT 功能

- 共享 IP 地址和网络连接，让内网共用一个公网地址接入 Internet。
- 保护网络安全，通过隐藏内网 IP 地址，使黑客无法直接攻击内网。
- 安全地发布内网服务器，支持多重服务器和负载均衡。
- 与代理服务器结合起来实现透明代理（重定向），提供对 Internet 的无缝访问。

4．NAT 类型

NAT 对数据包的源 **IP** 地址、目的 **IP** 地址、源端口、目的端口进行改写，据此将 NAT 分为以下两种类型。

- 源 NAT（SNAT）：改变数据包的源地址。网络连接共享属于源 NAT，IP 伪装（IP Masquerade）是源 NAT 的一种特殊形式。
- 目的 NAT（DNAT）：改变数据包的目的地址，它与源 NAT 相反。例如，端口转发、负载均衡和透明代理就是属于目的 NAT。

5．NAT 解决方案

NAT 是一种特殊的路由器，可由硬件来实现，一般称之为 NAT 设备；也可由软件来实现，称之为 NAT 网关或 NAT 服务器。不过单一 NAT 功能的专门产品很少，NAT 功能通常被集成到路由器、防火墙设备中，如 Cisco 路由器。

网络操作系统大多内置了 NAT 功能，如 Windows、Linux。一般防火墙、代理服务器产品都内置 NAT 功能，如 Winroute、SyGate 等。Linux 的 Netfilter/iptables 支持源 NAT 和目的 NAT。

11.1.4　代理服务器技术

代理服务器就像一个中间人，在内网和外网之间充当应用网关，一端连接内网，另一端连接 **Internet，两个网络之间的数据传输全部由代理服务器转发和控制**。代理服务器可使用多种代理方式，包括应用层代理、端口重定向、Socks 代理、WinSock 代理、透明代理和反向代理等。

1.　代理服务器工作原理

应用层代理是最典型的代理方式，狭义的代理服务往往指的就是这种方式。这种代理方式的工作原理如图 11-11 所示，在客户端和服务器端建立连接并转发数据。**由于工作在应用层，多数代理服务器只支持部分应用程序，一般都支持 HTTP 代理。复杂的应用层代理还能够缓存、过滤和优化数据。**与 NAT 一样，代理服务器至少有两个网络接口，一个连接内网，另一个连接 Internet。

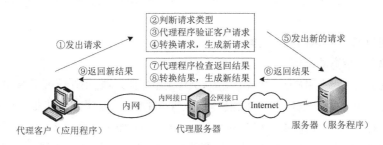

图 11-11　代理服务器工作原理

2.　反向代理技术

代理服务器也可用来为外网用户访问内网提供代理服务，通常将这种代理服务称为反向代理或逆向代理。如图 11-12 所示，**反向代理与端口映射有所不同，通常只用来发布内网 Web 服务器**。反向代理服务器位于 Web 服务器和 Internet 之间，不仅充当防火墙以防止外网用户直接和 Web 服务器通信带来的安全隐患，而且**可充当 Web 缓冲服务器，以降低实际的 Web 服务器负载**，提高访问速度。反向代理还可根据需要对用户身份进行认证，对访问内容进行过滤。在实际应用中，反向代理一般用作网络负载均衡和故障热处理，对性能要求很高。

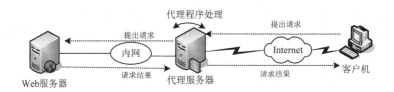

图 11-12　通过反向代理发布内网服务器

3.　缓存

代理服务器通过缓存（Cache，也译为高速缓存）来解决网络访问速度、安全性和性能等问题，因而**代理服务器往往又称为代理缓存服务器**。缓存由一个或多个分区组成，这里的分区是指磁盘上留作缓存之用的存储区域。如图 11-13 所示，当使用代理缓存时，用户的 Web 请求被发送到代理服务器。**代理服务器首先请求缓存中的 Web 信息**，如果缓存中没有，就向源 Web 服务器请求信息并将其存入缓存中，然后再发送信息给请求的用户。主要有以下 3 种类型的缓存方案。

图 11-13　代理缓存服务器

（1）标准代理缓存。标准的代理缓存服务器实际上是一种 Web 客户加速器，通常部署在内网和 Internet 之间。当代理服务器收到一个缓存中没有的请求时，转向源 Web 服务器请求信息。其主要作用如下。

- 提高用户 Web 请求的响应时间。
- 提高 WAN 带宽的利用率。
- 增强安全性，所有用户的 Web 访问请求被代理服务器处理，用户不能直接访问 Web 服务器。

（2）HTTP（Web）加速器。HTTP 加速器实际上一种 Web 服务器加速器，又称反向代理服务器（参见图 11-12），位于本地 Web 服务器和 Internet 之间，作为一个或多个 Web 服务器（源 Web 服务器）的前端服务器，代表源 Web 服务器提供 HTTP 服务，只有收到缓存中没有的请求时才向源 Web 服务器请求信息。

标准代理缓存服务器代表用户请求信息，而 HTTP 加速器代表 Web 服务器提供信息。

（3）ICP 多层缓存。ICP 即 Internet 缓存协议，用于一个代理服务器缓存与另一个代理服务器缓存进行通信。一个缓存将特定 URL 的 ICP 查询发送给邻近的缓存，邻近的缓存将发回 ICP 回复，告知是否包含该 URL，如图 11-14 所示。通过 ICP 相互通信的代理服务器称为邻居（Neighbor）。有两种类型的邻居：父邻居（父级代理服

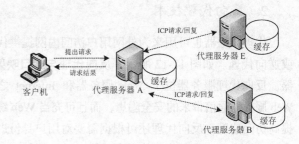

图 11-14　ICP 多层缓存

务器）和对等邻居（同级代理服务器）。多层缓存又可分为两种结构。

- 单级结构：所有代理服务器配置为对等邻居。如果代理服务器能提供缓存信息，将直接发送给用户，否则代理服务器转向它的对等邻居请求信息，如果所有的对等邻居都不能提供信息，代理服务器再向源 Web 服务器请求信息。
- 多级结构：代理服务器配置成对等邻居或父邻居。如果对等邻居不能提供缓存信息，代理服务器向它的父邻居请求信息，如果父邻居也不能提供，则父邻居再向它的父邻居请求信息，直到顶层代理服务器。如果顶层代理服务器中存有所需信息，它直接向下逐级发送信息；否则顶层代理服务器向源服务器请求信息并存入缓存中，然后向下传送给最初请求的代理服务器，由该服务器接收信息，将信息缓存后并直接传送给用户。

4. 代理服务器功能

- 共享网络连接资源，支持直接从缓存获取信息，可提高上网访问速度。
- 充当网络防火墙，可将内网的结构和状态对外屏蔽起来。
- 监测和控制网络访问。

5. 代理服务器解决方案

以 WinGate、SyGate 等产品为代表的代理服务器软件具有功能齐全、小巧快速的特点，这些产品都强化了安全功能，已成为综合性的防火墙产品。ISA Server 支持反向代理服务。

Squid 是 Linux 和 UNIX 平台下最为流行的代理服务器开放源码软件，有权限管理灵活、性能高和效率快等特点。Squid 实现了 Web 高速缓冲，并支持 FTP、Gopher 和 SSL 等多种协议的代理。Squid 使用访问控制列表（ACL）和访问权限列表（ARL）进行权限管理和内容过滤。Squid 支持标准的代理缓存、HTTP 加速器（反向代理）和 ICP 多层缓存。

11.2　iptables 基础

iptables 是一个功能十分强大的安全工具，利用它可以构建防火墙，也可以用作 NAT 路由器、透明代理等。iptabels 由 ipchains 和 ipfwadm 软件演变而来，它只是一个管理内核包过滤的工具，用来添加、删除和修改包过滤规则，而真正用来执行过滤规则的是 **Netfilter** 及其相关模块（如 iptables 模块和 **nat** 模块）。

11.2.1　Netfilter 架构

iptables 使用 **Netfilter** 架构在 **Linux** 内核中管理包过滤。Netfilter 位于网络层与防火墙内核之间，是 Linux 内核中的一个通用架构，定义了包过滤子系统功能的实现。

Netfilter 提供了 3 个表（tables），每个表由若干个链（chains）组成，而每条链可以由若干条规则（rules）组成。可以将 Netfilter 看成是表的容器，将表看成是链的容器，将链看成是规则的容器。整个架构如图 11-15 所示。

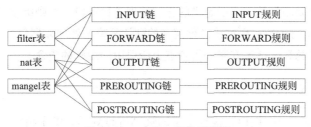

图 11-15　Netfilter 架构示意图

1. 表

表提供特定的功能，Netfilter 内置以下 3 个表。

- filter：过滤网络数据包。
- nat：修改数据包来创建新的连接，实现网络地址转换（NAT）。
- mangle：用来处理特定的数据包。

每个由 Linux 主机发送（传出或输出）、接收（传入或输入）的网络数据包至少通过其中一个表的检查。这种数据包处理机制用于实现包过滤、NAT 和数据包重构。**系统默认使用 filter 表。**

2. 链

链是数据包传播的路径，每一条链其实就是一个规则检查清单。每个表都内置一组链，用户也可在表中创建自定义的链。

（1）filter 表内置链。

- INPUT：用于处理目标地址是本机的网络数据包，即检测过滤传入数据包。
- FORWARD：用于处理经本机转发的数据包，即检测过滤路由数据包。
- OUTPUT：用于处理由本地产生要发送的网络数据包，即检测过滤传出数据包。

（2）nat 表内置链。

- PREROUTING：包含路由前的规则，转换需要转发数据包的目的地址，即将网络数据包在传入时进行修改，数据包一到达防火墙就改变它们。
- POSTROUTTNG：包含路由后的规则，转换需要转发数据包的源地址，即将网络数据包在传出前进行修改，数据包在离开防火墙时才改变它们。
- OUTPUT：转换本地数据包的目的地址，即将本地产生的网络数据包在传出前进行修改。

（3）mangle 表内置链。mangle 表包括 5 个链，分别是 INPUT、OUTPUT、FORWARD、PRFROUTTNG 和 POSTROUTTNG，其含义在介绍 filter 和 nat 表内置链已经介绍过。

3. 规则

每一条链中可以有一条或多条规则。每条规则定义所要检查的数据包的特征或条件，如源地址、目的地址、传输协议、服务类型等，以及处理匹配条件的包的方法，如允许、拒绝等。

当一个数据包到达一个链时，iptables 从链中第 1 条规则开始检查，判断该数据包是否满足规则所定义的条件，如果满足就按照所定义的方法处理该数据包；否则继续检查下一条规则，如果不符合链中任何规则，iptables 根据该链预定义的默认策略来处理数据包。

表是所有规则的总和，链是在某一检查点上所引用的规则的集合。

4. 包处理流程

数据包到达 Linux 网络接口，根据定义的规则进行处理，整个流程如图 11-16 所示。这涉及 Netfilter 的 3 个表（filter、nat 和 mangle），每个表又有不同的链。filter 表用于实现防火墙功能，内置的 3 个链 INPUT、FORWAR 和 OUTPUT，分别对包的传入、转发和传出进行过滤处理。凡是离开防火墙的数据包都是传出（输出）数据包，凡是防火墙收到的数据包都是传入（输入）数据包。nat 表用于实现地址转换和端口转发功能，内置的 3 个链 PREROUTING、POSTROUTING 和 OUTPUT，分别对转发数据包目的地址、转发数据包源地址和本地数据包目的地址进行转换。mangle 表则是一个自定义表，用于各种自定义操作，而且 mangle 表中的链在 Netfilter 包处理流程中处于优先的位置。实际应用中很少用到 mangle 表，本章不作进一步介绍。

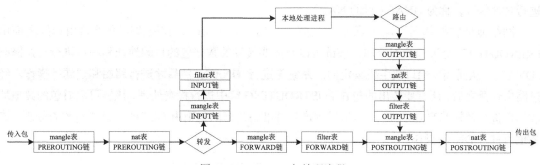

图 11-16 Netfilter 包处理流程

11.2.2 包过滤机制

filter 表用于实现包的过滤处理，除了内置 3 个链之外，管理员可根据需要添加自定义的链。
filter 包过滤如图 11-17 所示。

当数据包到达防火墙时，内核首先根据路由表决定数据包的目标，若数据包的目的地址是本
机，则将数据包送往 INPUT 链进行规则检查；若数据包的目的地址不是本机，则检查内核是否允
许转发，如果允许，则将数据包送往 FORWARD 链进行规则检查，如果不允许转发，则丢弃该数
据包；对于防火墙主机本地进程产生并准备发出的数据包，则交由 OUTPUT 链进行规则检查。

也就是说，**INPUT** 链过滤从内网或外网发往防火墙本身的数据包；**OUTPUT** 链过滤从防火
墙本身发往内网或外网的数据包；**FORWARD** 链过滤内外网之间通过防火墙主机转发的数据包。

应正确理解防火墙每个接口上数据通信的方向。如图 11-18 所示，同一数据包通过不同的网
络接口，通信方向也不同。从内网到外网的通信，在内网接口上为传入通信，在外网接口上为传
出通信；从外网到内网的通信，在外网接口上为传入通信，在内网接口上为传出通信。

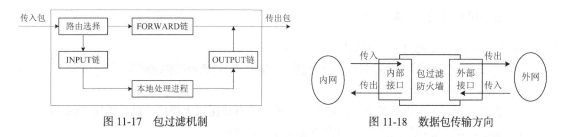

图 11-17 包过滤机制   图 11-18 数据包传输方向

只有内核启用 IP 包转发功能后，数据包才能被送到 FORWARD 链进行规则检查，
否则与防火墙相连的两边网络是完全隔离的。

11.2.3 网络地址转换机制

filter 表仅对包进行过滤处理，而数据包的源地址（或端口）或目的地址（或端口）修改需要
通过 nat 表来实现。对源地址或源端口进行替换修改，称为 SNAT（源 NAT）；对目的地址或端口

进行替换修改，称为 DNAT（目的 NAT）。

网络地址转换如图 11-19 所示。当数据包到达防火墙时，在还没有交给路由选择之前由 PREROUTING 链进行检查处理，该链可以对需要转发的数据包的目的地址和端口进行转换修改（DNAT），从而实现端口或主机重定向。**系统先进行 DNAT，然后才进行路由和过滤等操作。** 经过路由选择之后，所有要传出的包在 POSTROUTING 链中进行检查处理，该链可以对包的源地址或端口进行转换修改（SNAT）。本地进程产生并准备传出的包则由 OUTPUT 链进行检查处理，该链也可进行 DNAT 操作。

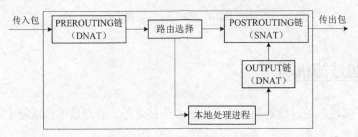

图 11-19　网络地址转换机制

只有新连接的第 1 个数据包才会遍历 nat 表，随后的数据包将根据第 1 个数据包的结果进行同样的转换处理。

内外网之间使用 NAT 方式传输的数据包，仅经过 PREROUTING、FORWARD 和 POSTROUTING 链，并没有经过 INPUT 和 OUTPUT 链，参见图 11-16。

11.2.4　iptables 命令组成

数据包处理规则是由 iptables 命令所创建的。这里重点介绍 iptables 命令的组成。

1．iptables 命令语法结构

多数 iptables 命令都具有以下结构：

```
iptables [-t <表名>] <命令> <链名>\<参数 1><选项 1>\<参数 n><选项 n>
```

其中各组成部分说明如下。

● 表名：指定这个规则所应用的规则表。如果没有使用这个选项，默认指定 filter 表。

● 命令：指定要执行的动作，如添加或删除一条规则。

● 链名：指定编辑、创建或删除的链。

● 参数和选项：指定如何处理符合这个规则的数据包的参数和相关的选项。例如，根据数据包类型或源地址/目标地址来决定要处理的数据包，指定对符合条件的数据包所要采取的操作。所有选项或参数都区分大小写。

应用目的不同，iptables 命令的长度和复杂程度有很大不同。例如，从一个链中删除一条规则的命令可能很短，而添加一条特定条件的数据包过滤规则的命令可能很长。

编写 iptables 命令时，有些参数和选项可能还会需要涉及其他参数和选项。

执行 iptables –h 命令可查看 iptables 命令结构的完整列表。接下来分别介绍 iptables 命令的主要组成部分。

2. 命令选项

每个 iptables 命令只允许使用一个命令选项，具体说明见表 11-1。命令选项一般使用简写格式，使用一个大写字母表示；也可使用全称的长格式，使用小写单词。

表 11-1　　　　　　　　　　　　　　　　iptables 命令选项

命令选项	说　　明
-A 或--append	在指定链的末尾添加规则
-D 或--delete	从指定链中删除一条或多条规则。有两种方法指定要删除的规则，一种是使用链中的规则序号，另一种是使用规则定义，规则定义必须与一条存在的规则完全匹配
-I 或--insert	根据给定的规则序号在指定链中插入一条或多条规则。如果没有指定序号，将在链的开头插入
-R 或--replace	替换指定链中的指定序号的规则
-L 或--list	列出指定链中的所有规则。如果没有指定链，将列出所有的链
-F 或--flush	清除指定链的所有规则。如果没有指定链，将清除所有链的规则
-Z 或--zero	将指定链中的数据包和字节计数器清零
-N 或--new	根据给定的名称创建用户自定义的链
-X 或--delete	删除指定的用户自定义链，前提是这个链必须没有被引用
-P 或--policy	为指定链设置默认策略（DROP 或 ACCEPT）。当整个链中都没有匹配的规则时，将应用该默认策略

3. 参数选项

iptables 命令的参数选项用来构建一条数据包过滤规则，具体说明见表 11-2。使用简写格式时使用一个小写字母表示。

表 11-2　　　　　　　　　　　　　　　　iptables 参数选项

参数选项	说　　明
-p 或--protocol	设置数据包匹配的协议，可能的值有 tcp、udp、icmp 或 all，也可以是表示协议的数值（由 /etc/protocols 定义）。数值 0 等同于 all，all 匹配任何协议，也是默认设置
-s 或--source	设置数据包匹配的源地址，可以是网络名称、主机名、IP 地址（子网掩码）或 IP 地址。IP 网络的表示有两种形式，一种是 IP 地址/网络掩码（如 192.168.10.0/255.255.255.0），另一种是 IP 地址/掩码位数（如 192.168.10.0/24）
-d 或--destination	设置数据包匹配的目的地址，格式同上
-j 或--jump	定义规则的目标，即数据包匹配规则的操作。目标可以是用户自定义链（不是规则所在的），也可以是一个内置目标（如 ACCEPT、DROP、QUEUE 和 RETURN 等），或者是一个扩展。如果规则省略此参数（而且不用-g），匹配规则将不影响数据包的命运，但是该规则的计数器将增加
-g 或-goto	设置数据包继续到用户自定链进行处理
-i 或--in	设置接收数据包（传入包）的网络接口，如 eth0、ppp0
-o 或--out	设置发送数据包（传出包）的网络接口，如 eth0、ppp0
-f 或--fragment	设置只对分段（分片）的数据包应用此规则
-c 或 --set-counters	为指定规则重设（初始化）计数器。可使用 PKTS、RYTES 选项来指定重设的包计数器或字节计数器

-p、-s、-d、-i、-o、-f 等参数中可使用"!"参数，表示排除所指定的范围；-i、-o、参数中网络接口名称可以"+"结尾，相当于通配符，表示以此名称开头的任何网络接口都适用。

4．匹配选项

不同的网络协议提供不同的匹配选项，用于匹配使用相应协议的特定数据包，前提是该协议必须先在 iptables 命令中指定。

（1）TCP。对 TCP（-p tcp）有效的匹配选项见表 11-3。

表 11-3　　　　　　　　　　　　　　　　针对 TCP 的匹配选项

匹 配 选 项	说　　明
--dport 或 --destination-port	设置数据包的目的端口，可使用网络服务名（如 www 或 smtp）、端口号或一个端口号范围（用一个冒号分隔两个端口号）来表示目的端口，例如-p tcp --dport 3000:3200
--sport 或--source-port	设置数据包匹配的源地址，格式同上
[!]-syn	匹配所有用来初始网络通信的 TCP 数据包（SYN packets），任何包括实际数据的数据包都不会被处理。可使用"!"来表示匹配所有非 SYN 的数据包
--tcp-flags< tested flag list>< set flag list>	设置数据包匹配 tcp 标志位，第 1 个参数要检查的 tcp 标志，可以一个用逗号分隔的列表；第 2 个参数用于指定要设置的 tcp 标志，两个参数之间用空格分隔。tcp 标志位有 SYN（同步）、ACK（应答）、FIN（结束）、PSH（推送）、RST（重设）、URG（紧急）、ALL、NONE。例如--tcp-flags SYN,ACK,FIN,RST SYN 表示仅匹配设置 SYN 标志，且未设置 ACK、FIN 和 RST 的包
--tcp-options	设置匹配特定数据包中设置的 TCP 选项，可使用"!"来表示匹配所有非 SYN 的数据包

（2）UDP。针对 UDP 的匹配选项有—dport（-destination-port）和—sport（--source-port），分别指定 UDP 数据包的目的端口和源端口，格式同 TCP 的相同选项。

（3）ICMP。针对 ICMP 的匹配选项是--icmp-type，使用 ICMP 类型的名称或号码来匹配这个规则。执行 iptables -p icmp -h 可获得有效的 ICMP 名称列表。

（4）限制匹配。可以限制一个特定规则可以匹配的数据包的数量。该选项也由额外的模块提供，使用时需要使用选项-m 加载，基本语法格式为

```
-m limit --limit rate --limit-burst number
```

其中 rate 表示最大平均速率，单位可以是/second（每秒）、/minute（每分钟）、/hour（每时）和/day（每日），默认值为 3/hour；number 表示突发包的数量限制，默认值为 5。例如，要对 IP 碎片的流量进行限制，允许每秒通过 100 个 ip 碎片，触发该限制的突发包数量为 120 个，则设置命令为

```
iptables -A FORWARD -f -m limit -limit 100/s -limit-burst 120 -j ACCEPT
```

（5）硬件 MAC 地址匹配。可设置数据库匹配来源网络接口的物理地址。该选项也由额外的模块提供，使用时需要使用选项-m 加载，基本语法格式为

```
-m mac --mac-source 物理地址
```

例如，要丢弃来自物理地址为 00:50:C0:00:01 的网络接口的数据包，设置如下：

```
iptables -A FORWARD -m mac -mac-source 00:50:C0:00:01 -j DROP
```

需注意的是，一个数据包在经过路由器转发后，其源 MAC 地址将变成路由器的 MAC 地址。

5．目标（Target）选项

当一个数据包与一个特定的规则相匹配时，这条规则可以将这个数据包重新定向到不同的目标（Target）中，由这些目标来决定对这个数据包如何处理。目标选项通过-j 参数指定，可分为以下 3 种类型。

（1）标准的目标选项。

- ACCEP：允许数据包通过并发送到它的目的地或其他链。
- DROP：丢弃数据包，不给发送者任何反馈信息。发送该包的系统不会得到发送失败的信息。
- QUEUE：将数据包放置在一个用户空间应用程序的队列中等待被处理。
- RETURN：停止遍历当前链中的规则，恢复到先前链的下一条规则。如果 RETURN 规则在一个内置链中使用，而这个数据包无法返回到它以前的链，将使用当前链的默认目标。

（2）扩展的目标模块。可以使用扩展的目标模块，它们大多数只适用于特定规则表和特殊情况，常用的介绍如下。

- LOG：在日志中记录所有匹配这条规则的数据包。因为数据包被内核所记录，所以/etc/syslog.conf 文件决定了这些日志信息被写到什么地方。默认情况下，它们被放置在/var/log/messages 文件中。可使用选项来进一步限制日志记录，如--log-level（指定日志级别）、--log-ip-option（记录 IP 数据包头中设置的所有选项）、--log-prefix（为记录日志信息加上前缀）、--log-tcp-options（记录 TCP 数据包头中所设置的所有选项）、--log-tcp-sequence（记录数据包的 TCP 序列号）。

- REJECT：丢弃数据包，并向远程系统发回一个错误数据包。可使用选项--reject-with 来指定要返回的错误数据包类型，如 icmp-host-unreachable、echo-reply、tcp-reset 等，默认的类型为port-unreachable。

- MASQUERADE：将数据包来源 IP 转换为输出数据包的网络接口的 IP 地址，以实现 IP 伪装。

- SNAT：将数据包来源 IP 和端口转换为某指定的 IP 和端口。

- DNAT：将数据包目的 IP 和端口转换为某指定的 IP 和端口。

- REDIRECT：将数据包重新转向到本机或另一台主机的某个端口，通常用此功能实现透明代理或对外开放内网，它相当于 DNAT 的一个特例。需要使用选项--to-ports 来定义目的端口或端口范围，前提是规则中要定义-p tcp 或-p udp。

（3）自定义链。规则的目标也可以是一个自定义链的名称，该链应事先建立好，并在链中设置好相应的规则。如果在自定义链中找不到匹配的规则，则将自动返回原链的下一条规则继续检查。内置链与自定义链间的调用关系如图 11-20 所示。

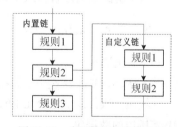

图 11-20　内置链调用自定义链

每个链都有一个默认目标，即默认策略，它在数据包与这个链中的任何规则都不匹配时使用。

11.2.5　iptables 命令的基本使用

iptables 软件一般已经包含在 Linux 发行版中，在安装系统时自动安装。可以运行 iptables –version 命令来查看系统是否安装 iptables，以及安装的版本。这里介绍一下 iptables 的基本使用，主要是 iptables 规则的创建，为进一步配置防火墙打下基础。

1. 查看 iptables 规则

基本用法：

```
iptables [-t 表名] -L [链名]
```

例如，执行以下命令显示 filter 表中的规则列表。

```
[root@Linuxsrv2 ~]# iptables -L
Chain INPUT (policy ACCEPT)
target     prot opt source               destination
Chain FORWARD (policy ACCEPT)
target     prot opt source               destination
Chain OUTPUT (policy ACCEPT)
target     prot opt source               destination
```

默认状态下 filter 表没有添加任何规则，但是有 3 条默认策略，后面将进一步介绍。

查看规则还可使用以下选项来控制结果显示。

- -v：显示详细输出，如每个链已处理的数据包数和字节数、规则匹配的数据包数和字节数等。
- -x：使用精确的值。
- -n：以数字而不是主机名和网络服务的形式显示 IP 地址和端口号。
- --line-number：列出规则在链中的所处位置的数字顺序（序号）。

如果没有指定，则使用默认的 filter 规则表。

2. 增加 iptables 规则

基本用法：

```
iptables [-t 表名] -A 链名 [规则序号] [其他选项]
```

例如，执行以下命令添加一条规则，阻止来自某一特定 IP 范围内的数据包：

```
iptables -t filter -A INPUT -s 192.168.3.0/24 -j DROP
```

执行以下命令添加一条规则，允许来自某一特定 IP 范围内的数据包：

```
iptables -t filter -A INPUT -s 192.168.3.0/24 -j ACCEPT
```

每个链的规则都各自从 1 编号。如果一个链中出现冲突的多条规则，以序号靠前的规则为准。

3. 插入 iptables 规则

基本用法：

```
iptables [-t 表名] -I 链名 [规则序号] [其他选项]
```

例如，执行以下命令在 filter 表的 INPUT 链第 2 条规则前添加一条规则，阻止来自某一特定 IP 范围内的数据包：

```
iptables -t filter -I INPUT 2 -s 192.168.3.0/24 -j DROP
```

4. 删除 iptables 规则

基本用法：

```
iptables [-t 表名] -D 链名 规则序号
```

例如，执行以下命令删除 filter 表的 INPUT 链第 3 条规则：

```
iptables -t filter -D INPUT 3
```

5. 修改（替换）iptables 规则

基本用法：

```
iptables [-t 表名] -R 链名 [规则序号] [其他选项]
```

例如，执行以下命令替换 filter 表的 INPUT 链第 2 条规则，禁止来自某一子网的主机访问 TCP 80 端口：

```
iptables -t filter -R INPUT 2 -s 192.168.3.0/24 -p tcp -dport 80 -j DROP
```

6. 清除 iptables 规则

在新建规则时往往需要清除原有的规则，以免它们影响新设定的规则。执行以下命令清除 filter 表中的所有规则：

```
iptables -F
```

执行以下命令清除 filter 表中自定义链中的规则：

```
iptables -X
```

执行以下命令将 filter 表中所有规则的包字节计数器清零：

```
iptables -Z
```

7. 定义 iptables 默认策略

当数据包不符合链中任何一条规则时，iptables 将根据该链定义的默认策略来处理数据包，默认策略的定义格式如下。

```
iptables [-t 表名] -P 链名 目标
```

目标定义如何处理包，只能设置为 ACCEPT（接受）或 DROP（丢弃）。**只有内置（非用户自定义）链可以定义默认策略。**filter 表和 nat 表内置链的默认设置就是允许所有数据包。实际应用中通常为 filter 表的链定义如下默认策略：

```
iptables -P INPUT   DROP
iptables -P FORWARD DROP
iptables -P OUTPUT  ACCEPT
```

8. 保存 iptables 规则

用 iptables 命令创建的规则将自动保存到内存中，但是，当重新引导系统时，这些规则会丢失。因此，如果管理员希望在重新引导之后能够再次使用这些规则，就需要保存这些规则。以 root 用户的身份执行以下命令可保存规则。

```
service iptables save
```

该命令执行 iptables 初始脚本，运行/sbin/iptables-save 程序，将当前的 iptables 配置写入到 /etc/sysconfig/iptables 文件。原有/etc/sysconfig/iptables 文件则自动更改为/etc/sysconfig/iptables.save 文件。

系统下一次启动时，iptables 初始脚本会使用/sbin/iptables-restore 命令来重新应用存储在 /etc/sysconfig/iptables 文件中的规则。

也可以执行以下命令将 iptables 规则保存到一个指定的文件中。

```
iptables-save 文件路径和名称
```

> 如果熟悉/etc/sysconfig/iptables 文件格式，也可直接编辑该文件来定制 iptables 规
> 则，这样就不用逐条执行 iptables 命令来定义 iptables 规则。

9. 定义 iptables 规则的基本原则

- 通常是先拒绝所有的数据包，然后再允许需要的数据包。当然也可以反过来，先允许所有的数据包，再拒绝不需要的数据包。
- 规则应尽可能简单，能用一条解决的，就不要用多条。
- 注意规则的顺序。应将最常用和较特殊的规则放在规则集的前面，较通用的规则放在后面。

11.2.6 管理 iptables 服务

iptables 服务的进程名称为 iptables，使用初始脚本文件来管理 iptables 服务。

1. 使用初始脚本文件管理 iptables 服务

执行以下命令来管理该服务：

/etc/init.d/iptables {start|stop|restart|condrestart|status|panic|save}

或 service iptables {start|stop|restart|condrestart|status|panic|save}

使用不同的选项来实现不同功能，各选项说明如下。

- start：如果配置有防火墙文件（etc/sysconfig/iptables），停止所有运行的 iptables，然后使用/sbin/iptables-restore 命令启动。
- stop：如果有 iptables 防火墙正在运行，停用内存中的防火墙规则，卸载所有 iptables 模块和 helper。
- restart：如果有 iptables 防火墙在运行，停用内存中的防火墙规则，如果配置有防火墙文件（etc/sysconfig/iptables），重新运行防火墙。注意这个选项只在 ipchains 内核模块没有被加载的时候有效。
- status：显示防火墙的状态并列出所有活跃的规则。
- panic：丢掉所有防火墙规则，所有配置的规则表中的策略都被设为 DROP。可以使用该选项来停止所有到系统的网络流量，同时保持这个系统的运行来分析系统的状态。当一个服务器的安全性被破坏时，这个选项将非常有用。
- save：使用 iptables-save 命令将防火墙规则保存到/etc/sysconfig/iptables 文件。

只有在 ipchains 内核模块没有被加载时才能启动 iptables，不能同时运行这两个服务。

2. iptables 控制脚本配置文件

iptables 初始脚本是由/etc/sysconfig/iptables-config 配置文件所控制的。该文件提供的选项如下。

- IPTABLES_MODULES：在防火墙被激活时，指定一组空间独立的额外 iptables 模块来加载。
- IPTARLES_MODULES_UNLOAD：在重新启动和停止时是否卸载模块。
- IPTABLES_SAVE_ON_STOP：停止防火墙时是否将当前的防火墙规则保存到/etc/sysconfig/

iptables 文件。

- IPTABLES_SAVE_ON_RESTART：当防火墙重新启动时是否保存当前的防火墙规则。
- IPTABLES_SAVE_COUNTER：是否保存并恢复所有链和规则中的数据包和字节计数器。
- IPTABLES_STATUS_NUMERIC：输出的 IP 地址是数字格式还是域名和主机名的形式。

3. 设置 iptables 服务自动加载

Red Hat Enterprise Linux 5 默认设置 iptables 服务随系统启动而自动加载。可以执行 ntsysv 命令来检查服务自动启动配置，找到 "iptables" 服务，如果其前面加上星号 "*"，即可确认设置为自动启动。如果没有启动，可加上星号 "*"。也可直接使用 chkconfig 命令设置，例如：

```
chkconfig - level 235 iptables on
```

11.3 iptables 防火墙

利用 iptables 可以快速架设基于 Linux 系统的网络防火墙，将内网接入 Internet。

11.3.1 iptables 防火墙基本配置

基于 Linux 操作系统的防火墙是利用其内核具有的包过滤能力建立的。最常见的就是边缘防火墙，如图 11-21 所示，它部署在内外网边界，作为安全网关，将内网连接到 Internet 并加以保护，以免受到来自外部的入侵。这是最为典型的配置，Linux 服务器充当双宿堡垒主机，至少有两个网络接口，一个连接内网，另一个连接外网。这里主要以此拓扑结构为例来讲解 iptables 防火墙的部署，首先讲解基本配置，包括网络环境、默认策略等。

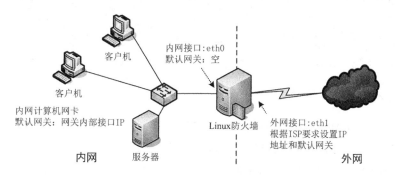

图 11-21　iptables 防火墙网络配置

1. 配置网络环境

在安装之前，应规划并配置相应的网络环境。Linux 服务器（防火墙主机）的内网接口应分配静态的 IP 地址，不要设置默认网关。外网接口应根据 ISP 的要求设置 IP 地址、默认网关和 DNS 服务器。

内网计算机的 IP 地址应使用合法私有 IP 地址，一般使用 DHCP 自动设置。某些情况下，需要手动设置 TCP/IP，将默认网关设置为防火墙内网接口的 IP 地址。

为便于实验操作，可在局域网或虚拟机中模拟外网（Internet）环境，本章示例中为防火墙配置两块网卡，将其内网接口（eth0）的 IP 地址设为 192.168.0.10（子网掩码 255.255.255.0），将其外网接口（eth1）的 IP 地址设为 172.16.0.10（子网掩码 255.255.0.0）。要发布的内网服务器的 IP 地址设置为 192.168.0.2（子网掩码 255.255.255.0）。

　　Linux 能够自动检测并安装网络接口。如果安装时没有指定网卡的 IP 地址，也没有提供 DHCP 服务器，Linux 默认就不会启用这些网卡，可以通过修改网卡的配置文件对网卡进行配置。网卡配置文件保存在/etc/sysconfig/network-scripts 目录下，第 1 块网卡 eth0 对应的是 ifcfg-eth0 文件，第 2 块网卡 eth1 对应的是 ifcfg-eth1 文件。

　　第 1 块网卡 eth0 连接内网，配置如下。

```
DEVICE=eth0
ONBOOT=yes
BOOTPROTO=none
IPADDR=192.168.0.10
NETMASK=255.255.255.0
TYPE=Ethernet
USERCTL=no
IPV6INIT=no
PEERDNS=yes
```

　　第 1 块网卡 eth1 连接外网，配置如下。

```
DEVICE=eth1
ONBOOT=yes
BOOTPROTO=none
IPADDR=172.16.0.10
NETMASK=255.255.0.0
TYPE=Ethernet
USERCTL=no
IPV6INIT=no
PEERDNS=yes
```

　　重启 Linux 系统，或者重启网络服务（运行命令/etc/init.d/network restart），使以上配置生效。

2. 启用内核 IP 转发功能

　　默认情况下，Red Hat Enterprise Linux 内核的 IPv4 策略并不支持 IP 转发，各个网络接口之间不能转发数据包，因而不能直接将其用来路由或转发数据包。执行以下命令启用 IP 转发功能。

```
sysctl -w net.ipv4.ip_forward = 1
```

　　或者

```
echo "1" >/proc/sys/net/ipv4/ip_forward
```

　　上述命令只对当前会话起作用，一旦重启系统或重启网络服务，配置将失效，仅适用于测试。要永久性地设置 IP 转发，需要编辑/etc/sysctl.conf 文件，将其中的语句行

```
net.ipv4.ip_forward = 0
```

　　改为

```
net.ipv4.ip_forward = 1
```

　　然后执行以下命令，使更改生效。

```
sysctl -p /etc/sysctl.conf
```

3．清除原有规则和计数器

在新建规则时往往需要清除原有的规则，以免它们影响新设定的规则。执行以下命令清除 filter 表和 nat 表中的所有规则：

```
iptables -F
iptables -X
iptables -Z
iptables -t nat -F
iptables -t nat -X
iptables -t nat -Z
```

4．设置默认策略

将 filter 表的 INPUT、FORWARD 和 OUTPUT 链的默认策略设置为丢弃数据包（这是比较安全的做法）；将 nat 表的 3 个链 PREROUTING、OUTPUT、POSTROUTING 的默认策略设置为接收数据包。

```
iptables -P INPUT DROP
iptables -P FORWARD DROP
iptables -P OUTPUT DROP
iptables -t nat -P PREROUTING ACCEPT
iptables -t nat -P OUTPUT ACCEPT
iptables -t nat -P POSTROUTING ACCEPT
```

iptables -P INPUT DROP 策略阻断到达防火墙主机的数据包；iptables -P OUTPUT DROP 策略阻断离开防火墙主机的数据包；iptables -P FORWARD DROP 策略阻断内外网间转发的数据包。

5．保存规则并启用

根据需要设置规则，然后保存规则。以 root 用户的身份输入以下命令可保存规则。

```
service iptables save
```

重新启动 iptables 服务。

```
service iptables restart
```

11.3.2　在防火墙上开放必要的通信

上述基本配置能够保护内网，但是所设置的默认策略阻止任何传入、传出和转发的数据包，防火墙与内网、外网的通信都被阻断了。要保证网络功能和网络应用的正常使用，必须首先在防火墙上开放必要的端口。注意通信是双向的，一个节点要能够与防火墙通信，既要能够向防火墙发送包（INPUT 链规则许可），又要允许从防火墙返回包（OUTPUT 链规则许可）。

1．设置回环地址

有些服务的测试需要使用回环地址，为了保证各个服务的正常工作，需要允许回环地址的通信，如果不设置回环地址，有些服务就不能启动。在现有规则集中插入一条规则，使其作为第 1 条规则，允许本地回环接口流量，也就是允许防火墙本地连接。

```
iptables -I INPUT 1 -i lo -j ACCEPT
iptables -I OUTPUT 1 -o lo -j ACCEPT
```

2．开放防火墙上的端口

例如，要允许用户访问防火墙的 80 端口，即 HTTP 服务，添加以下规则：

```
iptables -A INPUT -p tcp --dport 80 -j ACCEPT
iptables -A OUTPUT -p tcp --sport 80 -j ACCEPT
```

3．允许通过 SSH 管理防火墙

如果管理员要对防火墙主机进行远程管理，则通常开启 SSH 使用的 TCP 22 端口。添加以下规则，允许防火墙主机接受来自远程 SSH 客户端的连接。

```
iptables -A INPUT -p tcp --dport 22 -j ACCEPT
iptables -A OUTPUT -p tcp --sport 22 -j ACCEPT
```

这些规则允许独立系统的访问，如单个 PC 直接连接到防火墙（网关）。还可以进一步限制，例如只允许从外网访问防火墙上的 SSH，则可使用以下规则（eth1 为防火墙外网接口）：

```
iptables -A INPUT -p tcp -i eth1 --dport 22 -j ACCEPT
iptables -A OUTPUT -p tcp -o eth1 --sport 22 -j ACCEPT
```

11.3.3 通过 NAT 方式共享上网

除起到安全作用外，NAT 也是一种实现网络连接共享的简便方式。

1．服务器端 NAT 设置

可通过定义 nat 表的 POSTROUTING 链来实现共享网络连接。POSTROUTING 允许数据包离开防火墙外部设备时进行地址转换。一般为防火墙配置 IP 伪装（MASQUERADE），将发出请求的内网节点地址转换为防火墙设备（例中为 eth1）：

```
iptables -t nat -A POSTROUTING -o eth1 -j MASQUERADE
```

其中-j MASQUERADE 定义使用 IP 伪装。Linux 内置 IP 伪装实际上就是 SNAT（源 NAT）的一个特例，它将包的源地址直接替换修改为传出网卡的 IP 地址。IP 伪装适合动态源地址转换，如果防火墙外网接口使用动态 IP 地址（例如采用拨号方式或 DHCP 接入 Internet），必须使用 MASQUERADE 方式，例如：

```
iptables -t nat -A POSTROUTING -o ppp0 -j MASQUERADE
```

其中 ppp0 为防火墙外网接口名称。

源 NAT（SNAT）和 IP 伪装都可以实现多台主机共享一个 Internet 连接，作用是一样的。如果防火墙外网接口使用静态 IP 地址，可以直接使用源 NAT 方式，定义如下。

```
iptables -t nat -A POSTROUTING -o eth1 -j  SNAT --to  172.16.0.10
```

这样将由内网计算机对外的请求数据包的地址都转换成 172.16.0.10。还可以进一步限制共享连接的内网地址，例如：

```
iptables -t nat -A POSTROUTING -o eth1 -s 192.168.0.0/24 -j MASQUERADE
```

2．调整包转发规则

至此，应当可以共享上网了。但是前面默认的策略会限制包转发。如果定义有默认策略：

```
iptables -P FORWARD DROP
```

则不允许内外网间的任何通信。最简单的方法是将此默认策略改为

```
iptables -P FORWARD ACCEPT
```

而规范的做法是保留"DROP"默认策略,基于 FORWARD 链对包转发进行控制,如使用以下规则(防火墙内网接口为 eth0)允许为整个内网转发包。

```
iptables -A FORWARD -i eth0 -j ACCEPT
iptables -A FORWARD -o eth0 -j ACCEPT
```

实际上这两条规则也允许外网向内网转发数据包,因此将其中的网络接口改为防火墙外网接口(eth1),效果也一样。

可根据需要设置仅允许转发特定协议的包,例如,转发 DNS 和 HTTP,将规则改为如下设置:

```
iptables -A FORWARD -p tcp --dport 53 -j ACCEPT
iptables -A FORWARD -p tcp --sport 53 -j ACCEPT
iptables -A FORWARD -p udp --dport 53 -j ACCEPT
iptables -A FORWARD -p udp --sport 53 -j ACCEPT
iptables -A FORWARD -p tcp --dport 80 -j ACCEPT
iptables -A FORWARD -p tcp --sport 80 -j ACCEPT
```

3. 客户端 NAT 设置

保存 iptables 规则并重启 iptables 服务,即可对内网用户提供共享连接服务。

通过简单的设置,内网用户可以通过 Linux 网关上网。只要设置 NAT 客户端的默认网关为 NAT 服务器 eth0 的 IP 地址,DNS 设为 ISP 的 DNS 服务器就可上网了。内网计算机的 IP 地址应使用合法私有 IP 地址。一般使用 DHCP 自动设置。

对于 Linux 计算机,设置默认网关 IP 地址,编辑文件/etc/sysconfig/network,然后使用 GATEWAY 选项来指定默认网关:

```
NETWORKING=yes
NETWORKING_IPV6=yes
HOSTNAME=Linuxsrv2
GATEWAY=192.168.0.10
```

设置 DNS 服务器的 IP 地址。配置 DNS 客户端的方法很简单,可直接编辑文件/etc/resolv.conf,使用 nameserver 选项来指定 DNS 服务器的 IP 地址。

```
; generated by /sbin/dhclient-script
search abc.com
nameserver 192.168.0.2
```

Windows 计算机设置更为简单直观,如图 11-22 所示。

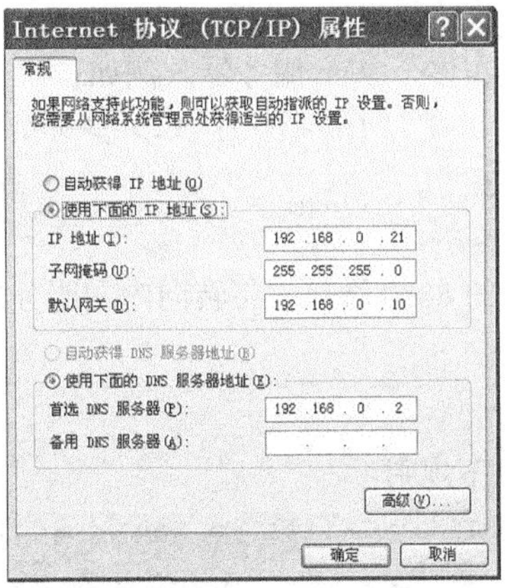

图 11-22 Windows 客户端 NAT 设置

11.3.4 通过端口映射发布内网服务器

NAT 功能也可用于向 Internet 发布内网服务器，用户可以通过对应于防火墙外网接口的域名或 IP 地址来访问这些服务。来自 Internet 的数据包在到达防火墙以后，就会被自动转发到拥有适当内部 IP 地址的内网服务器中。这需要用到目的 NAT 功能。

1. 定义 NAT 端口映射

可以使用 nat 表的 PREROUTING 链的-j DNAT 目标来定义转发传入数据包（请求连接到内网服务）的目标 IP 地址或端口。例中要转发传入 HTTP 请求到指定的 Apache HTTP 服务器（192.168.0.2），使用以下命令。

```
iptables -t nat -A PREROUTING -i eth1 -p tcp --dport 80 -j DNAT --to 192.168.0.2:80
```

该规则定义 nat 表使用内置的 PREROUTING 链转发传入 HTTP 请求到所列的目标 IP 地址 192.168.0.2。

2. 调整包转发规则

如果定义 FORWARD 链的"DROP"默认策略，可使用以下规则（防火墙内网接口为 eth0）允许为内外网之间转发包。

```
iptables -A FORWARD -i eth0 -j ACCEPT
iptables -A FORWARD -o eth0 -j ACCEPT
```

如果只转发传入 HTTP 请求，可将规则修改为

```
iptables -A FORWARD -i eth1 -p tcp --dport 80 -d 192.168.0.2 -j ACCEPT
iptables -A FORWARD -o eth1 -p tcp --sport 80 -s 192.168.0.2 -j ACCEPT
```

这样外网用户就只能通过防火墙访问内网服务器 192.168.0.2 的 Web 服务。

3. 内网服务器设置

内网服务器一定要将默认网关设置为防火墙内网接口。

这样客户端在外网通过访问防火墙外网接口（IP 地址或域名）来访问内网服务器。

4. 多台 Web 服务器发布

可在防火墙上利用多端口发布多个 Web 服务器。例如：

```
iptables -t nat -A PREROUTING -i eth1 -p tcp --dport 80 -j DNAT --to-destination 192.168.0.2:80
iptables -t nat -A PREROUTING -i eth1 -p tcp --dport 8000 -j DNAT --to-destination 192.168.0.21:80
```

这样，访问防火墙外网接口的 8000 端口，将转向内网服务器 192.168.0.21。

5. 发布其他服务器

以 FTP 服务器为例，使用以下规则：

```
iptables -t nat -A PREROUTING -i eth1 -p tcp --dport 20 -j DNAT --to-destination 192.168.0.2:20
iptables -t nat -A PREROUTING -i eth1 -p tcp --dport 21 -j DNAT --to-destination 192.168.0.2:21
```

11.3.5　防止恶意软件和假冒 IP 地址

可以创建更多的规则来控制对内网中特定子网或节点的访问。也可以限制访问服务器带来的恶意应用程序，如木马、蠕虫和其他客户/服务器病毒。例如，一些木马在端口 31337～31340（黑客术语称为"elite"端口）扫描网络服务。因为没有合法服务使用这些非标准端口通信，阻断这些端口可以减少网络中潜在被侵害节点与远程主服务器通信。

以下规则丢弃试图使用 31337 端口的所有 TCP 数据包：

```
iptables -A OUTPUT -o eth1 -p tcp --dport 31337 --sport 31337 -j DROP
iptables -A FORWARD -o eth1 -p tcp --dport 31337 --sport 31337 -j DROP
```

也可阻断试图仿冒内网 IP 地址攻击内网的外部连接。例如，如果内网用户使用 192.168.0.0/24 网段，可以设计一条规则指示外网接口（如 eth1）丢弃到达该接口的数据包（由内网 IP 段的私有 IP 发出）。

```
# iptables -A FORWARD -s 192.168.0.0/24 -i eth1 -j DROP
```

当然，如果将拒绝转发数据包作为默认策略，任何到外部设备的假冒 IP 地址自动被拒绝。

> DROP 与 REJECT 目标之间有区别。REJECT 目标拒绝访问，并返回一个拒绝连接错误给试图访问服务的用户。而 DROP 目标，丢弃数据包，不给出任何警告。管理员可利用这些不同点。要避免用户干扰并尝试继续连接，建议使用 REJECT 目标。

11.3.6　配置状态防火墙

状态机制是 iptables 中特殊的一部分，连接跟踪可以让 Netfilter 获知某个特定连接的状态。运行连接跟踪的防火墙就是带有状态机制的防火墙，即状态防火墙。状态防火墙比非状态防火墙要安全，它允许使用更严密的安全规则。可以基于连接状态来观察和限制到服务的连接。

iptables 可设置匹配特定连接状态的数据包，有以下 4 种连接状态。

● ESTABLISHED：表示匹配的数据包属于某个已经建立的双向传送的连接。如果要维护在一个客户端和一个服务之间的连接，需要接受该状态。

● NEW：表示匹配的数据包正在创建一个新连接。

● RELATED：表示匹配的数据包正在启动一个与现有连接相关的新连接。例如，建立 FTP 连接时，首先要建立命令连接通道，在进行数据传输时，又要建立数据传输通道。

● INVALID：表示匹配的数据包不能与一个已知的连接相关联，通常应丢掉。

状态匹配由额外的模块提供，使用时需要使用选项-m 加载，基本语法格式为

```
-m state --state 状态
```

多个连接状态可以在一起使用，使用逗号隔开不同的状态。可以通过任何网络协议使用 iptable 连接跟踪状态功能，即使是无状态协议（如 UDP）。以下例子表示一条规则，通过连接跟踪仅转发同已建立连接相关的数据包，如 FTP-DATA 数据连接：

```
iptables -A FORWARD -m state --state ESTABLISHED,RELATED -j ACCEPT
```

11.3.7 配置 DMZ（非军事区）

DMZ 是为解决安装防火墙之后外网不能访问内网服务器的问题而设立的一个非安全系统与安全系统之间的缓冲区。这个缓冲区位于内外网之间的特殊子网，可以部署一些必须公开的服务器，如 Web 服务器、FTP 服务器等，同时能够更加有效地保护内网，参见图 11-7 和图 11-8。

要通过 iptables 来实现 DMZ，最主要的工作是创建 iptables 规则，将数据包路由到位于 DMZ 的某些计算机，如专用的 HTTP 或 FTP 服务器。例如，设置一个规则，将传入 HTTP 请求路由到专用 HTTP 服务器 10.0.0.2（位于内网 192.168.1.0/24 的外面），NAT 使用 PREROUTING 表将数据包转发到合适的目的地：

```
iptables -t nat -A PREROUTING -i eth1 -p tcp -dport 80 -j DNAT --to-destination 10.0.0.2:80
```

这条规则将使所有从外网到防火墙外网接口 eth1 端口 80 的 HTTP 连接被路由到 DMZ 的 HTTP 服务器。这种网络划分的形式比在内网中发布服务器更为安全。

如果 HTTP 服务器配置为接收 SSL 安全连接，端口 443 也必须转发。

```
iptables -t nat -A PREROUTING -i eth1 -p tcp -dport 443 -j DNAT --to-destination 10.0.0.2:80
```

11.4　Squid 代理服务器

Squid 是由美国政府大力资助的一项研究计划，其目的为解决网络带宽不足的问题，支持 HTTP、HTTPS、FTP 等多种协议，是 UNIX/Linux 平台上使用最多、功能最全面的一套代理服务器软件。下面以该软件为例讲解代理服务器的配置、管理和使用。

11.4.1　安装 Squid 服务器

Squid 对硬件要求不算高，但应提供足够的内存和磁盘。内存最为重要，**内存太小会严重影响系统性能**。磁盘空间大小和存取速度也非常重要，更多的磁盘空间意味着更多的缓存目标和更高的命中率，高速硬盘能够提高缓存速度和效率。作为代理服务器，运行 Squid 的计算机最少需要两个网络接口，分别连接内网和外网。

1. 安装 Squid 软件包

Red Hat Enterprise Linux 5 默认没有安装 Squid 服务，可执行以下命令，检查当前系统是否安装有该软件包，或者查看已安装的具体版本。

```
rpm -qa | grep squid
```

如果查询结果表明没有安装，可以从 Red Hat Enterprise Linux 5 第 2 张安装光盘中找到 Server/squid-2.6.STABLE6-3.e15.i386.rpm 软件包进行安装。

　　　　Squid 最新版本为 3.1，2.6 以上版本与前期版本相比，变化较大，Red Hat Enterprise Linux 5 自带的 2.6 版属于过渡版本，建议下载较新的版本进行安装。这里以 squid-2.6.STABLE23-1.el5.i386.rpm 为例，可到站点 http://www.squid-cache.org/ 下载。

2. 管理 Squid 服务

Squid 服务的进程名称为 squid，执行以下命令来管理 Squid 服务：

```
/etc/init.d/squid {start|stop|status|reload|restart|condrestart}
```

或者

```
service squid {start|stop|status|reload|restart|condrestart}
```

其中参数 start、stop、restart 分别表示启动、停止和重启 Squid 服务；status 表示查看 Squid 服务状态；reload 表示重新载入配置文件并使之生效，不用重启 Squid；condrestart 表示只有在 Squid 运行状态下才重新启动 Squid。

如果需要让 Squid 服务随系统启动而自动加载，可以执行 "ntsysv" 命令启动服务配置程序，找到 "squid" 服务，在其前面加上星号 "*"，然后选择 "确定" 即可。也可直接使用 chkconfig 命令设置，具体命令如下。

```
# chkconfig –level 235 squid on
```

11.4.2　Squid 配置文件

Squid 配置文件为/etc/squid/squid.conf，格式比较规范。每行以配置指令开始，后面跟着数值或关键字，选项和参数需区分大小写。可以包括空行和注释行（以#开始），Squid 在读取时会忽略。Squid 提供了默认配置文件，内容比较多，建议在修改前做好备份。这里分类介绍一些较为重要的配置指令和选项。

1. 认证选项

Squid 支持多种用户认证模式，如基本、摘要（Digest）、NTLM 和协商（Negotiate），这些模式指定 Squid 如何从客户端接受用户名和密码。

指令 auth_param 用于定义不同认证模式的参数，基本格式为

```
auth_param 模式 参数 [设置]
```

默认使用基本模式，定义如下。

```
auth_param basic program /usr/libexec/ncsa_auth /usr/etc/passwd
```

对每种方式，Squid 提供一些认证模块或辅助进程，用于实际处理认证的过程。不同方式对参数的要求不尽相同。例如，摘要验证的定义如下。

```
auth_param digest program /usr/libexec/digest_auth_pw /usr/etc/digpass
```

2. 访问控制选项

Squid 默认拒绝所有访问客户端的请求，为了能让客户端通过代理服务器访问，最简单的方法就是定义一个针对客户端 IP 地址的访问控制列表（ACL），并允许来自这些地址的 HTTP 请求。访问控制列表可以当作一种网络控制工具，用于限制进出代理服务器的数据。**必须先使用 acl 指令定义访问控制列表，然后使用 http_access 指令基于访问控制列表设置允许和拒绝访问 Squid。**

（1）acl。acl 定义访问控制列表，语法格式如下。

```
acl 访问控制列表名称　访问控制列表类型　字符串 1 ...
```

默认 Squid 对于访问控制列表的表达式区分大小写，使用选项-i 则可以忽略大小写。

列表名称用于区分 Squid 的各个访问控制列表，任何两个访问控制列表不能用相同的名称。列表类型是可被 Squid 识别的类别。Squid 支持的控制类别很多，具体说明见表 11-4。

表 11-4 Squid 访问控制列表类型

类 型	说 明
src	指定源（客户机）IP 地址，可以是单个地址，也可以是地址范围
dst	指定客户请求的服务器的 IP 地址
arp	指定源（客户机）的 MAC 地址.
srcdomain	指定源（客户机）所属的域名
dstdomain	指定客户请求的服务器的域名
time	指定访问的时间或时间段，格式为 acl aclname time [day-abbrevs] [h1:m1-h2:m2]，其中 day-abbrevs 为星期首字母
url_regex	指定要匹配的 URL 正则表达式
urlpath_regex	指定要匹配的 URL 路径正则表达式
port	指定所访问的端口
proto	指定所访问的协议，多个协议间用空格分隔
method	设置用户请求的方法。设置方法为 acl aclname method GET POST…
proxy_auth	通过外部程序进行认证

可以配置多个访问控制列表，Squid 自上而下检查，一旦满足条件即不再和后面的列表匹配。

（2）http_access。http_access 设置是否允许某一类用户访问代理服务器的规则，需要与访问控制列表配合使用，基本用法为

```
http_access allow|deny [!]访问控制列表名称 ...
```

Squid 针对客户端 HTTP 请求检查 http_access 规则，使用 acl 指令定义访问控制列表后，就可使用 http_access 指令限制由访问控制列表定义的用户访问，deny 表示拒绝指定的用户访问代理，allow 表示允许指定的用户访问代理。默认设置如下，表示拒绝任何用户访问。

```
http_access deny all
```

如果要允许所有用户访问代理服务器，则使用以下语句：

```
http_access allow all
```

通常先设置允许访问的用户，最后再通过使用语句 http_access deny all 来禁止其他用户对代理的访问。例如，要允许 192.168.0.0/24 网络中的用户访问代理服务器，使用以下配置指令：

```
acl abc_network src 192.168.0.0/24
http_access allow abc_network
http_access deny all
```

3. 网络选项

（1）http_port。http_port 指定 Squid 监听客户端 HTTP 请求的 IP 地址和端口。默认端口为 3128，也可自行指定。如果不指定 IP 地址，将监听服务器上所有接口。多数情况下 Squid 仅监听来自内网客户机的请求，不监听来自 Internet 客户机的请求，因此最好指定内网接口 IP 地址，例如：

```
http_port 192.168.0.10:3128
```

http_port 语法格式为：

```
http_port [主机名或IP:] 端口 [选项]
```

该指令支持若干选项，如果使用多个选项，用空格隔开。主要选项含义如下。

- transparent：支持透明代理，客户端不需浏览器设置即可实现代理服务。
- accel：设置为加速模式（HTTP 加速器或反向代理服务器），至少需要搭配 vhost、vport 或 defaultsite 其中的一个选项使用。
- defaultsite=domainname：指定默认站点，客户端请求不提供主机名和主机头时使用该站点。
- vhost：支持基于主机头（Host: header）的虚拟域，隐含有 accel（加速）选项。
- vport：支持基于 IP 的虚拟域，隐含有 accel（加速）选项。
- vport=NN：同上，但使用指定端口 NN 代替 http_port 端口，也隐含有 accel（加速）选项。

（2）其他常用的网络选项。

- https_port：指定监听 HTTPS 请求的端口。需要设置 SSL 相关选项。
- icp_port：指定与其他相邻缓存服务器之间发送和接收 ICP 查询所使用的端口。
- hcpt：指定与其他相邻缓存服务器之间发送和接收 HTCP 查询所使用的端口。

4．相邻缓存服务器选项

这些选项用于设置多层缓存。

（1）cache_peer。cache_peer 用于指定多层缓存网络中其他缓存服务器，基本用法为

```
cache_peer hostname type http_port icp_port [options]
```

其中主要选项介绍如下。

- hostname：指定其他缓存服务器的 IP 地址或主机名。
- type：指定该缓存服务器与当前 Squid 服务器之间的关系类型，如 parent 表示父级，sibling 表示同级（对等）。
- http_port：指定该缓存服务器监听客户端 HTTP 请求的端口，默认为 3128。
- icp_port：指定该缓存服务器 ICP 查询所使用的端口，默认为 3130。
- [options]：指定功能选项，多个选项用空格隔开。例如，使用 proxy-only 表示来自缓存的对象不在本地保存，使用 default 该服务器作为顶层缓存服务器。

下面给出几个例子。

```
cache_peer parent.foo.net      parent   3128  3130  proxy-only default
cache_peer sib1.foo.net        sibling  3128  3130  proxy-only
cache_peer sib2.foo.net        sibling  3128  3130  proxy-only
```

（2）cache_peer_domain。cache_peer_domain 用来限定要查询的邻居缓存服务器的域，属于一种访问控制。基本用法为：

```
cache_peer_domain 邻居缓存服务器 域名 [域名 ...]
```

例如，以下例子表示只有当请求的对象位于.edu 域时，才将查询发送给缓存服务器 parent.foo.net。

```
cache_peer_domain parent.foo.net    .edu
```

域名前使用"!"表示只有不属于该域的查询才使用缓存，用法如下。

```
cache_peer_domain 邻居缓存服务器 !域名
```

（3）cache_peer_access。cache_peer_access 类似于 cache_peer_domain，但通过 ACL 提供更灵活的访问控制。基本用法为

```
cache_peer_access 邻居缓存服务器 allow|deny [!]访问控制列表名称...
```

5. 内存缓存选项

（1）cache_mem。用于指定 Squid 可以使用的内存大小，这部分内存被用来存储以下对象：In-Transit objects（传入的对象）、Hot Objects（热对象，即用户常访问的对象）、Negative-Cached objects（消极存储的对象）。系统默认使用 8MB，可根据代理服务器所配置内存的大小，适当调高允许使用的内存值。例如，代理服务器拥有 1GB 内存，要将 cache_mem 设置为 250MB，则配置语句为

```
cache_mem 250MB
```

（2）maximum_object_size_in_memory。设置内存缓存中可保存对象的最大容量，超过该值的对象将不会被保存到内存缓存中。默认为 8KB，其配置语句为

```
maximum_object_size_in_memory 8KB
```

6. 硬盘缓存选项

（1）cache_dir。指定 Squid 用来存储对象的缓存空间的大小及其目录结构，基本用法为

```
cache_dir Type Directory-Name Fs-specific-data [options]
```

其中 Type 用于指定缓存交换空间的文件系统类型，默认使用 ufs，Directory-Name 用于指定交换空间顶级目录的路径。

不同格式用法有所不同。ufs 是最早的 Squid 存储格式，基本用法为

```
cache_dir ufs Directory-Name Mbytes L1 L2 [options]
```

其中 Mbytes 指定交换空间的大小，单位为 MB，默认为 100MB。L1 用于指定在交换空间的顶级目录下允许创建多少个一级子目录；L2 用于指定在每一个一级子目录下，允许创建多少个二级子目录。[options]是通用选项，一般设置为 read-only。Squid 默认设置为

```
cache_dir ufs /var/spool/squid 100 16 256
```

可使用多个 cache_dir 命令来定义多个交换空间，并且这些交换空间可分布在不同磁盘分区。

（2）cache_swap_low 与 cache_swap_high。Squid 使用大量的交换空间来缓存对象，使用一段时间后，交换空间就会被用完，因此必须定期清除过期的对象，以释放交换空间。cache_swap_low 和 cache_swap_high 使用百分比来设置，默认设置如下。

```
cache_swap_low 90
cache_swap_high 95
```

其中值分别为 90% 和 95%，当使用的交换空间达到总交换空间的 95% 时，就开始释放过期对象，一直到使用的交换空间降至 cache_swap_low 规定的 90% 为止。

（3）maximum_object_size。用于设置硬盘缓存中可保存对象的最大容量，大于该值的对象将不会被保存到硬盘缓存中。单位为字节，默认为 4MB，配置语句为：

```
maximum_object_size 4096KB
```

7. 日志文件路径

（1）logformat。定义访问日志文件格式，基本用法：

```
logformat <name> <format specification>
```

其中<format specification>是包含%格式代码的字符串，例如：

```
logformat squid  %ts.%03tu %6tr %>a %Ss/%03Hs %<st %rm %ru %un %Sh/%<A %mt
```

默认没有定义格式。

（2）access_log。用于设置记录客户请求（HTTP 请求或来自邻居缓存服务器的 ICP 请求）的日志文件的路径及日志文件名。默认配置为

```
access_log /var/log/squid/access.log
```

如果不想记录该类日志，则配置语句为

```
access_log  none
```

（3）cache_log。用于设置 Squid 产生的一般信息的日志文件名及路径。默认配置为

```
cache_log /var/log/squid/cache.log
```

通过该日志文件，可了解代理服务器的启动和运行情况

（4）cache_store_log。用于设置记录对象存储情况的日志文件名及路径。在该日志文件中，记录有哪些对象被写到交换空间，哪些对象被从交换空间清除等信息。默认配置为

```
cache_store_log /var/log/squid/store.log
```

8. 超时设置

（1）connect_timeout。用于设置 Squid 等待连接完成的超时值，默认为 1 分钟，其配置指令为

```
connect_timeout 1 minute
```

（2）peer_connect_timeout。用于设置连接其他缓存服务器的超时值，默认为 30 秒，其配置指令为

```
peer_connect_timeout 30 seconds
```

（3）read_timeout。如果客户在指定时间内，未从 Squid 服务器读取任何数据，则 Squid 将终止该客户的请求，默认为 15 分钟，其配置命令为

```
read_timeout 15 minutes
```

（4）request_timeout。设置 Squid 与客户端建立连接后，Squid 等待客户发出 HTTP 请求的超时时间，默认设置为 5 分种，其配置指令为

```
request_timeout 5 minutes
```

（5）persistent_request_timeout。设置在前一个连接请求完成后，在同一个连接上等待下一个新的 HTTP 请求的超时时间。默认设置为 1 分钟，其配置指令为

```
persistent_request_timeout 1 minutes
```

（6）ident_timeout。设置 Squid 等待用户认证请求的超时时间，默认为 10 秒，其配置指令为

```
ident_timeout 10 seconds
```

9. 管理参数

（1）cache_mgr。设置管理员的邮件地址。

（2）cache_effective_user 与 cache_effective_group。该组配置命令用于设置 Squid 启动后，以何用户身份运行，默认设置为 squid。

（3）visible_hostname。定义在返回给用户的出错信息中所显示的主机名。

11.4.3 Squid 命令行

Squid 命令行可用于管理和调试，语法格式如下。

```
squid [-hvzCDFNRYX] [-d level] [-s | -l facility] [-f config-file] [-u port] [-k signal]
```

主要选项解释如下。

- -d level：将调试信息写到标准错误文件（如 cache.log、syslog），level 参数指定显示在标准错误里的消息的最大等级。多数情况下 d1 就可以满足需要。

- -f file：使用指定的配置文件代替默认配置文件/etc/squid/squid.conf。

- -k：指定 Squid 执行不同的管理功能，具体由所提供的参数确定。例如，参数 reconfigure 表示运行中重新读取配置文件；shutdown 表示关闭 Squid 进程；debug 表示设置成完全调试模式；check 表示检查运行中的 Squid 进程；parse 表示解析 squid.conf 配置文件是否包含错误。

- -u port：指定另一个 ICP 端口号，覆盖掉 squid.conf 文件里的 icp_port。

- -z：初始化缓存（交换目录）。首次运行 Squid 或者增加新的缓存目录时，必须使用该选项。

- -D：禁止初始化 DNS 测试。正常情况下 Squid 直到验证它的 DNS 可用才能启动。

- -F：让 Squid 拒绝所有请求，直到它重新建立起存储元数据。

- -N：阻止 Squid 变成后台服务进程。

11.4.4 配置标准代理服务器

标准代理服务器用于缓存静态的网页（如网页和图片文件等），用户再次访问已被缓存的网页时，直接从代理服务器那里获取请求数据，不再向源 Web 网站请求数据。采用这种方式，需要客户端在浏览器中指定代理服务器的 IP 地址和端口。这是最基本的代理服务器，一些中小企业采用这种方式接入 Internet，在保证安全的前提下，可以提高网页浏览速度。这里以 Squid 2.6 为例介绍如何配置标准代理服务器，网络拓扑结构参见图 11-11。

1. 配置 Squid 服务器

（1）配置网络接口。例中配置两块网卡，eth0 接内网，IP 地址为 192.168.0.10/24；eth1 接外网，IP 地址为 172.16.0.10/16。

（2）安装 Squid 服务器软件。

（3）编辑配置文件/etc/squid/squid.conf，这里只要配置以下基本选项即可，为便于理解，添加了注释。注意 Squid 并不支持中文注释，在实际配置中不要加中文注释。

```
http_port 192.168.0.10:3128      #仅监听内网接口 192.168.0.10 上 3128 端口的 HTP 请求
cache_mem 128 MB  #设置高速缓存为128MB
cache_dir ufs /var/spool/squid 4096 16 256  #设置硬盘缓存大小 4G，目录为/var/spool/squid
access_log /var/log/squid/access.log  #设置访问日志文件
cache_log /var/log/squid/cache.log    #设置缓存日志
cache_store_log /var/log/squid/store.log  #设置网页缓存日志
dns_nameservers  211.137.191.26  #设置 DNS 服务器地址
acl all src 0.0.0.0/0.0.0.0  #设置访问控制列表 all，该表的内容为所有客户端
```

```
http_access allow all   #设置允许所有客户端访问
cache_mgr root@abc.com  #设置管理员 E-mail 地址
cache_effective_user squid   #设置 squid 进程所有者
cache_effective_group squid   #设置 squid 进程所属组
visible_hostname 192.168.0.10   #设置 squid 可见主机名
```

（4）保存配置文件，执行以下命令检查配置文件是否正确。

```
# squid -k parse
```

（5）执行以下命令初始化 Squid 缓存。

```
# squid -z
```

在第一次启动 Squid 服务之前，一定要使用该命令创建 Squid 使用硬盘缓存的目录结构。另外重新设置了 cache_dir 选项值之后，也要使用此命令来重新建立硬盘缓存目录。

（6）执行以下命令启动 Squid 服务。

```
# service squid start
```

（7）如果 Linux 服务器开启了防火墙功能，还需要关闭防火墙功能，或者允许访问代理服务器端口（例中为 3128），使用以下 iptable 命令。

```
iptables -A INPUT -p tcp --dport 3128 -j ACCEPT
```

当然最方便的方法是直接停止 iptables 服务。

> 对于单纯的代理服务器来说，内核 IP 转发（路由）功能并不是必需的，这一点与 NAT 不同。默认情况下，Red Hat Enterprise Linux 内核的 IPv4 策略并不支持 IP 转发，各个网络接口之间不能转发数据包，但并不影响代理服务。

2．配置代理客户端

（1）Linux 代理客户端设置。Linux 平台上一般使用 Firefox 浏览器，这里以 Red Hat Enterprise Linux 5 自带的 Firefox 为例讲解具体的操作步骤。打开 Firefox 浏览器中，选择"编辑">"首选项"菜单打开相应的对话框，如图 11-23 所示，在"常规"选项卡中单击"连接设置"按钮，然后选中"手动配置代理"单选钮，在"HTTP 代理"和"端口"文本框中输入要使用的代理服务器的 IP 地址及端口号。如果要通过代理服务器使用 SSL 和 FTP，可选中"为所有协议使用相同代理"复选框。

图 11-23　Linux 代理客户端

（2）Windows 代理客户端设置。Windows 平台上一般使用 IE 浏览器（Internet E-xploter），这里 Windows XP 自带 IE 6.0 为例。打开 IE 浏览器，选择"工具">"Internet 选项"菜单打开相应的对话框，如图 11-24 所示，切换到"连接"选项卡，单击"局域网设置"按钮，然后选中"为 LAN 使用代理服务器"复选框，输入代理服务器正确的 IP 地址及端口号。

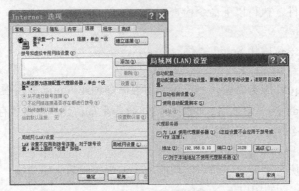

图 11-24　Windows 代理客户端

3. 测试

在客户端通过浏览器访问外部 Web 服务器，如果成功访问，说明配置成功。可进一步查看访问日志文件/var/log/squid/access.log。

碰到 Squid 有问题时，应该首先查看缓存日志文件 cache.log 里的警告信息。Squid 运行时，也会出现不同的警告或信息，可帮助管理员确认是否存在问题。

11.4.5　Squid 服务器访问控制

使用访问控制特性可以根据特定条件限制客户端访问。Squid 提供 acl 和 http_access 指令，让管理员严格定义代理服务器的访问控制策略。由于 Squid 按照顺序读取访问控制列表，因此应将 http_access 控制语句放在其他 acl 语句的后面，以免覆盖其他 acl 语句。如果有多条访问控制语句，必须注意它们的顺序。修改完配置文件后可使用命令/etc/rc.d/init.d/squid reload 使新的配置生效。下面介绍一些例子。

1. 允许某内部网段用户访问

```
acl mynet src 192.168.0.0/255.255.0.0
http_access allow mynet
http_access deny all
```

2. 禁止某内部网段用户访问

```
acl othernet src 192.168.10.0/255.255.0.0
http_access deny othernet
```

3. 限制访问时段

以下规则允许所有用户在规定时间（周一至周五 8:30～20:30）访问代理服务器，允许某用户

（如系统管理员）每天下午访问代理服务器，其他时段一律拒绝访问代理服务器。

```
act all src 0.0.0.0/0.0.0.0
acl administrator 192.168.0.0/24
acl common_time time MTWHF  8:30-20:30
acl manage_time time MTWHFAS 13:00-18:00
http_access allow all common_time
http_access allow administrator manage_time
http_access deny all
```

4. 站点屏蔽

Squid 可以屏蔽某些特定站点或含有某些特定字词的站点，例如：

```
acl sexurl url-regex  -i sex
http_access deny sexurl
```

5. 下载内容屏蔽

例如，使用以下规则禁止客户机下载*.mp3、*.exe、*.zip 和*.rar 类型的文件。

```
acl bigfiles urlpath_regex  i \.mp3$ \.exe$ \zip$ \.rar$
http_access deny bigfiles
```

6. 设置 CONNECT

对于有些用户通过二级代理软件访问非法站点，可在 Squid 中通过 CONNECT 方法来拒绝访问。例如，Squid 默认配置首先设置安全端口，然后拒绝通过 CONNECT 的非安全端口。

```
acl all src 0.0.0.0/0.0.0.0
acl manager proto cache_object
acl localhost src 127.0.0.1/255.255.255.255
acl to_localhost dst 127.0.0.0/8
acl SSL_ports port 443
acl Safe_ports port 80          # http
acl Safe_ports port 21          # ftp
acl Safe_ports port 443         # https
acl Safe_ports port 70          # gopher
acl Safe_ports port 210         # wais
acl Safe_ports port 1025-65535 # unregistered ports
acl Safe_ports port 280         # http-mgmt
acl Safe_ports port 488         # gss-http
acl Safe_ports port 591         # filemaker
acl Safe_ports port 777         # multiling http
acl CONNECT method CONNECT
http_access allow manager localhost
http_access deny manager
http_access deny !Safe_ports
http_access deny CONNECT !SSL_ports
```

11.4.6 Squid 服务器用户认证

Squid 支持对用户进行认证，可以控制所有登录用户，并检查访问用户的合法性。浏览器通过认证请求标头来发送用户认证凭证，Squid 收到浏览器请求后，查找认证标头，从中提取用户名和密码。这要求 Squid 配置要求认证的访问控制列表，并通过 http_access 规则来控制该列表，例如：

```
acl foo proxy_auth REQUIRED
acl all src 0.0.0.0/0.0.0.0
http_access allow foo
http_access deny all
```

这里定义了一个名为"foo"的访问控制列表，表示要求使用外部程序进行认证的用户。http_access 规则允许认证用户访问，禁止其他用户访问。

默认 Squid 本身不带任何认证程序，但是可以**通过外部认证程序来实现用户认证**。一般的认证程序有 LDAP 认证、NCSA 认证、SMB 认证、MSNT 认证、PAM 认证、基于 MySQL 的认证和基于 Radius 的认证。这里介绍较为常用的 NCSA 认证。

1. 在 Squid 配置文件中设置认证选项

（1）设置要使用的认证程序及其相关选项，在配置文件开头部分设置以下选项。

```
# 定义认证方式、认证程序路径和认证程序需要读取的账户文件
auth_param basic program /usr/lib/squid/ncsa_auth /etc/squid/passwd
# 设置认证程序的进程数
auth_param basic children 5
# 设置认证有效时间，超过该时间要求重新输入用户名和密码进行认证
auth_param basic credentialsttl 2 hours
# 设置认证领域内容，即浏览器显示输入用户/密码对话框时的提示内容
auth_param basic realm This is a Squid proxy-caching
```

（2）为认证用户设置 ACL，并给出访问控制规则，在配置文件中设置以下选项。

```
acl noauth_user src 192.168.0.21
acl auth_user proxy_auth REQUIRED
http_access allow noauth_user
http_access allow auth_user
```

这表示 IP 地址为 192.168.0.21 的计算机访问 Squid 不需经过验证，其他需要认证。可根据需要设置某些特殊 IP 地址或子网的客户端不需要经过用户认证直接上网。

2. 建立账户文件

为建立供用户认证使用的账户文件，可利用 Apache 的 htpasswd 程序生成账户文件/etc/squid/passwd，该账户文件每行包含一个用户的信息，即用户名和经过加密后的密码。执行以下命令创建一个账户文件，并添加一个用户。

```
htpasswd -c /etc/squid/passwd laoz
```

根据提示输入密码，添加第 1 个用户后，以后添加用户不要使用选项-c，例如：

```
htpasswd /etc/squid/passwd laow
```

3. 测试用户认证

（1）执行命令/etc/init.d/squid reload 重新加载 Squid 配置文件，或者执行命令/etc/init.d/squid restart 重新启动 Squid 服务。

（2）在客户端浏览器中配置代理服务器的 IP 地址和端口。

（3）要求认证的客户端使用 Squid 访问网页时，浏览器将弹出要求输入用户名和口令的对话框，如图 11-25 所示。

（4）输入正确的用户名和口令，就能正常访问。否则，将出现缓存拒绝访问的错误信息，如图 11-26 所示。

图 11-25 要求用户认证

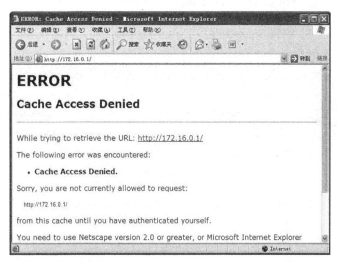

图 11-26 用户认证未通过

当然对于不需认证的用户，则可直接上网。

Squid 不支持在透明代理模式下启用用户身份认证功能，但支持反向代理模式下的用户认证。也就是说，用户认证对正、反向代理服务都有效。

11.4.7 配置透明代理服务器

1．透明代理概述

所谓透明，是指客户端感觉不到代理的存在，不需要在浏览器或其他客户端工具中设置代理服务器，只需要设置默认网关和 DNS 服务器，即可正常访问 Internet，好像直接访问 Internet 一样。**广义的透明代理还包括直接利用 NAT（IP 伪装）来实现内网访问 Internet，这种方式的特点是可以访问任何服务，不足是没有代理缓存功能，如前面介绍的 iptables 防火墙。**

这里讲解的是**狭义透明代理，即将 NAT 与代理缓存相结合**。它与标准代理服务器的功能完全相同，只是代理操作对客户端的浏览器是透明的（即不需指明代理服务器的 IP 和端口）。透明代理服务器阻断网络通信，并且过滤出访问外网的 HTTP（80 端口）流量。如果客户端的请求在本地有缓存，则将缓存的数据直接发给用户。对于 Linux 服务器来说，将 iptables 与 Squid 服务器结合起来可实现这种透明代理。Squid 支持 HTTP 和 FTP 等协议的代理，在缓存数据的同时，也缓存 DNS 查询结果，支持 SSL 和访问控制；对于 Squid 无法代理的服务，则可通过 iptables 共享连接来实现，同时具有缓存功能，加速 Web 的访问。

在 Squid 中，透明代理又称 Interception Caching（拦截缓存）或缓存重定向，它将来自客户端的 HTTP 连接重定向到缓存服务器，无需对客户端进行代理配置。拦截 HTTP 突破 TCP/IP 标准，因为用户代理以为直接同源服务器通信。

2. Squid 透明代理配置过程

（1）编辑 Squid 配置文件以支持透明代理，只需在 http_port 选项中加入 transparent 参数，例中代码为：

```
http_port 192.168.0.10:3128 transparent
```

对于 Squid 3.1 及更新的版本来说，参数 transparent 已改为 intercept。还应注意，Squid 2.6 以下版本使用 httpd_accel_host virtual、httpd_accel_port 80、httpd_accel_with_proxy on 和 httpd_accel_uses_host_header on 选项来定义透明代理。从 Squid 2.6 开始，就不再支持这些选项了，而是将其全部并入 http_port 选项。

（2）启用内核 IP 转发功能。编辑/etc/sysctl.conf 文件，将其中的 net.ipv4.ip_forward 参数值改为 1，然后执行以下命令，使更改生效。

```
# sysctl -p /etc/sysctl.conf
```

（3）配置 iptables 以实现 DNAT。iptables 在这里所起的作用是端口重定向，执行以下命令将所有由 eth0 接口进入的 Web 服务 80 端口的请求直接转发到 3128 端口，交由 Squid 处理。

```
iptables -t nat -A PREROUTING -i eth0 -p tcp --dport 80 -j REDIRECT --to-ports 3128
iptables -t nat -A POSTROUTING -o eth1 -j MASQUERADE
```

也可以将上述第 1 条命令改为以下两条命令（例中 172.16.0.10 为 Squid 网关的外网接口）。

```
iptables -t nat -A PREROUTING -s 172.16.0.10 -p tcp --dport 80 -j ACCEPT
iptables -t nat -A PREROUTING -p tcp --dport 80 -j DNAT --to-destination 172.16.0.10:3128
```

上述 iptables 设置适合没有其他 iptables 规则的情况。如果定义了其他规则（如禁止传入），需要调整，确认内网客户端能够访问 Squid 主机的 3128 端口，例如，可添加以下代码：

```
iptables -A INPUT -p tcp --dport 3128 -j ACCEPT
```

（4）如果 Squid 主机上启用 Selinux，需要执行以下命令开启 Selinux 的 squid_disable_trans 功能，否则 Squid 不能启动。

```
setsebool -P squid_disable_trans on
```

（5）重新加载 Squid 配置文件，启动 iptables。

（6）客户端只需要将默认网关设置为 Squid 主机的内网 IP 地址，不需要设置代理服务，即可正常访问外部网站。

11.4.8　配置反向代理服务器

反向代理服务器位于本地 Web 服务器和 Internet 之间，处理所有对 Web 服务器的请求，阻止 Web 服务器与 Internet 的直接通信。反向代理技术在提高网站访问速度，增强网站可用性、安全性方面有很大的用途。现在有许多大型门户网站都采用 Squid 反向代理技术来加速网站的访问。

在 Squid 中使用加速选项来配置反向代理。对 http_port 的加速选项 accel 仅适用于 Squid 2.6.STABLE8 及更新版本，这与 Squid-2.5 的加速模式有很大不同。**老版本反向代理所涉及的关键配置指令是 httpd_accel_host、httpd_accel_port、httpd_accel_with_proxy、httpd_accel_uses_host_header**。这一系列指令在新版本都已经不用，取而代之的是 **cache_peer、cache_peer_domain、cache_peer_access** 等指令。因此建议管理员将 Squid 更新到新版本。

1. 配置基本的反向代理服务器

这里针对一台后台 Web 服务器配置反向代理。**关于反向代理的选项必须出现在 squid.conf 配置文件开头，在其他转发代理配置（如 http_access 等）之前**，否则标准代理访问规则将阻止访问加速站点（反向代理服务器）。

（1）设置 http_port 选项定义 Squid 反向代理服务监听端口，通常为 80，并使用选项 accel 将代理方式设置为反向代理。

```
http_port 80 accel
```

可根据需要使用 defaultsite 选项指定默认域名。如果提交的请求中未提供主机头（Host: header），或者被阻止的客户端不能正确发送主机头，都将使用默认域名。定义非源服务器的站点加速应指定默认域名。指定 defaultsite 选项也意味着为该站点加速。

```
http_port 80 accel defaultsite=www.abc.name
```

（2）指定 Squid 要代理的内部 Web 服务器（源 Web 服务器）。

```
cache_peer 192.168.0.21 parent 80 0 no-query originserver name=myAccel
```

其中 192.168.0.21 为内部 Web 服务器地址。

（3）设置访问控制，允许访问该加速站点，不允许其他访问。

```
acl our_sites dstdomain www.abc.name
http_access allow our_sites
cache_peer_access myAccel allow our_sites
cache_peer_access myAccel deny all
```

（4）保存配置文件，启动 Squid。

（5）正式部署之前应当进行测试。应当将公共域名指向 Squid 代理服务器。

2. 多台服务器配置

这里讲解一个例子，公司内部网络有两台服务器（IP 分别为 192.168.0.2 和 192.168.0.21）通过端口 80 对外提供 HTTP 服务。Squid 作为公司内部服务器的反向代理，其内网接口为 eth0（192.168.0.10），外网接口为 eth1（172.16.0.10）。

（1）设置 http_port 选项定义 Squid 反向代理服务监听端口，通常为 80，并使用选项 vhost（隐含 accel）将代理方式设置为支持虚拟主机的加速器（反向代理）。

```
http_port 80 vhost
```

（2）指定 Squid 要代理的内部 Web 服务器（源 Web 服务器）

```
cache_peer 192.168.0.2 parent 80 0 no-query originserver name=a
cache_peer 192.168.0.21 parent 80 0 no-query originserver name=b
cache_peer_domain a www.servera.com
cache_peer_domain b www.serverb.com
```

这里使用 cache_peer_domain 选项来定义域名自动切换。以上配置表明：如果客户端访问

www.servera.com，Squid 向服务器 192.168.0.2 的 80 端口转发请求；如果客户端访问 www. serverb.com，Squid 向服务器 192.168.0.21 的 80 端口转发请求。

（3）设置访问控制，允许所有外部客户端访问这些站点。

```
acl all src 0.0.0.0/0.0.0.0
http_access allow all
cache_peer_access a allow all
cache_peer_access b allow all
```

（4）保存配置文件，启动 Squid。

（5）将公共域名指向 Squid 代理服务器，这里应将 www.servera.com 和 www.serverb.com 解析到 IP 地址 172.16.0.10。

（6）正式部署之前应当进行测试。

读者可参照这个例子部署更为复杂的反向代理服务器。

11.4.9　监控 Squid 服务器

通常使用 Squid 自带的缓存管理器 cachemgr.cgi 来查看统计报告，监控 Squid 运行状态。cachemgr.cgi 本身是 CGI 程序，需要与 Web 服务器配合使用。在 Red Hat Enterprise Linux 5 中安装 Squid 软件包时，将 cachemgr.cgi 安装在/usr/lib/目录中。这里以在 Appache 服务器中使用 cachemgr.cgi 程序为例。

1．cachemgr.cgi 配置

在 Apache 配置文件中使用 ScriptAlias 指令映射 cachemgr.cgi 程序的 CGI 路径，并使用 <Location>容器对该程序进行访问限制。

```
ScriptAlias /Squid/cgi-bin/cachemgr.cgi /usr/lib/cachemgr.cgi
<Location /Squid/cgi-bin/cachemgr.cgi>
order allow,deny
allow from 192.168.0.31
</Location>
```

也可使用密码进行防护。例如可在 Apache 配置文件中使用以下设置，然后使用 htpasswd 命令设置用户认证密码。

```
<Location /Squid/cgi-bin/cachemgr.cgi>
AuthUserFile /path/to/password/file
AuthGroupFile /dev/null
AuthName User/Password Required
AuthType Basic
require user cachemanager
</Location>
```

2．运行 cachemgr.cgi 获取统计报告

该程序可用于查看网络流量、使用协议、系统负载、数据包发送时间等信息，通过对这些数据的分析，管理员可以深入了解网络当前的运行状况。

重启 Squid 与 Apache 服务器，通过浏览器访问 cachemgr.cgi。首先看到用户认证界面，经过认证后进入登录界面，输入代理服务器地址和端口号，如图 11-27 所示。

进入主界面，如图 11-28 所示。cachemgr.cgi 提供的数据非常详细，如 Memory Utilization（内存使用情况）、All Cache Objects（所有缓存对象），分别如图 11-29 和图 11-30 所示。

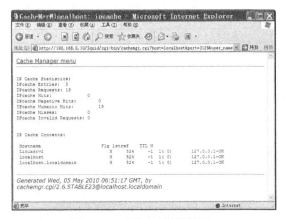

图 11-27　cachemgr.cgi 程序登录界面　　　　图 11-28　cachemgr.cgi 程序主界面

图 11-29　查看内存使用情况　　　　　　　图 11-30　查看所有缓存对象

习题

1. **简答题**

（1）将内网连入 Interne 有哪几种方式？

（2）简述防火墙的功能和局限。

（3）网络防火墙有哪几种配置方案？

（4）简述 NAT 工作原理。

（5）什么是端口映射？它有什么作用？

（6）简述代理服务器工作原理。

（7）什么是反向代理？它有什么作用？

（8）代理服务器缓存方案有哪几种类型？

（9）简述 iptables 包过滤机制。

（10）简述 iptables 网络地址转换机制。

（11）简述 Squid 透明代理实现机制。

（12）简述 Squid 用户认证机制。

2. 实验题

（1）在 Linux 服务器上配置 iptables 规则实现共享上网。

（2）在 Linux 服务器上配置 iptables 规则实现内网服务器发布。

（3）在 Linux 服务器上使用 Squid 配置一个标准代理服务器。

（4）在 Linux 服务器上使用 Squid 结合 iptables 实现透明代理。

（5）基于 NCSA 认证实现 Squid 服务器用户认证。

（6）在 Linux 服务器上使用 Squid 配置一个基本的反向代理服务器。